普通高等教育"十三五"规划教材
电子材料及其应用技术系列规划教材

电子电路电镀技术

李元勋　陶志华　苏　桦　韩莉坤　编著

科学出版社

北　京

内 容 简 介

本书以电沉积金属基础知识与理论为基础，内容包括电镀前处理、电镀金属及合金、特种电镀、电镀污染防治等，涵盖了电结晶理论、高速电镀、化学镀、脉冲电镀和复合电镀等，重点针对电镀层均匀性问题、电子封装互连材料的非等向性电镀等，系统地介绍了国内外常用及最新前沿电镀填盲孔及填通孔制备原理、技术特点与工艺等，尽可能汇集具有一定先进性及实用性的电子电镀互连技术。

本书适用于从事电子电镀、化学镀的生产、教学和科研的人员阅读。

图书在版编目（CIP）数据

电子电路电镀技术 / 李元勋等编著. —北京：科学出版社，2019.6

普通高等教育"十三五"规划教材 电子材料及其应用技术系列规划教材

ISBN 978-7-03-060971-7

Ⅰ. ①电… Ⅱ. ①李… Ⅲ. ①电子电路－电镀－高等学校－教材
Ⅳ. ①TQ153

中国版本图书馆 CIP 数据核字（2019）第 060548 号

责任编辑：张　展　黄　嘉/责任校对：王萌萌
责任印制：罗　科/封面设计：墨创文化

科 学 出 版 社 出版
北京东黄城根北街 16 号
邮政编码：100717
http://www.sciencep.com

成都锦瑞印刷有限责任公司印刷
科学出版社发行　各地新华书店经销

*

2019 年 6 月第 一 版　开本：787×1092　1/16
2019 年 6 月第一次印刷　印张：19 1/4
字数：458 千字

定价：80.00 元
（如有印装质量问题，我社负责调换）

序

  21 世纪是知识经济时代，是科技飞速发展的年代，中国信息产业是国民经济的支柱产业之一，以科技为核心的知识是最重要的战略性基础资源。电子电镀已经广泛应用于包括芯片互连、印制板（PCB）电镀、高密度互连板层间互连、引线框架电镀、连接器电镀、微波器件电镀等各种电子装配及电子产品"三防"（防湿热、防霉菌、防盐雾腐蚀）技术在内的民用和国防等领域。电子电镀技术持续高速的发展为中国的信息现代化迎来了美好的今天，展望未来将更加灿烂辉煌。如果说集成电路是一级封装，集成电路封装基板及印制电路板是二级封装，那么所有的电子信息整机产品如计算机及手机等为三级封装。电子电镀是一门研究利用电化学沉积技术基本原理，在金属和非金属电子材料表面沉积金属覆盖层的理论与工艺的学科。从某种意义上说，哪里有电子信息产品，哪里就有电子封装及电子电镀，例如，特征尺寸 90nm 以下的集成电路及其 3D 封装产业需要电子电镀，在全球年产600 多亿美元（中国占 40%以上）的印制电路板产业中，电子电镀是实现层间互连的核心技术。因此，电子电镀在实现电气互连、材料表面防护及可焊性等方面具有至关重要的作用。

  电子电镀技术是涉及界面化学、电化学、材料学、腐蚀科学及流体力学等多个学科的交叉技术领域，其实用性及工艺性都很强，除继承了传统电镀的均匀性优异性能之外，又具备非等向性领域的电镀填盲孔、电镀填通孔的功能特性，这使得电子电镀成为许多前沿技术领域如三维封装的电气互连中的关键技术，能在 IC 芯片及 PCB 金属互连中发挥重要作用。当今社会，电子电镀及其技术已经渗透到众多行业，每一个从事表面精饰及微电子互连技术的生产及科研人员，不可不了解先进的电子电镀技术。该书较系统地讲述了电子电镀技术的基本原理和工艺以及最新的非等向性电镀技术，内容涵盖了电结晶理论、高速电镀、化学镀、脉冲电镀和复合电镀等各类电镀技术所必须掌握的基础知识和实践知识，密切结合了我国电子电镀行业的生产实际，是一部难得的好教材。该书的出版必将推动我国电子电镀领域专业人才的培养和电镀行业职工队伍的技术提升。

中国工程院院士

张保荣

前　言

功能性镀层和精密电镀技术在电子封装产业当中应用十分广泛,且随着一级封装半导体集成电路及二级封装电路板向高密度、轻小型化发展,各种新型功能性及非等向性电镀技术将会不断涌现。电子电镀技术可以界定为用于电子元器件制造的电镀技术。电子电镀的应用领域也不同于常规的电镀,电子电镀包括芯片互连、印制电路板(printed circuit board,PCB)电镀、引线框架电镀、连接器电镀、微波器件电镀等其他电子元器件电镀。电子电镀是高密度互连印制电路板和集成电路封装基板任意层互连领域的微盲孔洞填充铜及通孔填铜中最为活跃,技术最为先进的制程工艺,其利用电化学沉积技术的基本原理,解决在金属和非金属电子材料表面沉积金属覆盖层的理论与工艺。

绝大多数电子设备都要使用集成电路及印制电路板,而电子电镀用于层间及表面电路布线以提供元器件、集成电路及印制板之间的电气连接。电子电镀技术已发展成为一门自成体系、完全独立的生产技术,与大规模集成电路一样,已跻身于"高科技"行列之中,成为电子工业生产中的重要技术之一。电子设备的"轻量化、小型化、薄型化、智能化"发展,对电子设备的关键——实现电气互连的金属的性能和制造技术提出了更新、更高的要求。

电镀是制造业的基础工艺。由于电沉积技术所特有的技术及经济优势,其不仅无法被完全取代,而且在电子、钢铁等领域还不断有新的突破,如芯片中的铜互连、先进封装中的通孔电镀;在钢铁行业中的镀 Sn、镀 Cr 等。从某种意义上可以说,没有电子电镀就没有特征尺寸 90nm 以下的集成电路及其 3D 封装产业;没有电子电镀就没有全球年产值 600 多亿美元(中国占 40%以上)的印制电路产业。

本书是在电子科技大学李元勋、陶志华等老师编写的《电子电镀技术》教学讲义基础上,结合作者近十年的教学经验并补充相关新技术和新工艺编写而成的。本书主要涉及微电子电镀应用领域内有关电镀液的化学性质、关键工艺的化学反应原理、微盲孔电镀填铜工艺特点等。内容涵盖了针对电子电镀所必须掌握的基础知识和实用知识,力求科学性、先进性、新颖性和实用性的统一。

本课程建议授课学时数为 40。各章内容相对独立,授课教师可根据实际需要取舍教学内容。为了方便教学,还提供了与本书配套的多媒体教学课件。

本书的编写得到了电子科技大学产、学、研基地——江西国创产业园发展有限公司及其电子装备三防技术院士专家工作站,电子科技大学产、学、研项目合作单位赣州市德普特科技有限公司和东莞成启瓷创新材料有限公司的大力支持,书中部分工艺方面的实验就是在以上单位的大力支持下于生产线上完成的,在此特表示衷心的感谢。本书编写过程中,参考了很多国内外的著作和资料(主要书目列于书末的参考文献),引用了其中的一些内容和实例,在此对这些文献的作者表示诚挚的感谢。最后,对为本书做出审定工作的杨邦朝教授表示最真诚的谢意。

　　对于书中存在的疏漏和不妥之处,敬请读者提出宝贵意见。

作　者

于电子科技大学

2019 年 2 月

目 录

第一章 绪 论

第一节 电子电镀在电子工业经济中的意义

随着科技的进步及智能社会的发展，电子信息产业在进入 21 世纪以后越发受到各国政府及企业界的重视，与电子工业相关的支柱产业及其技术在现在及可预见的将来都是各国工业及科技界的热门技术。一些重要的电子元器件、电子电路制程工艺及其产品创新均与电子电镀添加剂及其工艺技术相关，电子电镀技术目前在电子电路制程及电子元器件制作方面用途广泛，电子电镀通常界定为与电子制造及封装技术相关的电子信息产品的电镀。作为电子产品制造加工的重要环节，电子电镀技术的发展水平在很大程度上体现了当代电子制造业的技术水平。人类社会早在六千年以前就从石器时代进入铜器和铁器时代，但电镀技术并没有作为表面处理技术应用在铜、铁等金属基体的防腐与装饰等领域。以水溶液作为电解质进行电镀，需要使用外电源来提供法拉第电流，而早期作为电报机及电学实验电力来源的伏特电池直到 1800 年才由意大利物理学家伏特（Volt）发明出来。实际上，直到 1834 年法拉第（Faraday）提出了著名的电解定律，电镀作为材料防腐及装饰的表面处理方法才获得了不断的发展，在电解定律提出 4 年后，伯德（Bird）在铂金属电极上成功地获得了渣状壳层。在电解定律提出 6 年后（1840 年），乔治和亨利·埃尔金顿获得了电镀领域的第一个电镀专利并利用其专利技术创建了电镀工厂。随着金属镀覆技术及沉积机理科学的成熟，与电镀过程相关的理论渐渐被人们接受及理解，其他类型的非装饰性的功能性电镀工艺逐渐被开发出来。而后人类社会所经历的两次世界大战及航空电子工业的发展需求推动了电镀金属种类及制程工艺的进一步发展和完善，到 19 世纪 50 年代，包括镀硬铬、铜合金电镀以及氨基磺酸镀镍、镀锌、镀锡等工艺相继被开发出来，这一过程中，电镀装备如电镀槽及其他电镀辅助装备也获得了极大进步，使得被镀覆物体扩大到许多较大型和形状不规则的特定工件范畴。而在电子电路制程及电子元器件制造产业链中，用于实现印制电路板（printed circuit board，PCB）层与层之间高密度互连的盲孔、通孔的孔金属化目前主要是采用电镀填孔（via filling plating）技术来实现的，用于集成电路（integrated circuit，IC）制程中的大马士革镶嵌工艺及其铜图形化的电镀技术已是电子芯片的关键技术之一。电镀作为电子制程工艺常扮演着举足轻重的角色，以电子电路制程为例，为保证多层电路板之间电路系统连接的可靠性，用于层间互连的盲孔需要被导电金属材料完全填充，且其填充材料处呈现圆柱体形状，其完全无空隙的金属填充不仅有赖于电镀时间、电流密度和电流效率等，而且与电镀液组分、搅拌及盲孔形状相关，上述诸多因素直接影响面铜厚度及盲孔的填孔率等指标。此外，精密电子工业、微电子及光电子工业中常采用无机陶瓷作为制备精密电子封装基板的关键绝缘材料，陶瓷基封装基板具有良好的散热性能，可以满足功率型发光二极管（light emitting diode，LED）电子元器件的高散热性能要求，而电子电镀作为陶瓷基封装基板的电子电路制程工艺具有举足轻重的作用，直接关系到陶瓷基板可靠性等。综上可知，电子电镀不仅起到装饰或防护的作用，更重要的是赋予电子产品功能性镀层，如在各种电子材料上电子电镀各种单金属及其合金材料来获得导电、导波、导磁等功能性镀层。无论是应用于芯片制造领域的大马士革铜互连电镀技术、电子封装中电极凸点的电沉积金属技术，还是 PCB 的层间孔金属化电镀填充技术，电子电镀作为最先进的电子制程工序之一，目前已广泛渗入整个微电子制造领域，且有向微机电系统（micro-electromechanical system，MEMS）、微传感器等微器件的制造领域进一步延伸的倾向。

电镀又称电沉积，由阴、阳极和电解液形成阴阳极回路，在外电源提供的电流场的作用下，镀液中的金属离子沉积到阴极镀件表面并形成平滑致密的金属覆盖层。电子电镀技术的进步直接关系到电子产品制程工序的创新与变革，在很大程度上展示了最新的电子工业制程水准。传统的电镀作为材料的表面处理技术主要涉及被镀覆材料的电镀均匀性及材料装饰性效果等，而电子电镀除了满足传统电镀的防腐与装饰性要求外，还需要满足电子产品的功能性电镀的特殊性。例如，PCB 孔金属化的非均匀性电镀铜柱层、陶瓷厚膜金属工艺层的孔致密化等电子电镀有别于传统电镀。鉴于电子电镀的应用领域主要是面向技术含量高的电子产品制程工艺，与常规的材料表面装饰、满足基体材料防护性的传统电镀相比，电子电镀在镀液组成、添加剂功能、流体搅拌精度、沉积速率分布和电镀方法等方面均有不同，其对涉及的流体动力学、界面吸附和电催化结晶理论与技术的要求非常高，在某种意义上，电子电镀已成为一门独立于常规电镀电子产品制程的专门技术。

随着电子工业的发展及科技的进步，电子电镀技术在电子产品制造及电子封装中所涉及的制程工艺领域获得了进一步的拓展，目前不仅在电子元器件及电子电路制作领域广为使用，而且其金属镀层的应用已遍及我国经济活动的众多生产和研究机构，在微电子封装、陶瓷基板致密化、超大规模集成电路（very large scale intergration circuits，VLSIC）和特大规模集成电路（ultra large scale intergration circuits，ULSIC）多层互连制备工艺等生产实践中有着重大意义，其主要作用如表 1-1 所示。

表 1-1　电子电镀在电子工业中的主要作用

电子部件产品类	主要作用	说明与举例
PCB	电气互连 导热 "三防"与可焊性	高密度互连（high density interconnector，HDI）板层间互连的盲孔、通孔填孔电镀；印制电路板表面电镀镍金等
陶瓷基板致密化	改善导电、导热性能	与未经处理的陶瓷封装基板相比，经过致密化处理的陶瓷封装基板应该具有更低的方块电阻及更好的导热性能
VLSIC 和 ULSIC 多层互连制备工艺	电气互连，耐离子迁移	金属布线多层互连结构，主要包括局域互连、金属互连线和上下层金属线间的互连
动态随机存取存储（dynamic random access memory，DRAM）内存技术	优化金属扩散阻挡层的性能以满足包括经时击穿（time dependent dielectric breakdown，TDDB）、后道 RC（电阻电容）等方面的电学要求	进一步拓展铜籽晶的间隙填充能力

在传统的材料防腐的表面处理技术中，电镀作为防止活泼性较强金属基体腐蚀的一种表面处理方法，其防腐机理与电镀覆层技术越来越成熟可靠。例如，汽车铁质外壳如不采取防腐措施极易发生腐蚀、印制电路表面铜线遇到苛刻腐蚀环境时易发生腐蚀而失效，因此材料的防护对材料的可靠性具有重要意义。实际上，当前腐蚀与防护控制技术已经成为一个专门的研究领域，材料的防腐及其可靠性直接关联到工程建设与工程项目的安全运行，侯保荣院士曾指出在金属材料腐蚀领域采取有效的材料防腐与防护措施，腐蚀造成的经济损失将大幅度地减少25%～40%。电子电镀所涉及的镀覆层具有导电功能性，同时具有防护与可焊性及装饰镀层的效果。以PCB制程工艺为例，在铜电子电路的表面电镀镍、金，铜金属表面的镍金层就具有装饰性、材料防护与可焊接性的特点。通常基材表面镀覆层具备的功能特性与其防护性是分不开的。众所周知，高耐磨性材料是现代新材料制备领域的核心，在世界各国的新材料科研生产领域中，耐磨材料占据了重要的一席之地，支撑并促进了电子发动机气缸、电子粉料研磨球、航空冲模内腔等科技的快速发展。磁性材料如微波磁性材料、电子陶瓷材料、磁存储与磁记录材料、磁电复合材料等广泛应用于移相器、环行器、磁光开关、电磁干扰（electromagnetic interference，EMI）滤波器和吸波元件等电子器件系统，电力工业领域常将永磁材料用于马达，或应用于输电变压器中的铁心材料等。一些具有单金属及合金镀层的材料因其镀层的特殊功能性而被应用在不同的材料领域（表1-2），满足了功能性电子镀层在不同使用环境下的生产生活需求。

表 1-2 功能性电子镀层的应用领域实例

镀层作用	镀层材料	应用举例
耐磨性	铬、铑等其他硬金属	电子发动机气缸、电子粉料研磨球、航空冲模内腔等
导电性	银、金、铜、镍等	HDI电路板层间互连、集成电路电气互连等
导热性	铜、铝等	高散热金属基印制电路板、陶瓷基板金属层等
磁性	铁镍、镍钴等	磁性天线、电感器、继电器、振动子、电视偏转轭、传感器、微波吸收材料、电磁铁、磁场探头、磁性基片、磁场屏蔽、电磁吸盘、磁敏元件等
可焊性	锡、锡铅、银、银钯合金等	改善电子元件焊接性
防渗性	铜	防止电子器件局部渗碳、渗氮、碳氮共渗等

随着电子信息产业的发展和科技的进步，新的交叉学科不断涌现，对功能性材料的要求更为苛刻。以PCB制造业为例，早在2006年我国就超过日本成为世界印制电路制造第一大国。以2010年为例，我国印制电路行业总产值（约220亿美元）占全球产值的39%。尽管我国早已成为印制电路制造产值第一大国，但不是印制电路制造的技术强国。以高技术含量及附加值高的高密度互连（HDI）印制电路板及封装基板为例，欧美跨国公司在PCB制造设备、专用电子级材料、电子级化学品（如电镀铜填埋盲孔配方、添加剂等）领域具有领先优势。Cu互连微盲孔填充电镀技术是实现多阶任意层互连HDI印制电路板、封装基板制造最为关键的技术。目前微盲孔金属化所用的钻孔及电镀设备等为欧美等发达国家所垄断，例如，安美特公司在电镀填孔的设备——水平电镀线领域具有领先优势。印制电

路是电子工业重要部件,从目前的 HDI 及其 Cu 金属互连情况来看,为保证电路连接的可靠性,印制电路金属化孔要有良好的机械韧性和导电性,微盲孔填铜无缝隙和孔铜出现,"超级填孔"时在完全填充铜的同时控制面铜的沉积厚度。通过多种添加剂的协同作用达到超级填孔是一种行之有效、经济效益显著的电镀方法。在过去的几十年里,非对称性电镀过程中添加各种各样的有机添加剂已经引起越来越多的关注。鉴于铜离子在电解液介质中的电沉积是一个非常复杂、研究难度大的过程,电镀添加剂体系中的金属离子还原速率抑制、加速机理研究及开发经济、环保型添加剂已经成为当今微电子电镀领域的重要课题。在当今电子信息技术飞速发展的过程中,对各种功能材料和结构材料的需求与日俱增,电子电镀作为制备功能性材料的一种重要手段,越来越受到电子产品生产部门的重视。目前电镀生产所承担的任务,已经由原来的以对某些零部件的表面加工及追求均镀层服务为主,进一步发展到功能性材料制备及非等向性垂直电镀沉积物的制备,使电镀技术的发展进入了一个新的阶段。

电子电镀工业对我国经济发展的作用是巨大的,珠江三角洲(简称珠三角)、长江三角洲(简称长三角)这两个地区的电镀产值约占全国产值的 60%,以电子信息产业大省广东省为例,从广东省电镀工业对广东省工业发展的贡献可以说明:以新兴的电子信息工业为例,1991~2016 年,广东省电子信息业产值规模总量在全国位居首位。仅在 PCB 制造领域,2016 年臻鼎科技控股股份有限公司、深南电路股份有限公司、深圳市景旺电子股份有限公司销售收入就分别超过 169 亿元、45 亿元和 32 亿元,这些企业的发展都离不开电镀工业的发展。①IC 生产中的中央处理器(central processing unit,CPU)和其他大规模集成(large scale intergrated,LSI)电路的封装都首选电镀和化学镀技术;②大规模集成电路的 PCB 上的片式电阻和片式电容的生产都需要采用振动电镀技术,且环境友好型电镀液解决了片式电阻、电容元件无损电镀的要求;③我国这些年 PCB 产业的发展为世人瞩目。截至 2006 年我国已成为世界第一大 PCB 生产国,PCB 生产的主要工艺是电镀,包括通孔电镀(化学镀铜)、图形电镀(电镀铜)、镀锡、化学镀镍金;④微、特电机的轴必须使用化学镀以提高硬度和耐磨性能。电池生产中的电极材料泡沫镍就是用电镀方法加工的。电视机、音响、麦克风、计算机等中很多零件都要进行电镀以提高耐蚀性。在传统的制造领域,电镀同样具有举足轻重的作用。例如,在汽车制造业中,汽车的轮毂、消音排气管、电路印刷板、高级装饰板等都离不开电镀。上述例子足以说明,工业的发展离不开电镀工业,特别是电子电镀工业对电子信息产业的发展的作用巨大。

在我国现代化建设过程中,既要大力发展生产,又要保护环境及节约能源资源。因此,电镀工业在提高镀层质量的同时,还必须深入研究,在满足一定要求的前提下,减薄金属镀层的厚度,使工艺过程中的能耗尽可能地降低,设法减轻对环境的污染和降低污水处理的费用等。总之,只要充分发挥电镀工业的特点和长处,经过大量的科学实践,就一定能使其在我国的经济发展中做出更大的贡献。

第二节　电子电镀工业的发展状况

从 1840 年申请的镀银专利技术开始,电镀作为重要的金属材料表面处理技术已经走过了 170 多年的发展历程,特别是随着第二次世界大战以后的电子科技的快速发展,电镀技术及电镀设备等已从传统的防腐与装饰性的均匀性电镀向高耐腐蚀及非等向性电镀互连线的功能性电子电镀方向发展。随着电子电镀技术在电子封装领域的创新发展，新的电镀工艺、电镀添加剂和电镀设备不断取得突破、推广和应用，在高速电镀、无氰化电镀及爆发填孔电镀等领域开创了前所未有的崭新局面，极大地拓展了电子电镀的应用领域。

一、传统电镀行业发展状况和特征

在改革开放后，我国的电镀行业因市场对金属防腐、装饰及功能材料的需求获得了较快的发展，尤其是在珠三角与长三角地区，涌现了一大批从事 PCB 电镀的企业。近年来，随着电子企业由沿海往内陆迁移的趋势，电镀过程所引发的环境问题也越发受到重视。但目前珠三角、长三角仍然是电镀厂点集中分布的区域，集中了约 40%的电镀企业。目前分布在各行各业的电镀企业有两万余家，其中机械工业领域占 33.8%、轻工业占 20.2%、电子工业占 5%～15%。PCB 中的电子电镀工艺主要涉及镀铜、镍、锡、金等。电镀工序作为 PCB 制程中的工序之一，存在着规模小、厂点多、污水处理分散等特点，近年来电子工业园区内电子厂的电镀污水采用统一回收后进行处理，这极大提高了企业的效率。总体而言，目前我国电镀企业的分布较为分散，一些现代化程度较低的电镀企业，其单位面积镀层的物料损耗、水电损耗与国外先进电镀企业相比差距还较大，电子电镀技术的自主改造和技术创新发展缓慢，因电镀企业在不同行业及不同区域分布厂点众多，目前还未能形成行业巨型的龙头企业，电子产品制造企业中使用的电镀工艺及装备主要采用引进方式，但因缺乏完整的技术吸收和电镀工艺推广，导致大量的电镀工序重复引进和资金浪费，尤其是在与欧美存在较大差距的专用电镀添加剂方面。

近年来，传统的防护与装饰性电镀产品的市场需求相对稳定：①装饰性和耐蚀性电镀技术不断适应市场需求，如作为汽车把手的珍珠镍镀层所具有的装饰性效果、仿金的工艺品等都一定程度地满足了人民群众对美好生活的需求，金属材料的防腐更是涉及日常生活的诸多方面，如跨海大桥、船舶等金属构件的防腐措施直接关系到产品设施的安全运行，对金属材料的耐蚀性要求将有明显的增加；②环境保护政策的严格实施有利于电镀技术的升级换代，清洁电镀技术将进一步取代含有毒有害电解液的电镀技术；③喷涂、化学气相沉积和物理气相沉积技术的发展会取代部分传统装饰性电镀，但对电镀仿金等工艺品及功能性材料的电镀覆层产品的需求有上升的趋势；④电镀行业的清洁生产技术有待进一步提高。在电镀领域，传统的污水处理注重末端处理，尽管末端污染控制技术获得了极大的成功，但电镀企业污水处理成本较高。如果在电镀的整个处理过程中考虑减排废水，改革工艺流程，从源头上开展清洁生产，则能有效减轻末端治理的成本压力，大大节约水资源。现实生活中，仍然有极个别的电镀企业存在环保意识不强、治污流于形式，甚至偷排电镀污水等情况，给当地环境带来了极大的安全隐患。目前国家急需在非氰化物镀贵金属、镀铬层替代电镀等领域获得关键性技术突破，真正实现在电镀工艺过程中电镀减废 5R 原则：减量（reduction）、再生（regeneration）、循环（recycling）、再用（reuse）与回收（recovery）。与传统的末端治污相比，源头减污是电镀领域一个潜在的技术源头，可以从电镀前处理如酸洗的缓蚀剂技术、电镀液配方、电镀工艺、被镀覆基材与工艺设备等诸多环节，优化综合治理措施，从源头上减少水资源的消耗，促进电镀工业污染治理从单纯的末端治理向污染预防转变，尽可能通过清洁生产措施来减轻或消除电镀污染对人与自然环境的危害。电镀行业目前还是主要采用水溶液作为电解液，存在耗水量大的特点，因此应该通过开展科技创新，改造传统的电镀制程技术，推进节水节能的镀液配方及其新工艺。

二、新兴电子电镀行业发展状况和特征

电子电镀于电子工业而言，不仅是电子材料表面装饰或防腐性表面加工工艺，也是涉及功能性电子产品部件制造的重要制造技术组成部分。一些用其他工程技术或工艺难以解决的问题，可以通过电子电镀技术加以解决。例如，微电子制造中的集成电路封装基板的微纳槽沟的孔金属化技术，就是将宏观的槽沟填孔电镀成型的电沉积场非均匀分布技术用于微型电子电气互连制造的领域。电子电镀中功能性电子元器件制造技术本身，就为电子产品制造的工程技术空间留下了可期的技术途径。电子电镀不只是沿用传统的已经在其他工业领域成功应用的电镀技术，如陶瓷等非金属电镀技术用于印制板制造等，而且可以开创一些为满足电子产品需要而开发出的新功能性电镀技术，用于新产品的工程实现。例如，微纳孔致密金属化技术在陶瓷封装基板的电学性能影响方面，与未经处理的陶瓷封装基板相比，经过致密化处理的陶瓷封装基板具有更低的方块电阻和更高的导热性能。在半导体芯片制造领域中，芯片互连线的宽度小于130nm时，互连金属线的粗糙度、电阻及封装基板的电容效应等是制约半导体芯片传输速率提升的主要因素。为了获得芯片高速信号的传输稳定性，常采取如下措施：①减少互连线长度、降低互连线电阻的同时优化集成电路布线设计；②采用电阻率低的互连线金属材料来降低电阻，例如，采用铜取代铝进行电路布线使得导线电阻率降低了40%，且铜电子电路布线的抗电子迁移性好，有利于芯片高速传输的可靠性；③使用低电阻率（ε）的基材，即低介材料以降低基材的电容，低介材料在半导体及高频高速印制电路板制造中具有广泛的用途，如IEEE国际互连技术会议（International Interconnect Technology Conference，IITC）、国际电子器件会议（International Electron Devices Meeting，IEDM）和固态元件与材料（Solid State Devices and Materials，SSDM）等国际会议均有报道。

功能性镀层技术的发展极大地拓展了电子电镀技术在电子工艺制程中的应用，在电子封装领域的电子电镀可以实现电子电路与功能部件的电气互连作用，其电镀的意义在很大程度上是针对其导电性能，以PCB制程为例，多层印制电路层间电路互连主要是通过盲孔或通孔孔金属化来完成。层间互连的电镀填孔一直是现代电镀研究的重点领域。最早开展此项目研究的美国IBM公司研发团队在1998年指出，电镀填盲孔主要是通过在电解液中添加多种功能不同的电镀添加剂并配合流体传质的特点及盲孔形状来改变电镀添加剂在沉积金属表面不同位置的浓度梯度分布。我们知道添加剂在金属表面的吸附及催化机制直接影响该区域金属离子的还原速率，电镀添加剂的差异性分布，使得盲孔孔底形成高电流密度区，而在板面形成低电流密度区造成PCB板面沉积速率减缓，因此形成孔底上移的电镀铜柱模式。随着电子通信终端功能的提升，5G通信技术得以迅速发展，这对

高密度互连印制板提出了更高的要求，线宽线距及盲孔孔径等越来越小，盲孔孔径从 3mil（1mil = 25.4μm）降至 2mil 乃至 1mil。然而，微盲孔孔径的小型化给钻孔及孔金属化都带来了挑战，例如，孔径在 200μm 以上可以采用常规的机械钻孔，孔径小于 100μm 时通常需要采用先进的激光钻孔技术；盲孔孔径较大可以采用直接灌注导电胶的方法获得盲孔电气互连，而当盲孔孔径较小时，灌注导电胶工艺带来了众多的困扰。此外，随着大功率器件的使用，导电胶的散热性能不及电镀填孔的金属导体的散热性能。目前大多数 PCB 公司所使用的电镀填盲孔中的电镀液配方主要是欧美日等跨国公司的产品配方，如美国安美特（Atotech）和德国巴斯夫（BASF）公司的电镀装备及其电镀液配方。因 PCB 电镀填盲孔是整个电路板制造中最为核心的技术，电镀液配方等作为商业机密大多由外国厂商所掌握。我国的电子电镀技术虽然具备了一定的发展基础，但与我国发展迅猛的电子信息产业的市场需求相比，电子电镀技术就显得较为薄弱，高品质的非等向性电镀液配方较少。日益增长的电子电路制程工艺提升及优质的孔金属化填孔的技术需求，使高性能的电子电镀填孔技术的发展迫在眉睫。

电子产品除了对导电性能的要求，在磁性能、微波特性、光学性能、热稳定性等多种功能性方面都有不同的要求。所涉及的镀种包括贵金属电镀、合金电镀、复合电镀及纳米晶镀层电镀等。最常用的电子电镀工艺有镀金、镀银、镀锡或锡合金、镀铜、镀镍、镀铜-锡合金等。除了这些常规工艺，化学镀和多元合金电镀、复合电镀、纳米晶镀层电镀专用于电子类产品的镀种也很多。即使是常规的镀种或通用的电镀工艺，在用于电子产品时，也因为产品功能性方面的要求而需要对工艺做出适当调整以适合电子产品的特殊需要。

第三节　电镀层的分类及选用原则

电镀是通过电能转化为化学能在电解液中发生金属离子还原的电沉积反应。电解反应与电镀反应同属于电化学的范畴，其共同点是均发生了氧化还原反应，但电镀与电解反应的不同之处在于，电镀过程通常在阴极表面获得金属镀层，而电解反应在阴极表面还可能是析氢反应。在早期，电镀是材料表面工程防腐与装饰的重要手段，然而材料表面具备的特殊条件，如导体、绝缘体、自催化活性等，在绝缘体材料表面需采用化学沉积方法来获得镀层，这使电化学沉积方法拓展到了化学沉积法用来作为新材料的研发和制备的途径。传统的电镀更多地局限于腐蚀和防护方面的表面工程，例如，制备纯金属、合金和直接电铸用以生产所需工件。而近年来发展迅速的电子电镀技术常用来制备不同类型的粉末、纤维和晶须等的复合材料。此外，电子电镀技术在薄膜型半导体元件、显示器件、光敏电阻、电容、光导、电导、磁导与记忆元件的制备领域具有巨大的市场潜力。通常来说，电镀工艺一般均使材料表面处于非平衡状态或形成介稳结构，材料表面的镀覆层不能被简单地视作在基底材料表面上附加的装饰层，因为基底材料与镀覆材料表面性能均有不同，侧重于材料表面工程处理技术的电镀对镀层的共性要求有：

1）镀层与基体，包括镀层与镀层之间，应有良好的结合力。

2）镀层镀覆在工件表面上，其镀层厚度的分布应均匀，且电结晶颗粒应细致。

3）镀层应具有规定的厚度和尽可能少的孔隙。

4）镀层应具有规定的各项指标，如表面粗糙度、硬度、色彩及盐雾试验耐蚀性等。

一、电镀层的分类

从 1840 年的镀银单金属电镀发展至今，常用的单金属电镀有 10 余种，而元素周期表上的众多单金属中，可以在水溶液中进行电沉积制取单金属的有 33 种。而含有两种或两种以上元素的合金镀层的种类众多。镀层的种类按照镀层组合形式通常分为单层、多层、复合金属镀层等三类。

1）单层金属镀层：如 PCB 铜线路镀锡作保护层和可焊层使用。

2）多层金属镀层：多层镀层可由不同功能的金属镀层组成，如汽车工业中具高耐腐蚀性的三层镀镍防护层，铜-镍-铬三层结构的多层金属镀层，其中铜镀层具有缓冲应力的作用等。

3）复合金属镀层：在悬浮液中进行电镀沉积金属的方法使得电解液中固体颗粒与金属离子在预镀覆材料表面发生共沉积，从而获得在沉积金属层中弥散分布固体颗粒结构的复合镀层。含有不同固体微粒的复合镀层具有不同的功能特性，若复合镀层中含有 SiC 颗粒，则复合镀层具有高硬度、耐高温特性；若复合镀层含有 MoS_2 颗粒，则镀层具有自修复特性及润滑性。在悬浮液中加入不同的固体颗粒，通常可以使得复合镀层具备耐磨、自润滑、耐蚀、装饰、电接触等功能镀层的特点。

若按镀层的作用分类，电镀通常分为三类：赋予或改善产品的表面状态或使表面结构具备某种有用的功能。按照行业习惯，一般将镀层区分为防护性、装饰性或功能性三类。

1）防护性镀层：电子产品乃至全部的贱金属材料在实际使用过程中，材料遭遇腐蚀是最常见也是对电子产品寿命影响最大的问题之一。产品生锈不仅使外观受到损害，而且在大多数情况下诱发电子产品的失效并产生破坏作用。例如，电子部件的防护性镀层，其防护性能包括化学性的防护（即防锈）和机械性的防护（即抗磨或减摩）等。通常来说，金属活动顺序表的常见形式如下：钾钙钠镁铝锌铁锡铅（氢）铜汞银铂金（K Ca Na Mg Al Zn Fe Sn Pb (H) Cu Hg Ag Pt Au），从前向后金属活动性逐渐减弱。实际上，电子产品的可靠性不仅取决于电镀层的防护，其他如焊接工艺也会直接影响电子产品的可靠性。某电子仪表控制板铜线的焊锡层，在运行一段时间后的腐蚀形貌图如图 1-1 所示，其无源器件电容、电阻均发生了严重腐蚀，并在通电情况下加速腐蚀，其等效电路如图 1-2 所示。

在通电流的情况下，直流电源（高电位）电流经过导线（可以是铜线/铜焊盘）流向焊点（锡或铅），导线与焊点接触良好，即导线接触点处不存在电解装置，电流通过锡/铅金属导体后流向阴极，但在焊锡与阴极（可以是锡或铜或铅）接触部位内残存杂质或气体或吸潮的情况下，容易形成电解池装置，此时，锡等金属作为阳极被腐蚀掉，而阴极部位因牺牲阳极保护效应（电位低于阴极金属放电子电位）得到保护。此外，即便是防护性的镀层也不能不考虑其外表的装饰功能。实际上，现代的材料表面工程处理通常具有防护与装饰的双重功能，防护与装饰两类功能在实际运用中必须被同时考虑而不能割裂开来。

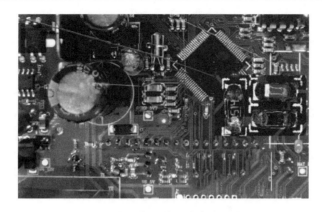

图 1-1　电子产品镀层的腐蚀形貌图

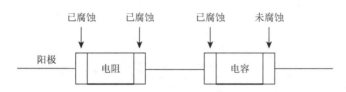

图 1-2　某电子仪器主板腐蚀的等效电路图

2）装饰性镀层：在日常生活中装饰性电镀层的应用非常广泛，如汽车铭牌、汽车把手、镀金餐具等，实际上装饰性电镀往往也需要考虑镀层的防腐性能。例如，在铜线路上镀镍金层的印制电路板，镍金层作为铜线路的保护层，既具有防护及装饰的功能，又具有可焊性及耐磨性能。仿古电镀、五金电镀也常需要考虑装饰性的目的。

3）功能性镀层：随着现代智能电子产品的发展，对各种光、声、电、磁功能性电子材料制备方法的要求越来越苛刻，且依据电子产品使用的环境差异，有些功能性电子材料表面还需具备诸如耐磨性、润滑性、耐高温性和可焊性等特点。因此，电子电镀作为一种界面技术，已从传统的防护和装饰技术发展到功能性电镀技术，以满足复合功能性镀层的电子材料发展的需求。

不同的金属在水溶液中具有不同的氧化活性，即不同金属的活泼程度是不一样的，可采用金属与酸发生析氢反应来判断其活泼性，或采用金属的电化序来判断金属的活性等。从电化学防腐的角度考虑，通常按电化学性质将电镀层分为以下三类：

1）阳极性镀层：即镀层金属的活泼性比基体大，在使用条件下，当镀层完整时对金属基体和外界起隔离作用而保护基体，当镀层破损后，镀层金属又会在电化学腐蚀中充当阳极率先腐蚀而保护基体不受腐蚀，具有牺牲镀层保护基体的特点。

具有一定厚度的镀层因孔隙率较少而对被镀覆基材具有良好的保护作用，实际上，从电化学防腐蚀的角度来说，采用阳极性镀层时，尽管镀层表面有大量的孔隙存在，但腐蚀发生时阳极性镀层能使得纵向腐蚀转变为横向腐蚀，从而大大减缓被镀覆基材的腐蚀。铁基材上镀单层镍与双层镍的腐蚀效果如图 1-3 所示，腐蚀攻击首先作用在光亮镍层上，当腐蚀到基材时，光亮镍镀层大部分被腐蚀掉，所以在使用时，多采用双层镍镀层，这样比单层镍防腐效果有明显提高。镀层光亮镍基体金属的电位比半光亮镍基体金属的电位低的镀层称为阳极性镀层。例如，海洋环境下在铁质材料件上镀锌、镀镉，有机酸环境下在铁制品表面镀锡等，当发生电化学腐蚀时，这类镀层的特点是形成腐蚀微电池（图1-4），处于阳极的镀层金属不断损耗而基体金属得到保护。所以率先腐蚀的是阳极性镀层金属（如锌、镉，相对钢铁制品而言），对基材（如铁质）起电化学保护作用。并非所有比基体金属电位负的金属都可以用作防护性镀层，因为镀层在所处的腐蚀性介质中如果不稳定，阳极层将迅速被腐蚀，失去对基体的保护作用。例如，活性较高的锌金属在大气中能成为黑色金属的防护性镀层，就是由于它既是阳极镀层，又能形成碱式碳酸锌保护膜，在大气环境中很稳定；但在海水中，尽管锌对铁基材仍是阳极镀层，但海水中含有大量氯化物，氯化物对锌具有强腐蚀性，所以，航海船舶上的仪器不能单独用锌镀层来防护，而用镉镀层或代镉镀层较好。

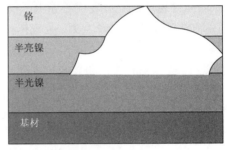

图 1-3　某铁质基材单层及双层镀镍腐蚀效果图

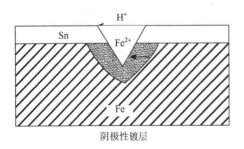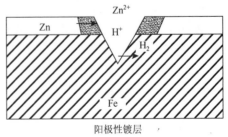

阴极性镀层　　　　　　　　　　　　阳极性镀层

图 1-4　阴极性镀层与阳极性镀层防腐蚀效果图

2）阴极性镀层：即金属基体的活泼性大于金属镀层的活泼性。例如，铁基体通过电镀的方法在其表面镀覆一层铜（或镍、铬、金、银等）镀层。通常来说，阴极性镀层与金属基体间存在孔洞，在腐蚀环境下容易形成腐蚀电池效应，基体金属通过孔洞中腐蚀性液体失去电子，这会加速基体金属的腐蚀。阴极镀层只有足够厚时才能隔绝基体金属与腐蚀介质的接触，从而起到保护基体金属的作用。

从材料的使用经验来看，通常随着腐蚀环境的变化，介质与工作条件的不同，阴极或阳极性镀层的电极电势发生变化，因而镀层究竟是阳极性镀层，还是阴极性镀层，要以镀层所处的介质和环境来确定。例如，对铁金属而言，一般条件下在铁基体上镀锌，锌镀层是典型的阳极性镀层，但在 70～80℃ 的热水中锌的电极电势却变得比铁高，因而成为阴极性镀层；又如，镀锡对铁基体来说，在一般条件下是阴极性镀层，但在有机酸的腐蚀介质中却变成阳极性镀层。

二、电镀层材料的选择原则

重要的电子功能载板如 HDI 印制电路板和 IC 封装基板，其中负责电路板内部电气连接的线路必须依赖盲孔与通孔作为连接，以完成信号的传输，但随之产生的是微盲孔的孔金属化问题。传统的盲孔互连工艺，一般是采用导通孔填塞导电胶为主，但随着电子元件尺寸及微盲孔孔径的缩小，采用填充导电胶在工艺上变得极为困难，且填充导电胶工艺还存在着残存气泡等隐患。此外，在一些功率型的电子器件封装中，其封装基板在提供器件之间电气互连的同时还需具备如下特点：①具有支撑安装裸芯片或封装芯片的功能；②具有高散热通道及高散热性能；③良好的导体表面光滑度及高频高速电路信号损耗小。封装基板的电、热、机械和化学性能对于电子系统可靠运行具有重要的影响，而盲孔孔金属化等直接关系到基板的层间互连孔的散热性能。在微盲孔中导电胶的散热及致密性与电镀填孔相比存在一定的差距。因此，为了满足 HDI 印制电路板和 IC 封装基板多阶任意层互连性能及信号传输速率进一步发展的要求，使用电子电镀来完成盲孔填孔技术已成为当前微电子加工领域的重要工序之一。那么，电子电镀金属的种类、形状和性质是否会影响被镀覆基材及其系统的电子功能实现呢？显而易见，不同的镀层基材因导电性、导热性能、热膨胀系数和表面粗糙度等直接影响电子系统的可靠运行。例如，VLSIC 系统为了减少电子电路的 RC 信号延迟，常采用增加互连线的横截面和线间距的方法，这样就会使得每层布线单位内的连线长度减小。此外，材料的导电性能直接关系到信号传输的可靠性，例如，Cu 的电阻率比 Al 低 35%，铜金属作为电子电路导电材料可使互连延迟减小五分之二左右，而抗电迁移特性要比铝金属高两个数量级左右，因此采用功耗低的铜金属互连线极大地提高了 IC 电路的可靠性。实际上，镀层在实现特定功能（如电气互连）时还需要考虑材料的防腐与离子的扩散迁移性能，我们知道尽管铜金属比铝金属有更好的电导率和抗电迁移性，但铜金属作为电子互连线自身也存在一些问题：①在半导体芯片中 Cu 原子容易在 SiO_2 中扩散，导致 SiO_2 的介电性能退化，严重时会引起器件性能的退化甚至失效；②铜金属耐腐蚀性较差，在空气中易发生氧化反应。因此在实际应用时需要在铜金属与硅基材之间沉积一层保护介质层，以阻止铜原子的扩散、改善铜金属的防腐性能等。

综上所述，材料表面的镀覆层除可以起到装饰工件表面的作用外，还可因金属镀层本身所具有的特殊功能性，使得被镀覆的工件具有光、声、电、热和耐磨等功能，如赋予电子产品表面镀覆层的电子三防（防湿热、防霉菌、防盐雾腐蚀）功能等。微电子功能材料采用电沉积金属及合金的精密加工方法，需要考虑到基材与镀层材料的适配性，例如，铜基材表面镀覆一层金时，铜与金原子相互扩散导致铜金结合界面呈疏松状且结合力下降。因此，在综合考虑镀层应用目标及工艺、成本等因素的前提下，通常镀层材料还要满足如下要求。

1）零件的工作环境及要求：绝大多数零件要求电镀层有良好的防护性，环境因素是金属材料发生腐蚀的根本条件，如大气环境（工业性大气、海洋性大气）、工作温度、湿度、介质性质、力学条件等，所以环境因素是选择镀层时首先需要考虑的问题。与此同时，电子材料大多会在较强的电流下持续工作，因此还需要考虑金属离子的电迁移性。此外，通常还需要考虑电子材料的电性能、磁性能等特定的功能。

2）零件的种类与性质：被镀覆的基体材料的品种和物理、化学性质对电镀工艺具有较大的影响，例如，在铜基体上镀镍与在镍基体上镀铜的工艺完全不同，且在镍基体上镀铜需要有预镀工序。此外，从被镀覆材料的防护来看，采用阳极性镀层有利于被镀覆基材的保护。例如，钢铁材料常采用镀锌层作为阳极性镀层以保护钢铁基材不被腐蚀。汽车外壳钢材常采用铜/镍/铬镀层，其相对于钢铁基材而言属于阴极性镀层，为了进一步保护钢铁基材不被腐蚀，常采用三层镍，且三层镍电镀液配方并不相同，经典的防腐结构为铁/铜/暗镍/高硫镍/光亮镍/铬镀层。日常生活中所使用的贵金属、不锈钢、轧制的磁合金材料及镍铜合金等通常不需要进行防护性电镀，而在大气环境下较为活泼的金属如碳钢、低合金钢和铸铁工件等通常需要进一步的防腐处理，如镀锌、镉后经过钝化处理可获得良好的镀层稳定性。铜电子电路基材产品通常采用镀镍金方法加以保护。

3）零件的几何形状及尺寸公差：被镀覆的零件结构呈不规则或多孔状，电镀前除油除锈工艺需要在超声波中进行，电镀时采用滚镀并应选用覆盖能力及分散能力良好的镀液，否则在凹洼孔的内部无法镀上镀层。一般情况下，与电镀相比，化学镀对于形状复杂的工件具有更好的均镀能力。对于镀层尺寸公差较小、要求严格的精密零件，必须采用性能良好的薄层。

4）镀层的性质及使用寿命：镀层材料可以改变基体材料的表面性质，可以延长零件的使用寿命，但并非是永久性的。选用镀层防护材料的性质与寿命要和零件的具体要求相适应，满足预期的目的，使得零件在使用期内能安全可靠地工作。此外，不同镀层的性质既有共性也有差异，因此产品进行电镀加工时，应根据不同的工作条件和环境，同时结合电镀加工成本来选择适当的镀层。

5）镀层的定向性沉积：不同于传统的镀层表面的均匀性电镀层，定向性的大电流密度电沉积主要发生在孔型的底部，不同的电镀添加剂在搅拌时因被镀覆件的几何形状、传质系数及吸附/消耗等差异而在镀层表面非均匀分布，造成不同的沉积区获得的电沉积金属速率并不相同。最早开展电镀填铜研究的 IBM 公司在 1998 年指出，在电镀液中添加许多特定的有机添加剂可改变微盲孔沉积区域的电流密度：在孔底形成高电流密度区，使得孔底沉积速率加快，而在板面形成低电流密度区使板面沉积速率减缓，因此形成孔底上移（bottom-up）的沉积模式，借以调控微埋盲孔板面及孔底的沉积速率，使其达到超级填充（super filling）的填孔模式。

习　　题

1. 电子电镀在电路板制程中的作用是什么？
2. 电镀层从电化学防腐的角度可分为哪几类？有何特点？
3. 镀层的种类按照镀层组合形式可分为哪几类？
4. 电路板及其封装基板在使器件之间电气互连的同时还需具备哪些功能？
5. 什么是阳极性镀层？
6. 铜线路镀金之前为什么要预镀一层镍？

第二章 电子电镀基础知识

第一节 电化学基础

第二次世界大战以后，电化学暂态技术的研究与应用获得了新的突破，研究人员借助电化学与光学和表面处理技术可以快速获取复杂的液固界面的电极反应及界面信息。电化学作为电镀技术所依赖的基础理论，是物理化学研究领域中一个重要的分支学科，电化学理论及测试方法极大地促进了固体物理、催化、生命科学的发展与创新。电化学作为物理化学众多研究分支中唯一以大工业为基础的学科，其主要应用领域包括电子电镀、电抛光、电渗析、电泳涂敷、电铸、电解、化学电源、腐蚀与防护等，如电解工艺在氯碱工业和铜、锌金属的精炼中的应用，电渗析除去氰化物和铬离子污染物在环保领域的应用，电化学腐蚀机理在金属腐蚀与防护领域的应用。此外，电化学机理及测试方法在肌肉运动、神经的信息传递等生物研究领域的应用进一步拓展。事实上，在不同的电解液及被镀覆材料的表面可能存在着化学或电化学反应的可能性，电镀时金属离子还原反应所需电子由外电源提供，而化学镀反应所需电子由电解液中还原剂所提供。考虑到电解液中发生电化学反应的形态、性质及目的不同，还存在着不完全类似电镀的电精炼、电铸、电解清洗、电抛光等电化学反应模式。例如，在含锌杂质的铜棒中提纯铜金属的电解方法称为电精炼，在芯模上进行电沉积并获得预期的电镀模型及厚度后再从芯模上获得金属制件的工艺称为电铸工艺，通常利用电化学方法在固/液界面可以进行氧化还原、电催化、析氢析氧、药物中间体合成、电解清洗、电化学蚀刻、电抛光加工等。电镀作为电化学学科的一个分支，其在进行氧化还原反应时具备的特殊性在于溶液中金属离子还原沉积的粒子在沉积表面构成光滑致密的覆盖层。电镀过程包括传质、电子转移和晶核生长等过程，其金属离子还原反应主要发生在固/液电极界面，而固/液界面反应的机理则是电化学研究人员一直关注的领域，例如，还原反应的控制步骤是什么？界面双电层的特性如何？电沉积反应是浓差极化控制步骤还是电化学反应控制步骤？这些都是电镀过程中需要考虑的问题。因此，掌握电化学的理论知识有助于进一步地理解电镀过程所经历的一系列电化学反应转变步骤。

一、原电池、电解池和腐蚀电池

根据电化学反应发生的条件和结果，通常把电化学体系分为三大类型，即原电池（自发电池）、电解池和腐蚀电池。

（一）原电池

通过氧化还原反应产生电流的装置称为原电池，原电池反应属于放热反应，但区别于一般氧化还原反应的是，电子转移不是通过氧化剂和还原剂之间的有效碰撞完成的，而是还原剂在负极上失电子发生氧化反应，电子通过外电路输送到正极上，氧化剂在正极上得电子发生还原反应，从而完成还原剂和氧化剂之间电子的转移。两极之间溶液中离子的定向移动和外部导线中电子的定向移动构成了闭合回路，使两个电极反应不断进行，发生有序的电子转移过程，产生电流，实现化学能向电能的转化。例如，铜-锌原电池又称丹聂尔电池，正极是铜棒，浸在硫酸铜溶液中；负极是锌棒，浸在硫酸锌溶液中；两种电解质溶液用多孔隔板或半透膜隔开，两极用导线相连就组成了原电池。

图 2-1 是铜-锌原电池示意图。它是由两个电极和连接电极的电解质溶液组成的。当用导线将两个电极接通后，在锌电极上发生氧化反应：

$$Zn - 2e^- \rightleftharpoons Zn^{2+}$$

在铜电极上发生还原反应：

$$Cu^{2+} + 2e^- \rightleftharpoons Cu$$

整个电池的总反应：

$$Zn + Cu^{2+} \rightleftharpoons Zn^{2+} + Cu$$

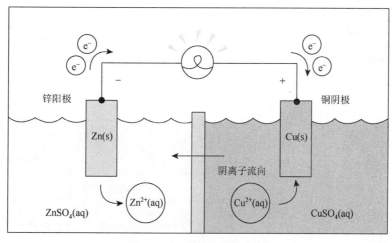

图 2-1　铜-锌原电池示意图

当电子导体与离子导体形成闭合回路时，由锌氧化所放出的电子从锌棒沿外导线流出并经铜棒接触到铜离子，硫酸铜溶液中的铜离子获得 2 个电子后在铜棒表面沉积为铜原子单质。在图 2-1 中，锌电极上电子流出的电极，称为负极，电极上发生氧化反应。铜电极作为电子流入获得电子的电极，称为正极，铜电极上发生还原反应。在铜-锌原电池中锌电极是负极（阳极），铜电极是正极（阴极）。如果去掉图 2-1 中的隔膜板，会发生什么现象呢？是否能观察到铜、锌电极之间的光源发亮呢？实际上在隔膜板存在情况下，原电池反应是由化学能转变为电能的过程，可以对外做功。

（二）电解池

电解池的主要应用是制造高纯度的金属，是将电能转化为化学能的一个装置（构成：

外加电源、电解质溶液、阴阳电极）。浸在电解质溶液中的两个电极，在外加电源接通提供槽电压后，强制电流在电子导体与离子导体体系中通过，从而在两个电极上发生化学反应，这种装置就称为电解池。电镀、电铸和电解加工等都是在这类装置中进行的。电子导体，也称为第一类导体，如金属、合金、石墨及某些固体金属化合物。电子导体主要是依靠物体内部自由电子的定向运动而导电的物体，即载流子为自由电子（或空穴）的导体。在金属导线内，载流子是自由电子。但在电解池中电荷是怎样传递的呢？我们知道来自金属导体的自由电子不能从电解池的溶液中直接流过。在电解质溶液中，载流子依靠正、负离子的定向运动传递电荷。溶液中的电荷传递是依靠物体内的离子运动来实现的，这类以离子的运动来导电的导体称为离子导体，也称为第二类导体，如各种电解质溶液。电解池通常是由电子导体和离子导体串联组成的电解池回路。那么，在离子导体与电子导体的连接处（金属/溶液界面层）载流子之间又是如何实现电荷传递的呢？在电镀时通常在阴、阳极的金属/溶液界面处会发生化学反应。以电解 $CuCl_2$ 溶液为例，电流流向：正极→阳极→溶液→阴极→负极；阳离子移向阴极，阴离子移向阳极；阳极：电极溶解、逸出 O_2（或极区变酸性）或 Cl_2；阴极：析出金属、逸出 H_2（或极区变碱性）。因此，两类导体中载流子导电方式的转化是通过电极上的氧化还原反应实现的。

　　电解池装置主要包括外电源、电解液、电解槽、阴阳电极及导线等，如图 2-2 所示。将电源的负极与阴极棒通过导线相连，电源正极通过导线连通阳极，电解液中相对的阴阳极之间的阴、阳离子在外电场驱动下发生移动，阳离子沿电势降低方向移动并在阴极表面获得外电源提供的电子发生还原反应：

$$M^{n+} \ + \ ne^- \ \Longrightarrow \ M$$

（金属阳离子）　　　　　　　　　（金属原子）

而阳极板上的金属原子失去电子，进行氧化反应，生成金属离子：

$$M \ - \ ne^- \ \Longrightarrow \ M^{n+}$$

（金属原子）　　　　　　　　　（金属阳离子）

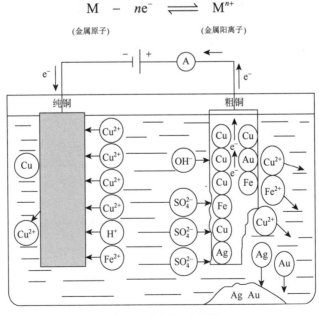

图 2-2　电解池示意图

　　由上述可见,电解过程是在外电源作用下将电能转变为化学能的过程,通过两类导体,在阳极和阴极两个电极上分别进行氧化、还原反应。电镀就是利用电解原理在阴极金属表面上镀上阳离子金属或合金的过程。

(三)腐蚀电池

　　不纯的金属与电解质溶液接触时,会发生原电池反应,比较活泼的金属失去电子而被氧化,这种腐蚀称为电化学腐蚀。腐蚀电池与原电池反应原理如图 2-3 所示,在多数情况下,电化学腐蚀电池是以阳极和阴极过程在不同区域局部进行为特征的,由阳极、阴极、电解质溶液和电子回路组成的只能导致金属材料破坏而不能对外界做有用功的短路原电池。腐蚀电池中两个电极构成短路的电化学体系,电解液中离子的定向运动和在电子导体(金属)内部阴、阳极区之间的电子流动,就构成了一个闭合回路,这一反应过程和原电池一样是自发进行的。由于腐蚀电池体系是短路的,电化学体系所释放的化学能并不能对外做有用功而加以利用,最终仍转化为热能消失掉。以锌铜层在稀硫酸溶液中的腐蚀为例,如图 2-4 所示,含有铜金属的锌在稀硫酸中就构成了这类短路电池:在铜金属区域上发生氢离子的还原,生成氢气逸出;而在锌金属区域,则发生锌的溶解。通过金属锌溶解放出电子和溶液中的锌离子迁移,整个体系中的电化学反应将持续不断地进行下去,结果造成了锌的腐蚀溶解。那么,腐蚀电池产生电流的推动力是什么呢?通常认为电流是由腐蚀电池的两个电极即锌板与铜板在硫酸溶液中的电化学活性差异产生的电位差所引发的,该电位差是腐蚀电池反应的推动力。化学腐蚀与电化学腐蚀一样,都会引起材料的腐蚀失效。那么,从金属腐蚀历程看,电化学腐蚀与化学腐蚀有何区别?实际上在化学腐蚀中,电子传递是在金属与氧化剂之间进行的,没有电流产生,氧化与还原反应不可分割。电化学腐蚀过程是氧化与还原反应过程在不同部位相对独立进行的,电子的传递是间接的,且在多数情况下,电化学腐蚀是以阴、阳极过程在不同区域局部进行为特征的,这是区分纯化学与电化学腐蚀的一个重要标志。

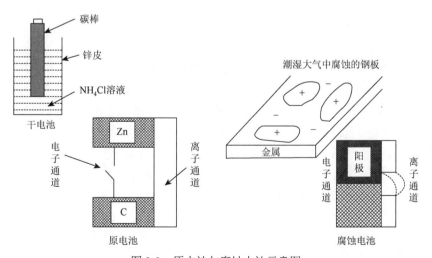

图 2-3　原电池与腐蚀电池示意图

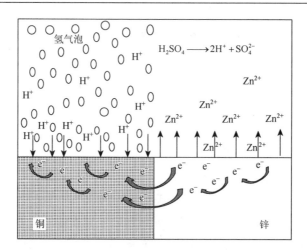

图 2-4　锌与铜金属接触在稀硫酸中的电化学腐蚀示意图

二、电极界面现象

电镀系统是由电子导体与离子导体及固/液界面电化学反应体系构成的。固/液界面电化学反应直接关系到电镀的品质与效率等。通常外导线和阴、阳极棒为电子导体，离子导体为电解液中带电的离子。电极界面现象主要是发生在电子导体与离子导体相接触的阴、阳极基体的表面。电子导体与离子导体之间发生得失电子反应时，存在一个过渡区域，即界面双电层，电镀过程之所以能获得结晶致密的金属颗粒，是因为界面双电层之间存在着强大的电场。电极界面所提供的强大电场是实现金属离子得失电子反应的场所。实际上，由外电源提供的电流在电极界面上可分为法拉第电流和界面双电层的充电电流，如电极界面上没有发生电化学反应，通向界面的电量用于界面双电层的充放电并不迁越界面，仅用来改变界面层构造，这种不发生任何电极反应的电极体系称为理想极化电极；当由外电源提供的电流通向电极界面主要用于界面处氧化还原的电化学反应时，通过电极的电流称为法拉第电流。

（一）界面双电层现象

界面双电层的形成：当固液两相接触时，如果电子或离子等荷电粒子在两相中具有不同的电化学位，荷电粒子就会在两相之间发生转移或交换，界面两侧便形成符号相反的两层电荷，界面上的这两个荷电层称为双电层。电极和溶液接触后，在电极和溶液的相界面会自然形成双电层，这是电量相等、符号相反的两个电荷层。金属电极和溶液之间界面上形成的双电层，从结构上可以有离子双电层、偶极双电层和吸附双电层三种类型，如图 2-5 所示。

1）离子双电层，由电极表面过剩电荷和溶液中与之电性相反的离子组成。一层在电极表面，一层在贴近电极的溶液中。

2）偶极双电层，偶极子在界面上定向排列或界面上原子或分子的极化形成的双电层。例如，水分子除了可以与溶液中的正负离子形成水化离子外，还会与电极表面发生相互作用，在电极表面定向排列。

3）吸附双电层，电极与溶液接触时，由于特性吸附，溶液中的离子会在电极表面形成分布于溶液一侧的荷电层，这一荷电层会吸引溶液中的反号离子形成吸附双电层。

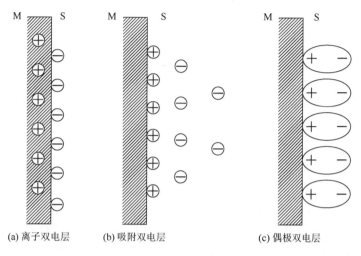

(a) 离子双电层　　　　(b) 吸附双电层　　　　　　(c) 偶极双电层

图 2-5　界面电荷层的形成

对电极界面现象的研究大致包括以下方面：①电极界面结构的研究，包括界面两侧带有的剩余电荷及其分布、离子和分子（包括溶剂分子）在界面上的吸附和排列方式、电极金属表面上膜的研究等。研究界面结构可采用电化学测量或非电化学测量方法，电化学测量方法如电毛细现象和电极电容，最好采用理想极化电极以避免电化学反应电流对测量的干扰。还可采用非电化学方法，如示踪原子法、表面波谱技术等；②电极界面结构对电极反应动力学的影响；③电极界面区内过剩电荷和离子的非均匀分布引起两相之间的荷电粒子的相对运动，电极界面现象的某些规律也适用于悬浮体系和包含胶态粒子的体系。

（二）电毛细曲线与零电荷电位

液固两相相接触时，在金属/溶液相间会产生界面张力。对于电镀体系中的阴、阳极界面来说，界面张力不仅与金属材料、电解液组分、表面活性剂等物质组成有关，而且同阴、阳极电位相关。电毛细现象的研究任务主要是阐析界面张力同电极电位之间的关联机制；通过电毛细现象的分析来了解不同电极电位下的液固相及气固相之间的润湿能力、微盲孔中的电解液扩散交流机制等。通过综合考虑电毛细现象与电极极化过电位等对电结晶及电解液润湿能力的影响，获得有利于电镀品质提升的电极电位及电镀表面活性剂的优化配方。

界面张力与电极电位的关系曲线称为电毛细曲线，电毛细曲线可用毛细管静电计测定。典型无特性吸附的电毛细曲线如图 2-6 所示，电极电势由正变负时，电极表面由带正电变为带负电，双电层溶液一侧则由负离子组成变为由正离子组成。电毛细曲线左分支：当电极表面存在正的剩余电荷时，$\mathrm{d}\sigma/\mathrm{d}E < 0$，$q > 0$，此时随电极电位变正，界面表面荷正电，双电层溶液一侧带负电而由负离子组成。电毛细曲线右分支：$d\sigma/dE > 0$，$q < 0$，电极表面荷负电，双电层溶液一侧带正电而由正离子组成。电毛细曲线呈抛物线状可以解释为：开始时溶液一侧由阴离子构成双电层，随着电位向负向移，电极表面的正电荷减少，引起界面张力增加。当表面电荷变为零，界面张力达到最大值，相应的电位称为零电荷电位，以 E_z 表示。电位继续向负向移，电极表面荷负电，由阳离子代替阴离子组成双电层。随着电位不断负移，界面张力不断下降。因此，电毛细曲线呈抛物线状。当溶液组成一定时，根据李普曼（Lippmann）公式可由电毛细曲线的斜率确定电极表面电荷密度 q，电极表面电荷密度 q 和所带电荷的界面张力与电极电位有如下关系：

$$d\sigma/dE = -q$$

这就是李普曼公式。零电荷电位可以用电毛细曲线和稀溶液的微分电容曲线来测定，各种金属即使在相同条件的溶液中，它们的零电荷电位数值也相差很大。一般来说，电极表面带正或负电荷对电化学反应过程有很大的影响，故零电荷电位具有实际意义。若以零电荷电位 E_z 作为零点，则 $E - E_z = \varphi$，为离子双电层的电位差。$\varphi > 0$ 时，电极表面荷正电；$\varphi = 0$ 时，电极表面没有剩余电荷；$\varphi < 0$ 时，电极表面荷负电。不可能用零电荷电位确定绝对电位值，因为即使离子双电层电位差消失了，还可能有离子特性吸附、偶极分子定向排列、金属表面层中原子极化引起的电位差。

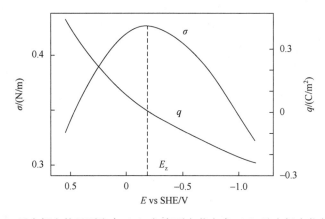

图 2-6　汞电极上的界面张力（σ）与表面电荷密度（q）随电极电位的变化

（三）双电层电容

当金属电极放入电解液中，两相接触时因相间的电位差会在电极表面与溶液侧出现电荷聚集现象。当同时在电解液中垂直液面平行放入两块电极板，与此同时在两块电极板之间施加一个较小的电势差（小于电解液发生分解的电势差）时，因电场的存在，溶液中的荷电离子在电场的作用下向电极表面运动并在电极表面形成致密的电荷层，即双电层。以电镀过程的阴、阳极板为例，电流通过电极与溶液界面时发生充电电流和法拉第电流两类过程。

1）充电过程，使电极表面电荷密度发生变化而改变双电层结构。所消耗的电流称为充电电流或电容电流，记为 I_c。

2）法拉第过程，发生电极反应。因物质反应量与电量的关系服从法拉第定律，故所消耗的电流称为法拉第电流，记为 I_f，且通过电极的电流为充电电流和法拉第电流之和，$I = I_f + I_c$。

理想极化电极：外电源提供的电量用于双电层的充放电并不迁越界面发生电化学反应，仅用来改变界面层构造的电极体系。例如，纯汞在不含氧及氧化物杂质的 KCl 溶液中，在一定的电位范围内(-1.6~0.1 V)可看作是理想极化电极。电化学测试时也常采用汞电极来研究理想状态下的电极极化反应。当电解液中电极与外电源导通电流时，外电源提供的电量用于双电层的充电，随着充电电荷的增加，固液相的界面张力、双电层的电容及电极电位将会产生变化，双电层的微分电容 C_d 与充电电量 dq 及电位改变量 dE 之间的关系为：$C_d = dq/dE$，此外，根据李普曼公式：$d\sigma/dE = -q$，可知在零电荷电位时，微分电容最小，表面张力 σ 最大。电极界面双电层微分电容的测量已经成为当前界面电化学测试的一种重要方法，用于揭示电沉积金属表面状态和了解电镀添加剂在电极表面的吸、脱附及其电催化行为等。微分电容的测试通常采用稀释的电解液，一般来说，电解质浓度越小，微分电容值越大，对不同电位下的微分电容值进行比较（图 2-7），微分电容最小值处所对应的电位即为零电荷电位，微分电容最小，电毛细曲线在零电荷电位时的表面张力 σ 最大。那么，在高浓度的电解质中进行微分电容测试时，零电荷电位处为何不易出现电容微分最小值呢？我们知道当电解质浓度较高时，具有特性吸附作用的阴离子数急剧上升，即使不考虑过剩荷电离子对微分电容值的影响，因界面双电层吸附较多的特性阴离子，电容值也不易出现最小值。目前双电层微分电容的测试方法以电化学测试方法为主，如阻抗电桥法、电位跃迁分析法等，为了保证测试的精度，通常需要避免传递给电极上的电量消耗于任何电化学反应过程，为此常用高频交流电来测量界面双电层电容。

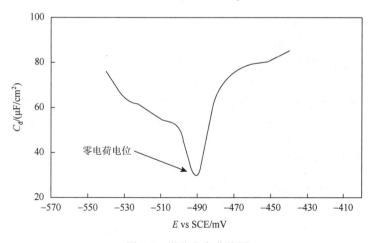

图 2-7　微分电容曲线图

三、浓差极化与电化学极化

在可逆情况下，电极上有一定的带电量，建立了相应的电极电势 E_e，也称为相对平衡的电极电位。当有电流通过电极时，若电极-溶液界面处的电极反应进行得不够快，则会导致电极带电程度的改变，也可使电极电位偏离 E_e，因此当有电流通过时，电化学反应进行的迟缓性造成电极带电程度与可逆情况时不同，从而导致电极电势偏离的现象，称为电化学极化（electro-chemical polarization）。其特点是，在电流流出端的电极表面积累过量的电子，即电极电位趋负值，电流流入端则相反。由电化学极化作用引起的电动势称为活化过电势。通常把在一定电流密度下的电极电位与相对平衡的电极电位的差值称为过电位或超电势，发生过电位的现象就是电极极化。

以电镀为例，电流通过电极时，电极电位偏离平衡电位的数值用 η 表示，以正值表示。η_K 表示阴极过电位，η_A 表示阳极过电位，E_e 表示平衡电位，E 表示极化电位。因此可知阴极极化过电位 η_K（阴极的电位比其平衡电位负）：$\eta_K = E_e - E$；阳极极化过电位 η_A（阳极的电位比其平衡电位正）：$\eta_A = E - E_e$。电极极化有浓差极化与电化学极化两类。

（一）浓差极化

浓差极化是电解槽中电极界面层溶液离子浓度与本体溶液浓度不同而引起电极电位偏离平衡电位的现象，或者说是由溶液中的物质扩散速率小于电化学反应速率而造成的极化，是电极极化的一种基本形式，也称为浓度极化。当前电镀过程中的浓差极化主要是通过搅拌、提高镀液温度、增加主盐和缩短可溶性阳极离阴极的距离来减少浓差极化的影响。浓差极化主要涉及金属离子的传质问题，而电化学极化主要涉及金属离子得到电子发生还原反应的难易程度，电镀过程中哪种极化占主导地位需具体分析。通常认为在高电流密度下，浓差极化是电镀反应过程的主要控制步骤。

一般来说电流密度与电位变化的关系曲线称为极化曲线。电流密度是电极反应速率的一种表达，极化曲线直观地显示了电极反应速率与电极电位的关系。而极化度是指极化曲线上某一电流密度下电位的变化率 $\Delta E / \Delta i$。极化度大，电极反应的阻力大；极化度小，电极反应的阻力小，在不同的电流密度下电极反应的阻力不同。

在电极反应过程中，反应粒子自溶液内部向电极表面传递的单元步骤称为液相传质步骤，当电极过程为液相传质步骤所控制时，电极产生的极化称为浓差极化。

1. 液相中离子的传质过程

液相传质主要包括电迁移、对流传质和扩散传质三种方式。

（1）电迁移

电极上有电流通过时，溶液中各种离子在电场作用下，均将沿着一定方向移动的现象称为电迁移。由迁移传递物质的电迁移速率为

$$J_{e,i} = \pm E_x U_i C_i$$

式中，$J_{e,i}$ 为 i 离子的电迁移速率，$mol/(cm^2 \cdot s)$；E_x 为垂直传递截面的电场强度，V/cm；U_i 为 i 种离子的淌度，$cm^2/(s \cdot V)$；C_i 为 i 种离子的浓度，mol/cm^3。

在电场中，正离子沿着电场方向运动，而负离子运动方向反之，因此对于负离子迁移方向取负号表示与电场方向相反。溶液中的荷电离子在电场的作用下均会发生迁移，但仅有部分荷电离子参与电极反应。以硫酸铜电镀为例，带电铜离子迁移至电极表面并发生反应，而硫酸根离子迁移至阳极表面并不参与电极反应。通常来说，电镀液中参与电迁移过程的导电盐仅有小部分参加电极反应，因此，电迁移的作用可以忽略不计。

（2）对流传质

对流传质通常可分为自然对流与强制对流，自然对流通常是电解液中局部温度过高或局部浓度过高等引起局部溶液的密度差从而造成镀液中出现自然对流的现象。此外，电镀过程中发生的析氢析氧反应也可能对电解液起到搅拌作用（没有外界驱动力），形成自然对流。电镀中的搅拌装置造成的对流强度通常比自然对流要大，称为强制对流。对流是液相传质的主要方式。某种组分的对流传质流量与其浓度 C_i 关系可表示为

$$J_{e,i} = v_x C_i$$

式中，$J_{e,i}$ 为 i 离子的对流传质流量，$mol/(cm^2 \cdot s)$；C_i 为 i 种物质的浓度，mol/cm^3；v_x 为与电极表面垂直方向上的液流速度，cm/s。

在电镀过程中，为了降低浓差极化造成的不利影响，通常采用强制对流措施，包括机械搅拌、液体喷流、打气及振动等。

（3）扩散传质

溶液中的某一组分若存在浓度差，该组分物质就会从高浓度区向低浓度区迁移，这个过程称为扩散传质。溶液不需要流动就可以发生传质过程，扩散总是存在的，它是液相传质的主要控制步骤。扩散传递物质的速度由菲克（Fick）第一定律决定：

$$J_{d,i} = -D_i \frac{dC_i}{dx}$$

式中，$\frac{dC_i}{dx}$ 为 i 种物质的浓度梯度（单位距离间的浓度差）；D_i 为 i 种物质的扩散系数（即为单位浓度梯度时物质的扩散速度），cm^2/s。

由于物质传递的方向与浓度梯度增大方向总是相反，所以菲克第一定律右端取负号。稳态扩散时，V_x 恒定，故 $\frac{dC_i}{dx}$ 为常数，即在扩散区内 C_i 与 x 呈直线关系（图 2-8）。设电极表面反应粒子浓度为 C_i^s，溶液本身浓度为 C_i^0，扩散层厚度为 δ，则扩散方程式可以表述为

$$V_x = -D_x \frac{C_i^0 - C_i^s}{\delta}$$

电镀过程中以被镀覆的金属离子为例，金属离子从本体溶液输送到阴极表面过程中，存在扩散、对流和电迁移三种传质过程，当镀液采用搅拌措施实现强制对流时，远离电极表面的溶液中对流传质起主导性作用，而在阴极表面处液层中扩散和电迁移传质起主导作用。电镀时如果电流密度过大，金属离子得到电子发生还原反应的速率大于金属离子从本体溶液中输送到阴极表面的速率，此时因浓差极化作用容易产生析氢反应和

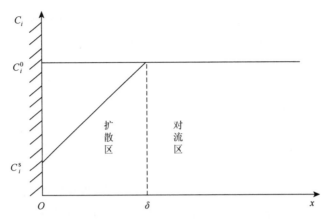

图 2-8　电极表面附近沉积金属离子的浓度分布图

镀层缺陷。当电流密度足够大时，本体溶液中金属离子的传质较慢而阴极表面的金属离子浓度几乎为零，此时电镀过程为完全浓差极化所控制。在电镀工艺中浓差极化现象的发生对电沉积金属品质有诸多影响：槽电压升高、电流效率下降、电耗增大、析氢或杂质离子放电和镀层烧焦等。

2. 理想条件下的稳态扩散电流和电位的关系

理想的稳态扩散环境要求忽略电迁移和对流的影响，通常在镀液中加入大量的强电解质（导电盐）来降低金属离子的电迁移影响，采用搅拌和毛细管联合装置来实现扩散和对流的比较性分析，如图 2-9 所示，通电开始时，扩散层中各点的反应物浓度 $C = f(x, t)$。溶液中温度差与密度差引起对流，因此扩散层内各点的浓度很快达到稳态扩散，浓度只是距离的函数，$C = f(x)$。稳态扩散服从菲克第一定律：

$$J_{d,i} = -D_i \frac{dC_i}{dx}$$

式中，负号表示扩散方向与浓度增大方向相反；$J_{d,i}$ 为物质 i 扩散流量，$J_{d,i} = \dfrac{dm}{A dt}$，表示 dt 时间内物质 i 通过面积 A 的物质的量为 dm。

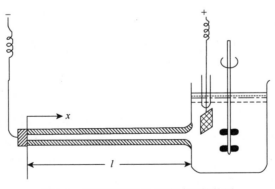

图 2-9　研究理想稳态扩散过程的装置

$$i = \frac{\mathrm{d}Q}{A\mathrm{d}t} = nF\frac{\mathrm{d}m}{A\mathrm{d}t}$$

而扩散电流密度 i 与电极表面的浓度梯度 $(\partial c / \partial x)_{x=0}$ 有关，则 $i = -nFD\left(\frac{\partial c}{\partial x}\right)_{x=0}$ 。

一般来说，浓度随距离的变化是非线性的，如图 2-10 的实线所示。若把浓度梯度看作是稳定均一的，则得到图 2-10 中被称为扩散层有效厚度的 δ，于是有

$$i = nFD\left(\frac{c^0 - c^s}{\delta}\right)$$

当表面浓度降为零，电流密度达到极限，称为极限电流密度 i_L：

$$i_L = nFD\frac{c^0}{\delta}$$

习惯上以自溶液流向电极的还原电流为正电流。

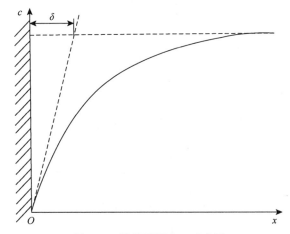

图 2-10　扩散层厚度 δ 示意图

稳态扩散下的阴极还原情况如下所述。

第一种情况是还原产物不可溶，如金属电沉积：

$$O + ne^- \Longrightarrow R（不可溶）$$

则能斯特（Nernst）公式写成

$$E = E^{\ominus} + \frac{RT}{nF}\ln \gamma c_O^s$$

由电流密度与极限电流密度公式可得表面浓度和电流密度的关系：

$c_O^s = c_O^0\left(1 - \frac{i}{i_L}\right)$，代入 Nernst 公式得

$$E = E^{\ominus} + \frac{RT}{nF}\ln \gamma c_O^0 + \frac{RT}{nF}\ln\left(1 - \frac{i}{i_L}\right) \approx E_e + \frac{RT}{nF}\ln\left(1 - \frac{i}{i_L}\right)$$

或

$$\eta_k = -\frac{RT}{nF}\ln\left(1 - \frac{i}{i_L}\right)$$

第二种情况假如还原产物是可溶性的：

$$O + ne^- \Longrightarrow R（可溶）$$

电极表面上 R 的生成速度为 i/nF，而 R 的扩散流失速度为 $-D_R\left(\dfrac{\partial c_R}{\partial x}\right)_{x=0}$。

稳态时，

$$i/nF = -D_R\left(\frac{\partial c_R}{\partial x}\right)_{x=0}$$

或

$$i/nF = -D_R \frac{c_R^s - c_R^0}{\delta_R}$$

故有

$$c_R^s = c_R^0 + \frac{i\delta_R}{nFD_R}$$

若反应前 R 不存在，$c_R^0 = 0$，则

$$c_R^s = \frac{i\delta_R}{nFD_R}$$

$$c_O^s = \frac{i_L\delta_O}{nFD_O}\left(1 - \frac{i}{i_L}\right)$$

$$E = E^\ominus + \frac{RT}{nF}\ln\frac{\gamma_O\delta_O D_R}{\gamma_R\delta_R D_O} + \frac{RT}{nF}\ln\frac{i_L - i}{i}$$

当 $i = i_L/2$ 时，

$$E_{1/2} = E^\ominus + \frac{RT}{nF}\ln\frac{\gamma_O\delta_O D_R}{\gamma_R\delta_R D_O}$$

其中，$E_{1/2}$ 是与反应物浓度无关的半波电位常数。因此，反应产物可溶时的浓差极化方程为

$$E = E_{1/2} + \frac{RT}{nF}\ln\frac{i_L - i}{i}$$

当 O、R 均可溶，结构又相似时，往往有 $\delta_O \approx \delta_R, D_O \approx D_R, E_{1/2} \approx E^\ominus$。

3. 真实条件下的稳定扩散

理想情况下的稳态扩散只能发生在特定的装置之中，事实上，在电流通过任一电化学装置时，单纯的扩散传质是不存在的，也不存在仅由扩散作用引起的稳态过程，这是因为溶液不可能不运动，也就是说实际情况下的对流传质是不可避免的。溶液相对于电极运动时，溶质随着溶液一起运动，产生对流传质，与此同时，随着电化学反应的进行，扩散传质也在进行。因此必须把对流和扩散两种过程结合起来，才能正确地反映出溶液中传质的全部过程。由于自然对流条件下的对流扩散过程极其复杂，理论处理很困难，因此，这里只讨论某种特定的机械搅拌条件下的稳态扩散。例如，如果通过机械搅拌引起的液体流动方向与电极表面平行，液体流动为层流，不出现"紊流"，则在电极表面上存在着一层具有速度梯度的"表面层"。在表面层中，除 $x = 0$ 处外，液体流速最小，

但表面层内液体的切向流速小于表面层之外的流速 u_0，离电极表面越近，切向流速越小。层流体流速分布如图 2-11 所示，随着与搅拌冲击点的起始位置的距离不同，表面层在电极表面上各点的厚度（$\delta_\text{表}$）也不相同，距离冲击点起始位置（$y=0$）越远，$\delta_\text{表}$ 的数值就越大，二者之间的定量关系式为

$$\delta_\text{表} = \sqrt{\frac{vy}{u_0}}$$

式中，y 为距离冲击点起始位置（$y=0$）的距离；v 为溶液的动力黏度（溶液的黏度 n/溶液的密度 ρ）。在电极表面上，如图 2-12 所示，还存在着一层厚度为 δ 的"扩散层"，其中存在着浓度梯度。δ 与 $\delta_\text{表}$ 相差很大，经计算，两者关系为

$$\frac{\delta}{\delta_\text{表}} \approx \left(\frac{D}{v}\right)^{1/3}$$

经过数学处理后，考虑对流后的扩散层厚度为

$$\delta \approx \delta_\text{表}\left(\frac{D}{v}\right)^{1/3} = \sqrt{\frac{vy}{u_0}}\left(\frac{D}{v}\right)^{1/3} = D^{1/3}v^{1/6}y^{1/2}u_0^{-1/2}$$

根据方程式 $i = nFD\left(\dfrac{c^0 - c^s}{\delta}\right)$ 可获得强制对流时，对流扩散同时存在的电流密度为

$$i = nFD\left(\frac{c^0 - c^s}{\delta}\right) = nFD^{2/3}(c^0 - c^s)v^{-1/6}y^{-1/2}u_0^{1/2}$$

因此，相应的极限扩散电流密度为

$$i_\text{L} = nFD\frac{c^0}{\delta} = nFD^{2/3}c^0v^{-1/6}y^{-1/2}u_0^{1/2}$$

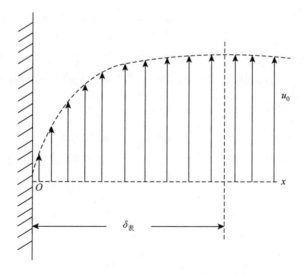

图 2-11　层流体的流速分布示意图

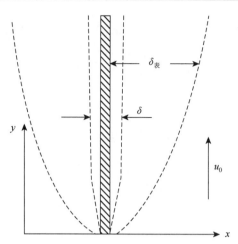

图 2-12　层流体横向扩散层厚度分布示意图

（二）电化学极化

发生电沉积反应时，电极上的电化学反应速率小于电解液中金属离子的传质速率而造成的极化称为电化学极化。发生电化学极化时因金属离子还原反应的阻力较大，在阴极表面会积累过量的电子造成电极电位负移。以电解反应中的电极$(Pt)H_2(g)|H^+$为例，氢离子在阴极表面得到电子发生还原反应，如果氢离子得到电子还原为氢气的反应比较慢，则外电流单位时间内提供给阴极表面的电子大于氢离子还原反应所消耗的电子。电极表面积累的电子会造成电极电位的负移，阴极较负的电极电位促使反应物活化，可加速析氢反应。

影响电化学极化的因素主要包括电流密度、温度、电解质溶液的浓度、电极材料及其表面状态等，例如，当通过电极的电流密度增加，电化学极化增大，反之，极化减小；温度升高，一般电化学极化降低，参加电化学反应的离子能量增加，有助于克服反应的活化能垒，使反应速率加快。电极电位一般是通过以下两种方式来影响电极反应速率的：①电化学反应步骤是非控制步骤时，通过改变电极电位来改变某些粒子的表面浓度，从而影响有这些粒子参加的控制步骤的反应速率，这称为"热力学方式"影响电极反应速率；②电化学反应步骤是控制步骤，改变电极电位将直接改变整个电极反应的进行速度，这称为"动力学方式"。在电镀中，使阴极发生较大的电化学极化作用，对于获得高质量的细晶镀层是十分重要的。

1. 电极电位对电化学反应步骤速度的影响

设电极反应为$O+ne^- \rightleftharpoons R$，设$\Delta\vec{G}$和$\Delta\bar{G}$分别表示还原反应和氧化反应的活化能（图 2-13），根据反应动力学，此时用电流密度表示单位电极表面上的还原反应和氧化反应的绝对速度：

$$\vec{i} = nF\vec{k}c_O \exp\left(-\frac{\Delta\vec{G}}{RT}\right)$$

$$\bar{i} = nF\bar{k}c_R \exp\left(-\frac{\Delta\bar{G}}{RT}\right)$$

式中，$\vec{i}$为还原反应电流密度；$\bar{i}$为氧化反应电流密度，均取绝对值；$\vec{k}$和$\bar{k}$为指前因子；

c_O 和 c_R 分别为 O 粒子和 R 粒子在电极表面的浓度，但由于此时研究的是电化学反应作为控制步骤，可认为液相传质步骤处于准平衡态，电极表面附近液层和溶液主体之间不存在反应粒子的浓度差，因此可近似将其看作溶液主体中反应粒子的浓度。

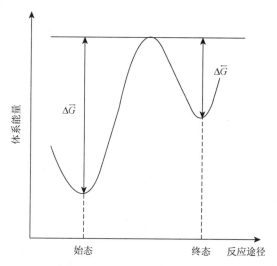

图 2-13 化学反应体系自由能示意图

将活化能与电极电位的关系式代入，得

$$\vec{i} = nF\vec{k}c_O \exp\left(-\frac{\Delta \vec{G^0} + \alpha nF\varphi}{RT}\right) = nF\vec{K}c_O \exp\left(-\frac{\alpha nF\varphi}{RT}\right)$$

$$\overleftarrow{i} = nF\overleftarrow{k}c_R \exp\left(-\frac{\Delta \overleftarrow{G^0} - \beta nF\varphi}{RT}\right) = nF\overleftarrow{K}c_R \exp\left(\frac{\beta nF\varphi}{RT}\right)$$

式中，传递系数 α、β 可看作是描述电极电势对活化能影响的参数，$\vec{K}$ 和 $\overleftarrow{K}$ 为 $\varphi = 0$ 时的反应速率常数 $\left[K = k\exp\left(-\frac{\Delta G^0}{RT}\right)\right]$。又设 i_a^0 和 i_c^0 为 $\varphi = 0$ 时的阳极、阴极电流密度，则有

$$i_c^0 = nF\vec{K}c_O, \quad i_a^0 = nF\overleftarrow{K}c_R$$

则有

$$\vec{i} = i_c^0 \exp\left(-\frac{\alpha nF\varphi}{RT}\right), \quad \overleftarrow{i} = i_a^0 \exp\left(\frac{\beta nF\varphi}{RT}\right)$$

将其改写成对数形式并整理后，阳极反应和阴极反应分别有如下关系：

$$\varphi = -\frac{2.303RT}{\beta nF}\lg i_a^0 + \frac{2.303RT}{\beta nF}\lg i_a$$

$$\varphi = -\frac{2.303RT}{\alpha nF}\lg i_c^0 + \frac{2.303RT}{\alpha nF}\lg i_c$$

上式表明 φ 与 $\lg i_a$ 及 $\lg i_c$ 之间均存在线性关系，或说 φ 与 i_a 及 i_c 之间存在半对数关系，在半对数坐标中，表现为两条直线。如图 2-14 所示，电极电位越正，阳极反应速率越大；电极电位越负，阴极反应速率越大。式中的 i_a 及 i_c 为同一电极上发生的方向相反的绝对阳极和阴极反应电流密度，外电流是二者的差值。

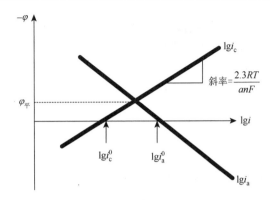

图 2-14　电极电位对电流密度的影响

2. 电化学极化与交换电流密度的影响

描述电子转移步骤动力学特征的物理量即为动力学参数，通常认为其包括传递系数、交换电流密度和电极反应速率常数。传递系数一般取 $\alpha \approx \beta \approx 0.5$，而另两个参数对电化学反应速率有重要影响，在此简单讨论。

当电极电位等于平衡电位时，意味着电极上阴阳极反应速率相等，净反应速率为零，即没有宏观的物质变化和外电流通过。示踪原子的实验结果表明，此时电极上的氧化反应和还原反应处于动态平衡。由于平衡电位下阴阳极反应速率相等，用 i^0 表示：

$$i^0 = nF\vec{K}c_O \exp\left(-\frac{\alpha nF\varphi_{\text{平}}}{RT}\right) = nF\vec{K}c_R \exp\left(\frac{\beta nF\varphi_{\text{平}}}{RT}\right)$$

式中，i^0 为电极反应的交换电流密度，它表示平衡电位下氧化反应和还原反应的绝对速度。当电极电位处于非平衡电位时，也可以用交换电流密度值来表示反应的绝对速度：

$$\vec{i} = nF\vec{K}c_O \exp\left[-\frac{\alpha nF}{RT}(\varphi - \varphi_{\text{平}})\right] = i^0 \exp\left(\frac{\alpha nF}{RT}\eta_c\right)$$

$$\overleftarrow{i} = nF\overleftarrow{K}c_R \exp\left[\frac{\beta nF}{RT}(\varphi - \varphi_{\text{平}})\right] = i^0 \exp\left(\frac{\beta nF}{RT}\eta_a\right)$$

利用 $\eta_a = -\eta_c$ 的关系，外电流密度为二者之差：

$$i = \vec{i} - \overleftarrow{i} = i^0 \left[\exp\left(\frac{\alpha nF}{RT}\eta_c\right) - \exp\left(-\frac{\beta nF}{RT}\eta_c\right)\right]$$

由上述方程式可推知交换电流密度大意味着电极反应容易发生，交换电流密度大的电极反应体系，其电极的极化能力较弱。通常认为交换电流密度大的反应体系，由电子导体提供的电子因电极界面层获取电子的速率较大而不易在电极界面积累，并易使电极电位发生较大极化现象。电极过程达到稳定状态的电化学极化曲线如图 2-15 所示，依据电极极化程度的差异可分成三个区域。

1）当极化电流密度远大于交换电流密度时，过电位出现较高值，即电极的极化程度较高。此时计算净电流密度可忽略 $\vec{i}$、$\overleftarrow{i}$ 两项中较小的一项，仅由较大的一项决定，此时的电极反应是"完全不可逆"的。例如，对于阴极电流有

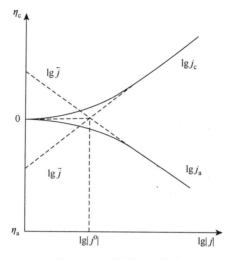

图 2-15　电化学极化曲线

$$i = i_{\mathrm{c}} = i^0 \exp\left(\frac{\alpha n F}{RT}\eta_{\mathrm{c}}\right)$$

仍然符合半对数关系。

　　2）当极化电流密度远小于交换电流密度时，过电位非常小，此时电极反应处于"几乎可逆"的状态。此时净电流密度和过电位之间有正比关系，

$$i = i^0\left(\frac{\alpha n F}{RT} + \frac{\beta n F}{RT}\right)\eta_{\mathrm{c}} = i^0\frac{n F}{RT}\eta_{\mathrm{c}}$$

　　3）当过电位 $10\mathrm{mV} < \eta < 116\mathrm{mV}$ 时，处于上述两种极限可能之间的过渡区称为弱极化区，不能近似，必须用极化电流公式表示。

（三）电化学极化和浓差极化联合控制时的极化特征

　　在电沉积实际情况中，只有当通过电极的极化电流密度远小于极限扩散电流密度，溶液中的对流作用很强时，电极过程才有可能只出现电化学极化，在一般情况下往往是两种极化共存，在电化学极化中若出现了浓差极化，则它的影响主要体现在电极表面反应粒子浓度的变化上。当扩散步骤处于平衡态或准平衡态时，电极表面和溶液内部没有浓度差，所以可用体浓度 c 代替表面浓度 c^{s}；但当扩散成了控制步骤之一时，电极表面附近液层中的浓度梯度不可忽略。用 c_{O}^0 和 c_{R}^0 表示反应粒子的体浓度，$c_{\mathrm{O}}^{\mathrm{s}}$ 和 $c_{\mathrm{R}}^{\mathrm{s}}$ 表示反应粒子在电极表面的浓度，则电极反应的速度为

$$I = i^0\left[\frac{c_{\mathrm{O}}^{\mathrm{s}}}{c_{\mathrm{O}}^0}\exp\left(\frac{\alpha n F}{RT}\eta_{\mathrm{c}}\right) - \frac{c_{\mathrm{R}}^{\mathrm{s}}}{c_{\mathrm{R}}^0}\exp\left(-\frac{\beta n F}{RT}\eta_{\mathrm{c}}\right)\right]$$

通常两种极化方式共存时，极化电流都较大，当 $I \gg i^0$ 时，

$$I = i^0\frac{c_{\mathrm{O}}^{\mathrm{s}}}{c_{\mathrm{O}}^0}\exp\left(\frac{\alpha n F}{RT}\eta_{\mathrm{c}}\right)$$

$$C_O^s = C_O^0 \left(1 - \frac{I}{I_d}\right)$$

即

$$\eta_c = \frac{RT}{\alpha nF} \ln \frac{I}{i^0} + \frac{RT}{\alpha nF} \ln \left(\frac{I_d}{I_d - I}\right)$$

由上式可以看出，此时的过电位由两部分组成，式中右方第一项由电化学极化引起，其数值取决于 $\frac{I}{i^0}$，第二项由浓度极化引起，数值取决于 I 和 I_d 的相对大小。

1）当 $I_d \gg I \gg i^0$ 时，式中右方第二项可以忽略不计，此时过电位完全由电化学极化引起。

2）当 $I_d \approx I \ll i^0$ 时，过电位主要是由浓差极化引起，但由于推导上式的前提已不成立，因此必须用原式进行计算。

3）当 $I_d \approx I \gg i^0$ 时，式中两项均不能忽略，但往往只有一项起主要作用。如 I 较小时，电化学影响较大；当 I 趋近于 I_d 时，浓度极化转变为主要因素。

4）当 $I \ll I_d \approx i^0$ 时，则几乎不出现任何极化现象，这是电极基本保持不通电时的平衡状态。

（四）电极电位的测量

电镀时要想使金属离子从溶液中还原析出就要不断地降低阴极（工件）的电极电位（电势），直到金属离子开始从溶液中析出。此时的阴极电位称为该金属离子的析出电位。阴极电位的高低表明了对金属离子还原作用的弱强。阴极电位越高，对离子的还原作用越弱，溶液中的离子越不容易析出。一般采用如图 2-16 所示的装置测量电极电位。其中 A 是带有搅拌器的电解池，B 和 C 分别为面积已知的工作电极和辅助电极，D 为可调电阻值的装置，BCD 与电源 E 可构成电路，在此回路中接入电流计 M 测量其电流值。通过调节电阻 D 来控制回路中电流值，采用参比电极 F 与工作电极 B 组成一个电池回路并接入电势差

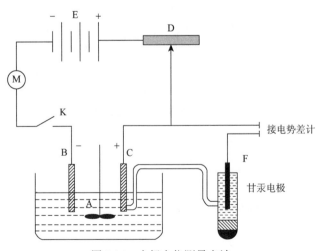

图 2-16　电极电位测量方法

计，通过对消法测量工作电极的电动势。测量时采用参比电极 F 与工作电极 B 组成的电池回路并无电流通过，根据已知电势差计值 E 和参比电极电势 $E_{参比}$，待测的工作电极电势 $E_{待测}$ 可根据 $E = E_{待测} - E_{参比}$ 进行计算获取。测试时采用强搅拌措施，可以忽略离子传质的影响，此时电极反应的控制步骤通常认为由电化学极化所控制。

（五）电极电位的应用

电极电位定量地反映了电对在溶液中氧化还原能力的相对强弱。φ 的代数值越大，电对中氧化态物质的氧化性越强，还原态物质的还原性越弱；φ 的代数值越小，电对中还原态物质的还原性越强，氧化态物质的氧化性越弱，尽管目前难以确定它的绝对值，然而，我们可以参比一个标准电极电位（如氢标准电极电位）来确定电极电位的相对值，通过精确地测定原电池的电动势，就可以用公式 $E = \varphi_{正} - \varphi_{负}$ 来确定电极电位的相对值。这就如同以海平面为参考基点来衡量飞机飞行的海拔高度一样。标准电极电位，即标准电极电势，是指当温度为 25℃，金属离子的有效浓度为 1mol/L（即活度为 1）时测得的平衡电位。非标准状态下的标准电极电位可由 Nernst 方程导出。Nernst 方程（$\varphi \sim c$，$\varphi \sim p$，$\varphi \sim pH$ 的关系）为

$$E = E^{\ominus} + RT / nF \ln[\text{Ox/Red}]$$

式中，氧化型和还原型在热力学温度 T 及某一浓度时的电极电势称为标准电极电势，V；R 为摩尔气体常量，8.3145J/(K·mol)；T 为热力学温度，K；F 为法拉第常量，$F = N_A$（阿伏伽德罗常量）$\times e$（每个电子的电量）=（96500C/mol）；n 为电极反应中得失的电子数；[Ox]/[Red] 为［氧化型］/［还原型］：表示在电极反应中，氧化态一边各物质浓度幂次方的乘积与还原态一边各物质浓度幂次方的乘积之比，方次是电极反应方程式中相应各物质的系数，离子浓度单位为 mol/L（严格讲应为活度）；气体用分压表示，纯固体、纯液体浓度作为 1。Nernst 方程反映了非标准电极电势和标准电极电势的关系。作为"标准氢电极"，它的表达式为 $(Pt)H_2(1.013 \times 10^5 Pa) | H^+(1mol/L)$，标准氢电极的电极电位为零，其他电极的电极电位均是相对于标准氢电极所得到的数值。在气体压强为 $1.013 \times 10^5 Pa$ 和离子浓度为 1mol/L 时（通常把温度选定为 298.15K），相对于标准氢电极的电极电位称为标准电极电位，以 φ（氧化态/还原态）表示。常用电极的 φ 值见表 2-1。从表 2-1 可知，凡标准电极电位的数值较负的电极（表 2-1 的上部），都容易失去电子发生氧化反应；凡标准电极电位的数值较正的电极（表 2-1 的下部），都容易得到电子发生还原反应。众所周知，电位负的金属易氧化，电位正的金属离子易还原。因此，像钾、钠、钙等金属活性高就容易被氧化，而 Cu^{2+}、Ag^+、Au^+ 等离子很容易被还原成金属。利用标准电极电位表的电位序，可以初步判别物质的电极反应活性。例如，在镀镍溶液中含有 Ni^{2+}、K^+、Na^+、H^+ 等阳离子。电镀时，主要是 Ni^{2+} 在阴极上还原成金属镍，H^+ 也有小部分在阴极上还原成氢气；而 K^+、Na^+ 却不能在阴极上还原成金属钾和金属钠，这是因为钾和钠电极电位的数值比氢、镍负得多。

表 2-1　标准电极电位表（25℃）

电对 （氧化态/还原态）	电极反应 （氧化态 + ne^- ⇌ 还原态）	标准电极电位 $\varphi^{\ominus}$/V
K^+/K	$K^+ + e^- \rightleftharpoons K$	−2.924
Ba^{2+}/Ba	$Ba^{2+} + 2e^- \rightleftharpoons Ba$	−2.90
Ca^{2+}/Ca	$Ca^{2+} + 2e^- \rightleftharpoons Ca$	−2.76
Na^+/Na	$Na^+ + e^- \rightleftharpoons Na$	−2.711
Mg^{2+}/Mg	$Mg^{2+} + 2e^- \rightleftharpoons Mg$	−2.375
Al^{3+}/Al	$Al^{3+} + 3e^- \rightleftharpoons Al$（在 0.1mol/L NaOH 溶液中）	−1.706
Mn^{2+}/Mn	$Mn^{2+} + 2e^- \rightleftharpoons Mn$	−1.029
Zn^{2+}/Zn	$Zn^{2+} + 2e^- \rightleftharpoons Zn$	−0.7628
Cr^{3+}/Cr	$Cr^{3+} + 3e^- \rightleftharpoons Cr$	−0.74
Fe^{2+}/Fe	$Fe^{2+} + 2e^- \rightleftharpoons Fe$	−0.440
Ni^{2+}/Ni	$Ni^{2+} + 2e^- \rightleftharpoons Ni$	−0.23
Sn^{2+}/Sn	$Sn^{2+} + 2e^- \rightleftharpoons Sn$	−0.136
Pb^{2+}/Pb	$Pb^{2+} + 2e^- \rightleftharpoons Pb$	−0.1263
H^+/H_2	$2H^+ + 2e^- \rightleftharpoons H_2$	0.000
S/H_2S	$S + 2H^+ + 2e^- \rightleftharpoons H_2S$	+0.141
Sn^{4+}/Sn^{2+}	$Sn^{4+} + 2e^- \rightleftharpoons Sn^{2+}$	+0.15
SO_4^{2-}/H_2SO_3	$SO_4^{2-} + 4H^+ + 2e^- \rightleftharpoons H_2SO_3 + H_2O$	+0.20
Cu^{2+}/Cu	$Cu^{2+} + 2e^- \rightleftharpoons Cu$	+0.34
O_2/OH^-	$O_2 + 2H_2O + 4e^- \rightleftharpoons 4OH^-$	+0.401
I_2/I^-	$I_2 + 2e^- \rightleftharpoons 2I^-$	+0.535
Fe^{3+}/Fe^{2+}	$Fe^{3+} + e^- \rightleftharpoons Fe^{2+}$	+0.770
Hg_2^{2+}/Hg	$Hg_2^{2+} + 2e^- \rightleftharpoons 2Hg$	+0.7986
Ag^+/Ag	$Ag^+ + e^- \rightleftharpoons Ag$	+0.7996
NO_3^-/NO	$NO_3^- + 4H^+ + 3e^- \rightleftharpoons NO + 2H_2O$	+0.96
Br_2/Br^-	$Br_2 + 2e^- \rightleftharpoons 2Br^-$	+1.06
MnO_2/Mn^{2+}	$MnO_2 + 4H^+ + 2e^- \rightleftharpoons Mn^{2+} + 2H_2O$	+1.208
$Cr_2O_7^{2-}/Cr^{3+}$	$Cr_2O_7^{2-} + 14H^+ + 6e^- \rightleftharpoons 2Cr^{3+} + 7H_2O$	+1.33
Cl_2/Cl^-	$Cl_2 + 2e^- \rightleftharpoons 2Cl^-$	+1.358
MnO_4^-/Mn^{2+}	$MnO_4^- + 8H^+ + 5e^- \rightleftharpoons Mn^{2+} + 4H_2O$	+1.491
H_2O_2/H_2O	$H_2O_2 + 2H^+ + 2e^- \rightleftharpoons 2H_2O$	+1.77
F_2/F^-	$F_2 + 2e^- \rightleftharpoons 2F^-$	+2.87

（表中左侧箭头向下标注"氧化态得电子"，右侧箭头向上标注"还原态失电子"）

　　利用标准电极电位表，有助于区分"阴极性镀层"和"阳极性镀层"，此外，还可以预先评估能否发生置换反应。例如，铁的电位比铜负，因此把铁片浸到铜离子的溶液中，就会发生置换反应,而在铁片上产生所谓"置换铜层";铜件镀银前的汞齐化或浸银处理,铝制品电镀前的浸锌处理等,也是此类现象。

四、金属的阳极过程

电解槽中与阴极相对的阳极是一个金属/溶液界面发生氧化反应的场所。可溶性阳极的溶解速率同电解液组分、阳极材料及电位等因素有关,如电解液中的阳极活化剂或游离络合物等有利于加速阳极材料的溶解。一般情况下,阴阳极电势差越大,阳极溶解速率越快,但阳极氧化反应的电极电位超过某一临界值时,便会出现电流密度的急剧减小,进而发生钝化现象。

成相膜理论认为阳极钝化是因为阳极表面生成一层致密的氧化物薄膜,这层薄膜隔离了阳极金属与溶液,阻碍了金属的继续氧化溶解;吸附理论认为阳极钝化可能是因为在合金表面或部分表面上生成氧或含氧粒子的吸附层,大大降低了电化学反应的速度。要使钝化的阳极活化,就要创造破坏钝化层的活化条件,如加入某些活性离子、改变溶液的 pH、控制好电化学溶解工艺条件等,避免阳极析出 O_2 和 Cl_2 而使阳极金属材料氧化。

用控制电势法测得的具有活化-钝化行为的金属阳极钝化曲线如图 2-17 所示,典型的钝性金属阳极保护曲线表现出四个特性。

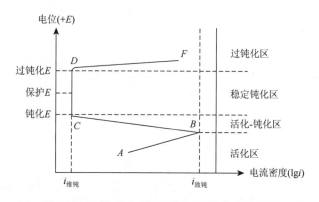

图 2-17 可钝化金属典型阳极极化曲线示意图

1)活化区(曲线中 AB 段):活性溶解区 AB 段金属进行正常的阳极溶解,溶解速度受活化极化控制,其中直线部分为塔费尔(Tafel)直线。且电位越正,电流密度越大,电流密度的大小反映腐蚀的快慢。当电流密度超过峰值点后,电流急剧下降,这个峰值点对应的电流密度称为致钝电流密度,对应的电位称为致钝电位。

2)活化-钝化区(BC 段):BC 段为活化-钝化过渡区,金属处于由活化状态向钝化状态的突变过程中,点 B 对应的电势称为初始钝化电势,点 B 对应的临界电流密度称为致钝电流密度,金属开始钝化,电流急剧下降,并处于不稳定状态。

3)稳定钝化区(CD 段):当进入 CD 电势范围内时,电流密度几乎没有变化,这一电势范围常称为稳定钝化区,电势的 C 点常称为初始稳态钝化电势点。进入稳定钝化区后的电流密度非常小，为 $\mu A/cm^2$ 数量级，稳定钝化区的电流密度通常称为维钝电流密度，维钝电流密度意味着金属在钝化状态下的溶解速度非常小。

4）过钝化区（DF 段）：当电势从稳定钝化区进入过钝化区时，其电势区间内电流密度随电势值增大而增大，这一电势区间常称为过钝化区，过钝化区与稳定钝化区的分界点 D 点所对应的电势称常称为过钝化电势。例如，不锈钢金属在过钝化区内时，因高的电势区由高价铬离子形成，从而引起不锈钢钝化膜的破坏，加速了不锈钢的腐蚀速率。

第二节　金属电沉积基础

金属电沉积反应可以在水溶液、无水的有机溶液或熔盐中进行，电沉积的金属可以是单金属或合金。通常电子电镀、电铸、电解冶炼及精炼等均属于电沉积技术的范畴。金属电沉积技术涉及金属电结晶、共沉积与电化学等诸多方面，金属电沉积的品质与电解质的组成、pH、温度、电流密度等因素有关。

一、金属电沉积过程与电结晶

金属电沉积过程首先将本体溶液中的金属离子向发生沉积反应的界面双电层附近输运，其次才能在金属/溶液界面上反应，而要完成这样的反应必须先在金属离子到达阴极界面区域前做一些反应前的准备以便适应界面上金属沉积的电结晶过程，该过程一般由以下几个单元步骤串联组成。①液相传质：溶液中的反应粒子，如金属水化离子向电极表面迁移。液相传质有电迁移、扩散及对流三种不同方式。电迁移是液相中带电粒子在电场作用下向电极迁移的一种传质过程，其推动力是电场；带电粒子可能是进行电极反应的离子，也可能是不参加电极反应的离子。物质的粒子随着液体的流动而传送称为对流传质，镀液在不搅拌的情况下流速很小，近似处于静止状态，这时对流的影响也可以忽略。强制对流推动力一般是搅拌，自然对流通常是温度差或密度差，实质是重力差。若溶液中的某一组分存在浓度差，则该组分物质就会从高浓度区向低浓度区迁移，这个过程称为扩散传质，溶液不需要流动就可以发生传质过程，扩散总是存在的，它是液相传质的主要控制步骤；②前置转化：迁移到电极表面附近的反应粒子发生化学转化反应，如金属水化离子水化程度降低和重排；金属络离子配位数降低等；③电荷传递：反应粒子得电子，还原为吸附态金属原子；④电结晶：新生的吸附态金属原子沿电极表面扩散到适当位置（生长点）进入金属晶格生长，或与其他新生原子聚集而形成晶核并长大，从而形成晶体。假如传质过程作为电沉积的控制环节，则电极以浓差极化为主。由于在发生浓差极化时，阴极电流密度较大，并且达到极限电流密度时，阴极电位才急剧向负向偏移，这时很容易产生镀层缺陷。因此，电镀生产不希望传质步骤作为电沉积过程的控制环节。

目前常在水溶液体系中进行金属的电沉积，获得的镀层金属通常呈柱状或层状的晶态结构。电沉积金属过程的电结晶过程类似于硫酸铜溶液中因硫酸铜盐过饱和而在溶液中形成硫酸铜结晶体的过程。但电结晶过程因电场的存在又不同于一般的过饱和溶液的结晶现象，电沉积过程中金属的晶核形成、生长与沉积电场息息相关。此外，沉积电场强度的非均匀性分布直接影响电沉积金属的厚度分布。例如，在工件凹陷位置的底部，沉积的电场线分布较稀疏，导致金属离子的沉积速率缓慢，甚至可能达不到沉积电位而未能沉积上金属。因此，电结晶过程在一定的电极极化过电位条件下方能进行，电结晶新相形成的前提条件是聚集成团的原子个数至少达到成核所需的临界数量 N_c，这种自由能变化遵循的方程为

$$\Delta G_N = -N\Delta\mu + \varphi(N)$$

式中，N 为成团的原子数；$\Delta\mu$ 为化学位，体现过饱和度；$\varphi(N)$ 为原子团表面的自由能富余量。在非均相成核的场合，$\varphi(N)$ 不仅包含原子团与溶液界面的 σ_S，也包含原子团与电极界面的能量。电结晶时形成晶核要消耗电能，所以平衡电位下不能形成晶核，只有达到一定的阴极极化值（析出电位）时才能形核。给平衡的电极施加"扰动"的过电位能提供电结晶过程的动力，且过电位的大小决定电结晶层的粗细程度与生长方式。Erdey-Gruz 和 Valmer 曾给出形成晶粒时成核电流密度和过电位之间的关系。对于三维晶核，

$$\ln i = A - B\eta^{-2}$$

而对于二维晶核，

$$\ln i = A' - B'\eta^{-1}$$

式中，A、B 及 A'、B' 均为常数。镀件表面上的电位和电流分布，不仅影响镀层厚度的均匀程度，并且镀层的结构也有可能不同。离子放电后形成的不带电粒子，首先会在电极表面上吸附，成为吸附原子或吸附离子。实际上这些粒子要沿电极表面进行扩散运动直到找到最低能阱的合适位置。这种表面扩散可以形象地示于图 2-18。在高的过电位情况下，活化点和成核速度较稳定，这种现象称为瞬间成核。当电流密度较小且电极电位与平衡电位相比偏差较小时，吸附原子在沉积的电极表面上缓慢地扩散后进入晶格，表面扩散作为电结晶速率的控制步骤使得这种情况下的晶粒不断长大长粗。当电流密度较大时，其阴极电极电位极化负移，在电结晶体的表面吸附的原子浓度逐渐增大，晶体表面"生长点"的增多，使得形核速率大于晶核成长速率，形核速率的提高使得吸附原子来不及进行长距离的表面扩散，而在晶体表面上随便"堆砌"而获得致密的晶粒。那么，电镀结晶颗粒粗细与哪些因素有关呢？金属电结晶时存在着晶核的形成和生长的过程。实际上形核与核生长的速度同电结晶体的粗细程度有关，例如，晶核形成的速度较快意味着晶核数目

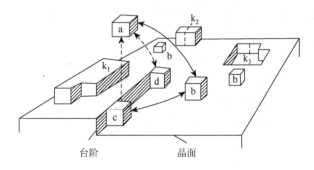

图 2-18　电结晶过程的表面扩散原理图

a. 介质相内的粒子；b. 吸附原子；c. 边缘（台阶）位置；d. 生长结点位置；k₁、k₂. 生成的表面晶核；k₃. 溶解点

较多且晶核长大速率较慢,从而使得电结晶颗粒较细。一般来说提高电结晶时的极化过电位可以促使晶体表面的生长点增多,有利于提高晶核形成的速度。电镀实践中常采用增加电极极化过电位来增加晶核形成速度,从而获得结晶细致的镀层。那么如何增加阴极的极化作用呢? 为了提高电沉积时阴极极化的作用,通常采取的措施包括:提高阴极电流密度;适当降低电解液的温度;加入络合剂或添加剂等。实际上,阴极极化作用过大也会产生镀层的质量问题,例如,极化过电位超过一定的过电位范围时,会导致氢离子的还原析出,从而使镀层变得多孔、粗糙,质量反而下降。

二、金属的共沉积

目前合金电沉积的应用和研究主要在二元合金和少数三元合金方面。由于金属共沉积需要考虑两种或两种以上金属的电沉积规律,而其多元合金沉积层组分的稳定构成理论及规律还有待进一步完善。

(一)合金镀层的特殊优点

1) 合金镀层与组成它的单金属镀层相比,具有更好的光亮性、平整性且结晶更致密。如高磷镍合金镀层,无法用金相显微镜观察出来,是一种非晶体结构,被视为金属玻璃。

2) 电沉积合金金属如钴磷合金或铁钴镍合金的硬度比采用高温冶金所得到的同种合金硬度高,某些电沉积合金金属镀层甚至接近铬镀层的硬度。

3) 合金还具有许多特殊的物理性能,例如,镍钴磷合金具有导磁性,可用于记忆元件;而金铜合金的硬度和耐磨性比纯金高出一至两倍。

4) 在水溶液中不能单独镀出的钼、钛、钒及钨等可与过渡元素如铁族元素通过合金镀液形成合金镀层,如镍钼、镍钨等。

5) 合金镀层中的金属组分及比例可调控,有利于调控金属镀层的耐磨、耐蚀、导电等性能。

6) 某些热冶金难以获得的高熔点金属和低熔点金属组成的合金,可通过电沉积方法获得。电镀合金还可以获得与熔炼合金明显不同的物相,如介稳的金属间化合物等。

7) 通过工艺条件的改变,可以获得不同的镀层色调,如各种颜色的银合金、彩色镀镍及仿金等合金电镀层。

目前关于金属共沉积的理论探讨多数是围绕二元合金展开的。了解金属共沉积理论及影响因素是获得合金镀层的理论保证。通常来说,影响金属共沉积的因素主要包括:镀液中金属离子浓度比例的影响、镀液中金属离子总浓度的影响、络合剂的影响、电流密度与温度的影响。那么,以二元合金为例,共沉积需具备的基本条件有哪些呢?

(二)二元合金共沉积需具备的两个基本条件

1) 合金中的金属至少有一种能从其盐的水溶液中析出。有些金属如钨、钼等虽不能从其盐的水溶液中单独沉积,但可以与其他金属如铁、钴、镍等同时从水溶液中实现共沉积。所以,共沉积并不一定要求各组分金属都能单独从水溶液中沉积析出。

2)两种金属的析出电位要十分接近或相等。因为在共沉积过程中,电位较正的金属总是优先沉积,甚至可以完全排除电位较负的金属沉积析出。因此,析出电位十分接近,共沉积条件通常表达为如下关系式:

$$\varphi_1 = \varphi_1^\ominus + \frac{RT}{Z_1 F}\ln a_1 + \Delta\varphi_1 = \varphi_2^\ominus + \frac{RT}{Z_2 F}\ln a_2 + \Delta\varphi_2 = \varphi_2$$

式中,φ_1 和 φ_2 分别为两种金属的沉积电势;$\varphi_1^\ominus$ 和 $\varphi_2^\ominus$ 为标准电极电势;a_1 和 a_2 为金属离子的活度;$\Delta\varphi_1$ 和 $\Delta\varphi_2$ 为极化电位值。要使得电极电势相差较远的金属沉积电势接近,才能有效实施金属共沉积:根据 Nernst 方程式可知,增大金属离子浓度可使电位正移,相反,降低浓度电位则负移。对二价金属离子,当浓度改变 10 倍时,平衡电位移动 0.029V,而多数金属离子的平衡电位相差较大,因此仅通过改变金属离子浓度来实现共沉积显然是很难的。

(三)有助于实现金属共沉积的两种方式

1)添加络合剂方法:电解液中的络合剂具有络合特定金属离子的特点,金属离子形成金属络合物后增大了其还原反应的阻力。通过在共沉积体系中加入络合剂来使得某种易在较正电位下发生还原反应的金属离子的沉积电位负移,使得两种金属的析出电位较为接近从而实现共沉积。

2)加入合适的电镀添加剂:电镀时溶液中的某些电镀添加剂于金属平衡电位而言影响有限,却对电极极化具有重要的影响,例如,添加剂中的抑制剂对金属离子的还原反应过程有明显的阻碍作用,因此为了实现金属离子的共沉积,在电解液中可单独加入络合剂,也可与电镀添加剂同时加入。

(四)金属共沉积的类型

考虑到电解液的组成、工艺条件和电沉积动力学特征等,可将合金电沉积分为正常共沉积和非正常共沉积两大类。

正常共沉积的特点是电位较正的金属优先沉积,即析出电位高的金属在镀层中所占的比例超过它在镀液中所占比例,而析出电位低的金属则正好相反。正常共沉积又可分为正则共沉积、非正则共沉积和平衡共沉积三种。①正则共沉积的特点是共沉积过程受扩散控制,合金镀层中电势较正金属的含量随阴极扩散层中金属离子总含量的增加而增加。如果各组分金属的平衡电势相差较大,且共沉积时不能形成固溶体合金,则容易发生正则共沉积。简单金属盐电解液中的电沉积一般属于此类沉积,如 Ni-Co 合金、Cu-Bi 合金、Sn-Pb 合金等从其简单盐电解液中的电沉积;②非正则共沉积受阴极电位控制:各电镀参数对于合金共沉积的组成影响,都不像正则共沉积那样明显。此类沉积常出现在配合物的镀液体系,如氰化物镀铜-锌合金中;③平衡共沉积:当两金属在与其处于化学平衡的镀液中共沉积时,这种过程称为平衡共沉积。两金属与含有该两金属离子的溶液处于平衡状态,是指把两金属浸入含有该两金属离子的溶液中时，两者的平衡电势最终将相等，即电势差为零。在较低电流密度下，合金镀层的金属比等于电解液中金属比。仅有很少几个共沉积过程属于平衡共沉积体系。

非正常共沉积通常可分为异常、诱导两种共沉积。①异常共沉积：电势较负且发生还原反应阻力较大的金属离子反而优先沉积，且其在沉积层中的含量要高于其在电解液中的浓度。欠电势沉积机理通常用来解释这种异常共沉积现象，此外，膜吸附，电化学动力学，离子软、硬度的影响也是比较常用的观点；②诱导共沉积：在某电解液中不能单独沉积出来的金属离子，在电解液中加入其他金属离子后，会发生共沉积现象，这种金属离子具有诱导共沉积的作用。如在含有 Ti、Mo、W 等单金属离子的电解液中实施电镀过程并不能沉积出纯金属镀层，当在其电解液中加入某铁族金属离子时，可实现共沉积。

共沉积镀层的结构类型主要包括以下几种。①低共溶合金（机械混合物合金）：形成合金的各组分（金属或非金属）仍保持原来组分的结构和性质，这类合金称为机械混合物合金。这种合金是各组分晶体的混合物，组分金属之间不发生相互作用，各组分金属的标准自由能也同纯金属一样，平衡电势不发生变化；②固溶体合金：将溶质原子溶入溶剂的晶格中，仍保持溶剂晶格类型的金属晶体；③金属间化合物：是合金组分间发生相互作用而生成的一种新相，其晶格类型和性能完全不同于任一组元，一般可用分子式表示其组成。金属间化合物一般具有复杂的晶体结构，熔点高，硬而脆。根据其形成条件，可分为正常价化合物和电子化合物。NiAl 这种金属间化合物能够增强基体金属与陶瓷涂层之间的结合力，在 Ni 基超高强合金钢上电镀一层 NiAl 后再涂覆一层陶瓷膜，可作为热阻挡层使用。

三、法拉第定律在电子电镀中的应用

英国物理学家和化学家法拉第（Faraday）在总结大量实验结果的基础上，于 1834 年确定了关于电解的两条基本定律。

电解第一定律表述为：在电极上析出（或溶解）的物质的质量 m 同通过电解液的总电量 Q（即电流强度 I 与通电时间 t 的乘积）成正比，即

$$m = KQ = KIt$$

式中，比例系数 K 为该物质的电化学当量（简称电化当量），同析出（或溶解）的物质有关。电化当量等于通过 1C 电量时析出（或溶解）物质的质量。

电解第二定律为：当通过各电解液的总电量 Q 相同时，在电极上析出（或溶解）的物质的质量 m 同各物质的化学当量 C（即原子量 A 与原子价 Z 之比）成正比。电解第二定律也可表述为：物质的电化学当量 K 同其化学当量 C 成正比，即

$$K = a \cdot C$$

法拉第定律是自然界中最严格的定律，不受温度、压力、电解质溶液组成与浓度、溶剂的性质、电极与电解槽材料和形状等因素限制。

当电流通过电解质溶液或熔融电解质时，电极上将发生化学反应，并伴有物质析出或溶解，法拉第定律可定量表达电极上通过的电量与反应物质的量之间的关系。即电流通过电解质溶液时，在电极上析出（溶解）的物质的量 n 与通过的电量 Q 成正比；通过 1F，就析出或消耗相当于 1mol 电子的物质的量。假设通过的电量为 Q，反应的电子的量为 z，生成物的物

质的量为 n，法拉第常量为 $F(F = 9.65 \times 10^4 \text{C/mol} = 26.8 \text{A·h})$，则法拉第定律关系式为

$$m = nM = \frac{QM}{zF} = \frac{ItM}{zF}$$

式中，$\frac{M}{zF}$ 为仅与析出物质的性质有关的常量，表示每通过 1C 电量时析出物质的质量，称为该物质的电化学当量。实际上，在电镀过程中，电镀效率问题是从业者比较关注的一个问题，通常情况下镀层阴极的电流效率都是小于 100% 的，主要是因为存在副反应如析氢反应等。也就是说通过阴极的电荷量有一部分用来沉积金属层，一部分发生了还原析氢的副反应。因此法拉第定律在电子电镀中的应用可描述为

$$m = K \cdot I \cdot t \cdot \eta_k$$

式中，η_k 为阴极电流效率。那么如何在已知电流效率的情况下来预先判断诸如印制电路板镀层或陶瓷基板镀层金属的厚度呢？或者在某种确定的镀液配方中如何来确定电镀金属的电流效率呢？下面通过几个例子来作说明。

例 1 在某硫酸盐镀镍工序中进行电沉积镍反应，因阴极有部分析氢副反应发生，假定阴极的电流效率为 95%，通入镀槽的总电流为 400A，持续通电 0.25h 后，共析出金属镍多少克（镍的电化当量 = 1.095g/(A·h)，镍密度 = 8.8g/cm³）？

解 根据电解定律，镀层质量（m）应为

$$m = K \cdot I \cdot t \cdot \eta_k$$

已知：镍的电化当量(K) = 1.095g/(A·h)

电流效率(η_k) = 95%

电镀时间(t) = 0.25h

电流(I) = 400A

代入公式：$m = K \cdot I \cdot t \cdot \eta_k = 1.095\text{g/(A·h)} \times 400\text{A} \times 0.25\text{h} \times 95\%$；因此，在上述条件下，可析出金属镍 104g。

例 2 在某盲孔填铜溶液中含有硫酸铜 220g/L、硫酸 55g/L、氯离子 50ppm、加入的添加剂包括整平剂、抑制剂、加速剂等，需要在 5mm 直径的旋转圆盘铂电极上面电镀一铜层，电流密度控制在 2A/dm²，问：（1）电化学测试过程中，电流强度应设置为多大？（2）在 2A/dm² 条件下电镀 1h 后，铜镀层有多厚？电镀铜层镀速（μm/h）为多少？假定电流效率为 98%，铜的电化当量(K) = 1.186g/(A·h)，铜金属密度为 8.92g/cm³。

解 （1）电流强度为 2A/dm²·(π·2.5mm²) = 0.003925A；

（2）根据电解定律，镀层质量（m）应为

$$m = K \cdot I \cdot t \cdot \eta_k$$

已知：铜的电化当量(K) = 1.186g/(A·h)

电流效率(η_k) = 98%，铜金属密度为 8.92g/cm³

电镀时间(t) = 1h，电流密度 = 2A/dm²

$$m = \rho V = \rho \cdot S \cdot h$$

代入公式：$h = K \cdot I \cdot t \cdot \eta_k/(\rho \cdot S) = \{[1.186\text{g/(A·h)}] \times (2\text{A/dm}^2) \cdot (1\text{h}) \cdot 98\%\}$；因此，在上述条件下，镀铜层厚度为 26.06μm，镀速为 26.06μm/h。

常用金属元素的电化当量见表 2-2。

表 2-2　常用金属元素的电化当量

元素	符号	原子量（1971 年）	化合价	20℃密度/(g/cm³)	电化当量 mg/C	电化当量 g/(A·h)	厚 1μm 时 /(g/dm²)	厚 1μm 时 /(g/m²)
铝	Al	26.9815	3	2.7	0.0832	0.3355	0.02702	2.702
锑	Sb	121.75	5	6.62	0.2524	0.9086	0.06618	6.618
			3		0.4207	1.515		
砷	As	74.9216	5	5.73	0.1553	0.5591	0.05729	5.729
			3		0.2588	0.9317		
铋	Bi	208.98	5	9.78	0.4332	1.56	0.09788	9.788
			3		0.722	2.599		
镉	Cd	112.4	2	8.65	0.5825	2.097	0.08659	8.659
铬	Cr	51.996	6	7.14	0.08981	0.3234	0.07146	7.146
			3		0.1796	0.6466		
钴	Co	58.9332	2	8.71	0.3054	1.09	0.08719	8.719
铜	Cu	63.546	2	8.93	0.3293	1.185	0.08935	8.935
			1		0.6586	2.371	0.1787	17.87
金	Au	196.967	3	19.32	0.6804	2.449	0.1932	19.32
			2		1.021	3.676		
			1		2.041	7.348		
氢	H	1.0079	1	0.08375×10⁻³	0.01045	0.03762		
铟	In	114.82	3	7.28	0.3967	1.428	0.07278	7.278
铁	Fe	55.847	3	7.86	0.1929	0.6944	0.07867	7.867
			2		0.2894	1.042		
铅	Pb	207.2	4	11.34	0.5363	1.932	0.1135	11.35
			2		1.074	3.866		
锰	Mn	54.938	2	7.3	0.2847	1.025	0.07302	7.302
钼	Mo	95.94	6	10.2	0.1657	0.5965	0.1021	10.21
镍	Ni	58.7	2	8.8	0.3043	1.095	0.08803	8.803
钯	Pd	106.4	4	12.16	0.2758	0.9929	0.1217	12.17
			2		0.5515	1.985		
铂	Pt	195.09	4	21.37	0.5055	1.82	0.2138	21.38
			2		1.011	3.64		
铑	Rh	102.905	4	12.44	0.2666	0.9598	0.1244	12.44
			3		0.3555	1.28		
			2		0.5332	1.92		
银	Ag	107.868	1	10.49	1.118	4.025	0.105	10.5
锡	Sn	118.69	4	7.3	0.3075	1.107	0.07302	7.302
			2		0.615	2.214		
锌	Zn	65.38	2	7.14	0.3387	1.219	0.07146	7.146

电镀过程中常伴有副反应发生,消耗于沉积金属的电量占通过电解槽总电量的百分数称为电流效率。电流效率是评定镀液性能的一项重要指标。

$$\eta = \frac{M_1}{M_2} \times 100\% = \frac{Q_1}{Q_2} \times 100\%$$

式中,M_1 为实际沉积金属质量;M_2 为无副反应发生时的理论沉积金属质量;Q_1 为实际沉积金属所需的电量;Q_2 为通过电解槽的总电量。

电流效率高意味着外电源提供的电子主要用于金属离子的还原反应,减少了电损耗。阴极的电流效率因副反应存在通常低于 100%,电流效率的影响因素较为复杂,与电流密度、搅拌、电解液温度等工艺规范及镀液组成、浓度等有关。以不同镀种为例,酸性镀铜、镀锌电流效率较高,而氰化物镀液中的电流效率通常为 60%~70%,镀铬液电流效率低至20%左右。对于电镀体系,通常存在副反应,因此外电源提供的电量仅有部分用于还原所需金属离子,其电流效率通常小于 1;电镀过程中阳极可能也存在着析氧的副反应,因此通常认为其电流效率小于 1,实际上阳极除发生电化学氧化反应外,还存在着化学溶解。当外电源未导通时,可溶性阳极在腐蚀性电解液中的化学溶解等可能导致阳极电流效率大于 1。

电流效率是电镀技术先进程度的一项重要指标,与电沉积金属的种类、沉积速率、电镀添加剂、温控与搅拌等电镀装置有关。镀液电流效率的测定常采用铜库仑计方法进行,其装置如图 2-19 所示。将库仑计与待测试电流效率的镀液槽通过串联的方法,在已知通过电流强度及时间的情况下依据法拉第定律计算通过镀槽的总电量。

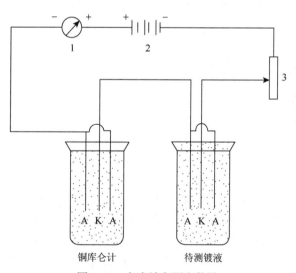

图 2-19 电流效率测定装置

1. 电流表;2. 直流电源;3. 可变电阻;A. 阳极;K. 阴极

铜库仑计是常用的一种库仑计,阳极为纯的电解铜板,阴极为经过表面处理的活性铜板,电解液组成为 $CuSO_4 \cdot 5H_2O$ 125g/L,H_2SO_4(相对密度 1.84)26mL/L,C_2H_5OH(乙醇)50mL/L。在实际测定镀液的电流效率时,与被测镀槽串联一个铜库仑计。因为铜库仑计上铜阴极的电流效率为 100%,所以根据铜阴极上镀层质量可以得到理论上的金属镀层的质量或通过电极的总电量。当采用铜库仑计时,待测镀槽的电流效率 η 为

$$\eta = \frac{Q}{Q_\text{总}} \times 100\% = \frac{W/M}{W_{\text{Cu}}/M_{\text{Cu}}} \times 100\%$$

式中，W 为被测金属镀层的质量；M 为被测金属的摩尔质量；W_{Cu} 为库仑计阴极上铜镀层质量；M_{Cu} 为铜的摩尔质量。

某些电镀溶液的阴极电流效率见表 2-3。

表 2-3　某些电镀溶液的阴极电流效率

电镀溶液	电流效率/%	电镀溶液	电流效率/%
硫酸盐镀铜	95～100	硫酸盐镀锡	85～95
氰化物镀铜	60～70	氰化物镀黄铜	60～70
硫酸盐镀锌	95～100	氰化物镀青铜	60～70
氰化物镀锌	60～85	铵盐镀镉	90～98
锌酸盐镀锌	70～85	硫酸盐镀铟	50～80
铵盐镀锌	94～98	氟硼酸盐镀铟	80～90
铵盐镀镍	95～98	氯化物镀铟	70～95
铵盐镀铁	95～98	氯化物镀铋	95～100
铵盐镀铬	12～16	氟硼酸盐镀铅	90～98
氰化物镀金	60～80	氟硼酸盐镀镉锡合金	65～75
氰化物镀银	95～100	氟硼酸盐镀锡镍合金	80～100
氰化物镀铂	30～50	氟硼酸盐镀铅锡合金	95～100
氰化物镀钯	90～95	氟硼酸盐镀镍铁合金	90～98
氰化物镀铼	10～15	氟硼酸盐镀锡锌合金	80～100
氰化物镀铑	40～60		

第三节　电镀槽及其辅助装备

实验室电镀设备较为简单，主要包含电源、导线、电解槽（烧杯）、阴阳极和电解液等。企业考虑到生产的连续进行及生产效率等因素，其设备通常包括电镀的生产设备（电镀槽）、温控及搅拌等辅助设备、直流或脉冲电源设备等。根据电镀企业的自动化程度的差异，可将电镀设备分为全自动、半自动、手动电镀等。半自动电镀借助生产线上的导轨行车及挂钩的运行速度、预镀覆工件面积及电流密度的控制等，生产的电镀产品的质量及一致性都较好。随着智能信息科技的发展，全自动电镀设备获得了越来越广泛的应用。全自动电镀系统是涉及机械电气自动化、温控、检测与反馈等一系列自动完成电镀工序要求的全部过程，具有质量稳定及生产效率高的特点，代表了目前电镀领域最先进的技术。手动电镀主要应用于小规模的工件电镀领域。此外，电镀设备按使用功能，又可分机械设备、镀槽设备和辅助设备、电器设备等。电镀设备是电镀生产过程的必需条件，其结构和性能与电镀生产的产量、质量和经济效益直接有关。电镀生产的主要设备包括各种镀槽及其辅助设备（如加热、冷却、导电等装置)、直流电源设备和其他辅助设备(如通风、过滤设备)等。

一、电镀槽

电镀槽的作用主要是绝缘与放置电解液,随着工业自动化及生产效率的提高,电镀槽通常还需要具备温控、强制对流等辅助功能。电镀槽的主要作用是放置电解液,随着电镀工业的大规模化生产,槽体的强度、水密性及绝缘性能受到了越来越多的关注,电镀槽体一般包括具有高绝缘性的衬底和保护衬底的高强度和刚性的骨架体等。绝缘性的衬底防止镀槽漏电,常采用四氟乙烯、花岗岩等绝缘且耐腐蚀性的材料。在电镀生产中为了提高生产效率,通常需要在镀槽中设置搅拌装置,如使阴极移动起到搅拌的作用。有时为了提高阴极镀层均匀性,在阴极与阳极之间还会放置形状合适的均匀挡板来屏蔽部分电场线,例如,在矩形阴极与阳极之间放置"回"型绝缘挡板来加强阴极镀层的均匀性。因此,电镀槽通常由绝缘层的槽体衬底、高强度的槽体骨架体、搅拌装置、温控装置、导电装置、绝缘挡板装置等组成。电镀槽规格通常表示为:电镀槽内腔长度×内腔宽度×电解液深度。其槽内盛装电解液的体积通常需要考虑以下条件:①溶液高度高于被镀覆的工件,被镀覆时工件能够完全浸泡在溶液中;②电解液需要控制局部如阴、阳极部位温度过高的问题;③电解液的容量足可以维持电镀生产周期内各项工艺参数在正常范围内的波动。

二、电镀槽的辅助装置

在电镀生产过程中,温度对镀层的质量具有重要的影响,通常电镀槽中设置有温控装置,提升电解液温度时常采用在蛇形管和排管内注入蒸汽,而降低温度时常采用槽内冷却管或槽外换热器冷却电解液方法。

电镀搅拌装置能加快沉积速率,是高速电镀必备的装置,可以镀出良好的镀层,有时也起散热作用。电镀过程中最常用的搅拌方式有压缩空气搅拌、电镀溶液循环搅拌、机械搅拌、对流搅拌、超声波搅拌等。

1)压缩空气搅拌能充分地搅拌电镀溶液,经过过滤的无油、无杂质的低压压缩空气通入电镀槽中的搅拌管道,让气泡从工件下方上升,对电镀溶液进行搅拌。来自压缩空气站的压缩空气,要经过油水分离器和过滤器净化之后才能使用。来自多级离心压缩机的压缩空气,则可不进行过滤。空气搅拌需要注意的是剧烈的搅拌会造成阳极泥渣向阴极移动并附着在阴极面上,使镀层表面产生毛刺。

2)电镀溶液循环搅拌装置由循环泵、玻璃管电加热器、冷却水套等组成,在槽外用换热器加热或冷却,使电镀溶液流动的同时进行过滤,从而使工件附近的电镀溶液循环,达到搅拌的目的。

3)机械搅拌装置有阴极、阳极水平移动或垂直移动两种,其中阴极水平移动在国内应用得较普遍。阴极移动搅拌:阴极移动一般是指阴极棒在减速电动机和凸轮的驱动下在水平方向上的运动,虽然搅拌强度不高,但容易获得比较均匀的电镀溶液。阴极移动装置由电动机、减速器、偏心盘、连杆及支承滚轮组成。阴极移动搅拌时某些形状的工件可能会出现电镀溶液跟随工件运动而不发生扰动的搅拌死区。阴极移动时，工件表面的电镀溶液流动只是缓慢的层流。如果让阴极移动时以振幅为 1～100mm、频率为 10～1000Hz 振动，就可以获得电镀溶液的紊流，搅拌效果将会大大提高，电流密度上限也随之增大，可以达到高速电镀的要求。

电镀溶液的过滤方式有两种，即定期过滤和循环过滤，循环过滤可净化镀液，减少镀层毛刺。其吸出镀液的管口一般设在阳极板下离槽底约 50mm 处，过滤后清洁镀液在近液面处喷向镀件旁边。在电镀生产中，对于允许搅动槽液的工艺，可以在生产时进行经常性的循环过滤；对于不宜搅动槽液的工艺，则进行定期过滤。过滤方法有自然沉降法、常压过滤法、加压过滤法。目前一般都用加压过滤法。

三、滚镀设备

小工件电镀时如采用挂镀的方法则生产效率过低，采用滚镀的方法使得小工件在滚筒内不断地翻转，从概率上来说可以获得更好的均镀能力，滚镀的放置特点有卧式、倾斜式滚镀，滚镀运动的特点有滚动和振动电镀。滚镀设备中的重要部件滚筒对工件的电镀均匀性有重要的影响，市场上使用较多的滚筒呈六棱柱状，工件从上部的开口处放入后将开口封闭。已知阴极工件的电镀效率通常小于 1，副反应如析氢产生的气体需要排放，通常在滚筒壁板上设置小孔以助于排气。滚镀时工件因自身的重量和滚筒转动的离心力作用与阴极辅助导电装置相连接，并通过滚筒两侧的中心轴孔与外电源连接。滚筒的形状、容量、转速、放置位置、滚筒壁板开孔率等诸多因素会影响生产效率和镀层品质。滚镀对于小工件电镀装卸具有高效率的优点。电镀时滚筒的转动使得小工件之间不断地摩擦，与工件接触的镀液不断获得更新。滚筒的转动代替了搅拌，但强制对流的功能是相同的。实际上，当滚筒的转速足够大时，离心力的作用使得小工件之间及小工件与辅助导电装置容易相互贴合，从而造成贴合处表面难以镀覆金属层。需要指出的是易互相贴合（如片式工件）、容易碰损的工件或镀层厚度大于 10μm 的工件并不适合滚镀。滚镀液通常具有一定的腐蚀性，当滚筒转动时，工件与阴极的接触因重力的影响会时断时续，造成阴极的化学溶解，有时电场的非均匀分布还使得局部难以增厚。因此，滚镀设备设计应根据工艺特点扬长避短。

四、阳极

阳极对于电镀的正常运行及镀层质量具有重要意义。阳极的正常溶解直接影响镀液的物料平衡，并使镀液的电流效率、分散能力等指标得以保持正常。一般镀液多采用溶解性的阳极，只有少数的镀液如镀铬等除外。这些镀液因为使用溶解性阳极时无法达到均衡，所以用不溶的阳极且添加镀液组分的方法来调整。

此外，近年来随着印制电路板及封装基板等不断向"轻、薄、短、小"方向发展，各厂商除了在原料、工艺、药水等方面追求新发展、新突破外，在设备方面也进行了改进，并不断取得突破。在电子电路互连领域，传统的可溶性阳极不断暴露出缺点，例如，在较高电流密度情形下铜球容易产生极化，而且在电镀过程中因铜球形状改变更容易产生不良的电流分布。因此有许多新的发展都采用不溶性阳极来代替可溶性阳极。

比较理想的溶解性阳极应具有下述基本特性。只有电流通过时才溶解，并且溶解均匀，从而维持镀液中金属阳离子浓度的稳定性。如果溶解不均匀，不仅浪费而且会起灰、掉块，从而污染槽液，并使镀件的电流分布受到影响。合格的可溶性阳极应具有阳极表面不易钝化、不产生挂灰、容许的极限电流密度较高，而溶解时的电流效率不低的优点。可溶性阳极所需的金属是由一种金属或合金铸成后再制成不同形状装入阳极袋内。通常情况下，阳极袋内的铜球在溶解时，铜球的尺寸、形状和表面积会发生变化，从而影响电流密度和电力线分布，最终影响镀层的一致性。以磷铜阳极电镀液为例，可溶性阳极要达到很好的电镀效果，应当具有如下特点。

1）阳极电流密度需要控制在一定的范围内，阳极的电流密度过高或过低都会造成阴极还原反应消耗的金属离子得不到有效的补充。例如，阳极电流密度太高，阳极表面易形成钝化膜而使阳极不溶解并造成析氧副反应产生。析氧反应的存在对于电镀液的老化具有一定的促进作用。阳极电流密度过低，通常溶解的速率比较慢，解决这一措施的方法通常是在控制一定电流密度的前提下采用增加阳极表面积的方法来提高阳极金属离子的溶解速率。

2）可溶性磷铜阳极一般含0.03%～0.07%的磷，采用含磷铜板作阳极，可减缓阳极溶解速度，使"铜粉"量大大减少，镀液稳定，可以避免高的电极极化和阳极表面的钝化，有助于控制阳极溶解速率，保证镀层质量。含磷阳极外罩上的阳极袋，可避免阳极泥污染镀液。但阳极袋要定期进行处理和更换。

目前常用的不溶性阳极材料包括贵金属如铂金、石墨、铅合金等。但铂金价格昂贵，石墨与铅合金阳极高电流电解时溶蚀、耐蚀性差，并且氧析出过电位大。新型不溶性阳极通常是在钛基体上涂覆具有高电化学催化性能的贵金属氧化物涂层。不溶性阳极在目前的高速电镀中具有突出的优点，主要包括尺寸稳定、寿命长，并易于配合阴极形状制作；产生的电解污泥少，电解渣管理容易，制品品质高；可在高电流密度条件下使用，生产效率高。

第四节　电镀前处理

电镀、化学镀、转化膜处理等表面处理工艺的一个共同特点，是在金属或非金属基体表面上形成覆盖层所进行的电化学或化学反应，都是在基体表面和化学溶液之间的界面处完成的，因此覆盖层的质量既受制于化学溶液组成和操作条件，也受制于基体的表面质量。被镀覆材料的形状对电镀质量的影响，主要在于它影响着电镀电流在被镀覆材料表面上分布的均匀性。如工件上的边棱部位、孔口部位是电流比较集中的部位，这些部位分布的电镀电流可能要比其他表面高很多倍，而在深凹的表面上，如孔的内表面、内螺纹表面，不使用辅助阳极往往是很难引入电镀电流的。由此可见，即使采用分散能力、覆盖能力都非常好的镀液进行电镀，在形状复杂的工件表面上电镀时，其各部位表面上的镀层厚度必然差异很大，有时候也很难克服形状复杂所造成的影响。

一、表面状态对镀层质量的影响

工件形状对电镀质量的影响在于电流密度在工件表面上分布的均匀性同工件形状息息相关。例如，在被镀覆物件的边缘线部位、尖端凸出部位电场线排布集中，而在被镀覆物件表面的凹陷孔洞底部电场线分布稀疏，电场线密度的差异性分布导致电流密度的差异，也就是说在电场线较集中的局部区域电流密度大。此外，既轻又薄的被镀覆物如片式器件电镀时，因薄片易堆叠在一起，阻碍了正常的工件表面层的电镀金属分布。电子元器件及材料表面进行电镀处理时，其镀层厚度需预先设计及严格控制。电镀层厚度的偏大或偏小均可能对电子封装过程的可靠性造成影响，如电子装配时通孔镀层过厚，将导致电子元器件引脚与通孔连接的间隙过小，不利于电子装配的进行。

金属离子在不同的基体材料上还原沉积时，其析出电位差别较大且同一镀液的覆盖能力也不尽相同。例如，用铬酸溶液镀铬，金属铬在铜、镍、黄铜和钢上沉积时，镀液的覆盖能力依次递减。一般来说，过电位较小的析出电位较正，即使在电流密度较低的部位也能达到其析出电位的数值，因而其覆盖能力较好。同一镀液，镀层在光亮的基材表面上的覆盖能力要比其在粗糙表面上的覆盖能力好，这是因为粗糙表面由于表面积大，其真实电流密度较低，不易达到金属的析出电位，而只是析出大量氢气。此外，若基体表面镀前处理不良，存在没有除尽的油膜、各种成相膜层或污物等，也将妨碍镀层的沉积而使覆盖能力降低。

电镀前处理的意义如下。首先，良好的镀前处理可以使得镀层结构致密、表面光亮平整，而致密无孔洞的阴极性镀层对于基底材料的保护具有重要的意义。其次，良好的镀前表面处理有利于电场线的均匀分布，从而获得厚度均匀的镀层。最后，表面前处理中的除油除锈等工艺有利于提高镀层与基体间金属的结合力。

二、粗糙表面电镀前处理

当镀覆具有内孔、内螺纹的被镀件时，基材表面粗糙度大，不仅降低了镀速，还明显地影响深凹部位镀层镀入的深度及镀层的均匀性。基材镀前表面粗糙度大，还会降低镀覆层的外观和耐蚀能力。一般情况下，在进行电抛光或化学抛光时，被镀覆基材处理前的表面粗糙度，明显地影响着抛光后表面粗糙度的降低程度，基材抛光前的表面粗糙度越大，抛光后表面粗糙度的降低幅度就越大。对具有孔隙率质量指标要求的镀覆层来讲，基材镀前的表面粗糙度越低，越容易获得无孔隙的镀覆层。除非镀层表面粗糙度大对产品的使用性能有特别的作用，否则应该尽可能地降低基材镀前表面的粗糙度。整平处理主要是对粗糙的基体材料表面进行整平的操作，通常包括机械整平、化学整平、电化学抛光整平、超声波整平、流体整平及磁研磨整平等。

1）机械整平是借助机械工具进行磨光、抛光、喷砂、滚光等。磨光是在旋转的磨光盘上借助磨料的辅助作用来除去工件表面的粗糙毛刺、金属氧化物、微细划痕、焊缝等各种表面宏观缺陷。机械抛光与机械磨光相比对工件表面材料的损伤较小，机械抛光是在抛光轮上覆盖一层细毛毡或皮革类软性材料，并借助抛光膏在高速转动下来除去工件表面的细微不平并使得工件表面呈现出镜面光泽。机械抛光不同于电化学抛光，电化学抛光对金属工件表面的粗糙度有更高的要求。抛光膏是机械抛光重要的组成部分，成分不同的抛光膏的外观颜色差异较大，如 MgO 和 CaO 在硬脂酸等黏结剂混合作用下为灰白色或乳白色的膏状物，其磨粒细小而不锐利，在软质金属如 Cu、Al 和 Ni 的表面抛光用途较广。例如，Fe_2O_3 颗粒与脂肪酸等黏结剂混合制备出的深红色膏状物广泛应用于中等硬度材料如钢铁等的抛光。此外，适用于硬质合金钢及镀铬层的绿抛光膏的磨粒硬而锐利，常采用 Cr_2O_3 和 Al_2O_3 与胶黏剂配制而成。抛光膏或抛光液中均含有磨料成分，但抛光液的配制原料中的胶黏剂在室温下呈液态的油或水乳剂，因而呈现出液态。刷光是在刷光机上采用高弹性金属丝的断面侧锋除去工件表面的氧化物及污痕的同时保持工件原有的几何形状。喷砂是利用高速砂流的冲击作用清理和粗化基体表面的过程，滚光依赖滚筒旋转来获得搅拌的效果，并使得工件与磨料及工件之间相互摩擦来达到工件表面光亮的目的。

2）化学整平是让被镀覆材料在化学介质中表面微观凸出的部分较凹部分优先溶解，从而得到平滑面。这种方法的主要优点是不需复杂设备，可以整平形状复杂的工件，也可以同时整平很多工件，效率高。化学整平的核心问题是化学腐蚀液的配制。化学整平得到的表面粗糙度一般为数十微米。

3）电化学整平是在电解液中通过外电源提供电流，在工件及对电极之间进行电解抛光。其中工件为阳极，通电时发生氧化溶解反应进而获得镜面效果。

4）超声波整平通常结合化学或电化学的方法并借助磨料在超声波的振荡中获得的动能来对工件进行磨光，超声波的优势在于其对形状不敏感且宏观力小，对工件几乎没有损害作用。

5）流体整平是借助高速流动的液体及磨粒对工件表面的冲击来达到抛光效果。

6）磁研磨整平是借助磁场对具有磁性特征的磨粒的调控来精确控制加工条件，如在磁场的辅助作用下采用合适的磨料，表面粗糙度可控制在 R_a 0.1μm，其中 R_a 是指一定取样长度内，轮廓各点到轮廓中线距离的绝对值的平均值。

三、除油

电镀制品的质量不仅与电镀工艺过程相关，还与电镀前处理工艺有关，我们知道当油污或氧化物附着在工件表面，电镀时这些有油污或氧化物的表面局部可能镀覆不上金属从而造成结合力低下。实际上，如果在电镀前处理中没有把工件表面的油污处理干净，油污接触电镀液后会污染电解液，严重影响电镀产品的质量。工件上油污的来源众多，如防锈油、机加工油、润滑油等。如果油污为动物油和植物油，可采用强碱与这类油污发生皂化反应，生成溶于水的肥皂达到除油的目的。实际上有些油污并不与碱发生反应，如矿物油等。考虑到油污易溶于有机溶剂，非皂化油可采用有机溶剂进行除油脱脂。常用除油的方法如下。

1）有机溶剂除油：主要是利用相似相溶的油脂溶解特性，在不腐蚀金属基体的情况下快速地除去工件表面的各类油脂。例如，铜锌压合件在电解液中进行除油时，需要考虑到材料牺牲阳极的加速腐蚀作用，因此需要在有机溶剂中进行。汽油、煤油、四氯化碳和丙酮等均可作为有机溶剂使用。但需要指出的是，汽油、煤油成本低但易燃，需要控制温度在不高于室温下进行浸渍或擦拭工件。四氯化碳和丙酮有一定的毒性，需要在通风、防火、防爆的工作环境中实现除油目的。有机溶剂除油方法有：浸渍法、喷射法、蒸气法及三种方法的各自联合处理等，例如，含有深孔、凹面等形状复杂的工件采用联合处理方法，先进行浸渍或喷射除油再进行蒸气除油获得的工件表面除油彻底。

2）化学除油：是利用碱对皂化性油脂的皂化作用和表面活性物质对非皂化性油脂的乳化作用除去基体表面的各种油污的处理方法。①皂化反应是指油脂与除油液中的碱发生化学反应生成肥皂的过程，皂化油在碱液中分解，生成易溶于水的肥皂和甘油，从而除去油污。一般动植物油中的主要成分是硬脂，硬脂与碱的反应如下：

$$(C_{17}H_{35}COO)_3C_3H_5 + 3NaOH \Longrightarrow 3C_{17}H_{35}COONa + C_3H_5(OH)_3$$

生成的肥皂（硬脂酸钠）、甘油易溶于水除去。常用的碱性除油物质有氢氧化钠、纯碱、硅酸钠和三聚磷酸钠等，其中氢氧化钠和纯碱没有乳化作用，不能清除非皂化油污。硅酸钠、三聚磷酸钠既能提供碱性又具有一定的乳化功能，在除油中具有独特的优点。实际使用时，考虑到硅酸钠除油后冷水不易清洗干净及残留的硅酸钠在下一酸洗工序中易于生产硅胶影响电镀效果，因此需要采用高温水彻底清除残留的硅酸钠。此外，需要注意的是两性金属如 Al 等在强碱性环境中其金属基体容易发生腐蚀，而三聚磷酸钠对环境有一定的污染性；②乳化除油是利用相似相溶的油脂溶解特性进行除油。乳化除油过程中工件表面脱落的油脂乳化后溶解在工作溶剂中会导致除油能力的下降，因此要维持较稳定的除油能力需要不断地更换溶剂。乳化除油剂的发展方向是在提升除油速率的同时具有持续的除油能力，且剥离后的油污只是漂浮在溶液表面；③除油除锈通常是电镀前的两个重要工序，实际上采用酸性脱脂液可以在实现除油的同时除去金属氧化物。例如，电镀金属铜前处理工序中通过在硫酸介质中掺入乳化剂来实现除油除锈的目的。

3）电化学除油：电解液中的阴、阳极在外电源提供的电流作用下发生电极的极化作用，显著地降低了金属表面油污与电解液的界面张力，增加了电解液在工件表面的润湿性，使油污易于从工件表面剥离并与电解液中的乳化剂等发生乳化反应而除去。通常来说，电化学除油过程中会出现析氢析氧等副反应。例如，工件作为阴极进行除油会析出氢气，而作为阳极除油时会析出氧气。金属表面气泡的形成、长大及逸出会对油污的剥离起到促进作用，并对化学清洗液具有搅拌的作用，大大加快了除油的速率。从电化学的角度来说，阴极除油析氢的特点具有更高的除油效率及对基体的保护作用，但容易渗氢。阳极除油对有色金属损害较大，且工件表面溶液的 pH 降低不利于碱性皂化除油。实际使用时常采用先阴极再阳极除油的方法，这样既可利用阴极析氢除油时效率高的优点，也利用了阳极析氧可消除"氢脆"的影响。

4）其他除油方法：除了上述谈到的有机溶剂除油、化学除油、电化学除油方法，其他几种除油方法包括超声波除油、擦拭除油、滚筒除油等。各种除油方法的特点见表 2-4。

表 2-4　常用除油方法的特点

除油方法	特点	适用范围
有机溶剂除油	皂化油脂和非皂化油脂均能溶解，一般不腐蚀工件。脱脂快，但不彻底，需用化学或电化学方法补充脱脂。有机溶剂易燃、有毒、成本较高	可对形状复杂（接缝、盲孔状）的小工件、有色金属件、油污严重的工件及易被碱溶液腐蚀的工件作初步除油
化学除油	方法简便，设备简单，成本低，但除油时间长	一般工件除油
电化学除油	脱脂效率高，能除去工件表面的浮灰，浸蚀残渣等机械杂质，但阴极电解除油工件易渗氢，深孔内油污去除较慢，且需有直流电源	一般工件的除油或阳极去除浸蚀残渣等
擦拭除油	操作灵活方便，不受工件限制，但劳动强度大，工效低	大、中型工件或不宜用其他方法除油的工件
滚筒除油	工效高，质量好，但不适用于大工件和易变形的工件	精度不太高的小型工件
超声波除油	对基体腐蚀小、除油效率高、净化效果好。复杂工件边角、细孔、盲孔及空腔内壁等都能彻底除油	形状复杂的特殊工件除油

　　除油质量直接关系到电镀过程能否镀覆上金属层及结合力可靠性的问题。下面举例说明除油过程的重要性，例如，某电子线路生产企业在除油工艺中采用先阳极后阴极电化学方法进行除油，发现镀镍材料表面会掉皮及起泡，除油液和电镀液的成分含量经过化学分析属于正常范围内。然后采用阴极除油后进行电镀未能发现脱皮等现象，因此判断问题存在于阳极除油过程。经过排查发现阳极电化学除油时产生的氧气与工件表面金属易发生氧化反应，后续的阴极电化学除油时未能除去工件表面氧化物，因此造成电镀工序中因除锈未尽导致镀层结合力差。

四、除锈

　　在电子工业中，以印制电路板制造工艺为例，从基板到成品，前后要经过上百道工序，流程极为复杂，其中酸浸（除锈）工序是印制线路板制作工艺中必不可少的一个工序，以印制线路板板面电镀工序为例，其主要流程为：上板、除油、水洗、微蚀、水洗、预浸、镀铜、水洗、酸浸（除锈）、镀锡、水洗、下板等。其中，微蚀（除锈）目的在于除去预镀印制电路板金属表面的锈垢、氧化膜及其他锈蚀，并使印制电路板金属表面活化。一般来说，化学除锈也称为浸蚀，是用酸或碱溶液对金属制品进行浸蚀处理，用酸液除锈也常称为酸洗，除锈主要是使制品表面的锈层通过化学作用和浸蚀过程产生的氢气泡的机械剥离作用而被除去。由于化学浸蚀成本低、效果好、操作简便，因此应用比较广泛。对一般金属制品多用酸浸除锈，对两性金属可用碱浸除锈。浸蚀包括一般浸蚀、光亮浸蚀和弱浸蚀。光亮浸蚀可溶解金属工件上的薄层氧化膜，除去浸蚀残渣，并使工件呈现出基体金属的结晶组织，以提高工件的光泽。弱浸蚀是在工件入电镀槽前进行的，弱浸蚀可中和工件表面的残碱（铝件碱洗），除去表面预处理中产生的薄氧化膜，使表面活化，提高基体金属与镀层的结合强度。除化学浸蚀外，还有电解浸蚀。酸浸蚀液常用的有盐酸、硫酸、硝酸、磷酸、铬酸酐、氢氟酸、氨基磺酸等无机酸，以及柠檬酸、EDTA 等有机酸。

　　1）盐酸：盐酸对金属氧化物具有较强的浸蚀（溶解）能力，浸蚀后表面的残渣较少，质量较高。盐酸的浸蚀能力虽然与其浓度成正比，但盐酸挥发性大，易发生氢脆，通常并不使用很浓的盐酸来浸蚀，室温下一般不超过 360g/L（约 31%的 HCl），在加热情况下使用的盐酸浓度更低。

2）硫酸：室温下稀硫酸液对金属氧化物的溶解能力较弱，提高温度可显著提高硫酸的浸蚀能力，对氧化物有较强的剥离作用。但温度过高会腐蚀金属基体而发生过腐蚀和氢脆现象，因此需要控制温度，以 50～60℃为宜，且需使用缓蚀剂防止过腐蚀发生。

3）硝酸：氧化性硝酸浸蚀能力较强，在硝酸或硫酸与盐酸组成的混合酸中浸蚀的铜及铜合金可获得具有光泽的浸蚀表面。硝酸浸蚀时，会放出大量的有害气体（氮氧化物）和大量热，需有良好的通风和冷却装置。

4）磷酸：由五氧化二磷溶于热水中即可得到，是中强酸。室温下磷酸对金属氧化物的溶解能力较弱，作为除锈剂常需加热操作。浸蚀后工件表面残存的浸蚀液能转变成磷酸盐保护膜，适用于焊接件和组合件涂漆前的浸蚀。

5）铬酸酐：具有强氧化与钝化能力，其在水溶液中生成铬酸和重铬酸，铬酸或重铬酸对金属氧化物的溶解能力较弱。铬酸酐常用于镀层的钝化防腐处理。

6）氢氟酸：半导体制程中利用氢氟酸易于溶解氧化物的特性除去 Si 基表面的氧化物。其浸蚀特性在雕刻图形及蚀刻玻璃中应用较多。

金属制品如 Fe、Ni、Al 在酸中容易发生析氢腐蚀，产生的氢原子会向金属内部扩散造成金属材料的氢脆现象。特别是高温下进行的酸洗过程会产生大量的有害气体，如不采用密封措施会影响工作环境进而对操作人员造成危害。在金属进行除锈酸洗时，人们希望除去金属表面的锈污的同时基材不被腐蚀。比较有效的办法就是在酸洗液中加入少量的缓蚀剂，使金属材料的腐蚀速率显著降低，从而保护金属基材不被腐蚀。缓蚀剂的特点使得其在人工难以到达的防护系统中具有极大的操作方便性。例如，可直接通过输油系统投加缓蚀剂，使其进入石油管内，在抑制管道腐蚀的同时保持金属材料的物理机械性能不变。与其他防腐蚀方法相比，使用缓蚀剂有如下的特点：

1）腐蚀环境的适用性强，无需改变如 pH 等腐蚀环境即可获得良好的金属缓蚀效果；

2）无需专用的设备投资，直接加入腐蚀体系即可起到防护作用；

3）缓蚀性能与金属及腐蚀介质有关而与设备形状等外部因素无关；

4）对于腐蚀环境的变化，可以通过改变缓蚀剂的种类或浓度来保持防腐蚀效果；

5）同一配方有时可以同时防止多种金属在不同环境中的腐蚀。

缓蚀剂的效果通常随温度升高而减弱，因此，不宜在加热条件下操作。缓蚀剂常牢固地吸附在金属表面上，不易清洗干净，可能影响随后沉积的镀层与基体材料的结合力并抑制氧化、磷化等反应，所以，浸蚀后必须认真将缓蚀剂清洗干净。

第五节　电镀层质量分析测试技术

金属及合金的物理性能和力学性能不仅取决于化学成分，而且与金属成型加工和热处理过程产生的组织结构有密切关系。电镀及化学镀是在金属或非金属基材上沉积金属或合金镀层，必然会涉及金属的化学成分、组织结构及性能特点。因此，电子电镀工作者熟悉和掌握金属学和金属材料分析检测方面的基础知识，是非常必要的。例如，镀层表面及表面下夹杂的氢氧化物、气孔，镀层粗糙、疏松等均会使镀层品质下降，从而影响基体金属的结构形态、晶粒尺寸等。因此，制程工艺应充分考虑基体金属的组成、结构及热处理状态，按不同材料及其成型方法选定合适的电镀处理工艺流程和采取必要的措施。此外，金属的检测分析技术有助于进一步地提高镀层品质，对电镀故障分析及排除具有重要的意义。

一、金属学及金属材料知识

　　根据微粒（分子、离子、原子）周期性排列与否，物质通常分为晶体与非晶体两类。固体金属和合金作为晶体物质，其内部微粒按一定的周期性重复排列，有规则的几何形状和熔沸点。如果把原子看成结点，那么金属晶体是由这些结点堆垛而成的。根据素向量可将空间点阵划分为晶格，用晶格切割实际晶体可获得多个并置堆砌的平行六面体，这种既保持晶体结构的对称性而形貌又呈平行六面体特征的晶胞是晶体结构中的基本重复单位。在晶胞中建立三维坐标体系，如图 2-20 所示，晶胞坐标系中的单位矢量棱长 a、b、c 常称为晶格常数，且棱长 a、b、c 与三棱间的夹角 α、β、γ 称为晶格参数。

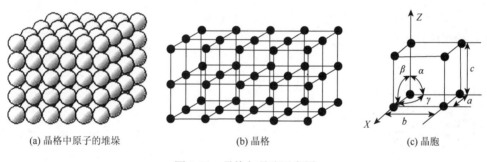

(a) 晶格中原子的堆垛　　(b) 晶格　　(c) 晶胞

图 2-20　晶格与晶胞示意图

　　常见金属的晶格类型主要有体心立方晶格、面心立方晶格、密排六方晶格，如图 2-21 所示。

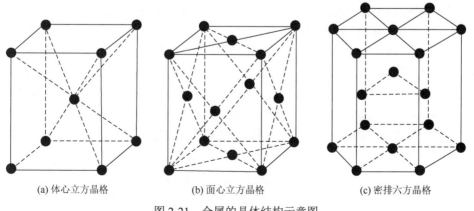

(a) 体心立方晶格　　(b) 面心立方晶格　　(c) 密排六方晶格

图 2-21　金属的晶体结构示意图

体心立方晶格的晶胞呈立方体状且由八个顶角和立方体中心各一个原子所构成。面心立方晶格的晶胞也是呈立方体状且由八个顶角和六个面的中心各一个原子所构成。密排六方晶格的晶胞呈六柱体状且由十二个顶角和上、下底面的中心及六柱体的中间三个原子所构成。镁（Mg）、锌（Zn）等具有密排六方晶格结构。

一般来说晶体中因原子不规则排列造成的晶体缺陷（crystal defects）会引起晶格畸变并使变形抗力增大，从而提高材料的强度、硬度。晶体缺陷所在位置按其延展程度可分成点缺陷、线缺陷和面缺陷等。点缺陷的晶体内部结构完整性受到破坏，只涉及大约 1 个原子大小范围。如晶格位置上缺失某个原子点而造成的空位，或由于额外的原子挤进晶格空隙而产生间隙原子。空位与间隙原子造成周围的晶格偏离了理想晶格进而形成点缺陷是造成金属中物质扩散的主要原因。线缺陷通常是局部晶格沿特定的原子面发生晶格的滑移造成的晶体缺陷，通常情况下晶格分界处的未滑移与已滑移部分交界线成为位错线，晶格的滑移即位错会造成原子的错乱排列，使金属的塑性下降而强度提高。实际生产中常通过冷变形的方法使金属位错增多从而提高金属强度。晶体偏离周期性点阵结构沿着晶格内或晶粒间的某个面两侧大约几个原子间距范围内出现的二维缺陷称为面缺陷，金属中的面缺陷主要包括：①金属表面与气体（或液体）的分界面；②晶体内部取向不同而组分及结构相同的晶粒（或亚晶、孪晶）之间的界面；③金属材料中组分及结构均不同的两相之间的界面；④晶体中晶面堆垛规则偏离正常次序的堆垛层错等。面缺陷能使晶格产生畸变并使金属材料的强度增大。

二、电镀层厚度测试技术

电子元器件及材料镀覆层厚度的精确控制有利于电子封装过程的顺利进行，是衡量电镀工艺技术的重要指标之一。此外，镀层的均匀性及厚度的精确控制有利于平衡阴极性镀层的能耗物耗与材料保护的矛盾，也有利于低成本工艺下获得高耐蚀性和高频高速电信号的电子电路制备。镀层厚度的测量方法主要有破坏法和无损法。对镀层材料表面造成不可逆破坏的测量方法统称为破坏法，如溶解法、金相显微镜法等。无损法有重量法、各类无损射线检测法等。

1）溶解法：溶解法测定的是整个镀层的平均厚度，误差较大。通过测量镀前工件及镀后工件的质量差及面积来测算镀层厚度。

2）库仑法：库仑法又称阳极溶解法或电量法，是使用恒定的直流电流通过适当的电解溶液，使镀层金属阳极溶解，当镀层金属完全溶解且裸露出基体金属或中间镀层金属时，电解池电压会发生跃变，从而指示测量已达到终点，最后根据电解所消耗的电量计算镀层厚度的方法。镀层厚度根据溶解镀层金属所消耗的电量、镀层被溶解的面积、镀层金属的电化当量、密度及阳极溶解的电流效率计算确定。库仑法适用于测量除金等难以阳极溶解的贵金属镀层以外的金属基体上的单层或多层单金属镀层的局部厚度。其测量误差在 10% 以内。当镀层厚度大于 $50\mu m$ 和小于 $0.2\mu m$ 时，误差稍大。

3）电位连续测定（STEP）法：测定原理和库仑法相同，不同的只是在电解池中放入参比电极，从而可以测定在电解过程中被测镀层与参比电极之间的相对电位差，并得到电位与镀层厚度的关系。

4）计时液流法：通过一定流速的液流（试液）作用在试样表面，使试样的局部镀层溶解。镀层完全溶解的终点可由肉眼直接观察金属特征颜色的变化确定，或借助特定的终点指示装置来确定，如借助镀层完全溶解的瞬间电位或电流的变化。金属镀层的厚度可根据试样上局部镀层溶解完毕时所消耗的时间来计算。本方法适用于测量金属制品的防护与装饰性镀层和多层镀层的厚度，被测面积应不小于 $0.3cm^2$，一般测量误差为 10%，而实际测量误差往往偏高。

5）金相显微镜法：此法测量镀层厚度需要制作金相切片，如印制电路板中的盲孔填铜厚度的测量，需要把试样断面镶嵌在模具内并经过环氧树脂和固化剂的固化后在抛光机上进行抛光和浸蚀，将盲孔露出的试片放在金相显微镜下测试，获得铜镀层的盲孔厚度及 PCB 板面局部厚度和平均厚度。金相显微镜技术作为一种破坏性测量方法能直观展示电镀填孔的形貌，采用金相显微镜法测量厚度大于 25μm 时，合理的误差均为 5%或者更小。

6）轮廓仪及干涉显微镜法：轮廓仪测试镀层厚度时需要在镀前屏蔽局部区域或是在镀后剥离局部镀层，轮廓仪触针扫描镀层与基底形成的台阶高度获得的数据即为镀层的厚度。轮廓仪厚度测试范围较宽，测量范围为 0.01～1000μm 且误差低于 0.1。干涉显微镜法同轮廓仪法测量镀层厚度的试样处理类似，即利用多光束干涉测量仪对镀层与基体形成的镀层台阶的厚度进行测量。

7）磁性法：此方法测镀层厚度的前提是镀层或基体中有一种是磁性材料。磁性法是一种无损检测方法，其误差通常低于 0.1。

8）涡流法：依据交流磁场在导电材料感应出的涡流振幅及其相位是探头和待测试样之间的非导电镀层厚度的函数这一原理可从测量仪器上直接获得镀层厚度。涡流法也可以用于腐蚀领域的检测，例如，通过传感探头和检测仪器可获得腐蚀的部位及大小等情况，可用于孔蚀、晶间腐蚀、应力腐蚀等领域的监测。非磁性金属基体上覆盖的如铝阳极氧化膜等构成的非导电镀层、塑料或陶瓷等非导体上镀覆的单金属镀层等均可采用涡流法进行无损测量。

9）β 射线反向散射法：其工作原理是用放射性同位素释放出 β 射线，在射向被测镀层后，一部分进入镀层金属的 β 射线被反射至探测器，被反射的 β 粒子的强度是被测镀层种类和厚度的函数。借助此原理可测得被测镀层的厚度。β 射线反向散射法可测量金属或非金属基体上的金属和非金属覆盖层厚度，但主要用于测量薄的 2.5μm 以下的贵金属镀层厚度。测量误差在 10%以内。覆盖层和基体材料的原子序数相差越大，测量精度就越高。本方法的缺点是使用了各种放射源，对人体健康有害，因此要求有必要的防护措施，而且仪器的维护费用及造价也较高。

10）X 射线光谱测定法（X 射线荧光法）：是一种先进的镀层测厚方法，可以测量极小的面积和极薄的镀层厚度，其原理是当 X 射线照射到一种金属表面时，金属就会产生二次射线，而二次射线的频率是金属原子序数的函数，其强度与镀层厚度有一定关系。借助此原理可测定金属或非金属基体上约 15μm 以内金属镀层的厚度。X 射线光谱测定法在测量镀层厚度的同时，还可测出二元合金镀层的成分，如锡铅合金镀层成分。

镀层测厚方法众多，在选用测厚方法时，还应注意以下几点：贵金属镀层、造价高的大型工件（试样）等应选用无损测厚法；根据测量需求（是测量平均厚度还是局部厚度）来选择相应的方法；根据法拉第定律及电流效率测算镀层的厚度大致范围，选用不同的测厚方法；此外，还应注意所选用的测厚方法在国际上是否有通用性，尽量选择通用性好的测试方法。

三、电镀层结合强度测试方法

镀层与基体及多层电镀体系的中间镀层之间的镀层结合力通常与电镀前处理、预镀过程及金属材料热膨胀系数等有关，所谓的镀层结合力是指单位面积电镀层从基体或上一镀层分离开来所需要的力。镀层结合力的评定方法大多为定性方法，定量测试大多是在科研院所的试验研究中采用。生产企业部门主要是通过对镀层的摩擦、切割、变形、剥离等力学试验等来分析镀层的质量。

（一）定性检测方法

1）摩擦抛光试验：采用在镀层表面摩擦抛光的方法可以对镀层与基体的结合部位产生热及摩擦力的作用，如果两种金属材料的热膨胀系数较大或其本身结合力较差都可能引发镀层的脱落。例如，采用直径为 6cm 的钢条并将钢条接触镀层处的钢条端部加工成平滑半球形后在镀层面积小于 $6cm^2$ 的镀覆面上摩擦 15s，在摩擦光亮后观察镀层的结合力情况，如是否产生气泡或脱落等。

2）弯曲试验：将镀层试片水平固定在台钳上，露出台钳一端的试片，沿着台钳边缘的直线经过反复弯曲直到试片断开后观察断口处镀层与基体结合的情况，镀层结合力应以镀层与基体不分离为合格。因弯曲折断的难度较大，通常这一方法仅适用于薄片试件。

3）锉刀、划痕试验：将镀件水平固定在台钳上，锉刀在与镀层呈 45°角的方向上来回锯镀层断面并观察镀层是否剥离等来判断镀层结合力，这种方法是一种有损定性的检测方法；镀层的划痕试验通常采用刃口呈 30°锐角的硬质划刀在镀层表面划两条相距为 2mm 的平行线且其深度为触抵基体层，观察两条划线之间的镀层有无脱落行为并以此为结合力是否合格的基准。

4）胶带牵引试验：首先将一胶带固定在镀层表面，并用橡皮棒压实赶走气泡后，拉住胶带一端并施加一垂直于镀层表面的拉力，如果镀层无剥离现象说明结合强度好。胶带检验属于无损定性的检测。

5）拉伸剥离试验：按照有关测试标准，试验时在拉伸机上先固定镀件，后逐步增大拉力直至镀层试样断开，观察试样断口处结合层分裂情况。

6）喷丸试验：镀层试片在外力的冲击下容易变形甚至分裂，喷丸测试基于喷丸快速撞击试样表面造成试片变形，通过观察变形后的镀层与基体是否发生分裂或起泡等现象来判断结合力是否合格。

7）热震试验：通常来说，镀层与基体金属的热膨胀系数差异较大时，在经历冷热循环的热冲击后镀层容易发生剥离现象。热震试验是将镀层试样预先加热到某一温度后骤然冷却，检查试片上的镀层是否分层或起泡等。

8）缠绕试验：缠绕试样通常是带状或丝状的便于缠绕的镀件。测试时依据有关的测试标准，将镀件沿一圆棒心缠绕，试验中以缠绕段是否出现镀层的脱落或破裂作为结合力是否合格的判断依据。

9）阴极试验：采用电化学方法将镀件作为阴极进行析氢测试，在镀层结合部位的空隙或不连续处因析氢反应会产生氢气泡的累积，当空隙或不连续处的气泡达到一定压力时容易使得镀层分裂开来。例如，电化学实验时将镀层试样浸泡在 90℃的 5%的 NaOH（$d = 1.054 \text{g/mL}$）溶液中，以 10A/dm^2 电流密度电解 15min，若镀层仍未分离或起泡说明镀层与基体之间结合致密、附着力强。

（二）镀层结合强度定量检测方法

1. 胶黏剂拉伸剥离试验

实验前准备两个直径 30mm、长约 100mm 的圆柱形金属工件，在其中一个圆柱形金属工件上的圆柱面用绝缘漆绝缘后作为阴极放入镀槽中，对下端光滑平整的端面进行电镀实验。电镀完成后，镀层一面与另外一个圆柱形金属工件断面通过胶黏剂进行连接，如图 2-22 所示，待两个圆柱形工件之间的胶黏剂固化完成后再进行拉伸测试，持续加大拉力直至两个工件分开，通过观察断口处的裂开情况分析镀层的结合力，如果胶黏剂与圆柱形镀层棒分开说明镀层的结合力好并大于胶黏剂的抗拉强度。如果分离发生在镀层与被镀覆的基体处，则说明胶黏剂的抗拉强度大于镀层的结合力，此时记录拉力值 F，镀层的结合强度为

$$P = F/S$$

式中，P 为镀层结合强度，N/mm^2；F 为镀层与基体剥离所需要的力，N；S 为镀层与基体结合的面积，mm^2。

2. 塑料基体电镀层剥离试验

先取形状规则的塑料切割成长 1dm 宽 0.75dm 的长方形板，然后在塑料基体表面镀上厚度约 40μm 的铜镀层并控制误差在 10%以内（绝缘体塑料需要先淀积一层导电金属层），镀好的光亮平整铜镀层采用美工刀将镀层切割成 2.5cm 宽铜条，并从一端剥离铜镀层约 1.5cm 便于夹具夹牢，再施加一个垂直于表面的拉力以 2.5cm/min 速度进行剥离直到铜镀层与塑料分离为止，其测试装置如图 2-23 所示，其剥离强度可按下式计算：

$$F_{\text{r}} = 10F_{\text{p}}/h$$

式中，F_{r} 为剥离强度，是指粘贴在一起的材料，从接触面进行单位宽度剥离时所需要的最大力，N/cm；F_{p} 为剥离力，N；h 为切割铜层宽度，mm。

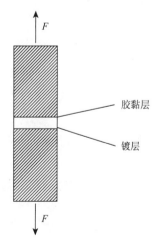

图 2-22　胶黏剂拉伸剥离试验

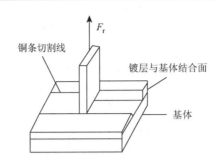

图 2-23　塑料基体与金属镀层的剥离试验示意图

3. 塑料基体电镀层拉力试验

此方法类似于胶黏剂测试方法，实验前准备一个柱体状的铜块且其底面积为 1cm²，塑料基体的表面预镀一层厚度为 30～40μm 的金属镀层后通过黏合剂与柱状铜块黏合，如图 2-24 所示，待黏合剂固化后清除铜柱周围多余的胶黏剂。然后将黏结成功的试样固定在拉力机上，通过拉力机逐步增大垂直于镀件表面的力，直至黏结处或镀层与塑料基体处断开。如果黏结剂处裂开说明镀层结合力良好；如果镀层与塑料处断开则通过拉力机所记录拉力值可获得塑料镀层的拉脱强度 F_H，取几个试样的拉脱强度的平均值作为测定结果。

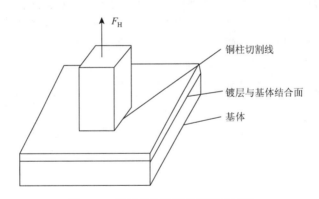

图 2-24　塑料基体镀层拉脱强度试验

拉脱强度与剥离强度之间的关系按下式计算：

$$F_H = 5.5 F_r / \delta^{2/3}$$

式中，F_H 为拉脱强度，N/cm²；F_r 为剥离强度，N/cm；δ 为被剥离金属层的厚度，cm。

四、电镀层耐蚀性的测试方法

金属的腐蚀是生产生活中常见的现象，如何检测镀层材料的耐蚀性是一项重要的工作，其方法也多种多样，如较为经典的失重法，是将镀层试样放入腐蚀介质中，控温一定时间后检测其质量的变化，以此来判断金属材料的腐蚀速率情况。金属材料耐蚀性较好或使用环境恶劣的情况下常采用人工加速腐蚀试验，如中性盐雾试验（neutral salt spray test，NSS）、醋酸盐雾试验（acetic acid salt spray test，ASS）、铜盐加速醋酸盐雾试验（copper accelerated acetic acid salt spray test，CASS）等。实验室中模拟的腐蚀环境实验主要有腐蚀膏试验、周期性浸泡试验及各种化学腐蚀液中的测试等，但实验室的耐蚀性测试结果与材料实际面临的腐蚀环境有较大的差异。如钢结构在海洋中的腐蚀不仅与氯化钠含量等有关，还与钢结构的相对海洋平面的位置有关，如浪花飞溅区的干湿交替对腐蚀的影响较大等。此外，腐蚀测试方法还包括腐蚀产物分析法、电化学法、谱学分析、扫描探针技术、可视技术等。

（一）失重法

根据所用溶液组分不同，盐雾试验可分为中性盐雾试验、醋酸盐雾试验和铜盐加速醋酸盐雾试验。中性盐雾试验应用较早，但重现性差，试验周期长。醋酸盐雾试验是一种重现性较好的加速试验。铜盐加速醋酸盐雾试验是对铜-镍-铬或镍-铬装饰性镀层进行加速腐蚀试验的通用方法。采用失重法来确定金属的腐蚀速率，所得到的金属腐蚀速率仅是一定温度下一段时间内单位表面积上的金属平均腐蚀速率，即不能反映局部腐蚀速率的状况。考虑到金属的腐蚀速率跟金属表面积（表面粗糙度）有关，进行实验之前通常要将金属试样表面抛光成规则的长方体以便计算其表面积。事实上，腐蚀体系中的金属试样因腐蚀溶解，其质量和体积通常有变小的趋势，而其有效表面积却因腐蚀过程中形成凹凸不平的坑而难以精确测定，这种现象对于失重测试的重现性是一个严重的影响（特别是在产生局部腐蚀的情况下）。此外，依据腐蚀体系中气体体积的变化量（如析氢、析氧量的变化）或者腐蚀体系反应过程的吸热放热引起的温度变化可派生出量气法和量热法。这两种测试方法与质量损失测试方法得到的腐蚀速率的大小可能不同，但对耐蚀性能的评价差别不致于严重影响研究结果。

（二）电化学分析法

电化学测试技术具有检测速度快、测试系统装置安装简单（如三电极测试系统）、获得的电化学信息较为丰富，且在某种程度上电化学测试方法具备原位测量的特点，因此，电化学测试已成为镀层耐蚀性能的重要测试手段。动电位扫描测定极化曲线和极化电阻测试是法拉第电流达到稳定时研究镀层腐蚀性能的测试方法。金属发生腐蚀时，其界面所发生的氧化还原反应是一个动态的动力学过程，也就是说腐蚀反应是一个同时间有关的暂态过程，同稳态时电化学测试相比，暂态电化学测试需要对测量数据做适当的分析处理，从而获得金属腐蚀的各子过程及其反应步骤动态信息。目前腐蚀电化学常用的测试方法包括动电位极化曲线外推法、线性极化电阻法、交流阻抗谱法、恒电量法、电化学噪声测试法、恒电位-恒电流（P-G）瞬态响应等。

1. Tafel 直线外推法

金属镀层在腐蚀体系中发生氧化还原反应时，通常极化值 $\Delta\varepsilon$ 越大（一般 $\Delta\varepsilon > 100\text{mV}$），金属电极上只进行一个电极反应过程的信息量就越大。这种简化处理的一个突出优点在于认定所获得的极化曲线只有一个电极反应过程且仅显示此金属电极反应在所测强电位区间的动力学特征。将极化曲线中的 Tafel 直线区延长至金属自腐蚀电位（稳态混合电位）的交叉点，这个交叉点所对应的电流值就称为金属腐蚀电流密度。这种 Tafel 曲线图所描述的电化学信息为镀层耐蚀性能的评价提供了重要的信息，因此 Tafel 直线外推法也是目前金属腐蚀领域的主要电化学方法之一。

2. 线性极化电阻法

线性极化电阻法是 Stern 和 Geary 等提出并发展起来的一种快速而有效的腐蚀速度测试方法。在被测试体系中，一般认为施加一个微小极化电位值（$\Delta\varepsilon<10\text{mV}$）可以获得一个相应的且成比例的极化电流，因此在微极化区作出的极化电位同极化电流密度之比（$\Delta\varepsilon/i$）近似一个定值，将极化曲线近似地看作直线，其斜率 R_p 就是线性极化电阻，通过线性极化电阻测试可以快速地测定金属材料的均匀腐蚀速度，其微极化对腐蚀体系的干扰非常小的优点有利于对腐蚀系统中添加不同的缓蚀剂导致金属电极腐蚀速率及金属表面膜的耐蚀性变化规律展开研究。但这种测试方法基于金属电极极化电阻 R_p 是金属表面的总的极化电阻，因此对局部电极腐蚀规律的测定受到了限制，仅适用于测定金属电极整个表面均匀腐蚀的速率。

3. 电化学阻抗谱

电化学阻抗谱（electrochemical impedance spectrum，EIS）是一种暂态频谱分析技术，采用一个较小的正弦交流微扰信号对测试系统进行激励，微扰信号可避免测试过程中大的激励信号对腐蚀体系中的研究电极表面产生破坏性的影响。交流阻抗谱方法同时也是一种频率域的研究方法，阻抗谱对于腐蚀体系中的耐蚀行为及其镀层表面的缓蚀行为的研究表明，一般只有在很低的阻抗频率下才能反映如阻挡层扩散等过程信息，因此这种测量方法要求具有很宽的阻抗谱来研究腐蚀体系中的电极系统，这就意味着阻抗谱测试需要在一个较长的时间范围内进行测试，如果此时电极表面状态不稳定，将会对阻抗谱的测试结果造成严重的影响，克服这种现象的有效方法是在进行 EIS 测试之前先进行开路电位测试，等腐蚀体系中的研究电极体系趋于稳态时再进行交流阻抗谱测试研究。同其他电化学测试方法相比，EIS 测试方法可以获取更多的腐蚀体系中研究电极表面的动力学信息及电极界面双电层结构信息，EIS 不仅能确定电极反应各步骤的电化学参数，还可以确定腐蚀电化学反应的控制步骤。

4. 恒电量法

恒电量法是将已知的小量电荷作为激励信号，在较短的时间内注入镀层金属电极体系，对所研究的金属电极进行扰动，考察充电完成后电极电位随时间的衰减，从电位衰减曲线的截距和斜率，可以获得双电层电容 C_d 和极化电阻 R_p 等信息：

$$C_d = \Delta Q / \eta_o$$
$$\ln\eta = \ln\eta_o - t / R_p C_d$$

恒电量测试技术早在 1978 年就由 Sato 等应用到腐蚀研究领域，恒电量的技术特征在于测量的瞬态过程为开路放电，避免了溶液电阻的影响，电位衰减的速度依赖于腐蚀速率而对面积不敏感。

5. 电化学噪声测试方法

电化学噪声（electrochemical noise，ECN）是指电极表面出现的一种电位或电流随机自发波动的现象，电化学噪声技术对仪器要求不高，测试方法简单，对研究体系完全没有扰动，电化学噪声测试方法可以得到腐蚀速率及腐蚀机理等方面的信息，已逐渐成为近年来腐蚀研究的重要手段之一。

6. 恒电流-恒电位瞬态响应

这种检测方法对于研究钝化膜稳定性有一定的优越性，是一种快速响应的电化学测量方法，通过恒电流-恒电位瞬间响应曲线的变化规律可以分析镀层金属在腐蚀体系中耐蚀行为及这种外界的电化学干扰对镀层膜局部的破坏，以及分析金属表面的孔蚀出现的可能及其发展变化规律。

（三）谱学分析法

拥有能量分辨率和时间分辨率的谱学技术可用于各种镀层界面的微观腐蚀及构成的分析检测。如红外吸收光谱法、电子显微镜、拉曼光谱法和内转换电子穆斯堡尔谱等方法可以获得材料微观界面腐蚀信息。作为原位测量的拉曼技术与红外光谱分析受腐蚀液的干扰相比，具有受腐蚀溶液干扰少、灵敏度高的特点，在铁、铜等材料的局部腐蚀领域应用广泛。

（四）扫描探针成像技术

拥有纳米级乃至原子分辨水平的扫描探针成像技术是界面材料形貌分析的一种重要实验方法。如扫描隧道显微镜（scanning tunneling microscope，STM）、Kelvin 探针技术和原子力显微镜（atomic force microscope，AFM）等测试对实验环境兼容性较好且可在电解液中进行，这使得材料腐蚀可以获得直观的形貌分析结果，为了解镀层金属表面的耐蚀机制提供了一种可靠的研究方法。例如，20 世纪 80 年代 Stratmann 等研究人员率先将测量金属表面功函数的 Kelvin 探针原理应用在材料腐蚀领域中，从而开发出了一种薄液膜下电化学测量新技术。Kelvin 探针技术由最初的静态 Kelvin 探针发展到扫描 3D Kelvin 探针，并因其非接触性、精度高和不干扰被测试体系等优点，在金属材料界面研究领域有广阔的应用前景。

（五）可视技术

示差图像技术（difference viewer imaging technique，DVIT）是 Isaacs 等最近开发出的

一种具有时间性和空间分辨度的可视技术，也是一种实时、无损的光学图像技术。通过示差图像技术获得的示差信息能够反映出任意两个图像之间在对应的时间段内镀层表面发生的腐蚀变化，并能判断出发生变化位置的准确信息，且这种测试方法不受可视的表面静态细节及测试过程中背景噪声的影响。将示差图像技术同常规的电化学方法配合使用，能够在提供原位示差图像信息的同时提供实时的电化学测试信息。示差图像技术在腐蚀体系中适合于研究局部腐蚀的起始阶段及腐蚀过程中有大量腐蚀产物时的腐蚀状态。

五、电镀层孔隙率的测试方法

镀层的孔隙是指镀层表面直至基体金属的细小孔道。镀层孔隙率反映了镀层表面的致密程度，孔隙率大小直接影响防护镀层的防护能力。作为特殊性能要求的镀层（如防渗碳、氮化等），孔隙率是衡量镀层质量的重要指标。测定镀层孔隙率的方法有腐蚀法、电图像法、气体渗透法、照相法等。气体渗透法是根据气体经过电镀层时渗透情况进行测定的方法。这种测定需要有专门的真空装置，而且只能测定从基体金属上剥下的 5μm 以内的薄镀层，测定结果与实际情况差别较大。照相法是用光线透过被剥下的镀层，并在照相底板上显影、定影，从而得到具有黑斑点的照片，使镀层孔隙一目了然。其缺点和气体渗透法相同，小而曲折的孔隙不易发现。腐蚀法和电图像法是目前国内经常使用的方法。其中腐蚀法最简单有效，应用广泛。

1）腐蚀法：如湿润滤纸贴置镀层法、镀层浸渍腐蚀法和腐蚀性气体接触法等。湿润滤纸贴置镀层法是湿润滤纸上含有的腐蚀性液体与镀层接触并渗入镀层孔隙或中间镀层或基体金属，发生反应后在滤纸上生成具有特定颜色的斑点，通过斑点的密度来评定镀层孔隙率；镀层浸渍腐蚀法与滤纸贴置法类似，将工件浸泡在腐蚀液中，腐蚀液渗入镀层孔隙与基体金属或中间镀层发生反应并在镀层上产生斑点，根据斑点的密度可以评定镀层的孔隙率；腐蚀性气体接触法主要是利用腐蚀气体渗透到孔隙中与基材或镀层中间层接触后发生反应的特点来评价镀层的孔隙率。

2）电图像法：通过对镀层的基体金属通电，使其作为阳极溶解，溶解后的金属离子通过镀层上的孔隙，电泳迁移到测试纸上，因金属离子和测试纸上的某种化学试剂会发生反应而形成染色点。因此可以根据测试纸上染色点的多少来判断镀层孔隙的多少，选择适当的阳极溶解条件和具有特定反应的化学试剂，就可应用此方法。其测试原理如图 2-25 所示。

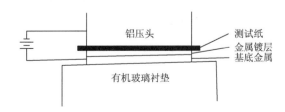

图 2-25　电图像法测试原理图

六、电镀层的物理力学性能测试方法

镀层的物理力学性能测定主要包括镀层材料的硬度、镀层氢脆性和延展性、内应力、抗拉强度和耐磨性测定、镀层表面接触电阻和可焊性等。

1）硬度测定：当金属镀层受到外力冲击后镀层局部表面会产生形变的抵抗强度。根据镀层的厚度不同，其硬度测试方法不尽相同，例如，较薄的镀层采用显微硬度试验，而宏观硬度试验适用于较厚镀层。布氏法、维氏法和努氏法等均属于显微硬度试验范畴。维氏硬度法测试时依赖正方锥体压头对镀层的冲击，并使得镀层表面产生正方形压痕，硬度测量数据受基体和所加负荷影响小。但测定薄镀层硬度时为了获得较准确的硬度值，应将镀层镶嵌在模具中采用环氧树脂及固化剂固化后制作金相切片，然后在镀层的横断面上进行测量。努氏硬度法测量时依赖正棱锥体压头冲击镀层表面并产生菱形压痕，然后依据压痕长对角线数据获得压痕的投影面积。根据试验力除以压痕投影面积获得数值与努氏硬度成正比关系获得硬度测量值，其计算公式如下：

$$HK = 0.102\frac{F}{S} = 0.102\frac{F}{cd^2} \approx 1.451\frac{F}{d^2}$$

式中，HK 为努氏硬度；F 为试验力，N；S 为压痕投影面积，mm^2；d 为压痕长对角线长度，mm；c 为压头常数，与用长对角线长度的平方计算的压痕投影面积有关。

2）镀层脆性和延展性的测定：镀层脆性是镀层物理性能中的一项重要指标。脆性存在往往会导致镀层开裂，结合力下降，乃至直接影响其使用价值。镀层脆性的测试，一般使试样在外力作用下变形，直至镀层产生裂纹，然后以镀层产生裂纹时的变形程度或挠度值大小，作为评定镀层脆性的依据。测试方法包括：延迟破坏试验、应力环试验和测氢仪试验。延迟破坏试验适用于测定超高强度钢的氢脆性，作为一种灵敏度高的标准试验方法，其测试方法是将在规定条件下加工制备好的缺口拉伸试棒放在3～5t的拉伸试验机上施加未电镀试样抗拉强度 75%的超载荷，进行延迟破坏试验。如果试样发生氢脆，则在几小时到 100h 内发生断裂。若在 200h 后未发生断裂，则证明无氢脆，即氢脆性能合格。氢脆性试验中，应力环和延迟破坏试验用于电镀工艺过程的质量控制。而测氢仪可用于日常镀液维护。测氢仪测氢，主要是利用真空度测量仪测量电镀时氢的析出量和镀层除氢时排氢的难易程度来评定氢脆性。

镀层的延展性是指镀层在外力的作用下，产生塑性变形或弹性变形，或者两种变形同时产生时，镀层不发生断裂或开裂的能力。测定镀层脆性的方法有延迟破坏试验、缓慢弯曲试验、应力环试验等；测定镀层韧性的方法有拉伸试验法和弯曲试验法，可参照的标准有：GB/T 15821—1995、ASTM B489—1985（2013）、ASTM B490—2009（2014）。

3）镀层内应力的测定：镀层内应力是金属电沉积过程中由于操作条件和镀液组成的影响，金属电结晶过程对应结晶长大过程中的受力而出现的一种平衡力。因为不是受外力引起的应力，所以称为内应力。镀层内应力测试现在已经有多种仪器可以进行。镀层内应力的常用测定方法有：弯曲阴极法、螺旋收缩仪测试法、电阻应变仪测量法和电磁测定法等。

弯曲阴极法操作简单，采用一块长而窄的金属薄片作阴极，背向阳极的一面绝缘。电镀时一端用夹具固定，另一端可以自由活动。电镀后，镀层中产生的内应力迫使阴极薄片朝向阳极（张应力）或背向阳极（压应力）弯曲，用读数显微镜或光学投影法可测量阴极的形变。电磁测定法也属于弯曲阴极法，不同之处是当薄片阴极弯曲时，安装在阴极上部的电磁铁能连续施加阻止其弯曲的力，这个力的大小可借助于流经电磁铁的电流来测定，并由此可计算镀层内应力；螺旋收缩仪测试法是利用电镀时镀层应力的存在使其曲率半径发生改变，进而导致自由端齿轮变速装置指针偏转，通过指针偏转的角度可获得相应的镀层应力；电阻应变仪测量法将电阻材料压制成的应变片贴合在试样电镀面的背面位置，电镀层产生的内应力引起应变片的伸缩并导致电阻值发生微小变化，从而获得镀层应力的数据。

4）抗拉强度和耐磨性测定：电镀层抗拉强度测量的方法类同于金属抗拉强度的测量方法，对于较厚的电镀层，可将镀层从基体材料上剥离下来，然后在拉力试验机上进行拉伸测试。薄镀层可用测量延展性的液压膨胀试验。耐磨性的测试是将长400mm、宽60mm试样电镀完成后牢固地固定在安装台上，并与粘有直径为50mm的砂纸、宽12mm的摩擦轮接触（摩擦轮与试样间的接触压力为29.4N），以行程30mm、往返频率60次/min进行摩擦。磨损时间和试验条件有关，最后以磨损前后试样质量或镀层厚度差来确定磨损量。

5）镀层表面接触电阻测定：通常来说，不同的器件或材料发生接触时，其有效接触面远小于物体接触的截面积。当电流流过其接触界面时，有效接触面积的急剧缩小造成电阻及电流密度的增大。此外，导体接触点之间氧化膜或吸附膜等的存在会增加接触点的电阻。不同导体材料的相互接触，其有效接触面一部分是金属之间直接接触并依赖接触压力或热破坏接触界面膜后形成的无过渡电阻的接触微点，接触微点构成的接触面积通常小于接触截面积的10%；另外一部分是两个物体接触表面形成了氧化或吸附薄膜，发生接触时通过隔膜与两个物体接触。通常认为接触界面存在隔膜时其接触电阻较大，隔膜的存在不利于接触电阻的降低，采用机械压力过载或高电压击穿方法可破坏隔膜层。对于两个物体间接触压力小及载电流小的膜层电阻不易被击穿的情况，常采用毫欧计、伏安法或安培电位计等进行测量。

印制电路板层间互连的通孔的孔金属化镀层的电阻，指孔的两端对侧得到的电阻。印制电路板的孔金属化电阻试验原理如图2-26所示，其电阻与镀层的厚度、镀层的致密度、孔内径大小等有关，一般采用标准的无接触电阻的四端法测试金属化孔镀层的电阻值。测试前，把放置24h以上的印制电路板试样用有机溶剂仔细清理干净，孔两端不得有油污及绝缘材料等。

6）可焊性测定：镀层可焊性是表示焊料在欲焊镀层金属表面流动的难易程度，即镀层表面被熔融焊料润湿的能力。不同的镀层，被同一种熔融焊料润湿的能力是不同的；即使是同一种镀层，由于所含杂质含量、镀层组织不同，其钎焊性也会有差别。因此，对镀层的可焊性进行检测，可以更好地了解镀层与焊料的匹配性，从而有针对性地选择焊料，满足电子工艺对钎焊性镀层的需要。钎焊性测试方法主要有槽焊法、球焊法、润湿称重法，可参照标准GB/T 16745—1997，ASTM B678—1986（2017）。

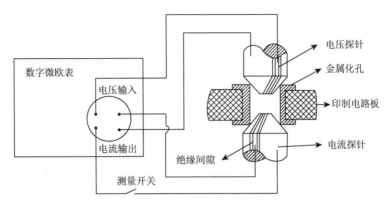

图 2-26　金属化孔镀层电阻值测量系统示意图

习　　题

1. 电镀溶液的组成及作用是什么？
2. 金属电沉积包括哪几个基本的步骤？同浓差极化及电化学极化有何关联？
3. 电镀与电解的本质区别是什么？
4. 金属离子沉积的热力学条件是什么？如何分析金属离子在水溶液中沉积的可能性？
5. 简述析氢对镀层的影响。
6. 金属共沉积的基本条件是什么？可采取哪些措施来实现？
7. 影响电镀层厚度的主要因素包括哪些？
8. 铜库仑计的用途及其原理是什么？
9. 已知镀镍的阴极电流效率 $\eta_k = 95\%$，阴极电流密度 $i_k = 1.5 \text{A/dm}^2$，求电镀 60min 所得镀层的厚度。
10. 有没有可能电流效率大于 100%，什么情况下发生？
11. 电结晶的形核概率与阴极过电位有什么关系？这种关系是怎么得来的？
12. 镀层结晶粗细与晶核形成速度和成长速度之间有何关系？采用什么措施能使所得镀层结晶细致？

第三章　电镀层的均匀性问题

电镀层厚度的均匀性分布是衡量电镀工艺的重要指标之一。镀层的均匀性分布直接关系到电镀加工件的精度、耐蚀和导电性等,特别是近年来高频高速电子电路的互通互连要求通孔孔金属化的镀层厚度的均匀性需进一步提高。此外,获得高质量的印制电路精细导线的关键因素就是确保镀铜厚度均匀分布,因较低的镀层粗糙度对电子电路的电气性能有重要的影响。

第一节　影响电镀层均匀性的因素

金属镀层在阴极表面各个部位的沉积量通常取决于电流在阴极表面的分布情况。因此,能影响沉积电流在阴极表面分布的因素,也能影响镀层金属在阴极表面不同部位的沉积厚度。在实际的电镀过程中,能影响阴极表面电流分布的因素众多,例如,阴极发生反应时,因浓差极化,往往不是单金属的析出,常伴有副反应发生,因此在水溶液电镀中,浓差极化时通常会发生析氢现象。氢气泡附着在阴极表面有可能使得局部镀不上,因此厚度的均匀性就无从谈起。实际上,影响电流分布的因素还包括镀件的几何形状、副反应的产生、除油除锈的彻底性、电流效率的变化、金属基体和电解液的特性等。

一、阴极电流分布对电镀层均匀性的影响

影响电流在阴极表面上分布的因素很多,除去表面前处理的因素外,可以把电流分布的影响归结为两个主要方面:当只考虑几何因素对阴极电流分布的影响时,称为"一次电流分布",未加入电镀添加剂,仅考虑几何形状对电流密度的影响示意图如图3-1所示;若同时考虑电化学因素的影响,则称为"二次电流分布"。那么电流分布是否与金属厚度分布是一致的或是成比例的呢?实际上镀层厚度还与电流效率有关,电流分布不等于金属分布,金属厚度分布与不同阴极电流密度时的电流效率有关。

在此,先讨论二次电流分布的影响因素,即不考虑阴极电流效率影响的问题。显然,此时工件上的阴极电流密度分布越均匀,则镀层厚度分布越均匀。根据法拉第定律可知: $\delta = \dfrac{i_K \eta_K t k}{\rho}$,也就是说通电一段时间后,镀层

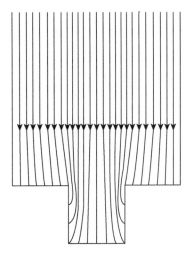

图3-1　几何因素对电流密度分布的影响示意图

厚度 δ 与电流密度 i_K 和电流效率 η_K 有关，但在多数情况下电流效率 η_k 变化范围较小（通常在 20%以内变化），而电流密度 i_K 变化可以是几倍，甚至十几倍。因此，影响金属层厚度 δ 分布的主要是电流在阴极表面的分布，在阴极表面电流分布理论中将进一步深入讨论。

二、电流效率对电镀层均匀性的影响

在电镀过程中，经常可以看到大量气泡逸出，如采用空气搅拌的镀液，实际上在电解池中不搅拌的情况下也会出现气泡逸出的现象。当工件作为阴极时，在电沉积金属的同时还可能发生析氢副反应。这表明在电镀过程中外电源提供的电量一部分消耗于金属离子的还原反应，另外一部分消耗于析氢反应。也就是说外电源提供的电子并没有百分之百地用于金属离子的还原反应。金属离子还原反应所需电量与外电源提供给阴极表面的总电量的比值常称为电流效率。电流效率的影响因素较多，不同的镀种其电流效率不同。例如，酸性镀铜电流效率接近 1，镀铬电流效率较低，而氰化物镀液的电流效率居中（接近 0.6），如氰化物镀铜等。电流效率过低造成能耗大，镀液不稳定，产生氢脆或气孔等。因此应从电解液配方及电镀工艺入手，尽可能提高电流效率。要弄清这些问题，需要了解电流效率与电流密度的关系？电镀生产实践表明，阴极电流效率同电流密度存在着如图 3-2 所示的三种关系。

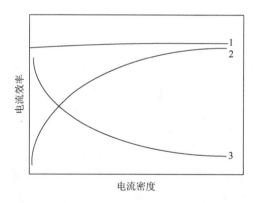

图 3-2 电流密度的变化同电流效率的关系示意图

1）电流效率与电流密度无关，如图 3-2 中曲线 1 所示，如酸性硫酸铜镀铜液和某些镀银液，其电流效率几乎不随电流密度产生变化，电流效率几乎接近 100%。利用其电流效率接近 100%的特点，如前面所述，镀液电流效率的测试通常是采用铜库仑计法，铜库仑计电极上的析出物易于收集且镀槽中没有漏电现象，其测试精度高达 0.1%～0.05%。在这种镀液中，电镀层在阴极表面的分布与电流在阴极表面上分布是一致的，也就是说在阴极上金属的分布完全由二次电流密度来决定。

2）电流效率随电流密度的增加而增加，如图 3-2 曲线 2 所示，在电流密度高的部位电流效率也高，而在电流密度低的部位电流效率也低，从而有 $i_{K1}\eta_{K1} \ll i_{K2}\eta_{K2}$，这使得电流密度小的部位沉积层厚度更薄了，从而加剧了镀件上镀层的不均匀分布，这也是镀铬电镀液分散能力极差的因素之一，这一特征对金属在阴极上的均匀分布极为不利。

　　3）电流效率随电流密度的增加而减少，如图 3-2 曲线 3 所示，通常来说电流在阴极上的分布是不均匀的，如在距阳极较近的部位及零件的棱角处，电流密度较高，而在距阳极较远的部位及零件的凹洼处，电流密度较低。如果单从几何因素的影响角度来看电流密度的分布，那么镀层的厚度不是均匀的。但是从曲线 3 可以看出，电流密度高的部位，其电流效率较低，用于沉积金属的电流所占比率必然降低。这样一来，$i_{K1}\eta_{K1}$ 趋向接近 $i_{K2}\eta_{K2}$ 使得金属在阴极不同部位的分布趋于均匀。一般络合物电解液如氰化物电解液等均具有这种特征，这一特征使金属在阴极上的分布趋于均匀。影响电流效率的因素较多，如温度、镀液成分、浓度、pH、槽电压等，均可以使得电流效率降低或升高，但不一定会影响镀层在阴极表面分布的均匀性。例如，当温度升高 20℃ 时，其 $i_{K1}\eta_{K1}$ 及 $i_{K2}\eta_{K2}$ 数值会有变化，但 $i_{K1}\eta_{K1}$ 仍然趋向接近 $i_{K2}\eta_{K2}$，因此，这种变化不会影响镀层的均匀性分布。

三、基体金属对电镀层均匀性的影响

　　电镀过程是一个金属离子还原的过程，随着反应的进行，还原后的金属原子堆积成一些细微的小点，这就是结晶核，随着单个结晶数量的逐渐增加，在基材表面上的沉积颗粒会互相连接成片从而形成镀层。电结晶过程包括形核与晶核生长过程。通常来说，金属基材材料及电镀工艺条件的不同会影响到结晶核长大的过程乃至镀层的分布。因此，为了获得结合力良好的致密电结晶颗粒，通常需要优化电解液组成、操作的工艺条件、基体材料表面的除油除锈及活化等。如果基体材料表面除油除锈未彻底，存在的油污或锈污杂质等对电镀层的结合力及镀层组织是有害的，油污等作为非导体黏附在基体材料或镀层上，会造成无镀层并形成麻坑。若是小颗粒的导体电解质，则在基体表面会形成结瘤。实际上电镀油污锈污等杂质夹在镀层中，不仅会降低镀层结合力，还会降低镀层防锈能力。此外，基体材料表面的粗糙度大时，造成真实的电流密度变小，影响阴极极化度并造成局部电流密度分布不均。因此，被镀覆的基体材料表面粗糙度、电镀前处理及电解液组分等对电镀层的质量及镀层厚度分布的均匀性都具有重要的意义。

第二节　阴极表面电流分布理论

　　当两平行电极插入电解液中，然后通过外电源在两电极之间施加一定的电压于两电极时，两电极之间的电解液中的每一点都存在一定的电压，其电压值大小介于两电极电压之间。对于金属良导体，其电阻值几乎可以忽略不计，因此可以假定良导体电极表面每一点的电势均相等。在电解液中也存在着某些具有相等电位的假想平面，其等势面形状会随着与电极的距离逐渐增大而改变，在等势面分布较密集的区域其电流密度大。等势面和电场线存在互相垂直的关系，如图 3-3 所示。良导体电极本身属于等电势面，电流通过电极某一点时必与该点所在的平面互相垂直。

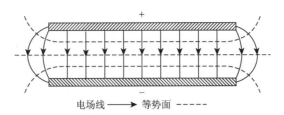

图 3-3　两平行电极板电场线和等势面关系示意图

一、阴极表面电流初次分布

在没有电极极化和其他因素干扰的情况下，由阴极与阳极相对位置差异而产生的高低电流分布称为初次电流分布。初次电流分布也称为一次电流分布，完全取决于阴阳极的距离、排列、大小、形状等，不考虑电化学极化对镀层厚度分布的影响，仅考虑几何因素如阴阳极位置及形状对镀层厚度的影响，如图 3-4 所示。几何因素主要是指镀槽的形状、阳极的形状、零件的形状及零件与阳极的相互位置、距离、挂架与接点设计、阳/阴极方位与镀槽位置等。其要素是尖端放电、边缘效应、阴阳极的距离等，它们是影响阴极表面电流分布的主要因素。例如，镀铬时往往要考虑如何装挂零件、用什么阳极及阳极的位置等，这都是为了改善电流的分布，提高其镀层均镀能力。

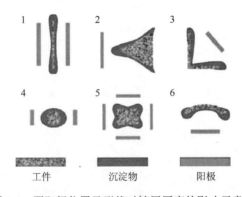

图 3-4　阴阳极位置及形状对镀层厚度的影响示意图

初次电流分布是由物理因素自然形成，不容易改变。若要从几何因素角度考虑改善镀层的均镀能力，只能改变阴阳极形状及位置等电镀设备的设计，如增加阴/阳极距离、加大阳极面积、使用绝缘屏蔽物改变等电位平面、采用辅助阳极改善低电流区域的电流分布、使用辅助阴极分散高电流区域的电流分布、镀面按正方形或长方形密集上架，以降低高低电流差异等。实际上，在非对称性电镀时，如印制电路板的盲孔填铜中，要求表面铜沉积速率慢，而孔底沉积铜速率快，因此可以借助几何形状的因素通过电镀添加剂的选择性分布来调节电流密度的分布，从而达到非对称性电镀的目的。常用的电镀槽中阴阳极排列及电场线分布如图 3-5 所示，为了说明初次电流分布的概念，可以设计一个简单的电解池来作几何因素影响的说明。如图 3-6 所示，在电解池中将三块面积相同的矩形薄铜板作为阴极和阳极，且阳极放在两个阴极板中间。当外部接入一个直流电源提供槽电压 V 时，在阴阳极及电解池中将有电流通过。当电流通过电镀槽时，所受阻力主要包括：金属电极电阻 $R_{电极}$（与电解液电阻相比可忽略不计）、电镀液电阻 $R_{电液}$、电化学极化和浓差极化电阻（电化学反应过程和扩散过程引起，电化学极化 + 扩散极化 = R 极化），为了说明初次电流分布的影响，这里不考虑电化学极化和浓差极化的影响。在图 3-6 中，流过阴极的总电流 $I_{总}$ = 槽电压(V)/总电阻，为了研究初次电流分布，选择电化学极化和浓差极化的电阻 $R \approx 0$ 的镀液，同时考虑到金属电阻率远远低于溶液电阻，且忽略金属/溶液接触电阻，因此，可以获得 $R_{总电阻} \approx R_{电解液}$。在电镀电流回路中，从阳极表面到阴极表面这段电解液形成的欧姆电阻，其电阻值计算公式为

$$R = \rho \frac{L}{A} (\Omega)$$

式中，ρ 为电解液的电阻率，$\Omega \cdot cm$；L 为阴阳极间的距离长度，cm；A 为远、近阴阳极的截面积，cm^2。此时在阴极上远部位与近部位上的电流分别为 $I_{近}$ 与 $I_{远}$，阴、阳极不同距离下的电流为：I = 槽电压(V)/R，阴阳极两段的槽电压无关阴阳极距离远近且可以认为槽电压数值相等，因此，初次电流分布跟溶液电阻有关：

$$\frac{I_{近}}{I_{远}} = \frac{R_{远电解液}}{R_{近电解液}} = \frac{\rho_{远} L_{远} / A_{远}}{\rho_{近} L_{近} / A_{近}}$$

因阴阳极的截面积相等（$A_{远} = A_{近}$），电解液的电阻率可以认为近似相等（$\rho_{远} = \rho_{近}$），因此，初次电流分布跟阴阳极间的距离成反比：

$$\frac{I_{近}}{I_{远}} = \frac{L_{远}}{L_{近}}$$

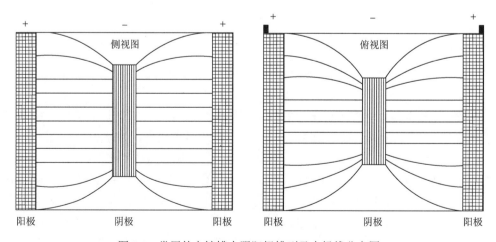

图 3-5　常用的电镀槽中阴阳极排列及电场线分布图

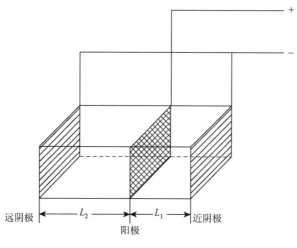

图 3-6　电解池

　　初次电流分布只表示由电极几何因素所决定的溶液电阻的影响，但在实际电镀时，电化学极化产生的极化电阻会改变电流的初次分布，所以初次电流分布适合于极化很小的镀液，没有普遍意义。因此可以获得如下结论：当阴极极化不存在时，近阴极部位与远阴极部位上的电流密度与它们和阳极的距离成反比，因此，使阳极和零件各处的距离相等，这样就可以获得均匀分布的电流。但是，应当指出，在阳极与零件距离相等时，并非所有电流分布就是均匀的，如上所述，存在边缘效应，即平面零件电镀时，往往边缘电流密度大于中间部位的电流密度。通常来说在阴极的边缘和尖端电场线比较集中，也就是在边缘、棱角和尖端处，电流密度较大，这种现象称为边缘效应或尖端效应。电镀实践证明，只有阳极和阴极平行，电极与电解液高度一致时，电场线才互相平行并垂直于电极表面，此时电流在阴极表面分布较均匀，如图 3-7 所示。

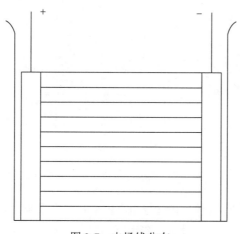

图 3-7　电场线分布

　　在电镀过程中，电镀液的导电自由空间是普遍存在的，它的存在使得电场线在阴阳极间穿行的空间扩大，镀件尖角处的电场线易于集中，不能均匀分布，易造成工件尖角处镀层厚度增大。因此，采用绝缘体可以将导电自由空间堵住，达到电场线均匀分布，从而获得均匀的镀层。根据这一原理，电镀实践中我们常采用绝缘挡板来屏蔽导电自由空间，从而获得均匀分布的镀层，如图3-8所示。在连续电镀槽中，以镀铜槽为例，阳极是由许多磷铜球放置于钛篮中构成的，那么水平方向阳极排布是密一点好还是稀一点好？对于长件电镀（如钢管镀锌），生产中如图3-9中三种阳极排布。采用图3-9（a）的阳极分布时，水平方向阳极总长度过长，工件左右两头的电场线过于集中、紧密，电流密度过大，两头不仅镀层厚，且很易烧焦。采用图3-9（b）的排布，阳极水平方向两头均短于工件长度（短10～15cm），则电场线分布较均匀。图3-9（c）排布则阳极过少、过稀，电场线分布很不均匀，离阳极近的一段电场线密集，电流密度较大，镀层光亮性好，两阳极间隔处对应的工件部分则可能镀不上。原则上，在阳极面积允许的情况下，阳极越密集，则电场线分布越均匀，电镀效果越好。

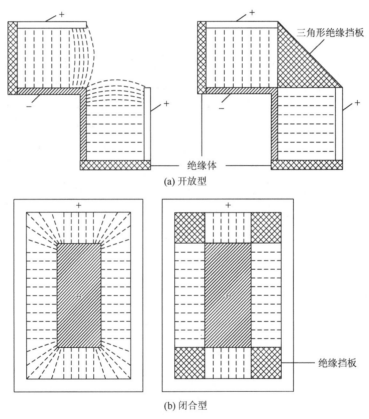

(a) 开放型

(b) 闭合型

图3-8　绝缘挡板改善电场线均匀分布图

那么，是不是只有使用绝缘体来堵住导电自由空间才能达到电场线均匀分布的目的呢？实际上，在电镀过程中，也常借助导体来改善镀层的分布，如电镀过程中常用的辅助阴极方法，可以消除边缘效应，如图3-10所示，辅助阴极可以使原来在边缘和尖端集中的电场线大部分转移分布到辅助阴极上面，与采用非金属绝缘材料将部分液体导电自由空间堵住一样，还可以采用辅助导体来转移阴极尖端处或边缘处密集的电场线，从而使得零件电流分布均匀。

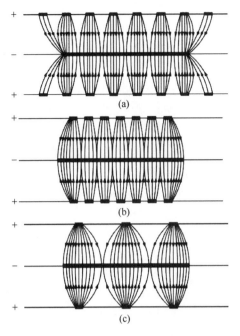

图 3-9　水平方向的阳极布置图

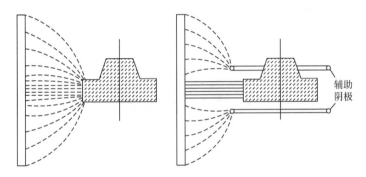

图 3-10　采用辅助阴极改善电场线分布示意图

辅助阴极

从前面的阴阳极距离同电流强度分布的关系推理过程可知，阴阳极之间的几何距离相等时有助于实现镀层的均匀性分布，例如，日常我们见到的远射灯的抛物反光面，其内部具有良好的反光聚焦功能，通常需要使得其反光镀层厚度保持均匀性以达到光亮反光效果，若采用平板作为阳极，由于被镀覆工件为半球状物体，其阴极深凹部位离阳极的距离 $L_{远}$ 与阴极边缘和阳极板距离 $L_{近}$ 相差较大，在阴阳极电势差为定值情况下，距离较长的深凹部位的溶液电阻较大，导致其电流值较小。若采用仿形阳极来使得阴、阳极之间的距离相等，也就是采用与反射镜内部曲线接近的"象形阳极"（图 3-11），有利于电流在反射镜所有表面上均匀分布。

利用初次电流分布跟阴阳极间的距离成反比：

$$\frac{I_{近}}{I_{远}}=\frac{L_{远}}{L_{近}}=\frac{L_{近}+(L_{远}-L_{近})}{L_{近}}=\frac{L_{近}+\Delta L}{L_{近}}=1+\frac{\Delta L}{L_{近}}$$

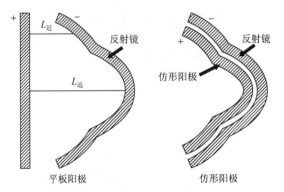

图 3-11　平板阳极与仿形阳极示意图

可以通过图 3-12 所述方法消除或减少镀层不均匀分布的现象。

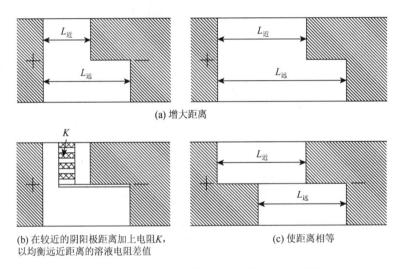

图 3-12　平板阳极与仿形阳极改善均镀示意图

二、阴极表面电流二次分布

在实际电镀中，由于受电镀溶液组成和工艺规范的影响，当电流通过电极时，电极不可避免地都要发生极化。这时，阴极表面上各个部位的电流分布就不仅受到几何因素的影响，还受到电化学因素的影响。这种电流分布通常称为二次电流分布。以图 3-6 所示电解池来作阴极极化因素影响的说明。为了研究二次电流分布，本书选择阴极极化电阻 $R_{极化}$ 和电解液电阻 $R_{电解液}$，同时考虑到金属电阻率远远低于溶液电阻。因此，可以获得 $R_{总电阻} \approx R_{电解液} + R_{极化}$，所以，二次电流分布跟溶液电阻和极化电阻有关，根据阴、阳极两段的槽电压无关阴阳极距离远近可以认为槽电压数值相等，且阴阳极截面积相等，当电流通过如图 3-6 所示装置时，可以认为槽电压只有一个，因此，

$$V = \Phi_a - \Phi_{k近} + I_{近}R_{近} = \Phi_a - \Phi_{k远} + I_{远}R_{远}$$

式中，Φ_a 为阳极电极电位；$\Phi_{k近}$、$\Phi_{k远}$ 分别为近、远阴极的电极电位。整理后可获得

$$\varPhi_{k近} - \varPhi_{k远} = I_{近}R_{近} - I_{远}R_{远} = I_{近}\rho_{近}\frac{L_{近}}{A_{近}} - I_{远}\rho_{远}\frac{L_{远}}{A_{远}}$$

因阴阳极的截面积相等（$A_{远} = A_{近}$），电解液的电阻率可以认为近似相等（$\rho_{远} = \rho_{近}$），令

$$\varPhi_{k远} - \varPhi_{k近} = \Delta\varPhi , \quad I_{近} - I_{远} = \Delta I , \quad L_{远} - L_{近} = \Delta L$$

单位面积上电流强度之比为

$$\frac{I_{近}}{I_{远}} = 1 + \frac{\Delta L}{L_{近} + \frac{1}{\rho}\frac{\Delta\varPhi}{\Delta I}}$$

此式即为二次电流分布的表达式，当不存在阴极极化时，$\Delta\varPhi = 0$，此外二次电流分布表达式为初次电流分布表达式：

$$\frac{I_{近}}{I_{远}} = \frac{L_{远}}{L_{近}} = 1 + \frac{\Delta L}{L_{近}}$$

只要有阴极极化存在，$\dfrac{\Delta L}{L_{近} + \dfrac{1}{\rho}\dfrac{\Delta\varPhi}{\Delta I}}$ 的值总要小于 $\dfrac{\Delta L}{L_{近}}$，从二次电流分布式可以看出，阴极

极化度 $\left(\dfrac{\Delta\varPhi}{\Delta I}\right)$ 越大，或电解液的电阻越小，或 $L_{近}$ 长度越大及远近阴阳极距离差越小，电流分布也就越均匀，即电流强度之比趋近于 1，因此可以获得结论为：二次电流分布总要比初次电流分布更均匀些。

　　实际上，电镀过程中电流分布受其他众多因素的影响，在加入导电盐、提高主盐浓度或改变温度、搅拌或振动后，电流分布情况也会随之发生改变。二次电流分布主要是受活化过电位和浓度过电位的影响。因此，可通过改善电荷传递与质量传递来改善二次电流分布，使得实际的电流分布较一次电流分布更趋向于均匀。在电镀体系中，质量传递的影响因素有主盐浓度、阴极电流密度、搅拌情形、槽液温度等。影响电荷传递的因素有电镀添加剂、络合剂及电镀基材特性等。二次电流密度分布受电镀液电阻和阴极极化电阻共同的影响，因此，阴极极化作用的存在使得二次电流分布倾向于减少一次电流分布不均匀的现象。

第三节　电镀液分散能力及覆盖能力

　　电镀液是具有扩大阴极电流密度范围、提高电流效率、改善镀层外观、稳定生产周期等特点的液体。没有电镀液就没有电镀，电镀液是电镀生产过程最核心的物质之一，电镀溶液的组成是当今电镀企业巨头高度保密的技术，并对电镀沉积金属质量有着重要的影响。不同的镀种所使用的电镀液成分通常不同。一般来说，电镀液组成除了主盐外，还通常含有络合剂、抗氧化剂、导电盐、缓冲剂及阳极去极化剂等。电解液的主要作用是在提供主盐的同时，稳定镀液和提高镀液的分散能力。镀液的分散能力是指电镀过程中金属离子还原沉积在阴极表面上不同部位的镀层厚度分布均匀的能力。镀层均匀分布的影响因素众多，如阴极过电位、溶液电导率、工件的几何形状、阳极的形状、阴极电流密度、电流效率等。工件上覆盖的镀层分布越均匀说明该电镀溶液的分散能力越好。分散能力所涉及的是宏观轮廓面的镀层分布情况，影响分散能力的因素也可概括为几何因素和电化学因素。

一、电镀液的组分及其作用

金属离子在电镀液中的存在形式主要为简单金属离子型或络合金属离子型。通常情况下简单金属离子型镀液阴极极化作用小，如硫酸盐镀锌的阴极极化仅为几十毫伏，获得的镀层结晶颗粒较粗且溶液的均镀能力差。而电镀液中的主盐为络合金属离子型时，通常其阴极极化过电位较大，溶液的均镀性能好，且获得的镀层金属颗粒致密，如络合离子型的氨三乙酸-氯化铵镀锌镀液的阴极极化过电位高达 250mV。实际上，电镀工业上的连续化生产，除了对均镀能力的要求外，还需要维持电镀液的稳定性和一定的生产周期性等。因此，电镀液中还需要如抗氧化剂、缓冲剂等并借助一定的辅助系统如过滤系统、控温系统等。通常来说，电镀液主要成分包括主盐、络合剂、稳定剂、导电盐、缓冲剂、阳极活化剂及各种功能添加剂等，起到稳定镀液和提高镀液的分散能力的作用。

1）主盐：主盐是指镀液中能在阴极上沉积出所要求镀层金属的盐，用于提供金属离子。沉积金属的主盐有单盐，如硫酸铜、硫酸镍等；有络盐，如锌酸钠、氰锌酸钠等。镀液中主盐浓度必须在一个适当的范围内，主盐浓度增加或减少，在其他条件不变时，都会对电沉积过程及最后的镀层组织有影响。一般来说，主盐浓度增大会导致阴极极化下降，晶核的形成速度下降，所得镀层晶粒较粗（其他条件保持不变）；而主盐浓度低会导致阴极极化增大，但溶液导电性下降，不能采用较大的阴极电流密度，沉积速率较慢，但其分散能力和覆盖能力均比高浓度主盐溶液要好。因此，常采用稀释主盐浓度的方法来获得细密的镀层。

2）络合剂：在电解液中加入络合剂后，其与溶液中的金属离子会生成金属络合物，电镀时金属络合物的存在使得阴极极化作用增强。与络合物金属盐相比，金属离子为简单离子时阴极极化小，镀层晶粒大。因此，电解液中的络合剂络合金属离子可以起到改善镀层质量的作用。需要指出的是，在含络合物镀液中，主盐与络合剂发生络合反应后剩余的络合剂，也常称为络合剂的游离量，游离量的增加会导致阴极极化增大。一般来说含有络合剂的镀液，电镀液分散能力好且获得的镀层结晶细致。镀液中络合剂的存在使得阴极极化增大，不利的一面是电流效率下降，如造成大量析氢副反应发生并在镀层上形成针孔等，析氢还易造成金属的氢脆。电镀液中的氰化物、焦磷酸盐、酒石酸盐、氢氧化物、柠檬酸等作为络合剂可以提高镀液的分散能力和覆盖能力。

3）导电盐：其作用是提高镀液的导电能力、降低槽端电压、提高工艺电流密度。导电盐是镀液中除主要盐外的某些碱金属或碱土金属盐类，如 Na_2SO_4、$MgSO_4$、铵盐等，对主盐中的金属离子不起络合作用。有些导电盐还能改善镀液的深镀能力、分散能力，产生细致的镀层。但导电盐含量过高，会降低其他盐类的溶解度。因此，导电盐的含量也要适当。

4）缓冲剂：随着电镀的进行，溶液中的析氢或析氧等副反应的发生使得溶液中的 pH 出现变化，以酸铜电镀为例，酸性环境可以防止主盐如硫酸铜的水解反应。因此为了稳定镀液的 pH，通常需要在镀液中加入一定量的缓冲剂，一般来说缓冲剂是由弱酸、弱酸盐或弱碱、弱碱盐组成的，能使镀液 pH 稳定在一定的范围内。例如，镀镍液常采用 H_3BO_3

作为缓冲剂来抑制阴极表面因析氢造成的局部 pH 升高，有利于维护镀液的稳定性，并避免了镀层中出现碱性金属盐，提供的氢离子也有利于提高镀液的分散能力和镀层质量。缓冲剂含量以不超过其溶解饱和度为宜，例如，采用 H_3BO_3 作为缓冲剂加入氯化钾镀锌溶液中，其含量通常控制在 30~40g/L。

5）阳极活化剂：电镀过程能够消除或降低阳极极化，从而保证阳极处于活化状态能正常地溶解，有提高阳极电流密度的作用。阳极活化剂含量不足时阳极溶解不正常，主盐的含量下降较快，影响镀液的稳定，严重时，电镀不能正常进行。加入阳极活化剂能维持阳极活性状态，不会发生钝化，保持正常溶解反应。常用的阳极活化剂有卤素离子、铵盐和一些有机络合剂，如酒石酸盐、硫氰酸盐、柠檬酸盐。例如，镀镍液中必须加入 Cl^-，以防止镍阳极钝化。

6）稳定剂：以酸铜电镀为例，如果电解液的 pH 较高，硫酸铜容易发生水解反应生成氢氧化物沉淀，因此需要采用稳定剂防止镀液中主盐水解，使溶液中的金属离子实际浓度大幅减少，容易造成电流效率下降和烧焦现象。因此，工业化连续生产所使用的镀液通常需要加入镀液稳定剂，如镀铜溶液中的硫酸均可以起到稳定镀液的作用，酸性镀锡溶液中的抗氧化剂等可以起到稳定镀液的作用。

7）电镀添加剂：电镀添加剂是维持电镀正常生产所需要的重要电镀原料之一。电镀添加剂也是电镀工业中技术开发难度最高的核心技术之一。通常来说电镀添加剂在电镀过程中几乎不影响镀层的导电性，但镀液含有少量的添加剂就能显著改善镀层的物理化学性能，如镀层结晶致密、光亮整平性等。在实际应用中，通常需要多种电镀添加剂的协同作用来获得合格的镀层。电镀添加剂的主要作用包括：光亮、晶粒细化、整平、去泡和抑雾等。例如，镀液中含有晶粒细化剂，可以改善镀层的致密状况，细化晶粒。镀液中含有整平剂可改善镀液的微观分散能力，使凹凸不平的基体经电镀后变得光亮平整。而在镀液中加入润湿剂时，可以减少镀层的针孔，降低金属与溶液的界面张力。

二、电镀液的分散能力

分散能力是指电镀液能使镀层的厚度在被镀覆零件表面均匀分布的能力。分散能力也称均镀能力。分散能力是电镀液的重要性能之一，分散能力好的镀液得到的镀层厚度在各部位都是均匀的。镀液分散能力的优劣通常可以定量表述，而其数学表达式、测定方法及数据处理的方法都是人为确定的。所得结果跟测试方法有关，也就是说，不同装置和不同测量方法所得数据不能进行比较。那么如何来判断镀液的分散能力呢？

（一）常用的镀液均镀能力测定方法

1）金相切片测试法：这是一种破坏性的测量方法，镀层采用冲压取样后镶嵌在模具中，使用新鲜配制的环氧树脂与固化剂搅拌后密封，待环氧树脂固化后进行研磨抛光，在金相显微镜下观察并测量其镀层厚度，金相切片法是观测镀层试样截面形貌及尺寸常用的方法。现代酸铜电镀在电子工业中应用广泛，在印制电路板领域通过通孔镀铜实现层间互连，因此通孔上的镀层均匀性直接关系到产品的可靠性。电镀液在印制电路板通孔上的均镀能力按照通孔表面镀铜层的总测试点分为六点法 TP（throwing power）和十点法 TP，如图 3-13 所示。在实际应用中常以六点法来评价镀层均匀性分布，其也是最为苛刻的指标。

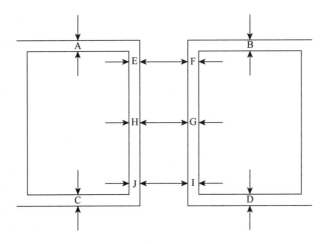

图 3-13　印制电路板通孔均镀性能的评价方法示意图

六点法：

$$TP = \frac{2(\delta_H + \delta_G)}{\delta_A + \delta_B + \delta_C + \delta_D} \times 100\%$$

十点法：

$$TP = \frac{2(\delta_E + \delta_F + \delta_G + \delta_H + \delta_I + \delta_J)}{3(\delta_A + \delta_B + \delta_C + \delta_D)} \times 100\%$$

图 3-13 是一个通孔模型，（其中 $\delta_A \sim \delta_J$ 表示该处的镀铜层厚度）。TP 综合反映了镀液在印制电路板通孔电镀中的分散能力，TP 的值越接近 1，则表示镀层厚度越均匀，说明该电镀液的分散能力越好。

2）远近阴极法：也称为哈林槽或称重法。远近阴极法是一种较为经典的测试方法，其测量装置如图 3-14 所示，在长宽高尺寸为 150mm×50mm×70mm 的长方形镀槽中，平行放置三块面积相等的阴极（两块）和阳极，两个阴极与阳极间的距离比为 2∶1 或 5∶1，试验中只能选一个。阳极可以放置在镀槽的一端，如图 3-14（a）所示，也可以将阳极放在镀槽的中间，如图 3-14（b）所示，但阳极需呈网状或打孔，阴极放在两侧，采用网状或带孔的阳极，目的是增大阳极面积，消除阳极极化的影响，同时也有利于阳极两侧溶液的对流和扩散，以保持两侧溶液浓度相同。

将尺寸规格为 50mm×50mm 的阴极片的一面绝缘，清洗吹干并称重后备用，试验时浸泡在待测镀液的电镀槽中，其中未绝缘的一面面向阳极板并通电电镀一段时间后，取出试片清洗吹干并称量，根据远、近阴极上镀层的质量变化获得其镀液分散能力。

$$TP = \frac{K - M}{K} \times 100\%$$

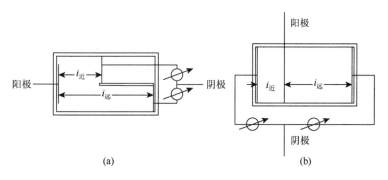

图 3-14　远近阴极法测定分散能力的电极排布方法

式中，TP 为分散能力；K 为远、近阴极与阳极间距离之比；M 为近、远阴极上所得镀层质量之比。当 $M = \infty$ 时，分散能力最差，TP $= -\infty$；当 $M = 1$ 时，分散能力最好。K 是人为确定的，K 不同则分散能力不同。当 $K = 2$，$M = 1$ 时，分散能力最好，此时，TP 为 50%；当 $K = 5$，$M = 1$ 时，分散能力最好，TP 为 80%。因此，均镀能力可作如下修正表述：

$$TP = \frac{K - M}{K - 1} \times 100\%$$

此时，当 $K = 2$，$M = 1$ 时，分散能力最好，TP 为 100%；当 $K = 5$，$M = 1$ 时，分散能力最好，TP 为 100%。均镀能力范围为 100% ～ $-\infty$。此外，均镀能力还可以作如下表述：

$$TP = \frac{K - M}{K + M - 2} \times 100\%$$

则 TP 将在 100% ～ -100% 范围内变化。

3）弯曲阴极法：可以直接观察到不同的镀层面上的金属镀覆情况。弯曲阴极试片为黄铜或轧制软钢片，其厚度为 0.2～0.5mm，背面不绝缘，弯曲成如图 3-15 所示的阴极试样的形状、尺寸等，并按图 3-15 所示放置在镀槽中。阳极尺寸为 150mm×50mm×5mm，阳极浸入溶液中长度为 110mm，镀槽尺寸为 160mm×180mm×120mm，待测液为 2.5L，电镀一段时间后取出，分别测量阴极上 A、B、D、E 四个部位镀层的厚度 δ_A、δ_B、δ_D 和 δ_E，然后按下式计算分散能力：

$$TP = \frac{\delta_B / \delta_A + \delta_D / \delta_A + \delta_E / \delta_A}{3} \times 100\%$$

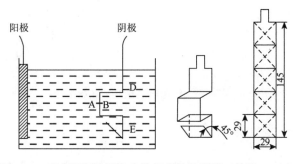

图 3-15　弯曲阴极法测定分散能力的装置图（单位：mm）

4）霍尔槽法（Hull cell）：又称哈氏槽。霍尔槽试验所需镀液量小，不同阴阳极距离的阴极镀层较易观察，是测定镀液分散能力常用的方法。霍尔槽结构呈梯形，其不平行的相对面中较长的一面通常用于固定阴极板，且阳极板固定在阴极的对面位置。阴阳极之间的距离介于霍尔槽梯形结构中平行的两条线长度之间（图3-16）。一般来说，阴极局部电流强度的大小与阴极局部位置到阳极表面的垂直距离成反比。因此，霍尔槽法可以观察到不同电流密度下的材料表面的镀覆情况。

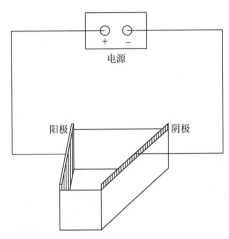

图3-16 霍尔槽法测定分散能力的装置图

霍尔槽法测定镀液的分散性能时，固定在阴、阳极区后加入电解液，以固定电流导通后电镀一定时间取出阴极片，如图3-17所示，将阴极试片分为10个方格区域，两端的两个方格去掉不用，剩下的八个方格按自高到低的电流密度区依次标注为1～8号，然后分别记录每个方格区镀层的厚度δ_1、δ_2、…、δ_i，按下式计算电镀溶液的分散能力：

$$TP = \frac{\delta_i}{\delta_1} \times 100\%$$

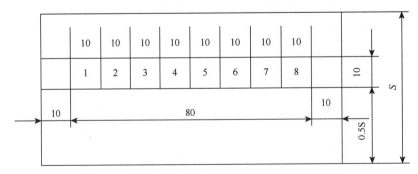

图3-17 霍尔槽法试验时阴极试片区域划分示意图

（二）改善镀液均镀能力的方法

在实际生产过程中，镀层分散性能不佳的镀液如何提高分散性能？实际上，一种优良的电镀工艺，不仅要有优良的镀液性能，如分散能力、覆盖能力等，而且要有优良的镀层性能，如硬度、脆性、可焊性等，要完全满足这些条件是相当困难的，除了选择合理的溶液成分、改进配方外，合理的操作、装挂零件及采取一些特殊的措施，在生产中是非常重要的，如采用冲击电流：在电镀开始用较大的电流（比正常电流大2～3倍）进行短时的冲击电镀；合理装挂零件：使零件处在最佳的电流分布状态下，同时又不使析出的气体停滞在零件的盲孔、低洼部分。此外，通过前面电解池中几何因素和阴极极化因素的推理，获得了单位面积上不同部位的电流强度之比，为

$$\frac{I_{近}}{I_{远}} = 1 + \frac{\Delta L}{L_{近} + \frac{1}{\rho}\frac{\Delta \Phi}{\Delta I}}$$

因此，为了提高镀层的分散能力，从影响电镀液分散能力的因素（几何因素和电化学因素）考虑，常采取如下措施。

1）在电镀溶液中加入一定量的强电解质，使镀液的电阻率降低，$\dfrac{\Delta L}{L_{近} + \dfrac{1}{\rho}\dfrac{\Delta \Phi}{\Delta I}}$ 变小，

则远近阴极上的电流密度之比趋近于1，镀层厚度的分布更加趋于均匀，从而改善了电镀溶液的分散能力。此外，在选择强电解质时应当注意，强电解质的加入有助于镀液的稳定性，不应当在电极上引起不良的副反应。

2）采用络合物电解液，使镀液中放电的金属离子以络合离子的形式存在。络合的金属离子还原为金属时，其阴极极化度比较大，即 $\dfrac{\Delta \Phi}{\Delta I}$ 增大，从而使 $\dfrac{I_{近}}{I_{远}}$ 趋近1，络合离子在阴极还原时，其电流效率常随电流密度的升高而下降，这就使得阴极上金属的分布更加均匀，从而使电镀溶液的分散能力得到改善。

3）在电镀溶液中加入适量的添加剂。在电镀溶液中使用的添加剂种类很多，其作用也是各种各样的，加入可增加阴极极化度的添加剂，即 $\dfrac{\Delta \Phi}{\Delta I}$ 增大，从而使 $\dfrac{I_{近}}{I_{远}}$ 趋近1，以便使金属镀层结晶细致光亮，使阴极上电流分布更加均匀，从而改善电镀溶液的分散能力。

4）从几何因素角度改善电镀溶液的分散能力。在实际电镀过程中，常采用改变阴阳极形状、位置及绝缘体屏蔽部分自由导电空间等电镀设备的设计来改善镀液的分散能力，如增加阴/阳极距离、加大阳极面积、使用绝缘屏蔽物改变等电位平面、采用辅助阳极改善低电流区域的电流分布、使用辅助阴极分散高电流区域的电流分布、镀面按正方形或长方形密集上架，以降低高低电流差异等。因此，从几何因素着手，即改变阴阳极之间相互位置的排布或改变阳极的形状来改善分散能力。常用的方法有以下几种。

（a）象形阳极法：即把阳极的形状做成尽可能与阴极（被镀的零件）的形状相似，如图 3-18 所示，制作与阴极形状相似的阳极表面，控制阴极表面各部位与阳极间的距离相等，阴极上的电流分布趋于均匀，从而使镀层厚度的分布较均匀。

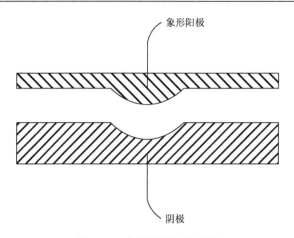

图 3-18　象形阳极法示意图

（b）辅助阴极与屏蔽阴极法：当被镀覆的工件表面上有凸出的尖端或锋利的边缘时，因电流的"尖端效应"和"边缘效应"，电镀时，这些区域的电场分布密度较大，电镀时电流密度较为集中的区域有毛刺、结瘤或烧焦等弊病出现。辅助阴极的方法是在局部区域电流密度过大处增加一个与阴极相连的导体来屏蔽阴极尖端处部分电场线（如用铜丝烧制的螺旋圆面），如图 3-19（a）所示。此外，采用绝缘挡板来屏蔽阴极局部区域电流密度过大的方法是在阴极电流密度过大区附近放置形状合适的绝缘板，屏蔽掉部分电场线使其无法穿透绝缘板，如图 3-19（b）所示，绝缘板放置位置可有效屏蔽掉部分阴极尖端处电场线，改善镀层均匀性并减少沉积金属消耗量。

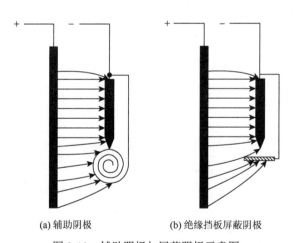

(a) 辅助阴极　　　　　　　(b) 绝缘挡板屏蔽阴极

图 3-19　辅助阴极与屏蔽阴极示意图

（c）辅助阳极法：当元器件或零部件有深凹处需要均匀镀覆时，为了使凹处电流分布均匀，可以使用辅助阳极，如图 3-20 所示，使元器件或零部件深凹部位的电流分布趋于均匀，实际上，在电镀过程中辅助阳极常结合绝缘挡板来屏蔽部分液体导电自由空间（图 3-8），例如，零部件边角部位或某些局部地方的电场线密度过高时，可以在辅助阳极的相应部位用非金属材料屏蔽液体导电自由空间的方法来达到使镀层厚度均匀的目的。

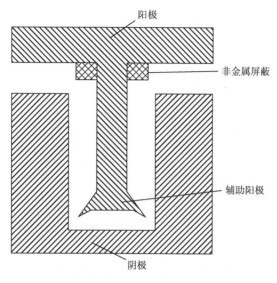

图 3-20　辅助阳极法示意图

　　（d）调整阳极的排布：在实际电镀生产中，即使阳极到被镀覆阴极的距离相等，且阳极与阴极形状相仿，如圆柱形工件镀铬时，也不能获得均匀镀层。阳极的长短对镀铬层的影响如图 3-21 所示。阴阳极的远近实际上对镀液的均镀能力也有影响，常采用绝缘挡板来辅助阳极的排布，如图 3-22 所示。

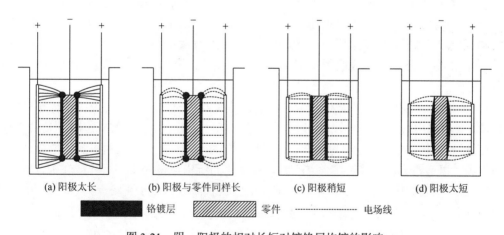

(a) 阳极太长　　　(b) 阳极与零件同样长　　　(c) 阳极稍短　　　(d) 阳极太短

　　　　　铬镀层　　　▨ 零件　　　------- 电场线

图 3-21　阴、阳极的相对长短对镀铬层均镀的影响

三、电镀液的覆盖能力

　　形状复杂的被镀覆件中的孔洞或凹陷处底部的电场线分布较为稀疏，沉积电流密度较弱，在其上能沉积出镀层的能力常称为覆盖能力或深镀能力。以印制电路板为例，印制电路板的厚径比越大，通孔中间电场线分布较为稀疏的部位能沉积上金属，说明该镀液的覆盖能力越好。预镀金属层通常要求镀液具有较好的覆盖能力。实际上覆盖能力不同于分散能力，前者涉及被镀覆物几何体中凹陷部位的电场线稀疏

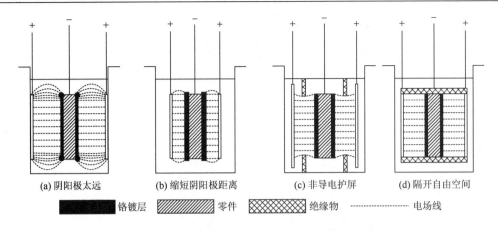

(a) 阴阳极太远　　(b) 缩短阴阳极距离　　(c) 非导电护屏　　(d) 隔开自由空间

　█████ 铬镀层　▨▨▨ 零件　▥▥▥ 绝缘物　·········· 电场线

图 3-22　阴阳极距离及绝缘挡板对镀铬层均镀的影响

处能否实现金属离子的沉积反应，分散能力是指被镀覆层厚度的均匀分布问题。分散能力好的镀液通常其覆盖能力较好。但是覆盖能力很好的镀液，在电镀时其零件各部位镀层厚度不一定是均匀一致的，也就是说其分散能力不一定好。

（一）影响电镀液覆盖能力的因素

在电镀过程中，只有当阴极上的电位达到一定数值后，即达到金属析出电位，金属离子或金属络离子才能在阴极还原形成金属镀层，由于种种原因，被镀零件电场线分布稀疏部位如凹陷处或孔深内部等的电位达不到被镀金属的析出电位时，则不会有金属镀层形成，表明该镀液的覆盖能力不好。影响覆盖能力的因素概括起来有以下几方面。

1）电镀液的影响：一般来说，金属的析出电位与电解液的成分有关，镀种相同的不同镀液，其析出电位通常差异较大。以镀锌为例，氰化物镀锌中，锌的析出电位为-1.30V，酸性镀锌液中锌的析出电位约为-0.80V。因此，酸性镀锌液具有较正的析出电位和较高的覆盖能力。以镀铬为例，镀液中含 Cr^{3+} 时，铬金属的析出电位较正，此时镀液具有较好的覆盖能力；而镀液中含 Cr^{6+} 时，存在 $Cr_2O_7^{2-}$ 在阴极表面获得电子可还原为 $Cr_2O_4^{2-}$ 和 H^+ 还原为 H_2 两个反应，当电位负移到一定数值后，$Cr_2O_4^{2-}$ 才能还原为金属 Cr。因此含有六价铬离子的镀液析出电位较负，且镀液覆盖能力极差。因此，各种金属的析出电位与电镀液的组成有很大关系。

2）基体材料本性的影响：采用同一种电镀液在不同基体上电镀时，其覆盖能力差别也很大。例如，六价铬镀铬液在钢基体上镀铬时，其覆盖能力很差，但是在镍上镀铬，则其覆盖能力有不同程度的提高。研究表明用铬酸溶液在铜、镍、黄铜和钢上镀铬时，镀液的覆盖能力依次递减。因此，金属离子在不同基体上还原时其析出电位不同，例如，铬酸溶液在铜基体上析出电位较正，在低电流密度部位也能达到析出电位的数值，因而其覆盖能力较好。

3）基体材料表面状态的影响：基体的表面状态有赖于镀前处理及零部件自身的形状等因素。如果镀前处理中除油或除锈不彻底，则存在油污或生锈的地方可能无镀层沉积或者镀层不连续，使覆盖能力下降。零部件的表面自身形状对覆盖能力的影响比较复杂，如在印制电路通孔电镀中，通常情况下通孔中间的电流密度低，易导致镀不上。此外，粗糙度高的表面，真实表面积大，其真实电流密度较小，使得一些部位不易达到金属的析出电位，而没有镀层沉积。

4）阴极电流密度的影响：对于形状比较复杂的零件，如果采用的正常电流密度较小，对于含有深孔或凹陷部位的零部件其电场线分布较为稀疏，电流密度过小，达不到析出电位值，使覆盖能力下降，因此很难沉积金属层，但在平面或凸出部位，由于电场线分布密集，部分区域电流密度过大，易于析出金属，因此，高电流密度有利于提高镀层的覆盖能力。预镀时常采用脉冲电镀就是利用了高电流密度的镀液有高覆盖能力的特点。

（二）改善电镀液覆盖能力的途径

针对上述电镀液覆盖能力的影响因素，常采取以下措施来提高镀层的覆盖能力。

1）对工件表面进行前处理。对零件表面的油污或锈蚀产物一定要彻底清除，并通过抛光等适宜的前处理手段尽量提高工件表面的光洁度等。

2）施加冲击电流。在电镀开始通电的瞬间，用高出正常阴极电流密度几倍或十几倍的大电流密度冲击，使短时间内阴极表面的极化增大，在凹洼处或深孔中也能达到金属的析出电位，使被镀零件表面瞬间被一薄层镀层完全覆盖，然后再降至正常电流密度值继续进行电镀。

3）增加预镀工序。在进行正常电镀之前，预先在某种镀液中电镀一薄层金属，预镀的金属层很薄，但一定要将零件表面全部覆盖。该预镀层可以是与正常镀层不同的金属，但预镀层应使正常镀层金属在其上容易析出。例如，铬酸溶液在铜、镍、黄铜和钢上镀铬时，镀液的覆盖能力依次递减，因此，在黄铜上镀铬时可以在黄铜件镀铬前预镀镍层，这是因为铬在镍上比在黄铜上沉积的析出电位更正。

4）添加适当的络合物或电镀添加剂。这些添加剂在低电流密度区（零件的凹洼处）有特性吸附作用，降低了极化电位，使这些部位达到金属的析出电位，改善了镀液的覆盖能力。

5）采用分散能力好的镀液。通常来说，若镀液的分散能力改善，则覆盖能力一定会同时提高。此外为了使工件凹处电流分布均匀，可以使用辅助阳极来提高镀液的覆盖能力。

（三）电镀液覆盖能力的测定方法

通常测定覆盖能力的方法包括：内孔法、凹穴法和直角阴极法，不同方法得到的测量结果不能进行比较。

1）内孔法：测量管孔中镀层镀入的深度，以深径比（镀入深度与内径之比）来表示被试验镀液的覆盖能力。其方法为以直径为 10mm，长为 50mm 或 100mm 的低碳钢、铜或黄铜管（也可以是盲孔）为阴极，如图 3-23 所示，在镀槽中与阳极垂直悬挂，管口距阳极 50mm。在被测镀液中以一定阴极电流密度电镀一段时间后（10～15min），取出洗净吹干，沿轴向锯开，测量管中镀层的镀覆深度，以深径比来表示覆盖能力的大小。

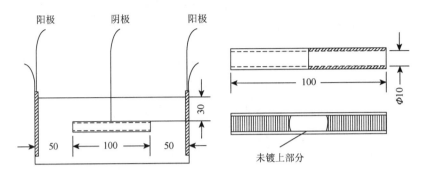

图 3-23　内孔法覆盖能力测试示意图（单位：mm）

2）凹穴法：观察凹穴内表面镀上金属的情况，以评定试验镀液的覆盖能力。例如，第 6 个凹穴内全部沉积上了镀层，而第 7 个凹穴内只有部分表面沉积了镀层，就将被测试的这个电镀溶液的覆盖能力定为 70%。该法阴极试片加工复杂，如图 3-24 所示，采用较少。

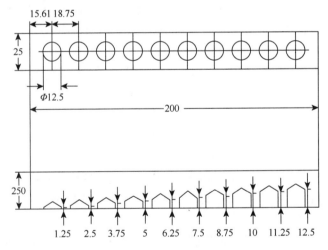

图 3-24　凹穴法覆盖能力评价示意图（单位：mm）

3）直角阴极法：这种方法只适用于测量覆盖能力较低的电镀溶液。试验时将直角面对着平板阳极，以有镀层面积占阴极总表面积的百分比来表示该电镀液的覆盖能力。具体方法为用厚 0.2mm 的铜片或软钢片做成如图 3-25（a）所示形状的直角阴极，且背面绝缘，其阴极尺寸为 100mm×50mm，并沿 100 mm 长的中线对折成直角。将直角对着阳极，直角端与阳极的距离不小于 50mm，通电电镀一段时间后，取出洗净吹干并展平，如图 3-25（b）所示，以镀覆面积占阴极总面积的百分数来表示覆盖能力。

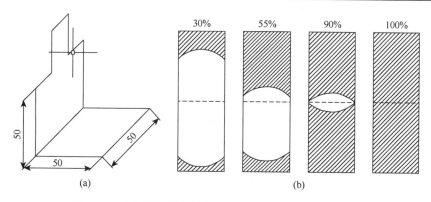

图 3-25　直角阴极法覆盖能力测试示意图（单位：mm）

第四节　微观整平理论及整平能力测定

尽管硫酸盐镀铜液的分散能力比氰化物镀铜差，早在 1935 年，Meyer 就发现在酸性硫酸盐溶液中镀铜时，加入添加剂能够填平底材金属表面上极微小的凹陷或刮痕，而在宏观分散能力良好的氰化物溶液中镀铜时，镀层依然留着刮痕。这些现象无法用宏观轮廓表面上的金属分布即分散能力来解释。宏观上看十分平滑的素材表面，在放大镜下观察就会发现是凹凸不平的，这是微观粗糙表面的金属分布，沉积金属表面是具有峰高或谷深小于0.5mm 的凹凸表面，在这么微小凹凸的表面上所具有的物理-化学特征与一般的宏观表面有两个明显的不同，因此便提出了镀液整平能力的概念，也有人称其微观分散能力，更确切地说应称为电化学整平能力。由此可见电镀液的宏观分散能力与微观分散能力（即整平能力）是两种不同的概念，前者指镀层或电流的宏观分布或一次分布，后者指镀层或电流的微观分布或二次分布。

一、微观整平概念

整平能力是指在一定条件下用电镀的方法把底材表面上的微细的凹凸不平予以填平并使之光滑的作用。整平能力和分散能力都是指金属在阴极表面的分布，二者的区别在于：整平能力适用于微观领域如微米级凹凸不平阴极表面上金属的分布规律，而分散能力适用于宏观领域如毫米以上宏观凹凸不平表面上金属分布的均匀性。在含有整平剂和光亮剂的镀液中进行电镀，可以在获得光亮镀层的同时缩短电镀时间来提高工作效率，并降低零件达到相当光亮外观所需的镀层厚度，与传统的机械磨光相比，电镀微观整平可以消除粉尘的污染，大幅度缩短生产周期，提高劳动生产率。

电极表面实际上都不是理想的光滑平面，在显微镜下看到的是粗糙不平的。若用深度小于 0.5mm 的三角凹陷来代表典型微观不平的表面，一般将突起部位称作"微峰"，而将凹洼部位称作"微谷"，如图 3-26 所示，并假定金属在微观剖面各个区域内的金属沉积电流效率是相等的，则整平能力可以理解为电流密度、电场线分布或镀层厚度在微观凹陷的峰、谷两点之间的差异程度。镀液在微观粗糙表面的整平能力可以分为以下三类。

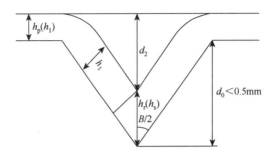

图 3-26 三角凹陷及金属镀层剖面示意图

1）正整平。也称电化学整平或真整平，在金属电沉积时，微谷处的电流密度（i_r）大于微峰处的电流密度（i_p），这样微谷处的镀层沉积速率将比微峰处大，因此电镀一段时间后，微谷处镀层厚度要大于微峰处镀层厚度，使基体的微观不平度减小，甚至可以将表面的划痕和缝隙填平，达到正整平，向 Watts 液中添加 0.4g/L 丁炔二醇后，可以在相当大的电流密度范围内得到具有显著整平作用的镀层，如图 3-27（c）所示。

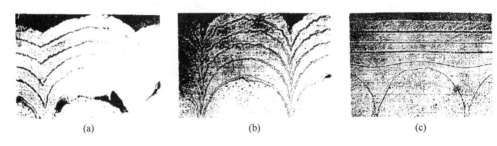

(a)   (b)   (c)

图 3-27 三种类型的整平能力示意图

2）几何整平。有些镀液在进行金属电沉积时，其微峰处及微谷处的镀层厚度几乎相等，也就意味着电流密度在镀层上的分布非常均匀，无论微峰处还是微谷处，其电流密度相同，随着电镀的进行，镀层重复了基体表面的不平度。如图 3-26 所示，几何整平时有 $d_2 + h_r = d_o + h_p$，因此存在如下关系：

$$h_r - h_p = d_o - d_2 = h_p[1/\sin(B/2) - 1]$$

式中，h_r 为谷处镀层的厚度；h_p 为峰处镀层的厚度。

这种因镀层均匀分布而导致凹陷深度减小的方法，称为几何整平或自然整平。例如，Watts 液（50℃，pH = 3.0）中镀镍时，在没有添加剂的条件下，且电流密度不高于 3A/dm^2，那么从显微照片可以观察到镍镀层厚度沿着微观凹陷表面的分布基本上是均匀的，如图 3-27（a）所示，此时可以认为电流分布即微谷处的电流密度（i_r）约等于微峰处的电流密度（i_p）。

3）负整平。在金属电沉积过程中，阴极表面凹凸不平，其微峰与微谷处离本体溶液距离并不相等，通常来说溶液电阻与溶液距离有关。在微峰处金属离子从本体溶液扩散到微峰处的距离较短，金属离子的沉积速率较大。以镀镍为例，电镀一段时间后，镍层后表面不但没有变平滑，而且凹陷程度增加了，其整平能力如图 3-27（b）所示。微观整平中，正整平镀液在生产实际中应用较多。例如，在陶瓷封装基板中金属化层的致密性填孔过程中，正整平能力的镀液可以获得致密性金属层从而提高金属的导电及导热性能。负整平镀液在电镀中是不是一无是处呢？实际上，对于一些有高耐磨性要求的场合，负整平镀液中进行电镀可以获得粗糙的镀层，增加了工件的耐磨性能等。

二、微观整平作用的机理

微观不平沉积金属的表面宏观上看是十分平滑的金属表面，在放大镜下才能观察到凹凸不平的微观表面。

1）微观凹凸的表面上所具有的物理化学特征与一般的宏观表面不同之处在于以下几方面。①微观扩散层的厚度是变化的，电镀过程中由于金属离子的消耗，在电极表面附近的金属离子存在一定的浓度梯度，因此存在着浓度的扩散层。Brenner 曾用冻结法获得了对于不搅拌的镍或酸性铜电解液的扩散层的厚度约为 0.4mm，可以认为这个厚度数值是区分宏观与微观不平表面的标志。在宏观几何不平表面上，扩散层厚度 δ 是沿表面的几何轮廓均匀分布的，即扩散层厚度可以认为处处相等，如图 3-28（a）所示。但在微观不平表面上，扩散层的边界在离开电极表面相当距离处是平滑的近似于一水平线，即本体浓度处近似一水平线，此处到波峰与波谷的扩散层厚度不相同，如图 3-28（b）所示，谷处扩散层厚度大于峰处的扩散层厚度（$\delta_r > \delta_p$），且 $\delta > a/2$；②电流和电位坡度的分布是均匀的，电解沉积时金属厚度在阴极上的分布主要取决于阴极表面上的电流分布。宏观轮廓上的电流分布受到溶液电阻和极化电阻的影响，极化电阻包括电化学反应电阻和浓差极化电阻等，当不存在二次电流分布时，宏观轮廓上的电流分布主要受到几何因素的影响，其厚度分布很不均匀。微观轮廓上微峰的高度和宽度及微谷的深度和宽度都是足够小的，其差异幅度最大不过数十微米，因此，可以认为微峰处与微谷的电位相等，即微观轮廓上各点的电位坡度也是近似相同的，而微观轮廓上的扩散层厚度是变化的，这意味着电流的流通阻力除溶液电阻外，还包括扩散电阻（浓差极化）和电化学反应。

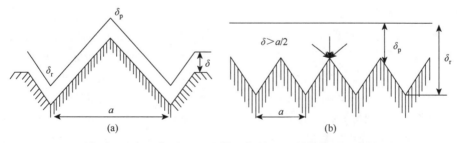

图 3-28　宏观表面（a）和微观表面（b）的扩散层示意图

微观轮廓上扩散层厚度的变化，导致溶液电阻及浓差极化电阻也是变化着的。在这里，电流分布的均匀性仅可能起到几何整平的作用而起不到正整平作用。通常来说，微观轮廓上波谷的电流分布强度大于波峰的电流分布强度才能改善微观表面的粗糙度。在电镀液中加入整平剂的作用就是改变镀液的电化学极化，从而改善微观轮廓上的二次电流分布。按照 Kardos 的平滑扩散消耗理论，整平剂是指可扩散至阴极并在阴极上被还原的物质。于宏观轮廓来说，无论是电化学极化还是浓差极化都能改善电流分布。氰化物络合离子放电时具有较高的浓差与电化学极化，这就是大多数络合物镀液具有良好的宏观均一性的原因，正如前面所述，氰化物镀液具有良好的宏观分散能力，但在基材上用尖刀片划一细痕，分散能力良好的镀液经电镀一段时间后并不能整平这一细痕。大多数络合物镀液并不出现扩散消耗现象，因此大多数氰化物镀液的整平能力较差。因此，整平剂是一种能特性吸附在阴极表面并随着电镀的进行产生消耗的物质，并对金属电沉积有阻化作用。因浓度梯度及整平剂荷电的存在，整平剂在微观波峰波谷处的分布是不均匀的，这使阴极表面微谷处比微峰处的电流密度大，从而降低了表面粗糙度，达到电化学整平作用。

2）整平剂的作用机理：电镀液中添加特定的有机化合物，被镀覆基材表面的微细划痕在电镀一段时间后会消失这一试验现象早在 20 世纪 40 年代已被证实，而表面催化控制论的整平机理直到 1972 年才由 Schulz Hardcr 所提出，两年后 Kardos 基于扩散理论系统地阐述了扩散—抑制—消耗的整平机理。

其扩散理论的基本论点是：①整平作用只有在金属离子的阴极还原为电子转移步骤控制时才出现；②整平剂能特性吸附在阴极表面，对电子转移步骤有阻化作用，而且随着整平剂覆盖度的增加，阻化作用增大（即过电位增加）；③吸着在表面上的整平剂分子在电沉积过程中是不断消耗的，其消耗速度比整平剂从溶液本体向电极表面的扩散更快，即整平剂的整平作用是受扩散控制的。

Kardos 认为，被镀覆工件的表面存在着微观凹凸的粗糙面，其微谷至本体溶液的有效扩散层厚度 δ_r 大于微峰至本体溶液的有效扩散层厚度 δ_p [图 3-28（b）]，溶液中的整平剂扩散至微谷微峰的距离不同导致不同部位的整平剂覆盖浓度的差异，扩散层较薄的波峰处的整平剂浓度会高于波谷处的整平剂浓度，那么随着电沉积反应的进行，整平剂在微谷处的积累会抑制金属离子在微谷处的电沉积速率吗？如果微谷处的金属离子沉积速率较慢，那么电镀过程达不到正整平的效果，考虑到整平剂在电镀过程中作为消耗型的添加剂，整平剂在微峰、微谷处的吸附密度的差异导致金属离子在阴极表面沉积的速率差异，阴极表面吸附的整平剂浓度差异使得金属离子在微峰上的沉积反应的抑制作用远大于其微谷处电沉积反应的抑制作用，即微谷处金属离子的沉积速率大于微峰处金属离子的沉积速率。此外，当整平剂的浓度太低时，在微峰、微谷处整平剂吸附浓度太低而达不到抑制金属离子沉积的效果；而当整平剂浓度过高时，微峰、微谷处金属离子沉积速率同时受到抑制，难以达到正整平效果。因此只有整平剂浓度适当时镀层才显示正整平效果。

除了整平剂具有扩散抑制的作用外，金属的电沉积还必须受电化学极化控制，这时才能显示正整平作用。若金属电沉积也受扩散控制，情况就比较复杂，因为金属电沉积的扩散控制会使波峰处的金属离子的电沉积速率大于金属离子在波谷的沉积速率，而整平剂的作用是使得波谷处的金属离子的沉积速率大于波峰处的金属离子的沉积速率。因此，金属离子电沉积受到扩散控制时的微观轮廓具有负整平的作用，即增加了微观镀层表面的粗糙度。

三、微观整平能力的测试方法

微观整平能力的测试方法主要包括：假正弦波法、"V"形微观轮廓法和电化学方法等。

1）假正弦波法。具有易于加工制作和再现性好等特点，是一种常用的测定整平能力的方法。其制作流程为：用直径 0.1～0.2mm 的铜丝或铜线，经过严格的前处理后紧密地绕在样柱或圆铜棒上，且使得铜丝之间无空隙，两段通过焊锡引出导线。圆铜棒是用紫铜加工而成，其一端留一个小孔来做阴极挂钩，尺寸如图 3-29（a）所示。圆铜棒表面用砂纸打磨成镜面光亮，经铜丝缠绕圆铜棒后的剖面图如图 3-29（b）所示，该剖面形成一个开口角逐渐变化的凹陷轮廓，即假正弦曲线。

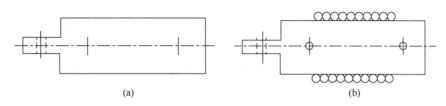

(a)　　　　　　　　　　　　　　(b)

图 3-29　未绕铜丝（a）和绕过铜丝未镀（b）图

把缠过铜丝的圆铜棒再经过镀前除油除锈及活化处理，然后进行电镀。为了清晰地观察到镀层厚度随时间的变化，以及准确地测定镀层的厚度以评定整平效果，可以按时中断电镀过程若干次，并在每一间隔中镀以另一种易于分辨的薄镀层作为分界线，电镀时假正弦轮廓的变化如图 3-30 所示，其中 S 表示正弦波，原始的假正弦波为 S_0，a_0 表示波幅，数值等于铜丝半径，相应的峰处和谷处的镀层厚度都为零。经过电镀时间 t_1 和 t_2 后，假正弦波从 S_0 变为 S_1 和 S_2，其波幅相应地变为 a_1 和 a_2 且趋势越来越小，波谷处的镀层厚度变为 d_1 和 d_2，波峰处的镀层厚度为 c_1 和 c_2，波峰处的厚度越薄，整平作用越强。若定义整平能力为波谷镀层厚度 d 对波峰厚度 c 之比，如图 3-31 所示，只需在正弦波轮廓剖面的顶点和波谷处测量镀层的厚度，波谷镀层厚度 d 对波峰厚度 c 之比越大，也就是图 3-31 所得曲线越靠近纵坐标（曲线 5），其整平能力越好。

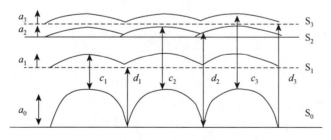

图 3-30　电镀时假正弦轮廓的示意图

2）"V" 形微观轮廓法。是在含有均匀的 V 形三角凹陷上进行电镀后通过金相显微镜观察微观分散性能的一种方法，所用的底材可以是管状的，也可以是平面形的。在电镀前应先用金相显微镜检查初始凹陷的宽度、深度及凹陷的间隔和夹角等，如图 3-32 所示，基材经镀前的除油除锈及活化后进行电镀，并考虑几何因素及电化学极化因素等，保证宏观上镀液的分散能力，以保证电场线分布均匀。电镀进行一段时间后取出基材清洗，然后

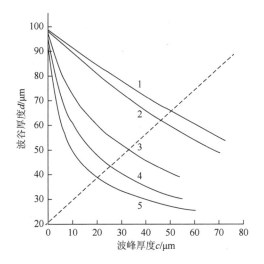

图 3-31　评价整平能力的曲线图

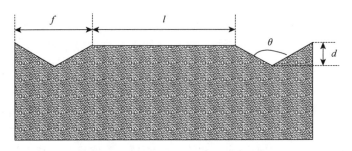

图 3-32　"V"形微观轮廓法示意图

按金相制片方法处理，置于金相显微镜下测量微观峰上及谷处的镀层厚度，然后取其平均值。"V"形微观轮廓法测量整平能力表述如下：

$$LP(\%) = \frac{d_0 - d_1}{d_0} \times 100$$

式中，d_0 为镀前"V"形轮廓凹陷深度；d_1 为镀后"V"形轮廓凹陷深度。LP 值越大，说明整平能力越强。

3）电化学方法。测量整平能力的电化学法有循环伏安法和极化曲线法等，循环伏安剥离法（cyclic voltammetric stripping，CVS）是在旋转圆盘铂电极上使电极电位循环变化，金属在旋转盘电极上交替地沉积和溶出，可得到如图 3-33 所示的循环伏安剥离曲线。

根据上述整平扩散消耗理论，镀层出现正整平现象时，金属离子电沉积过程受电化学活化控制，整平剂在镀液中通常是随着电镀的进行发生消耗反应且受扩散传质控制。采用旋转圆盘电极在不同转速下的循环伏安曲线法就能够模拟被镀覆金属表面微观不平处的波峰和波谷处的整平剂抑制能力。不同转速下的铂电极上沉积溶解镍反应如图 3-33 所示，在旋转盘电极转速为零时即静止状态下（曲线 1），在整平剂浓度非常低的情况下，其循环伏安法的镍溶出峰的最大面积 A_s 接近于不加电镀整平剂时获得的循环伏安曲线图，这意味着低浓度的整平剂在电极静止时几乎没有抑制镍离子还原的能力。当电

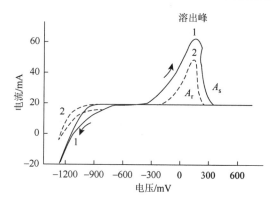

图 3-33　含丁炔二醇、香豆素的 Watts 镍液的 CVS 曲线

1. 0r/min(A_s)；2. 2500r/min(A_r)

极高速旋转时，添加剂由溶液本体向电极表面传质速率加快，循环伏安测试曲线显示阳极溶出峰变小，这意味着镍的溶解反应受到了抑制。因电极圆盘转速一定，可近似认为添加剂从溶液本体扩散至阴极表面的扩散层厚度 δ 为一定值。由菲克扩散方程式可知，旋转圆盘电极表面上吸附的添加剂的浓度与添加剂的扩散速度成比例，循环伏安法测试中的镍沉积量理论上与镍的剥离量近似相等，因此电极高速旋转时的阳极峰面积 A_r 相当于微观波峰处镍的沉积量，旋转盘电镀转速为零时的阳极峰面积 A_s 就相当于微观波谷处镍的沉积量，所以整平能力可定义为

$$LP(\%) = \frac{A_s - A_r}{A_s} \times 100$$

LP 值越大，说明整平能力越强。CVS 方法测量整平能力是一种较为简便的电化学测试方法，能够反映在相当电位范围内平均沉积速率下的整平能力。

四、含氮杂环类整平剂的整平作用

含氮杂环类化合物是一类很好的整平剂，广泛用于镀镍、镀铜添加剂中，起到微观整平镀层表面的作用。含氮杂环中吡啶、喹啉、咪唑、噻唑、邻（二）吡啶、间二吡啶、氮蒽、三吡啶等单核或多核的含氮芳香族化合物及其各种衍生物都具有良好的镀镍整平作用，其中镀镍整平剂最常用的母体化合物是吡啶、萘苯和异萘苯。含氮杂环类化合物作为镀镍整平剂，需要满足 Kardos 整平理论的基本要求：①含氮杂环类化合物受扩散控制；②能够抑制 Ni^{2+} 的还原反应的进行；③整平剂吸附在阴极上并进行化学反应是属于消耗型添加剂。通常来说，含氮杂环类化合物官能团结构中含有不饱和的双键，或荷正电氮杂环等很容易扩散到阴极上被吸附，然后从阴极获得电子而被还原。且整平剂被阴极还原的速度很快，故其还原可以受扩散控制。此外，含氮杂环类化合物与金属离子的竞争性还原会抑制或减少 Ni^{2+} 的还原，因其受扩散控制作用，易于在波峰处大量吸附从而抑制波峰处 Ni^{2+} 的还原速率，达到整平的效果。电镀添加剂可以是同时含有亲水（极性）基团和疏水或亲油的（非极性）基团的有机化合物，含亲水基团可以使得有机物具有好的溶解性。为了提高含氮杂环化合物的水溶性、在阴极上的吸附作用和被阴极还原的作用，一般很少用含氮杂环母体化合物，而是用母

体含氮芳环的季铵化产物、磺化产物和含不饱和基团的衍生物。常用含氮杂环整平剂的结构如表 3-1 所示，实际研究含氮杂环类整平剂结构对整平能力的影响后，发现有以下几条规则：①芳环上不能有—NH$_2$、—COOH，否则无整平作用，这可能是因为芳环上—NH$_2$、—COOH基团太容易直接与金属阴极发生反应；②芳环上直接含有磺酸基时，则转为第一类光亮剂，其整平作用不明显；③烃链较长或含较多烃基、酚式烃基及烃基酸时，对整平作用不利；④磺酸根通过短的烃基接到氮原子上则能改进其整平作用，提高镀层光亮度。

表 3-1　某些含氮杂环整平剂的结构示意图

分子结构	名称	文献
	N-2-苯甲基-吡啶卤化物	U S P.3190.8214212709（1980）
	N-1, 2-二氯丙烯基氯化吡啶	U S P.3218244（1965）
	N-(3-磺丙基)吡啶内铵盐	U S P.3862019（1975）
	N-(2, 3-二羟丙基)吡啶硫酸盐	E P.8447（1979）
	磺酸烷基内铵盐衍生物	U S P.4210709（1980）
	N-烯丙基溴化萘苯	李鸿年等（1982）
	吡啶烷基磺酸内铵盐	U S P.4067785（1978）； U S P.4150232（1978）

续表

分子结构	名称	文献
$HO_3S-CH_2-CH_2CH_2-N^+$ 吡啶 Cl^-	磺内基吡啶氯化物	U S P.4270987（1981）
H_3C... CH_3 ... CH_3 $N^{\oplus}$ $HC\equiv C-CH_2$ $Br^{\ominus}$	2, 4, 6-三甲基 N-丙炔基溴化萘苯	李鸿年等（1982）

第五节　镀液的稳定性

电子封装给集成电路提供了必要的连接通路、支撑结构和散热通道。通常来说，微电子封装对半导体集成电路和器件有四个作用：为半导体芯片提供机械支撑和环境保护；接通半导体芯片的电流通路；提供信号的输入和输出通路；提供热通路，散逸半导体芯片产生的热量。因此，集成电路和器件要求电子封装具有优良的机械性能、电学性能、光学性能和散热性能，同时必须具有高的可靠性和低的成本。酸性光亮镀锡是近年来颇为流行的镀锡体系，具有镀层光亮、可焊性和延展性好、镀液无毒、电流效率高、电流密度范围广、均镀能力好、沉积速率快、废水处理简便等优点，因而镀锡是实现上述微电子封装功能的常用方法之一。

通常来说，电镀所用的设备相对来说比较简单，要求也较低，其是否正常运行很容易判别出来。而镀液工艺性能的质量控制才是产品质量控制的关键环节，镀液的稳定性直接关系到工艺参数的变化并且影响镀层的质量。通常来说，镀液中的各种化学成分、热量的动态平衡、阳极的溶解性、沉积的金属离子的特性及杂质等都会影响镀液的稳定性。

一、酸性镀锡液不稳定的原因

硫酸盐光亮镀锡的镀液稳定性一直是电镀从业者面临的技术难题，硫酸盐光亮镀锡镀液在常温下敞开存放一段时间后会出现浑浊现象，且检测镀液发现 Sn^{2+} 有效浓度下降显著，主盐的浓度及其镀液的稳定性直接影响镀液的分散能力、深镀能力和电镀效率等，容易造成镀层表面粗糙、不光亮，严重时会直接影响电子电路镀锡层的可焊性和抗蚀性。因此，酸性镀锡溶液的稳定性是很重要的指标。

酸性镀锡溶液的主要成分为硫酸亚锡（$SnSO_4$）和硫酸（H_2SO_4），引起酸性镀锡液不稳定的因素有很多，其中最主要的原因是镀液中的 Sn^{2+} 的氧化和水解。当镀液与空气接触时，Sn^{2+} 会被溶解氧氧化为四价锡：

$$2Sn^{2+} + O_2 + 4H^+ \Longleftrightarrow 2Sn^{4+} + 2H_2O$$

而当阳极电流密度过高，$D_A > 1.5 \text{A/dm}^2$，$S_A/S_K < 2 : 1$ 时，会使阳极钝化，阳极上会析出 O_2，使镀液中的 Sn^{2+}氧化成 Sn^{4+}。

Sn^{4+}的水解反应为

$$Sn^{4+} + 3H_2O \rightleftharpoons \alpha\text{-}SnO_2 \cdot H_2O \downarrow + 4H^+$$

pH 更高时，Sn^{2+}也会水解：

$$Sn^{2+} + 2H_2O \rightleftharpoons Sn(OH)_2 \downarrow + 2H^+$$

$\alpha\text{-}SnO_2 \cdot H_2O$ 不稳定易转变为 $\beta\text{-}(SnO_2 \cdot H_2O)_5$：

$$5\alpha\text{-}SnO_2 \cdot H_2O \longrightarrow \beta\text{-}(SnO_2 \cdot H_2O)_5$$

$\beta\text{-}(SnO_2 \cdot H_2O)_5$ 具有稳定的结构，不溶于硫酸，且分散在镀液中易使溶液浑浊。$\beta\text{-}(SnO_2 \cdot H_2O)_5$ 还能与溶液中的 Sn^{2+}结合，形成一种黄色沉淀。$\beta\text{-}(SnO_2 \cdot H_2O)_5$ 胶核与 Sn^{2+}复合产生的黄色物可能是 Sn^{2+}对 Sn^{4+}胶核的电荷转移所致，且不受溶液酸度和 Sn^{4+}胶核大小的影响。由此可见，酸性镀锡变浑浊的根本原因是 Sn^{4+}水解，要解决这个问题最有效的方法是阻止 Sn^{2+}氧化成 Sn^{4+}。纯锡块具有防止 Sn^{2+}还原 Sn^{4+}的用途，如在化学镀中的非导体上的敏化处理，就是使得经粗化处理后的非导体表面吸附一层易氧化的物质，在随后的活化处理时，这些物质可以使得活化剂被还原形成催化晶核。为防止发生水解反应，常在敏化物质如 $SnCl_2$酸性敏化液中放入纯锡块，这也是防止 Sn^{2+}氧化的有效方法之一。

$$Sn^{4+} + 2e^- \rightleftharpoons Sn^{2+} \quad E^\ominus(Sn^{4+}/Sn^{2+}) = 0.15\text{V}$$

$$Sn^{2+} + 2e^- \rightleftharpoons Sn \quad E^\ominus(Sn^{2+}/Sn) = -0.136\text{V}$$

所以

$$Sn^{4+} + Sn \rightleftharpoons 2Sn^{2+}$$

因此，为了保证镀层质量，必须设法抑制酸性镀锡液变浑浊，以提高其稳定性。

二、酸性镀锡液组分对稳定性的影响

电镀液是阴阳极得失电子反应的场所，良好的镀液可以获得较大的沉积电流密度范围、改善镀层的均匀性并有利于电镀的持续进行，其中镀液的稳定性于电镀的持续生产有重要的意义。电镀锡过程中 Sn^{2+}还原反应速率较快而其超电压又极小，这种情况下获得的镀层较为粗糙，获得细致光亮的镀层可行的办法是在降低电极还原速度的同时提高其阴极极化过电位。例如，通过加入适当的配位剂（即络合剂）或添加剂来增加阴极极化电位。在酸性镀锡液中通过加入适当的添加剂来大幅度抑制金属离子还原反应能获得结晶致密的镀层。硫酸盐镀具有成本低、腐蚀性小的特点，所以硫酸酸性光亮镀锡是目前应用较广的一种电镀液。酸性镀锡液组分主要包括硫酸亚锡、硫酸等。镀液中的组分及浓度比例等均会影响镀液的稳定性。

1）硫酸亚锡的影响：硫酸亚锡是酸性镀锡液的主盐，提供沉积金属离子。通常来说，硫酸亚锡的浓度越高，沉积电流密度的上限越大，生成 Sn^{4+}的浓度也增加，镀液稳定性降低。若硫酸亚锡含量过高，将会导致镀液的分散能力下降，镀层结晶粗糙，光亮区缩小。

2）硫酸的影响：酸性镀锡液中加入硫酸可以提高镀液的导电性能和分散能力，细化晶粒，防止二价锡的氧化。硫酸还可以抑制 Sn^{4+} 和 Sn^{2+} 的水解，使沉淀量减少。实验研究结果表明，当 $SnSO_4$ 的含量在 $20\sim70g/L$，H_2SO_4 含量大于 $250g/L$ 时，镀液稳定性较好，能在数月至 1 年保持清亮而不浑浊。但在实际生产过程中，H_2SO_4 的浓度过高会使电镀时严重析氢，电流效率下降，易产生纹条，且镀层可焊性变差，镀锡层的光泽下降。因此通过降低酸性镀锡 pH 的方式提高的镀液稳定性是有限的。

3）温度的影响：镀液温度升高，有利于金属离子的扩散传质，但镀液温度过高将导致阴极极化作用降低、镀液不稳定，获得的镀层较粗糙。以镀锡为例，镀液温度过高会在促使 Sn^{2+} 氧化成 Sn^{4+} 的同时加速 Sn^{2+} 和 Sn^{4+} 的水解，降低胶体系统的聚结稳定性，促使 $\alpha\text{-}SnO_2\cdot H_2O$ 向 $\beta\text{-}(SnO_2\cdot H_2O)_5$ 转变而加速镀液的浑浊。

4）杂质的影响：有机杂质主要是有机化合物，其大多数难溶于水，而且在电解过程中极易发生氧化、聚合等反应，引起镀液浑浊。所以有机添加剂加入量要少，还需要定期用活性炭进行吸附过滤处理。无机杂质：无机氧化性杂质如 Cu^{2+}、Fe^{3+}、Cr^{6+} 等存在镀液中，会使得 Sn^{2+} 迅速氧化成 Sn^{4+}：

$$Cu^{2+} + Sn^{2+} + H_2O \longrightarrow Cu_2O + Sn^{4+} + 2H^+$$

$$2Fe^{3+} + Sn^{2+} \longrightarrow 2Fe^{2+} + Sn^{4+}$$

$$2CrO_4^{2-} + 3Sn^{2+} + 16H^+ \longrightarrow 2Cr^{3+} + 3Sn^{4+} + 8H_2O$$

因此，酸性镀锡液必须避免杂质的引入。

三、酸性镀锡液的稳定剂

在酸性溶液中，Sn^{2+} 很容易被空气中的 O_2 氧化为 Sn^{4+}，同时 Sn^{2+} 也容易在电解时被阳极所氧化。因此，要获得长期稳定的镀液，就必须在镀液中加入可稳定 Sn^{2+} 的稳定剂，二价锡的稳定剂大致可以分为有机稳定剂和无机稳定剂两大类。

1）镀锡液有机稳定剂。包括：①肼类如硫酸肼、盐酸肼和水合肼等；②氢醌类如氢醌硫酸酯、氢醌和氢醌磺酸酯等；③苯胺类如 N,N-二丁基对苯二胺；④酚类如间苯二酚、连苯三酚、间苯三酚、焦棓酚等；⑤硫醇或硫醚等如脂肪族硫醇、二羟基丙硫醇和 2,2-二羟基二乙硫醚等；⑥还原性酸如抗坏血酸、硫代苹果酸和苯酚磺酸等；⑦吡唑酮类如 1-苯基-3-吡唑酮等。

2）无机稳定剂。①IVB 族化合物：$TiCl_3$、$ZrOSO_4$；②VB 族化合物：V_2O_5、$VOSO_4$、$NaVO_3$、Nb_2O_5、钽的氯化物；③VIB 族化合物：Na_2WO_4。

3）稳定剂的作用机理。络合剂能与 Sn^{2+} 和 Sn^{4+} 络合，有效抑制 Sn^{4+} 的水解作用和 Sn^{2+} 的氧化作用，还原剂能优先与溶于镀液中的氧反应。作为酸性镀锡液稳定剂，应该具备以下几个特点：①络合作用，酸性镀锡的络合剂大多数都是对 Sn^{2+} 起络合作用，主要是含酚羟基或羟基化合物，包括苯酚、酚磺酸、甲基苯酚、苯酚磺酸、甲酚磺酸、甲醛等，其中较好的是酚磺酸；②阻化作用，有机稳定剂在镀液中的作用并不完全是基于它们对 Sn^{2+} 的络合作用，而是镀液中稳定剂的存在延缓了 Sn^{2+} 的氧化。因此，很多酸性镀锡液的络合剂，实际上起到了阻止 Sn^{2+} 向 Sn^{4+} 转变的作用，镀锡液起阻化反应的稳定剂主要有对苯二酚和间苯三酚等有机化合物及稀土化合物等无机化合物等；③还原作用，还原剂加入镀液中对 Sn^{4+} 有还原作用，可将 Sn^{4+} 还原成 Sn^{2+}，常用的还原剂有 Fe^{2+}、甲醛、纯锡等；④催化作用，催化剂同样具有延缓酸性镀锡液变浑浊的显著效果，通常认为在镀液中加入催化剂如 V_2O_5，镀液 Sn^{2+} 向 Sn^{4+} 转变，那么 Sn^{4+} 会与低价 V^{2+} 发生反应：$V^{2+} + Sn^{4+} + H_2O \longrightarrow VO^{2+} + Sn^{2+} + 2H^+$，将 Sn^{4+} 还原为 Sn^{2+}，提高了镀液的稳定性。

镀液的维护与管理也是阻止或延缓酸性镀锡液变浑浊、提高镀液稳定性的重要措施之一，一般要做到以下几点：①镀液必须经常用处理剂（絮凝剂）处理，解决槽液变浑浊的问题。定期用小电流电解去除重金属杂质，用活性炭去除有机杂质。添加剂必须遵循少加、勤加原则，可有效防止有机物的危害；②为了防止和减缓 Sn^{2+} 氧化成 Sn^{4+} 和 Sn^{4+} 水解反应的发生，必须严格控制镀液工作温度，一般温度必须低于 35℃，最好控制在 15～25℃，当槽液温度上升时，应有降温措施；③为了防止和减缓 Sn^{2+} 及 Sn^{4+} 的水解反应，必须严格控制镀液的酸度，并定期补充硫酸，确保其在工艺规范内运转。通常认为酸性镀锡溶液 pH＞1.9 时，Sn^{2+} 开始水解，pH＞0.5 时，Sn^{4+} 开始水解，导致溶液变浑浊；④当镀液停止使用时，应加盖密封放置，尽量减少其与空气的接触，以降低 Sn^{2+} 氧化成 Sn^{4+} 的速率。另外放置在镀液中的锡阳极不必取出，它能起到防止 Sn^{2+} 氧化的作用。

第六节　利用滚镀及振动电镀改善电镀均匀性

电镀生产中小零件采用滚镀是一种常见的方法，滚镀的特点是通过滚筒的转动来获得镀层的均匀性和高效率。滚镀的核心部件如滚筒的形状、轴向、大小和筒壁开孔方式等对于电镀高效生产和镀层质量有重要影响。滚镀与小零件挂镀的最大不同在于滚筒。滚镀与挂镀相比，工件不需要挂具上架，节省了大量的工件挂、卸载时间，有利于小零件的全自动化电镀生产。此外，在滚镀过程中，工件不停地翻转、滚动、震动、搅拌和摩擦，从统计学角度来看获得均镀的概率较高。而挂镀中零件与阳极的位置基本是固定的，当阴阳极之间距离不相等时，距离较小的阴极部位存在电流密度大、容易产生厚镀层的情况。通常来说改善镀层均匀性的办法，是在挂镀中采用仿形阳极或绝缘挡板来改善和消除几何因素的影响。如果镀件较小也可以采用滚筒转动的方法使得阴极与阳极的距离不断变化，但统计意义上的平均距离相近。以滚镀为例，小零件在固定的阳极对面区域内不停地翻转滚动进行电镀，从统计学的角度来说，在不停翻转的情况下，零件的各个部位与阳极的距离会趋于相同，基本消除了几何因素的不利影响，使得镀层的均匀性提高，从而实现了质量与效率的提升。根据滚筒的形状和滚筒轴向这两方面的不同，可将电镀生产中常见的滚镀方式分为卧式滚镀、倾斜式滚镀和振动电镀三大类。

一、卧式滚镀

卧式滚镀的滚筒形状为"竹筒"或"柱"状，卧式旋转，轴向为水平方向，所以也称水平卧式滚镀。生产常见的六角形滚筒、镀铬滚筒、辐条滚筒、缝衣针滚筒等均属于卧式滚筒。其中以六角形滚筒应用最为广泛。典型的卧式滚筒结构如图 3-34 所示。

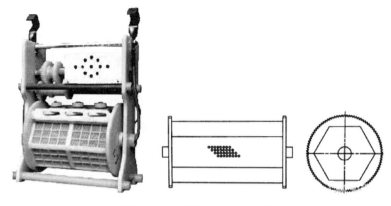

图 3-34　典型的卧式滚筒结构

　　卧式滚筒的横截面呈对称形状的六角形、八角形或圆形。常用的六角形滚筒的装载量通常不超过滚筒容积的二分之一，滚镀时零件间相互抛磨的作用越强，获得的镀层光洁度越高。当滚筒直径较大时（如超过 420mm），滚筒的内切圆与外接圆半径相差较大，导致滚镀时零件翻滚滑落时摆动的距离较大，为避免造成过大的电流波动可以采用八角形滚筒。一般来说，滚筒直径相当的圆形滚筒比六角形滚筒电镀时装载量要大，但圆形滚筒对零件的翻动作用弱，采用圆形滚筒的滚镀应用较少。

　　卧式滚筒的轴向为水平方向，滚镀时零件的跌落与水平面垂直，沿重力方向的跌落使得更多的零件得到了最充分的混合并有利于增加滚筒的装载量。电镀生产中习惯用载重量来标定卧式滚筒的生产能力，如"载重量（kg）的滚筒"。考虑到装载的零件材料的密度差异大，用载重量来确定滚筒的装载量有一定的局限性。滚筒需要有一定的刚度，因此不宜太细或太长，滚筒内切圆直径与其长度之比常控制在 0.5～0.7，滚筒太长，如在使用"象鼻"式阴极时，因各被镀覆的零件与阴极导电钉距离差别较大，即几何因素的影响导致电流分布的不均匀，离导电钉较远的零件电流密度过小。因此使用细长型滚筒时应考虑阴极导电方式对均镀的影响。例如，滚筒中心用一根绝缘铜棒导体均匀引出多个导电钉。

　　滚筒是滚镀的核心部件，滚筒的封闭结构会导致生产效率低下、槽电压过高及镀层的均匀性下降等。滚筒设计时常采用滚筒壁开孔的方法来提高镀层的质量与效率，滚筒壁板上布满小孔的作用主要有：①实现滚筒内零件与阳极间的电流回路，为零件表面的金属离子还原反应提供必要条件；②实现滚筒内外的镀液流通，滚筒外的新鲜溶液有赖于小孔的通道补充到滚筒内，同时滚筒内阴极反应产生的气体和部分溶液也依赖小孔排出筒外；③滚筒出槽时滚筒内镀液可以通过小孔排出。滚筒壁板上小孔的排布通常从提高滚筒开孔率和减薄滚筒壁板厚度考虑。提高滚筒开孔率，即提高滚筒壁板上小孔所占的面积比重；减薄滚筒壁板厚度，即减少滚筒内外镀液交换时的阻力。实际上过高的开孔率及过薄的滚筒壁板会降低滚筒强度和使用寿命，且孔径较大而零件较小时易发生零件从开孔中掉出。因此滚筒壁小孔设计时需要在考虑可靠性的前提下改善滚筒的透水性，使得滚镀在高电流下滚筒内消耗的主盐等通过小孔得到及时补充。此外，喷流与滚镀技术相结合可以提高镀层均匀性。如滚镀金与喷流技术结合时，其镀层均匀性较无喷流滚镀时获得的镀层大幅度提高。在水平电镀时，喷流液体技术可以减少浓差极化并大幅度提高阴极的电流密度。

而在滚镀过程中，喷流技术改善浓差极化现象并不明显，这种现象可能缘于滚筒内的液体喷流在改善紧贴滚筒内壁表层零件的溶液循环时作用不明显，这也可能是制约滚镀电流效率提高的关键所在。采用滚筒外喷流技术是目前尝试提高滚镀电流密度的一种方法，例如，用钕铁硼滚镀的外喷流技术使得滚镀的电流密度获得了一定的提升。卧式滚镀具有载重量大、效率高、适用的零件范围广等特点，在五金、家电、仪器、磁性材料等小零件电镀领域应用广泛。但卧式滚筒的封闭结构的电镀特点使得滚镀的电流密度上限过低、镀层均匀性较差和槽电压过高等，导致其在生产中的应用受到一定的限制。

二、倾斜式滚镀

倾斜式滚镀的滚筒轴向与水平面呈 40°～50°角，形状为"钟"形，常称为钟形滚筒（图 3-35），在钟形滚筒镀槽内注入电解液后放入零件。倾斜式滚筒底部镶嵌导电铜片，零件因重力及转动因素紧紧压住铜片而导电，阳极经由滚筒镀槽上部开口处进入镀液中，倾斜式滚镀装卸零件时的溶液注入与排放操作较为烦琐。

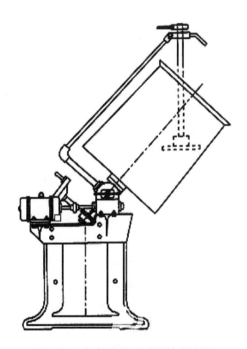

图 3-35　倾斜式钟形滚筒镀槽结构

倾斜潜浸式滚筒镀槽结构如图 3-36 所示，与倾斜式钟形滚筒镀槽相比，倾斜潜浸式滚筒镀槽装卸零件时通过导料槽进行，而其滚筒形状、轴向转速及载重量等参数较为接近，倾斜潜浸式滚筒镀槽可以将滚筒与镀槽分开，操作极为方便，将滚筒装载零件潜入镀槽内的溶液中即可进行电镀，电镀完成后只需将升降手柄按下，筒内溶液通过筒壁开孔处排出后，其滚筒内零件即沿导料槽滑落至接料筐内。通常情况下，倾斜潜浸式滚筒壁开孔一般不大于 4mm，滚筒载重量一般不超过 15kg，最大工作电流约 200A，滚筒转速 10～12r/min。

采用倾斜潜浸式滚筒镀槽结构，滚镀过程中对镀件磨损较轻，非常适合易磨损或对尺寸精度要求高的零件。不足之处在于该设备装载量较小、零件翻滚强度较弱，因而劳动生产效率、镀件表面质量等逊色于卧式滚镀机。

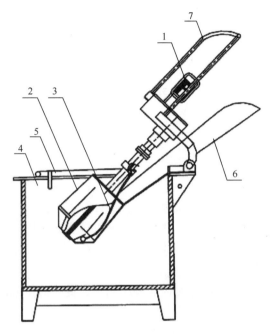

图 3-36　倾斜潜浸式滚筒镀槽结构

1. 电机；2. 滚筒；3. 阴极；4. 镀槽；5. 阳极；6. 导料槽；7. 升降手柄

三、振动电镀

振动电镀是通过自振荡器的振动力引发滚筒内的零件运动的一种电镀方式，振动电镀的滚筒呈"圆筛"或"圆盘"状，常被称作"振筛"。滚筒振动轴向与水平面垂直，其振动电镀装置结构如图 3-37 所示，与改进筒壁开孔和向滚筒内循环喷流相比，振动电镀对滚筒封闭结构的缺陷改造较为彻底：振动电镀消除了滚筒内外的离子浓度差，使滚筒内外的溶液交换困难的结构缺陷得到根本性改善，且其电场线分布、溶液电导率和溶液浓度变化等均与挂镀相近，在电子电镀领域也获得了较多的应用。

电镀前在传振轴与筛壁之间的料筐放入被镀覆工件，并使其浸没在镀液中，传振轴连接料筐和振荡器，振筛的底部和筛壁布满网孔，电镀时通过自振荡器的振动力引发滚筒内的零件水平运动，在振动力及自身重力作用下，被镀覆工件与振筛底部的阴极导电钉紧密接触形成阴极电流回路。振动电镀的特点主要包括以下几点。

1）振筛（滚筒）的料筐上部敞开结构不同于传统卧式滚筒的封闭式结构，消除了滚筒内外的离子浓度差，对滚筒封闭结构的缺陷改造较为彻底，极大地改善了滚镀镀层沉积速率慢的缺点，使得镀层均匀性及镀层的质量获得了改善，且槽温上升减缓，电能损失减少。

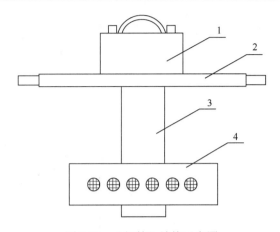

图 3-37　"振筛"结构示意图

1. 振筛器；2. 振杆；3. 传感器；4. 料筐

2）通过优化振筛的振动频率、振幅等工艺条件，可以提高被镀覆件镀层的均匀性。

3）电镀时振动作用使得被镀覆工件之间存在机械磨光作用，获得的镀层致密光亮。

4）因振筛的垂直轴向，振筛内零件的运动方向为水平方向，所以对零件的擦伤、磨损等小于其他滚镀方式。

5）阴极导电钉镶嵌在筛底，与镀件能够时刻保持良好的接触，电流、电压平稳性接近挂镀。

6）料筐上部敞开结构便于电镀时抽取零件进行质量检测，为镀层的实时分析提供了方便。

7）不存在卧滚筒的夹、卡零件等现象，成品率大大提高。

但因受振筛结构和振动轴向的限制，目前振筛的载重量还较小，且振镀设备造价也较高，所以振镀还不适于单件体积稍大且数量较多的小零件的电镀。但对不宜或不能采用常规滚镀或品质要求较高的小零件，如针状、细小、薄壁、易擦伤、易变形、高精度等零件，振镀有其他滚镀方式不可比拟的突出优越性。所以，振镀是对常规滚镀的一个有力补充。

习　题

1. 影响电流在阴极表面上分布的因素主要有哪些？

2. 电流效率与电流密度存在何种关联，对均镀性能有何影响？

3. 何为分散能力？何为覆盖能力？分散能力好的镀液覆盖能力一定好吗？

4. 简述分散能力的测定方法。

5. 影响覆盖能力的因素主要有哪些？

6. 简述覆盖能力的测定方法。

7. 微观整平的扩散理论基本论点包括哪些？

8. 微观整平能力的测试方法有哪几种？

第四章　电镀镍及镍合金

第一节　概　　述

镍是具有银白色光泽的金属，略带黄色，硬度比金、银、铜、锌、锡等高，但低于铬和铑金属，具有铁磁性。在大气中，镍具有很好的化学稳定性，易钝化，不易被腐蚀。常温下，能很好地抵抗水、大气和碱的侵蚀。镍的原子量为 58.67，密度为 8.9g/cm³，熔点为 1453℃，电化当量为 1.095g/(A·h)，标准电位为–0.25V。镍具有优良的力学性能，如较高的硬度、较好的延展性等，镀镍层易通过打光或光亮电镀获得光亮的表面，再镀铬后可获得既光亮、耐磨又耐蚀的镀层，适于作为钢铁、黄铜、锌压铸物及经过金属化处理的非金属制品的表面光亮装饰。在印制电路板领域，常用镀镍来作为贵金属的衬底镀层，对于重负荷磨损的一些表面，如插金头、触片、开关触点等，用镍镀层来作为金层的衬底镀层，可大大提高耐磨性能。当用来作阻挡层时，镍能有效地防止铜原子和其他金属原子之间的扩散迁移。因此，镀镍层是最重要的金属镀层之一，镍常被用于微电子器件封装、制造不锈钢、合金结构钢等钢铁领域，以及电镀、高镍基合金和电池等领域，广泛用于飞机、雷达等各种军工制造业、民用机械制造业和电镀工业等。镀镍始于 1841 年，Bottger 用硫酸镍铵和氯化镍铵组成的溶液中镀出了镍层。由于镍的还原过电压较大，交换电流密度较小，在简单金属离子溶液中即能获得较致密的镀层。1916 年美国的 O. P. Watts 教授提出了著名的 Watts 型镀镍液，这使镀镍电流密度显著地提高了近十倍，达到了 5A/dm²，Watts 镀液成功的关键是采用了具有良好的 pH 缓冲性能的硼酸，此工艺一直沿用至今。镍镀层有众多优点，但在铁器上直接镀上薄镍时，铁器更易生锈。根据镀层的电化学作用来分类，对铁来讲，镀镍层属于阴极性镀层，此时，镍镀层只有在无孔隙的情况下，才能保护铁和铁合金的基体金属免受腐蚀。在实际生产中，镍镀层通常要超过 25μm 厚度，才能获得无孔镀层，起到机械保护作用，因此，在镀镍层体系上通常采用多层镀镍来克服这个缺点，使镍成为其中的一层、双层或多层镍，经典的多层镍防护结构如图 4-1 所示。镍与强碱不发生作用，但会受浓盐酸、氨水、氰化物的腐蚀，易溶于稀硝酸。镍的电位较正，而且钝化后电位更正。

镍合金主要有锡镍合金、镍铁合金、镍钴合金及镍磷合金等，以镍磷合金为例，其可通过电镀和化学镀的方法获得，化学镀时是用次亚磷酸钠做还原剂。电镀镍磷合金是在镀镍溶液中加入亚磷酸钠或次亚磷酸钠而得到。镍磷合金是一种单相均一的非晶态合金，它不存在晶界、位错等晶体缺陷。因此，它不会产生晶间腐蚀现象，耐点腐蚀的性能也远较晶态合金为好，此外，它对导致应力腐蚀开裂的滑移平面的选择性腐蚀不敏感，不会发生应力腐蚀开裂。镍磷合金的磁性随含磷量而变化，含磷量小于 8%属于磁性镀层，随着含磷量升高而磁性减弱，含磷量大于 14%属于抗磁体。镍磷合金可取代硬铬，许多性质优

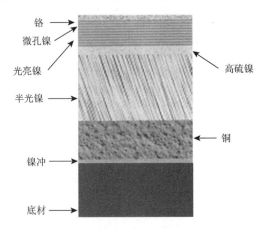

图 4-1　多层镍防护示意图

于硬铬和亮镍。镍磷合金具有优良的物理性能，因此，在电子工业、化工、机械、核能等领域中用途广泛，也是高温焊接的优良镀层。

　　镀镍电解液可简单分为碱性镀镍和酸性镀镍电解液。碱性电解液指如焦磷酸盐体系，酸性电解液是指 pH 在 2～6 范围内变化的各种镀镍体系；按镀液的成分分为硫酸盐型、氯化物型、柠檬酸盐型、氨基磺酸盐型、氟硼酸盐型等。其中应用最为普遍的是硫酸盐低氯化物（即瓦特型）镀镍液。氨基磺酸盐镀液内应力小，但成本高，常用于高速电镀的场合。除此之外，习惯上将镀镍体系按照光泽程度分类为暗镍（又称普通镀镍）、半光亮镍与全光亮镍（简称光亮镍）及微裂纹，或者分为电镀暗镍（普通镀镍）、半光亮镍与光亮镍及具有特殊要求的镀镍三大类。近年来，我国电镀科研人员在研究与开发多层镀镍组合镀层及微孔铬、微裂纹铬及高硫镍等方面做了大量的工作，取得了可喜的成果。

第二节　镀　暗　镍

　　镀暗镍又称为普通镀镍。镍的单盐电解液在电解过程中有较大的极化作用，镀液中不加络合剂便能沉积出结晶细致的镀层，在镀暗镍的基础上开发了光亮镍、多层镍、黑镍等多种类型的镀镍工业。从前面的均镀能力可知：镀件形状一般不规则，总有凹凸不平之处，导致镍层厚度不可能均匀分布，通常来说，镀液都具有一定的导电率，一般镀件表面凸出处更接近阳极，从阳极到上凸处比到下凹处电流大，因此，凹处比凸处沉积镍薄。金属沉积与镀件表面、几何形状、位置、阴极极化、阴极效率及镀液电化学特性与电流分布等密切相关，若阴极电化学极化造成的沉积阻力大，对镀层均匀度就有利。普通酸性镀镍液中的主要成分有硫酸镍、阳性活化剂氯化镍（或氯化钠）、导电盐硫酸盐和作为缓冲剂的硼酸等。

一、镀镍时的电极反应

　　阴极反应：镀镍时，阴极上的主反应是镍离子还原，即

$$Ni^{2+} + 2e^- =\!=\!= Ni$$

暗镍镀液为微酸性，因此，阴极上还有 H^+ 还原为 H_2 的副反应发生，即

$$2H^+ + 2e^- =\!=\!= H_2\uparrow$$

镀镍时，阳极上的主反应为金属镍的电化学溶解：

$$Ni - 2e^- =\!=\!= Ni^{2+}$$

当阳极电流密度过高，镀液中又缺乏阳极活化剂时，将会发生阳极钝化，并有析出氧气的副反应：

$$2H_2O - 4e^- =\!=\!= O_2\uparrow + 4H^+$$

加入 Cl^- 可以防止阳极钝化，但也可能发生析出氯气的副反应：

$$2Cl^- - 2e^- =\!=\!= Cl_2\uparrow$$

二、镀液的基本构成和各成分作用

电镀液通常包括如下组分：主盐、导电盐、缓冲剂、阳极活化剂、添加剂等，镀镍不含络合剂属于非络合型镀液，镀镍液和其他电镀液一样，各种镀液成分相差较大。镀暗镍溶液以硫酸镍为主盐。由于硫酸镍的浓度相当高，起到导电盐作用时其溶液的导电性能较好，一般不含有其他导电盐，只是实际需要才采用硫酸钠作导电盐，以弥补导电性能上的不足。但是，镀镍溶液呈弱酸性，阴极析氢造成溶液碱化对 pH 影响很大，需要用硼酸作为缓冲剂来稳定镀液的 pH。当镀镍液具有足够高的电流密度时，容易引起阳极钝化现象。因此，镀液里加有一定量的氯化物作阳极活化剂并通过增大阳极面积来促使阳极溶解。镀镍液主要成分作用如下。

1）硫酸镍：工业常用硫酸镍主要有 $NiSO_4\cdot7H_2O$ 和 $NiSO_4\cdot6H_2O$ 两种，镀液中硫酸镍作为主盐提供 Ni^{2+}，硫酸镍浓度较高时可以提高相应的极限电流密度上限。但硫酸镍含量过高使镀液中主盐损失较大且镀液分散能力较差。硫酸镍与其他无机镍盐相比具有成本低且实用的特点，镀液中硫酸镍浓度低时，其镀液分散能力通常较好且镀层金属结晶致密，缺点是高电流密度进行电镀时其电流效率偏低且会使镀件边缘烧焦，因此常在较低电流密度下进行电镀工作。高电流密度进行电镀时氯化镍的导电性和分散能力均优于硫酸镍，但氯化镍作为主盐，其含有的大量氯离子增加了镀层的内应力，因此氯化镍作为主盐在实际应用中受到了一定的限制。

2）氯化镍或氯化钠：镀镍工艺中常采用可溶性镍阳极，但在较高的电流密度下易发生阳极钝化现象，氯化镍或氯化钠作为镀镍液中的阳极活化剂可以起到促进镍阳极的正常溶解，维持镀液中 Ni^{2+} 在正常的工艺范围之内。为了促使阳极正常溶解，在快速镀镍液中通常加入 $30\sim60g/L$ 氯化镍来维持镍阳极的正常溶解。氯化钠作为阳极活化剂同氯化镍相比具有成本低、货源方便的特点，但氯化钠作为阳极活化剂，其所含的大量钠离子会造成镀层脆性增大，阳极活化剂中氯离子含量过高则会加速阳极腐蚀并使镀层产生毛刺现象，增加了镀层的内应力。

3）硼酸：硼酸作为镀镍液中 pH 的稳定剂也称为缓冲剂。随着反应的进行，镍镀层表面不断有气泡逸出导致阴极表面富集 OH^-，易生成碱性氢氧化物胶体，如氢氧化物夹

杂在镀层中会使得镀层金属的韧性下降，且杂质在阴极表面的吸附会造成镀层多针孔现象。硼酸作为弱酸性物质可以起到稳定阴极表面溶液中 pH 并改善镀液性能的作用。在镀镍液中 pH 常控制在 3.8～5.6。硼酸加入量以不超过其最大溶解度为宜。

4）硫酸钠和硫酸镁：一般来说，溶液的导电性越好，导电盐分散能力越好。因此，硫酸钠、硫酸镁有着改善镀液分散能力的作用。然而，现代快速镀镍中却很少加入硫酸钠，这是因为镀液中有大量的钠离子存在时，双电层中有部分镍离子被钠离子取代，使镍离子放电受到抑制，这样虽有利于增大阴极极化，但更有利于氢离子的放电，使 pH 升高，容易形成氢氧化物和碱式盐沉淀、产生毛刺、增加镀层孔隙等。硫酸镁的导电能力不如硫酸钠，但在较高 pH 时，能获得银白色和比较柔软的镀层。

5）十二烷基硫酸钠：在电镀镍时阴极上常有气泡冒出，这种析氢反应不仅降低了阴极电流效率，而且由于氢气泡在电极表面的滞留，其滞留部位难以沉积金属，导致镀层出现针孔。为了减少或防止镀镍时其金属表面针孔的产生，常向镀液中加入十二烷基硫酸钠、二乙基己基硫酸钠、正辛基硫酸钠等阴离子型的表面活性物质，通过少量的表面活性剂吸附在阴极表面上来减少电极与溶液间的界面张力，从而使得氢气泡在电极上的润湿接触角减小的同时气泡离开电极表面。这种可以防止或减轻镀层针孔的产生的表面活性剂有时也称为润湿剂或防针孔剂。

三、镀镍液的配制方法

1）首先根据配方计算出化学药品的用量。

2）往镀槽内加水至槽体积的 1/2，并加热至 60℃，依次将各成分充分溶解后倒入镀槽内，加水稀释至规定体积，搅拌均匀。

3）镀液中有不溶性杂质则应静置、过滤。再加入已溶好的十二烷基硫酸钠，并调整镀液成分使之达到工艺要求。

4）电解试镀，阴阳极面积比例为 1∶（1.5～2）。

5）阳极板要用棉布袋包好，防止阳极溶解时产生的泥渣进入溶液中，取样分析，调整试镀合格后才可正式投产。

四、几种普通暗镍镀液配方及工艺条件

几种普通暗镍镀液配方及工艺条件如表 4-1 所示，在实际生产中，温度、pH、电流密度及搅拌等对镀镍过程均有一定的影响。

表 4-1 普通镀镍的工艺规范

成分及工艺参数	配方		
	常温镀液	瓦特镀液	滚镀液
硫酸镍(NiSO$_4$·6H$_2$O)/(g/L)	120～250	250～320	200～250
氯化镍(NiCl$_2$·6H$_2$O)/(g/L)		40～50	

续表

成分及工艺参数	配方		
	常温镀液	瓦特镀液	滚镀液
氯化钠(NaCl)/(g/L)	8～10		8～12
硼酸(H₃BO₃)/(g/L)	30～35	35～45	40～50
无水硫酸钠(Na₂SO₄)/(g/L)	60～80		
硫酸镁(MgSO₄·7H₂O)/(g/L)	50～80		
氟化钠(NaF)/(g/L)			0～4
十二烷基硫酸钠/(g/L)		0.05～0.1	
pH	4.8～5.4	3.8～4.4	4.0～4.6
温度/℃	15～30	45～60	45～50
电流密度/(A/dm²)	0.8～1.5	1～3	1～1.5
适用基体	钢铁	不锈钢	锌合金

1）温度：一般来说较高的镀液温度有利于在降低镀层内应力的同时进行高速电镀，电镀镍工艺通常镀液温度维持在 55～60℃时，获得的镍镀层内应力低且镀层延展性好。如果镀镍液温度过高则会影响镀液的稳定性，镍盐水解反应生成的氢氧化镍夹杂在镀层中会影响镀层的质量，而氢气泡滞留在沉积金属的表面易造成镀层出现针孔。镀液温度过低、电镀液的黏度系数较大使得析出的氢气泡易于在镀层表面滞留，从而导致气泡难于逸出而形成针孔。

2）pH：酸性镀镍液常采用硼酸来稳定镀镍电解液的 pH，研究表明 pH≤2 的酸性电镀液进行电镀时其阴极表面大量析氢而鲜有金属镍的沉积，工业上酸性镀镍液的 pH 控制在 3.5～6 较好，在镀镍工艺范围内通常认为电解液 pH 较高时其镀液具有较好的分散力和阴极电流效率。随着电镀镍的进行，析氢副反应不断地析出氢气，使得镀液中 pH 偏高并出现碱式镍盐沉淀，当碱式镍盐夹杂在镀层中时会造成镀层粗糙、发脆等现象。因此，较高 pH 的普通镀镍液常采用较低电流密度进行电镀。pH 较低的镀镍液其阳极溶解性好，可以在较高的电流密度下进行电镀，但电流密度较高时易产生针孔且其氢气析出较多，改善这种现象可以相应地提高镍盐浓度、温度和搅拌予以弥补。

3）电流密度：阴极电流密度对阴极电流效率、沉积速率及镀层质量均有影响。且电流密度与电镀液的温度、镍离子浓度、pH、搅拌等均有密切关系。pH 较低并加搅拌时，在低电流密度区，阴极电流效率随电流密度的增加而增加。在高电流密度区，阴极电流效率与电流密度无关；在低温、稀溶液时，只能采用较小的电流密度。

4）搅拌和阴极移动：阴极移动和搅拌的目的是加速传质过程，使阴极扩散层镍离子得到充分的补充，提高允许使用的电流密度上限，同时也有利于氢气泡的排除，减少镀层针孔等。

五、镀液中杂质的影响及去除方法

镀液中常见的杂质有 Fe、Cu、Zn、Cr、有机物等，当它们的含量超过最大允许含量时，镀层出现针孔、脱皮、粗糙、发黑、条纹等。

1）铁杂质：镀液中铁是主要杂质。Fe^{2+} 和 Ni^{2+} 会发生共沉积。当镀液 pH>3.5 时，阴极附近 pH 更高，Fe^{3+} 可形成 $Fe(OH)_3$ 夹杂于镀层中，使镀层发脆、粗糙，这是形成斑点或针孔的原因之一。在较高 pH 的镀液中，铁杂质应控制在 30mg/L 以下；pH 较低时，铁杂质不得超过 50mg/L。

去除方法：电解法，以 $0.2\sim0.4A/dm^2$ 低电流密度进行电解；化学法，首先酸化镀液 pH=3，加入浓度为 30% 的双氧水约 1ml/L，搅拌镀液，加热至 $65\sim75℃$，使铁转变成 Fe^{3+}，用氢氧化钠溶液将镀液 pH 提高至 6，搅拌 2h，再测 pH。由于铁的沉淀，pH 将有所降低，再将 pH 调整到 6，静止 10h 以上过滤。用稀硫酸调节 pH 到正常，即可电镀。当镀液含有其他有机杂质时，可加入双氧水，加温之后再加入活性炭处理。

2）铜杂质：电镀镍时溶液中若含有 Cu^{2+}，则 Cu^{2+} 会优先在金属表面发生沉积。而当电源断开时，阳极镍棒与镀液中的 Cu^{2+} 易发生置换反应，若阴极为钢铁及合金压铸件，通常认为当镀镍液中 Cu^{2+} 含量达 5mg/L 以上时，铁单质与镀液中 Cu^{2+} 杂质会产生置换铜造成镀层结合力不良。镀镍液中铜杂质的存在往往会使低电流区镀层粗糙疏松、外观呈灰色甚至黑色等不良镀层。

去除方法：电解法，可用 $0.2\sim0.4A/dm^2$ 低电流密度电解除去。如果剧烈搅拌镀液，可用稍大电流密度处理铜杂质；化学法，可用仅对 Cu^{2+} 有选择性沉淀的药剂来去除。如加入铜物质的量浓度两倍左右的喹啉酸，可使铜含量下降到 1mg/L 以下。也可加入亚铁氰化钾、2-巯基苯并噻唑等能与 Cu^{2+} 形成沉淀的物质，然后过滤除去；置换法，可用镀镍皮（折成瓦楞形），在不生产时将其放入槽中，利用镍-铜置换反应，将铜置换在镀镍皮上，然后取出镀镍皮，用稀硝酸洗去镀镍铁皮表层上的置换铜，可再次重复置换。

3）锌杂质：少量的锌（$0.02\sim0.06g/L$）可作为镀镍液的发光剂，更高含量锌则会造成低电流密度处呈灰黑色，镀层呈现条纹状，当 pH 在 4 以上时还可能出现针孔，主要是 pH 较高时锌离子易析出所致，在 pH 较低时，锌的副作用并不明显。

去除锌杂质可用化学方法和电解方法。化学方法是用稀的氢氧化钠或碳酸钙提高镀液 pH 至 6.3，加热 70℃，不断搅拌 2h 后再测，如果 pH 低于 6.3，再调到 6.3 位置，静止 4h 后过滤。调 pH 至工艺要求，即可试镀。

电解方法去除锌杂质是在搅拌下用瓦楞铁板作阴极以低电流密度 $0.2\sim0.4A/cm^2$ 电解处理。

4）铬杂质：铬杂质主要来源于镀铬溶液的带入。当 Cr^{6+} 含量达 $3\sim5mg/L$ 时，在低电流密度区的镍就难以沉积，含量再增高，就会使镀层产生条纹，引起镀层剥落及低电流密度处无镀层等弊病，显著降低电流效率，造成铬层灰暗而脆，结合力下降。当六价铬超过 0.01g/L 时，镍不能析出，铬酸对于镀镍液是极其敏感的，可用氧化还原法进行处理。

去除方法：首先采用还原剂把 Cr^{6+} 还原成 Cr^{3+} 后再通过调节 pH 使之形成氢氧化铬沉淀过滤除去，常用的还原剂如连二亚硫酸钠（$Na_2S_2O_4$，又称保险粉）或硫酸亚铁。以硫酸亚铁法除去铬离子为例：先用稀硫酸将镀液的 pH 调节至 $3\sim3.5$ 后加入硫酸亚铁至 1g/L，经过约 1h 的搅拌使 Cr^{6+} 充分还原成 Cr^{3+}，再加双氧水（30% H_2O_2）至 0.5ml/L 使得镀液中过量的亚铁离子氧化成三价铁离子后通过稀 NaOH 或 $Ba(OH)_2$ 调节镀液 pH 至 $6.0\sim6.2$，加热镀液至 $65\sim70℃$ 并不断搅拌使铬杂质与铁同时形成氢氧化物沉淀后过滤除去。

5）硝酸根：它使镀镍的阴极电流效率显著降低，主要是由于原料不纯，微量的硝酸根能使镀层呈灰色且脆性较大，低电流区无镀层，当其含量在 0.2g/L 以上时，镀层呈暗黑色，同时阴极电流效率明显降低。

去除硝酸根方法通常采用电解法，以低 pH 和高温为佳。具体操作为，先用稀硫酸降低镀液 pH 到 1～2，增加阴极面积，加热使镀液温度升至 60～70℃。再用大电流（1A/dm²）电解，逐渐降低至 0.2A/dm²。

6）有机杂质：有机杂质的种类很多，引起的故障也各不相同。有的使镀层亮而发脆，有的则使镀层出现雾状、发暗，也有的使镀层产生针孔或呈橘皮状。

去除有机杂质一般采用活性炭吸附或用高锰酸钾氧化法进行处理。

（a）双氧水-活性炭方法：首先加热镀液至 55℃左右后注入 H_2O_2（30%），至浓度为 1～3mL/L 时，再加入活性炭 1～3g/L 并搅拌一段时间，过滤杂质后试镀。

（b）高锰酸钾法：将已经溶解的高锰酸钾在不断搅拌的条件下，注入硫酸来调节镀液酸度至 pH<3，然后加热镀液至 70℃左右，一天后如果发现镀液呈红色，可采用 H_2O_2（30%）退去。最后过滤镀液并采用碱来调节 pH 进行电解处理后即可试镀。

六、各种因素对暗镍镀层机械性能的影响

暗镍镀层机械性能的主要影响因素见表 4-2。

表 4-2　暗镍镀层机械性能的主要影响因素

镀层性能	工艺条件的影响	镀液组成的影响
张应力	在规定的镀液温度范围内，受镀液温度变化的影响很小；不受阴极电流密度变化的影响；在工艺规范的 pH 操作范围内，受 pH 变化的影响很小	随镍含量的提高而提高；随氯化物含量的提高而提高
内应力	随阴极电流密度的提高，先稍降低，而后增大；在规定 pH 范围内，不受 pH 变化的影响	随镍含量的提高而稍增大；随氯化物含量的提高而显著增大
硬度	当温度低于 55℃时，随温度的升高而降低；当温度高于 55℃时，随温度的升高而提高；当阴极电流密度低于 5.4A/dm² 时，随电流密度的提高而显著减少；当阴极电流密度高于 5.4A/dm² 时，随电流密度的提高而增加	随镍含量的提高而增加；随氯化物含量的提高而增加
延伸率	当温度低于 55℃时，随温度的升高而提高，当温度高于 55℃时，随温度的提高稍稍降低；在规定的 pH 范围内，受 pH 变化的影响很小	随镍含量的提高而降低

七、镀暗镍常见故障及对策

镀暗镍常见故障及对策见表 4-3。

表 4-3　镀暗镍常见故障及对策

故障现象	产生原因	对策
镀层起泡、脱皮	①镀前预处理不良 ②pH 不正常，或高或低 ③阴极电流密度过高或镀液温度低 ④有机物或金属杂质污染	①加强镀前处理 ②按工艺调整 pH ③按工艺要求调整电流密度和温度 ④分析、处理溶液杂质
镀层有针孔、麻点	①pH 不正常 ②润湿剂不足 ③金属杂质或有机杂质的影响	①按工艺调整 pH ②补充润湿剂 ③用相应的方法去除
镀层粗糙、毛刺	①溶液中有固体颗粒、悬浮物 ②镍阳极质量差 ③镀件入槽前清洗不彻底	①过滤溶液 ②更换镍阳极 ③加强入槽前的清洗

故障现象	产生原因	对策
镀层暗、零件凹部有黑色阳极钝化	①镀液中有铜杂质 ②镀液中有少量的锌杂质 ③pH 高，而温度和电流密度低 ④阳极电流密度大 ⑤溶液中氯化物含量太低	①小电流密度电解处理 ②化学或电解处理 ③按工艺要求调整 ④降低阳极电流密度 ⑤补充氯化物
零件沉积不上镍层	①有铬酸、硝酸等氧化剂 ②接触不良或电流反接	①检查铬酸、硝酸含量并进行处理 ②检查处理
镀层结晶粗大	①温度高而电流密度低 ②镍盐浓度高而电流密度低 ③pH 过低 ④电镀添加剂浓度不当	①降低温度 ②调整电流密度 ③调整 pH ④调整添加剂浓度及配方

第三节　光亮镀镍

光亮镀镍可以省去繁杂的抛光过程，改善操作环境，节约电能及抛光材料的消耗，而且还能实现连续电镀，有利于自动线生产，使零件一次装上挂具可连续镀上几种镀层。光亮镀镍既改善了劳动条件，又提高了劳动效率，同时节约了电镀材料和抛光材料，降低了成本，因此得到了国际上的高度重视和大规模应用。但光亮镀镍层中含硫，内应力和脆性较大，耐蚀性不如普通镀镍，采用多层镀镍可使其质量得到改善。实际生产中，一般于光亮镍层之前加镀一层半光亮镍作中间层。以瓦特液为基础液，在镀液中加入不同光亮剂，便可得到半光亮或光亮镍镀层。

一、光亮镀镍的电沉积理论

光亮镀镍的电沉积理论有吸附理论、细晶粒理论、电子自由流动理论、晶面定向理论等。

1) 吸附理论：认为某些有机添加剂能吸附在镍电极的表面，形成一层极薄的吸附层，它阻碍了金属离子的放电，因而提高了阴极极化，改善了镀层的质量。吸附作用可以是表面活性中心的动态吸附，也可以是生长着的微细晶粒在某些晶面上的选择性吸附。吸附在结晶成长点的添加剂，阻碍晶粒的生长，当吸附添加剂超过一定限度时，晶格生长便被大幅度抑制，新的结晶便在其他位置产生，也就是说此时形核速率大于晶核生长速率，如此反复进行，便可获得晶粒细小而光亮的镀层。所谓整平，就是指基体金属的微小划痕、丝流或凹坑，通过电镀镍逐步填满划痕、凹坑而形成平滑表面的过程。根据吸附理论，当镀件在含有整平剂镀液中进行电镀时，表面上的微观高峰处由于扩散层较薄，添加剂易于到达该处，因而微观高峰比微观低谷处吸附了更多的整平剂。于是，高峰处的沉积作用遇到了更大的阻碍，使得镀层容易沉积至低谷处。经过一定时间，微观低谷处便逐渐被填平，从而使镀层得到了整平。

2) 细晶粒理论：许多人用金相显微镜、电子显微镜和 X 射线绕射法测定光亮镀层的晶粒大小时，都证实光亮镀层的晶粒比不光亮镀层的小。在普通镍镀液中加入各种萘磺酸或硫脲，都可使普通镍镀层的晶粒细化。不少学者认为光亮沉积物与晶粒的细化有关，即要获得光亮的镀层，就必须使金属表面平整和晶粒的尺寸减小到不超过可见光谱范围内反射光的波长（约 0.5μm），这样便不存在漫反射，入射光如同在镜面上被反射回来一样，镀层呈现出光亮状态。提出这种看法的根据是，大部分具有高度光泽的镀层，其结晶组织在大多数情况下是比较细的。向镀液中加入光亮剂，金属离子的放电速度减慢，电析时晶核的数目增加，结果晶粒单向生长的速度也下降了，晶粒的平均尺寸减小。抑制晶粒单向生长的另一种有效方法是在镀液中加入可在镀层表面特定晶面选择性吸附的添加剂。吸附在结晶生长点的添加剂可抑制某些晶面的生长，阻碍了晶体的单向生长，有利于新的结晶在其他位置产生。当锥形或块状生长受抑制时，镀层晶粒就变细，表面就变平坦、光滑。然而，从镀层晶粒的大小来反推镀层是否光亮时，常出现偏差。例如，从氰化物镀铜电解液中得到的铜层结晶是很细致的，却并不光亮，即镀层晶粒的大小同镀层的光亮性之间并无直接关系。这说明晶粒细小仅是形成光亮镀层的必要条件，并不是充分条件。

3）电子自由流动理论：日本学者马场宣良认为金属镀层表面的光亮性有赖于镀层中的电子的自由流动。镀层金属晶格中含有大量可自由流动的电子，当光照射镀层表面时，自由电子能把光能传递到整个金属晶体中并立即把光放出而不吸收光。电子自由流动理论认为金属表面越粗糙其电子的自由流动性越差，从而导致光亮性变差。如金属表面氧化生锈后其光亮度下降，通常认为铁的氧化物是以微粒状存在，具有很少的自由流动电子。金属的粉末通常并无金属光泽，金属粉末的金属晶粒较小，导致其电子自由流动的范围较小，且自由电子的运动受到原子或分子力的约束，导致其流动性下降，当光照射在金属粉末表面时，电子就会把它吸收使其不反光，所以粉末并无金属光泽。以镀镍、镀铜金属为例，电镀时常在镀液中加入含硫化合物如萘二磺酸及明胶等各种光亮剂，这些含硫光亮剂在电镀过程中被还原并形成金属硫化物而被混杂到沉积金属层中。镀层中硫化物的存在会增加镀层的脆性和耐蚀性，同时镀层中硫化物所具有的半导体电子传导性有利于结晶体之间电子的流通，因而提高了金属镀层的光亮度。但用硫化物的半导体性能来解释光亮剂的作用机理还有待进一步的研究和完善，例如，某些光亮剂不含硫，不饱和双键或三键的光亮剂的还原产物未必呈现半导体性质等。因此，电子自由流动的光亮理论目前还有待进一步的发展。

4）晶面定向理论：认为电镀层的光亮取决于晶面是否平行于底材平面的方向，光通过全反射获得镜面光亮的镀层。研究发现有些晶面的定向性很高的镀层其表面光亮度却较差，这意味着相同取向的镀层其光亮度不一定好。实际上完全无序晶体构成的镀层也可以获得镜面光亮的镀层，因此晶面定向理论只能解释部分镀层光亮现象，尚难解释在光亮电镀中产生的所有现象。

应该指出，目前所有关于添加剂的理论（包括镀镍光亮剂），只能解释镀层发生光亮效果的试验结果，还没有一种比较完善的理论可以预知哪一类添加剂适合于哪一种电镀液，还只能用试验的方法探索出某种添加剂对某种镀液是否适用。

二、镀镍中的光亮剂

根据光亮剂在光亮镀镍中的作用，可把镀镍光亮剂分为两大类，即第一类光亮剂和第二类光亮剂。第一类光亮剂也称为初级光亮剂（primary brighetner），某些国家如德国等也称第一类光亮剂为载体剂（glanzbilder），第二类光亮剂称为次级光亮剂（secondary brighetner）。实际上某些光亮剂难以明确地分类，这可能兼具两类光亮剂的功能，或者单一使用时功能不甚明显，仅当组合在一起用时才显出明显的光亮效果。另外，在现代光亮镀镍液中，第一类光亮剂除了具有光亮作用外，还具有降低应力的作用，即能把张应力降低至零，甚至产生压应力。常用的第一类光亮剂有糖精、萘磺酸、苯亚磺酸钠、对甲苯磺酰胺等。第一类光亮剂通常包括以下几种类型的化合物。

1）芳香族磺酸型（RSO_3H），如苯磺酸、1, 3, 6-萘磺酸等：

2）芳香族磺酰胺型（RSO_2NH_2），如对甲苯磺酰胺：

3）芳香族磺酰亚胺型（RSO_2NH），如糖精：

4）杂环磺酸型（$R'SO_3H$），如苯亚磺酸：

5）芳香族亚磺酸（$R'SO_2H$），如苯亚磺酸：

6）乙烯基脂肪酸（$CH_2CH-R-SO_3H$）。

第一类光亮剂通常具有 $=C-SO_2-$ 的结构，即具有磺化基团，并在接近磺化基团的地方有不饱和的碳链。通常可以把第一类镀镍光亮剂的基本特征归结为：光亮剂分子结构中含有乙烯磺酰基特征功能团，其中 C—S 键中硫的价态为四价或六价，这通常为芳香族化合物，如芳磺酰胺、芳磺酰亚胺或芳磺酸等；能使镀镍层结晶明显细化，并产生相当的光亮。光亮比较均匀，能扩大光亮电流密度范围，但不能产生全光亮镀层；初级光亮剂能吸附在电极表面上，阻碍镍的沉积，使阴极极化，阴极电位负移，但电位负移值相对较小（平均为15～45mV），且当添加剂浓度增至相当值后，电位不再随浓度变化；绝大多数的第一类光亮剂能使镀层具有相当的含硫量，硫含量与第一类光亮剂在镀液内的浓度符合吸附等温线形式，即在一定温度、一定pH时，镀层含硫量随第一类光亮剂浓度的增大而迅速增高，但当第一类光亮剂浓度达到一定数值后，镀层含硫量却不再变化；由未加添加剂的瓦茨镀镍液内得到的镍镀层显张应力，加入第一类光亮剂后镀层的张应力降低，显示出良好的延展性。

次级光亮剂通常是指能产生全光亮镀层的光亮剂，分为无机化合物和有机化合物两类，无机化合物有锌、镉、汞、铅、铋、砷、硒、铊等，这类光亮剂的光亮效果较差，目前只有铅、镉和硒还有少量应用，而绝大多数都采用有机化合物。这些有机化合物多是含有不饱和基团并能在阴极上被还原的物质。最常用的次级光亮剂有醛类（甲醛、水合氯醛、磺基苯甲醛）、炔类（丁炔二醇、炔丙醇、醚化炔醇）、腈类（丁二腈、氢氧基丙腈）、染料（三苯甲烷染料）、硫脲及其衍生物等。通常可以把次级镀镍光亮剂的基本特征归结为：分子结构含有不饱和基团，如醛基、酮基、烯基、炔基、亚氨基、腈基等；次级光亮剂与第一类光亮剂配合使用。如果单独使用次级光亮剂，光亮范围狭窄，有脆性；次级光亮剂能被阴极表面吸附，从而发生吸附-阻滞镍沉积过程，使阴极电位显著负移，负移的数值与次级光亮剂在镀液内的吸附浓度成正比。但当阴极过电压较大时（如超过30mV）常使镀层脆性明显增大。过量添加次级光亮剂除会增加镀层脆性外，还容易在低电流密度区还原，使金属在镀品的凹部分覆盖性差；许多次级光亮剂除具有光亮作用外，还具有很好的整平作用，如1,4-丁炔二醇、香豆素及某些吡啶衍生物；次级光亮剂很容易被阴极还原，还原产物会混杂在镀层中，因而会增加镀层的含碳量或含硫量。

除上述两种光亮剂外，近年来又发现了一类辅助光亮剂。辅助光亮剂具有不饱和的脂族链磺化基团—SO_2—，除具有初级光亮剂的某些作用外，还能防止和减少针孔，与初级、次级光亮剂配合，加快出光和整平速度，对低电流密度区镀层的光亮起良好作用，而且可降低其他光亮剂消耗。

三、光亮镀镍的工艺条件影响

1）pH的影响：光亮镀镍的溶液呈弱酸性。阴极电流效率小于100%，这意味着阴极表面除了镍离子的还原反应外还有析氢副反应发生。镀镍液的pH过高，在其阴极表面附近会生成碱式镍盐沉淀而对镀液的稳定性造成影响，此外碱式镍盐夹杂在镀层中会影响镀层的结合力并产生脆性裂纹。在电镀镍工艺范围内，较高的pH意味着镀液具有较好的分散性能。快速镀镍液常采用pH较低的镀液进行电镀，pH较低的镀镍液的阳极泥渣少且溶解性较好，避免了碱性氢氧化物的产生造成镀液浑浊而引起镀层毛刺、针孔等现象。随着镀镍反应的进行及析氢的产生，阴极表面附近的pH不断变化并逐渐增大，因此镀镍液中常加入硼酸等来维持镀液pH的稳定。

2）温度的影响：温度对于镍镀层的内应力有较大影响。通常情况下，温度升高能提高电流密度的上限，加速沉积速率，使镀层光亮耐用且光亮范围宽。但温度过高，镍层易钝化，使镀铬困难，同时易产生毛刺、针孔，镀液分散能力也会随之降低。温度过低，镀层内应力加大，镀层脆性增加。温度在 10～35℃时，镀层内应力迅速降低；在 35～60℃时，内应力降低较慢；60℃以上时，内应力几乎不变。因此，通常控制暗镍温度为 18～35℃，亮镍温度控制在 45～55℃的范围为适当。

3）电流密度的影响：通常情况下的阴极电流密度与镀液中镍离子浓度、温度、pH 及是否搅拌等有关。一般说来，镀液浓度较高，pH 较低，加温及搅拌时，允许使用较高的电流密度，从而大大加速了电镀过程。光亮快速镀镍一般在 2～5A/dm² 为佳。

4）搅拌的影响：搅拌的方式主要有阴极移动（有平行移动和上下移动两种方式）、空气搅拌、液体喷淋等多种形式。搅拌的作用主要是在较大的电流密度沉积时使阴极表面附近的镍离子及时得到补充，驱赶吸附在阴极表面的氢气泡，减少针孔。搅拌还能提高镀层的光亮度和镀液的均镀能力。采用搅拌的电镀溶液需要定期进行过滤，以除去溶液中的各种固体杂质和渣滓。

5）阳极：电镀时阳极可采用可溶性阳极或不溶性阳极，采用不溶性阳极时需要通过副槽等系统来维持镀液中金属离子的稳定，镀镍液中阳极常采用可溶性镍阳极，可溶性金属阳极的特点是在维持镀液中金属离子平衡的同时也避免了对镀层的质量造成影响，因此可溶性阳极的溶解速率与阴极金属离子还原速率几乎相等，且不会造成镀液的污染。常用的镍阳极有电解镍、铸造镍、含硫镍等，含硫镍是一种活性镍阳极，电镀过程中不易发生钝化现象且其阳极效率接近 100%。为了避免阳极上的杂质如阳极泥污等进入镀液中，通常阳极材料需要放入阳极袋中且电镀时阳极面积应略大于阴极面积。常见的光亮镀镍工艺条件如表 4-4 所示。

表 4-4　光亮镀镍的配方及工艺条件

成分及工艺条件	配方			
	1	2	3	4
硫酸镍(NiSO₄·6H₂O)/(g/L)	250～300	300～350	250～300	200～250
氯化镍(NiCl₂·6H₂O)/(g/L)	30～50			
氯化钠(NaCl)/(g/L)		12～15	10～12	15～20
硼酸(H₃BO₃)/(g/L)	35～40	35～40	35～40	35～40
硫酸镁(MgSO₄·7H₂O)/(g/L)				20～25
糖精/(g/L)	0.6～1.0	0.8～1.0		0.5～1.0
1,4-丁炔二醇/(g/L)	0.3～0.5	0.4～0.5		
香豆素/(g/L)	0.1～0.2			
对甲苯酰胺/(g/L)			0.2～0.3	
水合三氯乙醛/(g/L)			0.4～0.6	
氯化镉(CdCl₂)/(g/L)				0.001～0.01
十二烷基硫酸钠/(g/L)	0.05～0.2	0.05～0.2	0.05～0.2	
pH	3.8～4.6	4.8～5.1	4.0～4.5	5.4～5.5
温度/℃	45～55	40～50	50～55	20～35
电流密度/(A/dm²)	2～4	2～3	1.5～2.5	0.5～1.0
搅拌	搅拌	搅拌	搅拌	滚镀

四、光亮镀镍的常见故障及纠正方法

影响光亮镀镍的因素是多方面的，可能是工件前处理的问题，也可能是镀液组分或操作工艺的问题，首先应确定引起故障的原因是镀前处理不当，还是镀液组分或操作工艺的问题。若只是盲目地处理镍镀液，往往排除不了故障。排查镀前处理检查的方法是：将经过良好前处理的零件进行反复镀镍（必须是在发生故障的原镀液、工艺条件下进行），若试验几次故障均不产生，便可判断故障起源于镀镍之前，与镍镀液无关。假如经良好的镀前处理过的零件进行镀镍后，故障仍然出现，故障便可能起源于镀镍液中。光亮镀镍的常见故障及纠正方法见表 4-5。

表 4-5　光亮镀镍的常见故障及纠正方法

故障现象	产生原因	纠正方法
镀层起泡、发脆脱皮	①镀前处理不良 ②有机杂质多 ③金属杂质多 ④pH 的影响 ⑤温度过低或电流大 ⑥中间断电时间长	①加强镀前处理 ②用双氧水和活性炭处理 ③按不同金属杂质的处理方法处理 ④调整 pH 至工艺标准 ⑤提高温度或降低电流 ⑥断电后及时送电
镀层粗糙	①机械杂质和金属杂质多 ②电流密度大 ③镀前处理不良、基体有杂质	①按不同金属杂质的处理方法进行处理、过滤 ②降低电流密度 ③加强镀前处理
镀层有针孔	①去针孔剂浓度过低 ②金属杂质和有机杂质多 ③pH 过高 ④电流密度大	①补充十二烷基磺酸钠 ②有机杂质用双氧水-活性炭或高锰酸钾处理 ③降低 pH ④降低电流密度
镀镍层发花	①pH 太高 ②去针孔剂含量低	①降低 pH ②补充十二烷基磺酸钠
镀层易烧焦	①镍盐或硼酸含量低 ②温度低 ③pH 太高	①分析调整至工艺要求 ②提高镀液温度 ③降低 pH 至工艺要求
镀层不光亮	①光亮剂含量低 ②pH 不当 ③温度太高或太低	①补加光亮剂 ②调整 pH ③进行控温处理，至工艺要求范围内
电流效率低、镀层为灰色	①镀液中含有硝酸根 ②镀液中有六价铬	①电解处理 ②化学处理
低电镀密度区，镀层呈黑色	①镀液中有锌或铜杂质 ②光亮剂含量过高或过低 ③电流密度太低或温度太高 ④pH 低 ⑤有机产物过多	①用电解法或化学法处理 ②调整光亮剂 ③调整电流或温度 ④调整 pH ⑤用活性炭或高锰酸钾处理
镀铬后发花或镀不上铬	①糖精含量太多 ②镀镍后放置时间太长 ③镀镍后清洗不良	①电解处理 ②缩短放置时间或加强镀铬前处理 ③加强镀镍后的清洗

第四节　多层镀镍

根据金属电化学腐蚀理论，在铁基材工件上应镀覆一层光亮镍层，光亮镍层属于阴极性镀层，在有针孔等存在时容易加速铁基材的腐蚀速率。同时，光亮镀镍镀层容易出现裂纹，其机械性能及抗蚀性均不如同厚度的抛光普通镀镍层，这些都与镀层组织及光亮镀镍层中含硫量高（0.03%～0.65%）有关。因此单独一层光亮镍是无法提高镍层的抗蚀性能和机械性能的，提高镍镀层的防护能力，常采用双层或多层镀镍的方法来解决。单层-双层镍防护效果示意图如图 4-2 所示，双层镍防护改变单层镍镀层的纵向腐蚀为横向腐蚀，大大减缓了基材的腐蚀速率。20 世纪 50 年代以来，我国先后开发出了多层镍-铬为主体的防护装饰性镀层体系，如铜/半光亮镍/亮镍/常规铬、铜/半光亮镍/亮镍/镍封闭/微孔铬、铜/半光亮镍/亮铜/高应力镍/微裂纹铬、铜/半光亮镍/高硫镍/亮镍/常规铬。多层镍是在同一基体上选用不同的镀液及工艺条件所获得的双层或三层镀镍层。

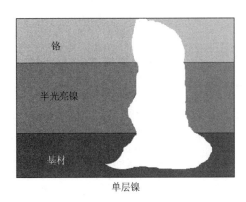 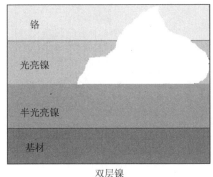

图 4-2　单层-双层镍防护示意图

一、镀双层镍

通常由半光亮、光亮镍组成。双层镍是先沉积一层含硫少的或无硫的半光亮镍或普通的暗色镍，然后镀一层含硫较高的全光亮镍层。半光亮镍含硫量为 0.003%～0.005%，光亮镍含硫量为 0.065%～0.04%。双层镍的总厚度一般应在 20μm 以上，过薄的镀层孔隙率高，机械保护作用不能有效地发挥。第一层半光亮镍，通常占双层镍总厚度的 2/3 以上，镀层的机械性能主要由韧性较好的半光亮镍来决定。两层镍之间因含硫量不同导致腐蚀电位差异，两者的电位相差数十毫伏，这样，当铬镀层的裂纹或孔隙处的全光亮镍层被腐蚀穿透到它的下层时，由于两镍层之间存在着电位差，能形成原电池，则电位较高的半光亮镍是原电池的阴极，电位较低的全光亮镍层则是原电池的阳极。这样，便使腐蚀方向由纵向向横向发展，进而延长了镀层被腐蚀时间，提高了镍层的抗蚀性能。

为了保证双层镍耐蚀性，最关键的是半光亮镍与亮镍间应有足够的电位差。双层镍的电位差应在 125mV 以上，在双层镍的组织上，光亮镍的含硫量相当稳定，因而电位变化不大，所以，双层镍电位差的关键是半光亮镍，其中的关键又在于对半光亮镍的添加剂选择。常用的半光亮镍镀液组分及工艺条件如表 4-6 所示。

表 4-6　半光亮镀镍工艺条件

成分及工艺条件	配方		
	1	2	3
硫酸镍(NiSO$_4$·6H$_2$O)/(g/L)	320~350	220~250	240~260
氯化镍(NiCl$_2$·6H$_2$O)/(g/L)		45~50	45~50
氯化钠(NaCl)/(g/L)	12~15		
硼酸(H$_3$BO$_3$)/(g/L)	35~40	30~40	30~40
香豆素(C$_9$H$_6$O$_2$)/(g/L)	0.1~0.15	0.05	
甲醛(HCHO)/(g/L)	0.2~0.3	3	
丁炔二醇(C$_4$H$_6$O$_2$)/(g/L)			0.2
乙酸(CH$_3$COOH)/(g/L)			3
十二烷基硫酸钠/(g/L)	0.1~0.15	0.1~0.15	0.1~0.15
pH	3.5~4	4	4
温度/℃	50~55	45~50	45~50
电流密度/(A/dm^2)	3~4	3~4	3~4

二、镀三层镍

三层镀镍主要有两种。一种是在半光亮镍与光亮镍之间，增加一层更活泼的含硫量为 0.12%~0.25%、厚为 0.7~1μm 的高硫镍；另外一种是以半光亮镍和光亮镍为基础镀层，再镀上一层镍封闭（复合镀镍和普通铬、微孔铬），其表面有无数分布均匀的微孔，从而获得较好的抗蚀性能。

半光亮镍/高硫镍/光亮镍这种三层镍的质量与半光亮镍的性能，尤其是它们之间的电位差有着密切的关系，即这三层镍的电位排序为半光亮镍＞亮镍＞高硫镍，因此当腐蚀孔到达半光亮镍时，半光亮镍与电位最负的高硫镍之间的电位差最大，高硫镍作为腐蚀原电池阳极首先发生腐蚀，这样在三层镍体系中的半光亮镍防腐能力比在双层镍中更高。常用的三层镍生产工艺流程包括：镀前处理（除油、除锈）→阴极电解除油→阳极电解除油→二次清洗→活化→半光亮镍→高硫镍→光亮镍→镍回收、镍水回用→水洗→换挂具→镀铬→两次回收→两次水洗→干燥等。高硫镍的镀层中含硫量高，电位更低，所以，当光亮镍镀层存在孔隙时，这层高硫镍便是阳极，保护半光亮镍镀层与光亮镍镀层都不受腐蚀，高硫镍镀液配方及工艺条件如表 4-7 所示。

表 4-7　高硫镍镀液配方及工艺条件

成分及工艺条件	配方		
	1	2	3
硫酸镍(NiSO₄·6H₂O)/(g/L)	300~350	300~350	280~320
氯化镍(NiCl₂·6H₂O)/(g/L)		40~60	
氯化钠(NaCl)/(g/L)	12~16		12~15
硼酸(H₃BO₃)/(g/L)	35~40	40~50	35~40
苯亚磺酸钠/(g/L)	0.5~1.0	0.5~1.0	
十二烷基硫酸钠/(g/L)	0.05~0.15	0.05~1	
糖精(C₇H₅NO₃S)/(g/L)	0.8~1.0	0.8~1.0	1.5~3
1,4-丁炔二醇/(g/L)	0.3~0.5	0.3~0.5	
pH	2.5~3	2~3	
温度/℃	43~47	50~55	45~50
电流密度/(A/dm²)	3~4	3~5	3~4
搅拌	不需要	阴极移动	空气搅拌

镍封闭也称为复合镀镍,是在普通光亮镍液中加入非金属微粒(如 SiO_2 等非导体的粒径小于 0.5μm),通过搅拌的均匀分散作用实现微粒与镍离子的共同沉积并使得微粒均匀分散在镍镀层中。在镍封闭镀层上沉积铬时,固体微粒所在的镍封闭表面为非导体,在铬镀时会形成大量微孔洞。铬镀层上这些微孔的存在极大地消除了铬镀层中的内应力,有效抑制了镀层的应力腐蚀。此外,镍封闭基材上镀铬层具有良好的材料防腐性能,如铬与镍封闭材料在腐蚀介质作用下易形成腐蚀电池,其中铬、镍层分别为阴极和阳极并通过微孔内的腐蚀液导通,从而改变了"大阴极小阳极"的快速纵向腐蚀模式,微孔暴露的镍阳极使腐蚀电流几乎被分散到整个镀层上,从而防止了穿孔腐蚀并使得镀层腐蚀由局部的纵向腐蚀转为均匀的横向腐蚀。镍封镀液配方及工艺条件如表 4-8 所示。

表 4-8　镍封镀液配方及工艺条件

成分及工艺条件	配方		
	1	2	3
硫酸镍(NiSO₄·6H₂O)/(g/L)	350~380	250~300	250~300
氯化镍(NiCl₂·6H₂O)/(g/L)		30~40	50~60
氯化钠(NaCl)/(g/L)	12~18		
硼酸(H₃BO₃)/(g/L)	40~45	40~45	40~45
PEG6000/(g/L)	0.15~0.2	0.15~0.2	
氯化硅(Φ<0.5μm)/(g/L)	50~70		
糖精(C₇H₅NO₃S)/(g/L)	2.5~3	1~2	1.5~2.5
1,4-丁炔二醇/(g/L)	0.4~0.5	0.3~0.5	
二氧化硅(Φ<0.5μm)/(g/L)		15~25	

续表

成分及工艺条件	配方		
	1	2	3
硫酸钡/(g/L)			6～10
硫酸铝/(g/L)			0.6～1
pH	4.2～4.6	4～4.5	3～4
温度/℃	55～60	50～60	50～55
电流密度/(A/dm²)	3～4	3～4	4～6
搅拌	压缩空气	空气搅拌	空气搅拌

第五节　镀缎面镍和镀黑镍

一、镀缎面镍

缎面镍电镀首先是作为消光和低反射镀层，它的光泽既不像光亮镍镀层那样有光泽，也不像暗镍那样黯然无光，而是色泽柔和美观，在电子产品的外装饰上有广泛应用，是取代传统机械喷砂的电镀新工艺。由于电镀过程中使用乳浊液滴吸附在阴极表面，电镀时留下半圆形的凹坑，形成无数麻坑的表面，故缎面镍又称麻面镍。因缎面效果犹如珍珠表面般瑰丽晶莹，哑光色带珠光，耐触摸能力极佳，故缎面镍又雅称为珍珠镍，同时又似水雾蒙在光亮镍表面上，国外又有人称之为水雾镍、沙雾镍等。缎面镍的电镀工艺与镍封镀工艺相同，区别仅在于选用微粒的直径比镀镍封的要大一些，一般为 0.03～3μm。基础液可以选用光亮镍或半光亮镍镀液。缎面镍镀液组成及操作工艺条件如表 4-9 所示。配方 1 为复合镀法，通常可以直接镀在半光亮（光亮）铜或是半光亮（光亮）镍上获得较暗的缎面镍层。同相同厚度的光亮镍层相比，缎面镍的抗蚀性能较光亮镍优。其耐腐蚀性与镍封具有类似的机理。配方 2 为乳浊液法，经过长时间电镀后会产生凝聚现象，使得镀层表面变粗糙，因此需要采用过滤装置。

表 4-9　缎面镍镀液配方及工艺条件

成分及工艺条件	配方	
	1	2
硫酸镍(NiSO₄·6H₂O)/(g/L)	300～350	300～350
氯化镍(NiCl₂·6H₂O)/(g/L)	45～90	25～35
硼酸(H₃BO₃)/(g/L)	40～45	35～40
微粒/(g/L)	20～80	
促进剂/(g/L)	适量	
光亮剂/(g/L)	适量	
ST-1[①]/(g/L)		适量

续表

成分及工艺条件	配方	
	1	2
pH	3.5～4.5	4.4～5.2
温度/℃	55～65	50～60
电流密度/(A/dm²)	4～7	3～5

①上海长征电镀厂产品。

二、镀黑镍

　　黑镍镀层可由 Ni-Zn，Ni-Mo 合金镀层获得，具有一定的装饰性和观赏性。此外，黑镍层具有良好的消光性能，常用于光学仪器和摄影设备零部件的镀覆，也可用于太阳能集热板等。镀层往往很薄，耐蚀性能较差，镀后需涂透明保护漆。Ni-Zn 黑镍镀层含有较高的非金属相，如镍的硫化物、锌的硫化物和有机物等的混合物。近年来，电镀黑镍在仿古工艺上获得了一定的发展，例如，在铜或铜合金上面镀以黑镍，然后通过擦拭，擦去表面凸处黑镍层，使得底铜或铜合金上不均匀地带有黑色，产生古铜色的效果。镀黑镍时，工件要带电入槽，中途不能断电。典型镀黑镍液组分及工艺条件如表 4-10 所示。镀液主要成分是镍盐、锌盐和硫氰酸盐。镀层可以看作是镍锌合金，其中也有大量的硫和有机物（镍 40%～60%、锌 20%～30%、硫 10%、有机物 10%）。

表 4-10　镀黑镍液组分及工艺条件

成分及工艺条件	配方		
	1	2	3
硫酸镍(NiSO₄·6H₂O)/(g/L)	70～100	115～125	100～120
硫酸锌(ZnSO₄·7H₂O)/(g/L)	40～50	20～25	22～25
硫氰酸铵(NH₄SCN)/(g/L)	25～35	20～25	
硼酸(H₃BO₃)/(g/L)	25～35		20～30
硫酸镍铵[NiSO₄·(NH₄)₂SO₄·6H₂O]/(g/L)	40～60		
硫氰酸钾(KCNS)/(g/L)			30～35
硫酸钠(Na₂SO₄·10H₂O)/(g/L)		30～35	20～25
pH	4.5～5.5	5.0～5.8	5.8～6.2
温度/℃	30～60	室温	18～30
电流密度/(A/dm²)	0.1～0.4	0.1～0.3	0.1～0.15

　　镍盐和锌盐是溶液主盐，共沉积时，镍和锌之间电极电位相差悬殊，镍电极电位为 + 0.23V，锌电极电位为–0.76V，锌和镍需要共沉积，且还需满足镀层黑色、镀层均匀和平整光或消光的装饰效果。因镍、锌电极沉积电位相差较大，镍沉积时，有强极化作用，

以细晶参与沉积；而锌还原极化作用小，以粗晶出现。在实际电镀过程中，选用弱配位络合剂 NH_3 与 Ni^{2+} 形成弱络合离子，使两者络合但电极电位负移值不等的方式，提高阴极极化，从而达到减少 Ni^{2+} 的超极化和 Zn^{2+} 的去极化现象，实现其共析平衡。镀黑镍常见故障及纠正方法见表 4-11。

表 4-11　镀黑镍常见故障及纠正方法

故障现象	产生原因	纠正方法
镀黑镍层脱落、起泡	①表面油污未除尽 ②锌含量过低 ③pH 过高	①加强镀前处理 ②分析并补充锌 ③用稀硫酸调整
镀层粗糙或发花不均匀	①电流密度大 ②温度过低 ③预镀锌层粗糙	①降低电流密度 ②提高镀液温度 ③调整镀锌溶液
镀层有彩色	①电流密度太低或镀层薄 ②挂具导电不良 ③硫氰酸铵含量低	①提高电流密度，增加电镀时间 ②检查挂具 ③分析补充硫氰酸盐
镀层泛白点	①氢气泡吸附在镀件上 ②溶液黏度太大	①采用阴极移动 ②用 5g/L 活性炭进行处理
镀层发花、不均匀	①镀层烧焦或不均匀 ②酸洗时过腐蚀	①检查镀锌工艺 ②酸洗时注意检查
镀层呈黄褐色、黑色条纹	①温度过高 ②导电不良 ③锌含量低 ④电流密度小	①降低镀液温度 ②检查各接触点 ③分析补充锌 ④提高电流密度

三、不合格镍层的退除

不合格镀镍层可以用化学方法及电化学方法退除。

1. 钢铁零件上镀镍层配方及退除方法

氰化物	70～80g/L
间硝基苯磺酸钠	70～80g/L
氨水	0～70mL/L
温度	40～80℃
浓硝酸	1000mL/L
氯化钠	40～50g/L
温度	50～65℃

如不加氨水，温度可提高到 80～100℃，加氨水后可提高退除效果，但需有排风装置。

2. 铜零件上镀镍层的退除方法

间硝基苯磺酸钠	60～70g/L

硫酸	60～70mL/L
硫氰酸钠（钾）	0.1～1g/L
温度	80～100℃

时间：表面由黑色变为棕色为止。

上述溶液经处理并充分清洗后，再放入下列溶液中退除棕色：

氰化钠	30g/L
氢氧化钠	30g/L
温度	室温

时间：数秒

3. 铅黄铜或特殊铜合金上镀镍层的退除

乙二胺	200mL/L
硫氰酸钾	1g/L
温度	80～100℃

退除后再用氰化钠液浸渍一下。

4. 电解退除法

钢铁零件上镀镍层的退除方法

铬酸	250～300g/L
硼酸	25～30g/L
电流密度	5～7A/dm^2
温度	18～25℃

铬酸中的硫酸根应用碳酸钡除去，不可用铜挂具。

5. 铜零件上镀镍层的退除配方

硫酸（$d = 1.6～1.65$）	1100～1200g/L
甘油	25～30g/L
电流密度	5～7A/dm^2
温度	35～40℃

第六节　电镀镍合金

一、电镀镍铁合金

　　镍铁合金是以铁取代镍，它的镍层色泽、韧性、整平性、硬度、套铬性能等都比纯镍好。镍铁合金的镀液性能也比较好，其抗杂离子干扰性能较好，电镀过程中短时断电不致影响层结合力，特别适用于管状件、深孔零件电镀加工。镍铁合金镀层色泽光亮，结晶致密，呈镍白色且具有一定的柔韧性。通常含铁量在 40%以下，其硬度、整平性和韧性比镍好。含镍 79%、铁 21%的合金镀层在电子工业中有特殊的用途，且具有很好的磁性。含铁 12%～40%的全光亮镍铁合金镀层的抗蚀性能与镍镀层相当，但硬度比镍镀层高，韧性比镍镀层好，可用来代替光亮镍镀层作防护-装饰性镀层。合金电镀除必须具备单金属沉积的一些基本条件外，通常还需具备以下两个要素。

合金电镀的两种金属中，必须至少有一种金属能从其盐的水溶液中沉积出来。需要强调的是，有些特殊金属如钨、银虽不能从其盐的水溶液中沉积出来，但它能与铁族元素进行共沉积，所以金属共沉积的必要条件，并不一定要求各组分都能单独从水中沉积。

共沉积必须满足两种金属的沉积电位相近，如果两种金属电位相差很大，金属电位较正的会抢先沉积，甚至会排斥后面另一金属的沉积析出。

（一）镍铁合金的优点

1）用廉价的铁代替部分镍，可节约镍 1/4，正是这一优点，镍铁合金一直受到人们的青睐。此外，其镀液浓度也比亮镍低约 1/2，可减少镍的带出损失。

2）镀层硬度比光亮镍高（镍铁合金的硬度在 550～650HV），且韧性、延展性好，可进行镀后加工，与基体结合牢固，镀层外观比镍白，特别容易套铬。

3）对镀层有害的铁杂质可转化为有用的成分，如含镍 79%、铁 21%的合金镀层具有良好的磁性能。

（二）镍铁合金镀液的组成及工艺条件

镍铁合金镀液的组成及工艺条件见表 4-12。

表 4-12　镀液的组成及工艺条件

组成及工艺条件	配方			
	1	2	3	4
硫酸镍($NiSO_4 \cdot 6H_2O$)/(g/L)	150	45～55	180～200	200
氯化镍($NiCl_2 \cdot 6H_2O$)/(g/L)	75	100～105		
硫酸铁($Fe_2(SO_4)_3$)/(g/L)	15			
硫酸亚铁($FeSO_4 \cdot 7H_2O$)/(g/L)		17.5～20	20～25	20
氯化钠($NaCl$)/(g/L)			30～35	25
硼酸(H_3BO_3)/(g/L)	45	27.5～30	40	50
葡萄糖($C_6H_{12}O_6$)/(g/L)				30
酒石酸钠/(g/L)	18			
柠檬酸钠/(g/L)			20～25	
糖精($C_7H_5NO_3S$)/(g/L)	2.5	2～4	3	5
乳酸/(g/L)	5			

续表

组成及工艺条件	配方			
	1	2	3	4
ABS 光亮剂/(g/L)		4~8		
十二烷基硫酸钠/(g/L)		0.05~0.1	0.05~1	0.3
琥珀酸/(g/L)		0.2~0.4		
丙酰基磺酸钠/(g/L)	3			
炔丙醇、环氧乙烷缩合物/(g/L)	0.0025			
异抗坏血酸/(g/L)	0.75	1.0~1.5		
苯亚磺酸钠/(g/L)			0.3	0.3
pH	3.2		3~3.5	3.5
温度/℃	57	55~65	60~63	58~65
阴极电流密度/(A/dm^2)	3	2~10	2~2.5	3~5
阳极		混挂阳极	混挂阳极	混挂阳极
S_{Ni} : S_{Fe}		(4~5) : 1	4 : 1	(6~8) : 1

注：S 为阳极面积。

（三）镀液组成及工艺条件的影响

1）主盐浓度：在电镀镍铁合金时，镍铁共沉积属于异常共沉积，控制镀液中铁离子的浓度，是获得组成均匀镀层的关键。为了使镀液中镍/铁比控制在一定范围内，可通过镍和铁阳极的相对面积比来控制。如阳极用合金材料，便可以自动调节溶液中镍、铁含量，采用分离阳极的方法也可达到此目的。

2）稳定剂：铁在镀液中以亚铁离子存在易转化为较为稳定的铁离子，铁离子在 pH 大于 2.5 时易生成胶状氢氧化物，当阴极表面具有磁性时其易吸附在阴极表面造成镀层金属韧性下降且多针孔。因此，采用常用的络合剂来络合亚铁离子，以提高镀液稳定性，如有机羧酸盐、柠檬酸钠、酒石酸钠作为络合剂对 Fe^{2+} 稳定效果良好。

3）光亮剂：通常对光亮镀镍有效的光亮剂，也适用于镀镍铁合金，有研究表明，用糖精作第一类光亮剂是可行的。电镀镍铁合金的光亮剂可分为两种：一种为糖精和苯并萘磺酸钠类混合物；另一种为磺酸盐类和吡啶盐类的衍生物，加入它们可以得到既光亮，整平性又好的镀层。

4）pH：pH 对镀层质量的影响较为显著，pH 太高会加速三价铁产生，还会使镍生成氢氧化镍，降低镀液的稳定性，导致镀层质量的恶化；pH 过低，会加速铁阳极的溶解，降低阴极电流效率。镀液的 pH 应严格控制 3~3.8 范围内。

5）温度：镀液规定的温度范围较宽，温度在 63℃时，整平能力与电流效率最佳，在 55~70℃之间通常能获得满意的镀层。一般来说，温度过低会降低镀层的沉积速率，得到的镀层不光亮；温度过高，稳定剂易分解，且 Fe^{2+} 的氧化易导致镀层脆性增加。

6）电流密度：比光亮镍高，一般来说，电流密度高，则光亮度与整平性也高，沉积速率快，可提高生产效率，对合金的组成影响不明显。

7）搅拌：电镀时常采用搅拌或脉冲电镀的方法来消除浓差极化的影响，在镍铁合金电镀时采用脉冲电流或对镀液进行搅拌，可以提高镀层含铁量。但镀镍铁合金时，镀液一般不宜使用压缩空气搅拌，以防止空气中氧气将 Fe^{2+} 氧化成 Fe^{3+}。

二、电镀镍钴合金

镍钴合金层呈白色，其合金层与纯镍镀层相比具有更高的耐蚀性和耐磨性。镍钴合金层中钴的质量分数约为 5%时，合金镀层可代替镍制作电铸件，合金层中当含钴超过 40%时具有良好的磁性能，可广泛应用于电子器件如磁鼓的制备等。电沉积方法是制备镍钴合金镀层的常用方法。采用稳压直流电源的电镀方法制备合金镀层时，金属离子从本体溶液中传质至阴极表面，在阴极表面与溶液相界面处会形成一扩散层，通常情况下扩散层的厚度越厚，金属离子到达阴极表面进行还原的传质速率越慢，这极大地限制了金属离子电沉积的速率，在这种情况下加大阴极电流密度并不能提高金属离子的沉积速率，只会导致阴极的析氢量增大并使镀层出现烧焦等现象。近年来，不少学者尝试采用脉冲电镀方法来制备合金镀层。

（一）镍钴合金镀液的组成及工艺条件

镍钴合金镀液的组成及工艺条件见表 4-13。

表 4-13 镍钴合金镀液的组成及工艺条件

组成及工艺条件	配方			
	1	2	3	4
硫酸镍(NiSO$_4$·6H$_2$O)/(g/L)	200		200	
氯化镍(NiCl$_2$·6H$_2$O)/(g/L)		260		10
硫酸钴(CoSO$_4$·7H$_2$O)/(g/L)	6		20	
氯化钴(CoCl$_2$)/(g/L)		14		
氯化钠(NaCl)/(g/L)	12		15	
硫酸钠(Na$_2$SO$_4$)/(g/L)	25～30			
硼酸(H$_3$BO$_3$)/(g/L)	30	15	30	40
甲酸钠(HCOONa)/(g/L)	20			
甲醛(HCHO)/(g/L)	1			
Co^{2+}/(g/L)				1.5
氨基磺酸镍/(g/L)				600
pH	5～6	3	6	4
温度/℃	25～30	20	20～25	60
电流密度/(A/dm^2)	1～1.2	1.6	1.8～2.5	2

（二）镀液的组成及工艺条件的影响

1）主盐的影响：对于主盐浓度高的镀液，当提高阴极的电流密度时，镀液的导电性能、阴极的电流效率都会显著增强，镀出的镀层光亮性、整平性较好，不过主盐浓度高的镀液成本高、损失较大，而且不利于废污水的处理；对于主盐浓度低的镀液，当提高阴极的电流密度时，镀液的分散能力强。镀液中 Co^{2+} 浓度的变化对镀层中钴含量的影响较大。

2）阳极活化剂的影响：阳极去极化剂在镀液中加入的量很少，但作用不可替代，它能使阳极的电位趋向负值，阳极进一步活化。如电镀经常加入的酒石酸盐、硫氰酸盐及氯化物等，它们能有效地降低阳极的极化，促进阳极的溶解。

3）缓冲剂的影响：缓冲剂由弱酸及其酸式盐组成，随着电镀的进行，缓冲剂能使得 pH 值变化的幅度大幅度减小，起到缓冲作用。在电镀镍钴合金的过程中，为了使镀液的 pH 值变化减小，一般在镀液中加入缓冲剂硼酸。不同的镀液加入的缓冲剂不同（如焦磷酸盐的镀液中加入缓冲剂磷酸氢钠），缓冲剂的作用都是防止电镀时，镀液阴极表面 pH 值升高过快。

4）添加剂的影响：添加剂能够改善镀液性能和沉积镀层的质量，通常为有机物，也包含少量无机物的添加剂。例如，光亮剂，能够使镀层变得光亮美观；润湿剂，能够降低镀液与电极间的张力，使镀液有利于在电极的表面铺展；整平剂，与微观峰处相比能够使沉积镀层表面的微观谷处有更厚的镀层能力等。

5）温度的影响：镀液温度对电镀的影响非常明显，升高温度会加快离子扩散速度和阴极反应速率，从而降低阴极极化，使镀层结晶粗糙。镀液温度下降，离子扩散速度因热运动而下降，浓差极化会增大，综合效果就是阴极极化增大。镀层中钴含量随镀液温度升高而增加。

6）电流密度的影响：阴极的电流密度较低时，镀液的阴极极化作用较小，此时得到的镀层晶粒相对粗大，平面也不平整，随着电流密度的不断增大，极化作用会显著增强，此时所得镀层平整、紧凑、细致。电流密度的增加会使镀层中钴的含量降低。

三、电镀镍磷合金

镍磷镀层是继镀铬层之后发展起来的新秀，早在 1950 年，美国的科学家就用电沉积的方法获得了非晶状态下的镍磷镀层，在常温下，镍磷镀层为非晶态，镀层经过高温处理就可得到晶态的镀层，硬度可高达 1000HV 左右，研究结果也表明镀铬层的耐磨性要远远小于镍磷合金镀层的耐磨性，经过高温处理后由非晶态转化为晶态，从而可以取代镀铬层，减轻了对环境和人体的污染。一般来说，电镀非晶态材料的结构内部没有晶界，从而大大提高了材料的耐蚀性和热稳定性。镀层的结构与镀层含磷量有关，含磷 1% 的合金是过饱和固溶体结晶的非平衡合金；含磷 3% 晶粒就显著细化；含磷 8% 以上是单相的非结晶态合金，没有晶界等缺陷，耐蚀性极高；当磷含量在 15% 以上时，镍原子 3d 不对称电子层由 P 层给的电子填满，波尔磁子消失。

镍磷合金可通过电镀或化学镀的方法获得。化学镀时次亚磷酸钠作为还原剂。电镀镍磷合金是在镀镍溶液中加入亚磷酸钠或次亚磷酸钠而得到。用亚磷酸时，镀液的稳定性好，镀层中含磷量比较容易控制，镀液成本低。由于亚磷酸镍的溶解度较低，电镀必须在低的

pH 下进行，因而电流效率较低。用次亚磷酸钠时，由于它本身是强还原剂，成本高，也给操作带来麻烦，因此实际应用的情况不多。

1）镍磷合金镀液的组成及工艺条件见表 4-14。

表 4-14 镍磷合金镀液的组成及工艺条件

组成及工艺条件	高磷（含 P 14%）		低磷（含 P 10%）	
	1	2	3	4
硫酸镍($NiSO_4·6H_2O$)/(g/L)	240	150	158	150～200
氯化镍($NiCl_2·6H_2O$)/(g/L)	45	45	44	
碳酸镍($NiCO_3$)/(g/L)			30	
亚磷酸(H_3PO_3)/(g/L)	15	50	40	
磷酸(H_3PO_4)/(g/L)			35	25～35
硼酸(H_3BO_3)/(g/L)	30	45	20	20
次磷酸钠/(g/L)				20～30
润湿剂/(g/L)		1		
氯化钠(NaCl)/(g/L)		40		20
糖精($C_7H_5NO_3S$)/(g/L)		5		
pH	1.25	0.7～0.9	0.5	2～2.5
温度/℃	70	85	80	70～80
电流密度/(A/dm²)	2	10～15	10	10～15
镀层含磷量/%	15	10～16	7～8	<10
阴极移动	要			要

2）镍磷镀液的配制方法如下：①称取计量的镍盐和稳定剂加入槽液中，加热水搅拌直至溶解；②称取计量的硼酸，用热水在另一容器中溶解后用滤布滤入槽液中；③在电镀槽中加入计量的磷酸与亚磷酸并搅拌均匀；④将润湿剂、糖精等分别用热水溶解后，在搅拌下慢慢加入镀槽中，调整 pH 到规定范围内进行试镀。

习 题

1. 镀镍液中加入的氯离子有何用途？其过量时的处理方法是什么？

2. 论述光亮镍与普通镍（或称暗镍）有何不同。

3. 镀镍工艺中，镍阳极易出现阳极钝化现象，如何避免此现象发生？在镀液中加入过量的硼酸可以吗？

4. 为什么双层镀镍能提高镍层的防护性能？论述三层镍、四层镍镀层的特点。

5. 镀镍层中产生针孔的原因是什么？它有什么危害？

6. 镀镍液中含有过量的有机杂质如何除去？其对镀层有何影响？

7. 何为镍封闭？镍封闭层上镀铬在材料防腐蚀中的机理及优点是什么？

8. 镍铁合金镀液的主要成分包括哪些？简述其应用领域。

第五章　电镀铜及铜合金

第一节　概　　述

铜呈赤红色，质软而韧，易于机械加工，导电和导热性极好。铜在空气中不稳定，易氧化。在水、二氧化碳或氯化物作用下，铜表面会形成"铜绿"。铜遇碱性化合物表面易变成棕色或黑色。在水、盐及酸溶液，尤其是溶液中没有溶解氧和还原气氛中的铜稳定性比镍更好，镀铜层的孔隙率也比镍低，在材料防腐领域，镀铜层主要用于钢铁和其他镀层之间的中间层，广泛用于铜/镍/铬防护装饰镀层中。在电子工业中，如 IC 封装基板或印制电路板的作用是使电子元器件形成电气连接，它主要由线路、图面、介电层和通孔等组成。制备印制电路的传统方法包括加成法和减成法。加成法是指采用化学镀及电镀的方法，在绝缘基板上镀上一层导电金属层形成导电铜线路。而减成法是利用刻蚀的方法，使覆铜箔板上去除线路之外的铜箔形成导电线路，减成法存在工艺复杂、废液污染等问题，不利于环保和长期发展。

铜的电极电位对 Cu^{2+} 时为 + 0.34V，而对 Cu^+ 时为 + 0.52V，铜在电化序中是正电位金属，所以，锌、铁等金属上的铜镀层属阴极性镀层。当铜层有孔隙、缺陷与损伤时，在腐蚀介质的作用下，基体金属作为阳极形成腐蚀，比未镀铜时的腐蚀更快，故一般不单独用铜作为防护镀层，只作其他镀层的中间层，以此来提高表面镀层和基体金属的结合力。镀铜还用于修复已磨损零件的尺寸及电铸模型。在热处理工程中用于钢铁的防渗碳，是利用了铜的高熔点及碳与铜不能形成固溶体和化合物的特性。此外镀铜还广泛用于塑胶上电镀及印制电路板的盲孔、通孔及表面线路金属化等，它们是镀铜量最大的应用领域。

中华人民共和国成立初期，我国镀铜工业以氰化物镀铜为主。20 世纪 60 年代后期，随着各种不同的络合剂镀铜液相继开发成功，无氰电镀逐步地进入工业电镀生产领域。自20 世纪 70 年代以来，无氰电镀铜领域先后开发成功了焦磷酸盐镀铜、光亮硫酸盐镀铜、柠檬酸-酒石酸盐镀铜和氟硼酸盐镀铜等，其中焦磷酸盐镀铜在表面处理行业及印制电路行业获得了极为广泛的应用，在 1985 年以前，全球印制电路板制程中的电镀铜大部分采用焦磷酸盐镀铜工艺。但由于焦磷酸盐镀铜工艺中的槽液需要控制在 60℃高温及 pH 调节至 8.0 以上，印制电路板在这种高温及碱性环境中长时间浸泡会对图形电镀的油墨或干膜等阻剂造成伤害，并对印制电路板可靠性造成不利影响。此外，槽液中焦磷酸盐本身也容易水解生成正磷酸，抗蚀干膜在镀液中也易被溶解导致有机污染等。直到 1988 年，硫酸盐镀铜液添加剂的应用研究取得进展，因其环境较为友好、废水处理成本低廉等因素，硫酸盐镀铜工艺逐渐正式取代了焦磷酸铜在印制电路板制程中的应用。目前电镀铜工艺主要有氰化物镀铜、焦磷酸盐镀铜、光亮硫酸盐镀铜等，其中以光亮硫酸盐镀铜工艺在国内比较普遍。

氰化物镀铜液分散能力好，镀层结晶细致，可直接镀在钢铁零件上；但溶液成分不稳定，电流效率较低，毒性大。硫酸盐溶液成分简单、溶液稳定、电流效率高，目前在印制电路领域广泛应用。焦磷酸盐溶液分散能力好，无毒，腐蚀性小；缺点是溶液浓度高，配槽时费用较大，成本高，钢铁零件电镀时要先预镀，给操作带来不便。

第二节　氰化物镀铜

氰化物镀铜溶液是应用比较广泛的镀铜溶液，其最大缺点是镀液有剧毒，工人操作条件较差，电镀过程中产生的"三废"需要严格处理。从镀液的性能来看，具有适应范围广、镀前处理简单、槽液稳定、操作方便、镀层孔隙少和沉积速率较快等特点，因此，从工艺角度来考虑，氰化物镀铜溶液还是比较好的镀液，其特点是具有良好的分散能力和覆盖能力，镀层表面光滑、细致、孔隙率低，钢铁零件在氰化物镀铜溶液中直接电镀时，可以获得结合牢固的镀铜层。

一、氰化物镀铜溶液中的主要成分

氰化物镀铜溶液主要成分包括主盐如氰化亚铜、络合剂如氰化钠、导电盐如碳酸钠或氢氧化钠、阳极活化剂如氰化物或酒石酸钾钠。通常来说氰化物镀液具有毒性大、镀层均镀性好的特点。铜离子在碱性环境中易生成碱性金属化合物沉淀，因此氰化物镀液中的络合剂具有稳定镀液中铜离子的作用，此外络合剂的存在有利于增大阴极极化过电位，使得镀层金属结晶致密。铁基材表面硫酸盐镀铜时，铁与硫酸盐镀铜液接触会发生置换反应，其表面附着的置换铜结合力差，电镀铜后易发生脱落现象，因此采用硫酸盐镀铜前通常需要采用氰化物镀铜工艺先预镀一层铜以提高结合力。

二、氰化物镀铜原理

氰化物镀铜液是一种络盐型电解液，在氰化物镀铜液中存在下面三个络合平衡：

$$CuCN + NaCN \rightleftharpoons Na[Cu(CN)_2]$$
$$CuCN + 2NaCN \rightleftharpoons Na_2[Cu(CN)_3]$$
$$CuCN + 3NaCN \rightleftharpoons Na_3[Cu(CN)_4]$$

镀液中的铜氰络离子存在三种形式：$[Cu(CN)_2]^-$、$[Cu(CN)_3]^{2-}$和$[Cu(CN)_4]^{3-}$。它们的不稳定系数分别为：1.0×10^{-24}、2.6×10^{-29} 和 5.0×10^{-32}，因此，镀液中的亚铜离子含量可忽略不计。镀液中通常有一定量的游离氰化物存在，镀铜液中主要有$[Cu(CN)_3]^{2-}$存在，通常情况下当游离氰根含量下降时，$[Cu(CN)_3]^{2-}$转化为溶解度更小的$[Cu(CN)_2]^-$。亚铜离子主要存在于阴络离子$[Cu(CN)_3]^{2-}$中，因此，在阴极上不是简单的Cu^+放电，而是铜氰阴络离子放电析出铜。

电极反应：根据现代电镀理论，在阴极上放电的络离子化合物以在镀液中含量高，且配位数适中的$[Cu(CN)_3]^{2-}$为主：

$$[Cu(CN)_3]^{2-} + e^- \longrightarrow Cu + 3CN^-$$

在氰根含量不足时出现$[Cu(CN)_2]^-$放电：

$$[Cu(CN)_2]^- + e^- \longrightarrow Cu + 2CN^-$$

$[Cu(CN)_2]^-$放电时阴极极化较小，镀层结晶颗粒粗大。而$[Cu(CN)_4]^{3-}$在阴极上放电比较困难，需要较大的阴极极化，相应的阴极电流效率降低：

$$[Cu(CN)_4]^{3-} + e^- \longrightarrow Cu + 4CN^-$$

阴极上的副反应为

$$2H^+ + 2e^- \longrightarrow H_2\uparrow$$

阳极反应主要是铜的溶解反应：

$$Cu - e^- \longrightarrow Cu^+$$

通常认为铜的溶解按照下列方程式进行：

$$Cu + 2CN^- - e^- \longrightarrow [Cu(CN)_2]^-$$

$$Cu + 3CN^- - e^- \longrightarrow [Cu(CN)_3]^{2-}$$

当镀液中氰根含量较低时会出现 Cu^{2+}，生成 $Cu(OH)_2$ 沉淀，从而影响镀层质量。若氰根较少且阳极极化过大，铜阳极容易发生钝化现象。此时阳极上发生析氧的副反应：

$$4OH^- - 4e^- \longrightarrow O_2\uparrow + 2H_2O$$

阳极上析出的氧气会使得氰化物发生分解反应，造成镀液中碳酸盐积累。

三、溶液的配制

氰化物镀铜溶液需要在通风条件下配制。根据配制体积和选用配方计算出各种材料的用量。

1）计算电镀槽的体积及各成分的用量，在抽风的条件下向镀槽加入配制体积 1/2 左右的 40～45℃温水，然后将称量的氰化钠不断搅拌至溶解。

2）在另一容器加入所需的氰化亚铜，以少量的水调成糊状，在不断搅拌下慢慢加入溶解氰化钠的镀槽中，使其溶解，溶液温度升高到 60℃时，需停止升温，待冷却后再加剩余的氰化铜。

3）将计算量的其他药品在另一容器中溶解，溶解好后加入镀槽，同时加入温水至规定液面，搅拌镀液使成分均匀。

4）配制后的镀液如果浑浊，则表明不溶性杂质较多，应过滤镀液。

5）取样分析并调整镀液成分，使用铁板阴极进行电解处理 2～4h。经试镀合格即可投产。

四、溶液成分作用及影响

氰化物镀铜电镀液配方及工艺条件见表 5-1。

表 5-1 氰化物镀铜电镀液配方及工艺条件

成分及工艺条件	配方					
	1	2	3	4	5	6
氰化亚铜(CuCN)/(g/L)	8～35	35～45	50～70	55～85		53
游离氰化钠(NaCN)/(g/L)				10～15	15～20	
氰化钠(NaCN)/(g/L)	10～55	50～72	65～92			83
碳酸钠(Na$_2$CO$_3$)/(g/L)		20～30				
氢氧化钠(NaOH)/(g/L)	2～10	8～12	15～20	5～15		3
酒石酸钾钠/(g/L)		30～40	10～12			
温度/℃	18～50	50～60	55～65	55～65	55～65	55～65
阴极电流密度/(A/dm^2)	0.2～1	0.5～2	1.5～3	1～3	1～3	2～5

1）氰化亚铜：铜在含铜氰络离子镀液中，其平衡电位较负，在铁、铝、锌等材质工件表面进行氰化物镀铜时不会发生铜的置换反应，可直接从镀液中获得结合良好的铜镀层。在铜氰络合物中的铜是一价状态存在，通过阴极相同的库伦电量，较二价铜形式存在的镀液理论上厚度要厚一倍。当镀液中游离氰化物含量与温度不变时，一般来说，降低主盐浓度有利于提高镀液的分散能力和覆盖能力并获得细致的铜镀层。但主盐浓度较低时阴极电流效率和允许的电流密度上限将会降低。因此，作为预镀铜时便可用低浓度的铜氰络合物；在快速镀铜时，可用高浓度的铜氰络合物。

2）氰化钠：镀液中氰化钠游离量过低，其络合物稳定性降低，阴极极化小，镀层易粗糙发暗，阳极易钝化；氰化钠游离量过高时，阳极电流效率增加，阴极电流效率低，阴极上有大量的氢气析出，甚至难以沉积出铜来。氰化钠与铜盐的络合反应为

$$2NaCN + CuCN \longrightarrow Na_2[Cu(CN)_3]$$

从络合反应知，1mol CuCN 需要有 2mol NaCN 络合，如 NaCN 超过 2mol，那么超过的那部分 NaCN 便称为游离氰化钠，其含量等于镀液中总 NaCN 物质的量减去 2 倍 CuCN 物质的量。为了使镀铜过程正常工作，应该控制铜和氰化钠的比例。

3）导电盐：如氢氧化钠及碳酸钠等。

（a）氢氧化钠及碳酸钠在氰化物镀液中的主要作用是提高溶液的导电性并降低槽电压，且碱性氢氧化钠具有较强的除油能力并能有效防止氰化钠的水解。一般来说镀种不同，导电盐含量也不同，电镀铁金属时氢氧化钠的含量通常控制在 10～30g/L，电镀锌合金时氢氧化钠含量一般控制在 1～3g/L，碱含量过高容易侵蚀锌合金。

（b）碳酸钠不但能提高镀液的导电性，且在 pH 为 10.5～11.5 时有一定的缓冲能力，能稳定镀液的 pH，使阳极极化降低，促进阳极的溶解。但氰化物体系在电镀过程中的碳酸盐会逐步积累增多，尤其是随着镀液温度的上升，氰化物的分解反应加剧，会导致溶液中碳酸盐急剧增加：

$$2NaCN + 2NaOH + 2H_2O + O_2 \longrightarrow 2Na_2CO_3 + 2NH_3\uparrow$$

$$2NaCN + CO_2 + H_2O \longrightarrow Na_2CO_3 + 2HCN$$

碳酸盐含量的不断积累会使镀液变得黏稠且溶液电阻增大，造成离子传质阻力大，使得阴极电流效率下降，严重时产生疏松镀层。

4）酒石酸盐：作为阳极去极化剂，能促进阳极溶解。用作辅助络合剂，其作用是使镀层更细致、均匀，能与二价铜络合，减少了铜离子的危害，酒石酸盐及硫氰酸盐在溶液中具有消除阳极钝化的作用，它还能改善镀层的质量。为了防止镀液中氰化钠与空气中氧作用发生分解，并使亚铜离子稳定，在镀铜时也可加入一定量的还原性物质，如亚硫酸盐或次亚硫酸盐。

5）阳极：一般采用电解铜板，要选用坚实、结晶细致的电解铜，阳极电流密度宜控制在不超过 $1.5A/dm^2$，过大时阳极上将生成浅棕色薄膜。阳、阴极面积之比一般为(2～3)∶1。镀液中亚铜离子偏多时，镀层会发红、烧焦。

6）电流密度：氰化物镀液中，随着阴极电流密度的提高，电流效率下降。在预镀铜溶液中，为了提高镀层覆盖率，常采用较高的电流密度，此时阴极极化作用加剧，电流效率下降，析氢严重。在高效率镀铜溶液中需要使用周期换向电流或间断电流来改善镀层质量，使镀层厚度均匀，整平性好，孔隙率小，常用换向周期阴极与阳极比(4～10)∶1 等。

7）温度：提高温度能加速金属离子扩散，降低阴极极化作用，提高电流密度和电流效率。在预镀铜溶液中电流密度比较低，温度控制在 50℃以下，温度过高，氰化钠容易发生分解反应。为提高电流密度，通常采用提高溶液温度的方法加快金属离子传质，从而提高电流效率，沉积速率加快。

五、氰化物镀铜液的维护

在氰化物镀铜生产过程中，由于被零件带出和氧化分解作用，氰化钠的消耗量较大，此外，电镀的进行会造成碳酸盐的积累及铅、锌、铬酸根等杂质的引入，这些都会影响镀层的质量及镀液性能，因此需要定期对镀液进行分析并及时补充调整各组分的含量，并对电解液进行维护调整并除去杂质。

1）碳酸盐的积累：随着电镀的进行，镀液中碳酸盐的浓度会增加，主要是镀液中发生了如下化学反应：

$$2NaCN + H_2O + CO_2 \Longrightarrow Na_2CO_3 + 2HCN\uparrow$$
$$2NaCN + 2NaOH + 2H_2O + O_2 \Longrightarrow 2Na_2CO_3 + 2NH_3\uparrow$$
$$2NaOH + CO_2 \Longrightarrow Na_2CO_3 + H_2O$$

碳酸盐含量过高，会降低镀液的阴极电流效率，使镀层粗糙疏松，还会使阳极钝化。经常采用化学沉淀法和冷冻法除去碳酸盐。

化学沉淀法：

$$Ba(OH)_2 + Na_2CO_3 \Longrightarrow 2NaOH + BaCO_3\downarrow$$
$$Ca(OH)_2 + Na_2CO_3 \Longrightarrow 2NaOH + CaCO_3\downarrow$$

冷冻法：可以采用降温结晶法去除碳酸盐，冬天可利用自然条件冷冻使之结晶析出，其他季节则应采用冷冻设备来降温。

2）六价铬：镀液中含有六价铬杂质时会造成铜镀层色泽不均匀且变暗，六价铬杂质浓度过高时会导致阴极电流效率显著下降甚至造成铜离子沉积反应受阻。六价铬可经挂具带入液体中，常采用化学方法除去六价铬离子：当镀液中不含酒石酸盐时，其处理方法是加热镀液至 60℃时加入 0.2~0.4g/L 的保险粉并持续搅拌约 0.5h 后趁热过滤杂质后进行试镀。

$$S_2O_4^{2-} + 2CrO_4^{2-} + 4H_2O \Longrightarrow 2Cr(OH)_3\downarrow + 2SO_4^{2-} + 2OH^-$$

含有酒石酸盐的镀液，酒石酸根可与已还原的 Cr^{3+} 络合而不产生沉淀，使铬无法除去。此时可向溶液中加入少量的茜素，使生成难溶的颜料而析出，然后用活性炭吸附过滤。

3）铅和锌：镀液中含有铅和锌杂质时会造成铜镀层粗糙、色泽不均及发脆等缺陷，通常镀液中锌的含量达到 0.1g/L 或铅的含量达到 0.08g/L 时应该考虑净化镀液。其除去方法是加热镀液至 60℃时加入 0.2~0.4g/L 的硫化钠并持续搅拌一段时间后，再加入 2~4g/L 的活性炭搅拌 2h 后过滤。镀液中的铅锌杂质也可进行小电流电解处理。

六、氰化物镀铜常见故障及纠正方法

氰化物镀铜的常见故障及纠正方法如表 5-2 所示。

表 5-2　氰化物镀铜常见故障及纠正方法

故障现象	产生原因	纠正方法
镀层多孔，电流效率低	①游离氰化钠过高 ②阴极电流密度高	①适量补充氰化亚铜 ②降低电流密度
镀层暗红色、阳极和溶液浅蓝色	游离氰化物不足	补充氰化钠
镀层结合力差	①镀前处理不良 ②镀液中游离氰化钠含量低 ③镀液混入铬杂质	①改善镀前处理工作 ②分析氰化钠含量并调整 ③用保险粉去除 Cr^{6+} 杂质
镀层粗糙发亮、脆性大	①氰化钠含量低 ②有铅杂质含量高 ③碳酸盐含量高 ④氢氧化钠含量高 ⑤电流密度大	①分析补充氰化钠 ②加硫化钠沉淀除去 ③用冷却结晶法除去 ④用酒石酸降低氢氧化钠含量 ⑤降低电流密度
镀层粗糙、有毛刺、易脱皮	①铜含量高 ②氰化物含量低 ③混入铬杂质	①补充氰化钠或稀释镀液 ②分析游离氰化钠含量并补充 ③用保险粉去除六价铬
零件深孔镀不上	①游离氰化物过高，而金属离子含量过低 ②电流密度过大，阳极钝化 ③碳酸盐积累过多	①分析调整氰化物及金属离子含量 ②降低电流密度，用金属刷子刷洗阳极 ③用冷却法结晶除去
镀层发白	①电镀液中锌含量过高 ②游离氰化物过高 ③阴极电流密度过大	①净化镀液 ②适量加入氰化亚铜提高铜含量 ③降低电流密度

第三节　焦磷酸盐镀铜

焦磷酸盐镀铜液的主要优点是镀液稳定、均一性好，镀层结晶细致，柔性好，电流效率高，溶液分散能力较好，腐蚀性小，镀层光亮、整平，并能镀取较厚的镀铜层。但对于钢铁零件镀铜时，必须进行预镀或处理，以提高镀层和基体的结合力。缺点是随着使用时间增加，镀液中的正磷酸盐会逐步增加，易使镀液老化，阴极沉积速率降低。随着正磷酸盐的积累，溶液黏性大，镀层脆性大，性能逐步变差。正磷酸盐除去困难，成本高，而且对磷酸盐环保法规也在日益严加控制，故其应用范围正在日益缩小。

一、焦磷酸盐镀铜原理

焦磷酸盐镀铜溶液的主要成分是焦磷酸铜盐，络合剂为焦磷酸钾盐，相互作用生成焦磷酸铜钾：

$$Cu_2P_2O_7 + 3K_4P_2O_7 \Longrightarrow 2K_6[Cu(P_2O_7)_2]$$

焦磷酸铜 $Cu_2P_2O_7 \cdot 3H_2O$ 在溶于焦磷酸钾或焦磷酸钠溶液后，主要生成离子 $[Cu(P_2O_7)_2]^{6-}$，此时溶液的 pH 调到 7，则 $Cu_2P_2O_7$ 或 $CuH_2P_2O_7$ 会沉积出来。而当 pH 超过 11 时，会有 $Cu(OH)_2$ 析出，所以通常控制 pH 在 8～9。

1）阴极反应：

$$[Cu(P_2O_7)_2]^{6-} + 2e^- \longrightarrow Cu + 2\,P_2O_7^{4-}$$

此外，由络离子离解出来的少量 Cu^{2+}，在阴极存在还原反应：

$$Cu^{2+} + 2e^- \longrightarrow Cu$$

阴极表面还可能存在析氢副反应：

$$2H^+ + 2e^- \longrightarrow H_2\uparrow$$

焦磷酸盐溶液中含有硝酸钾（铵）盐成分，溶液中的硝酸根 (NO_3^-) 会在阴极上还原，可抑制氮离子放电，其反应是

$$NO_3^- + 7H_2O + 8e^- \longrightarrow NH_4^+ + 10\,OH^-$$

2）阳极反应：阳极上的主要反应是金属铜的溶解：

$$Cu \longrightarrow Cu^{2+} + 2e^-$$

$$Cu^{2+} + 2\,P_2O_7^{4-} \longrightarrow [Cu(P_2O_7)_2]^{6-}$$

当阳极发生钝化时，还存在析氧副反应：

$$4OH^- - 4e^- \longrightarrow O_2\uparrow + 2H_2O$$

阳极还存在着铜溶解不完全氧化的问题，如

$$Cu - e^- \longrightarrow Cu^+$$

$$2Cu^+ + 2OH^- \longrightarrow 2CuOH \longrightarrow Cu_2O\downarrow + H_2O$$

还有一种说法认为铜阳极与溶液中的二价铜离子会发生反应生成亚铜离子：

$$Cu + Cu^{2+} \longrightarrow 2Cu^{+}$$

因此也存在着反应：

$$2Cu^{+} + 2OH^{-} \longrightarrow 2CuOH \longrightarrow Cu_2O\downarrow + H_2O$$

二、焦磷酸盐镀铜液成分及工艺规范

焦磷酸盐镀铜不仅适于印制电路的单面板的穿孔金属化，而且适于多层板的多孔金属化，在厚径比近8时仍能获得满意的铜层。焦磷酸盐镀铜在印制电板穿孔金属化、锌压铸品上已获得广泛应用。其镀液主要成分包括焦磷酸铜、焦磷酸钾、柠檬酸盐等。焦磷酸盐镀铜液配方及工艺条件见表5-3。

表 5-3　焦磷酸盐镀铜液配方及工艺条件

成分及工艺条件	配方			
	1	2	3	4
焦磷酸铜($Cu_2P_2O_7$)/(g/L)	60～70	70～100	70～90	50～60
焦磷酸钾($K_4O_7P_2$)/(g/L)	280～300	300～400	300～380	350～400
柠檬酸铵[$C_6H_5O_7(NH_4)_3$]/(g/L)			15～20	
酒石酸钾钠/(g/L)	20～25	25～30		
氨三乙酸($N(CH_2COOH)_3$)/(g/L)	20～25			20～30
氨水(25%)/(mL/L)	2～3			2～3
二氧化硒(SeO_2)/(g/L)		0.008～0.02	0.008～0.02	0.008～0.02
2-巯基苯并咪唑/(g/L)		0.002～0.004	0.002～0.004	
硝酸铵(NH_4NO_3)/(g/L)				0.002～0.004
pH	8.2～9	8～8.8	8～8.8	8.4～8.8
温度/℃	25～40	20～50	30～50	30～40
阴极电流密度/(A/dm²)	0.06～0.8	2～4	1.5～3	0.5～1
阴极移动/(次/min)	18～25	25～30	20～30	滚镀

1) 焦磷酸铜：作为主盐提供阴极表面还原反应所需的铜离子。主盐含量高有利于提高工作电流密度，但主盐含量过高时溶液较为黏稠，导致电镀时电流效率下降，且进入下一道工序中增加了主盐的带出量。需要指出的是，当提高主盐浓度时，铜盐络合剂焦磷酸钾含量需要相应地增加以维持镀层的质量稳定。

2) 焦磷酸钾：焦磷酸盐镀铜中游离络合剂的存在对于铜镀层的质量具有重要的意义，焦磷酸钾作为铜离子的主络合剂具有溶解度较大的特点，这有利于提高主盐的浓度从而获得较高的阴极电流密度和生产效率。焦磷酸钾除了与铜离子形成铜离子络盐外，镀液中存在的游离的焦磷酸钾直接关系到电镀过程能否获得结晶细致的镀层。通常来说过量的焦磷酸钾能防止碱性环境中的铜盐沉淀并使镀液更加稳定，过量的络合剂在镀液中的存在能增加阴极极化度并有利于改善镀液的均镀能力。以焦磷酸镀铜为例，焦磷酸钾与铜离子的摩尔比通常控制在(7~8):1。焦磷酸钾含量过低时,游离焦磷酸钾量少,使得镀层结晶较粗糙且阳极溶解性差。焦磷酸钾含量过高时,镀液较为黏稠,金属离子传质阻力较大,使得阴极电解效率下降。

3)正磷酸盐:焦磷酸盐镀铜时,主络合剂焦磷酸钾随着反应的进行会逐渐水解生成正磷酸盐,通常来说,提高镀液温度、降低 pH 及提高焦磷酸根与铜的比值均会起到加速焦磷酸钾水解的作用。镀液中正磷酸盐偏低时有利于阳极溶解,并对镀液 pH 的稳定起到良好的缓冲作用。当正磷酸盐含量过高时,如超过 100g/L 时,会造成镀层光亮性变差并使得阴极电流效率下降。采用化学方法除去镀液中过量的正磷酸盐较为困难,实际生产过程中主要依靠规范科学的管理来减少焦磷酸钾的水解。

4)柠檬酸盐、酒石酸盐、氨三乙酸和铵盐:可作为辅助络合剂使用,其作用是改善镀液的分散能力,促进阳极溶解,防止铜粉产生,还可以增加电流密度,增强镀液的缓冲作用和提高镀层的光亮度,其中以柠檬酸盐效果较好。

加入铵盐可以改善镀层外观,当铵离子过低时,镀层粗糙,色泽变暗。若浓度过高,镀层呈暗红色,镀层有脆性,在采用较高温度的镀液中,由于氨容易挥发,应该经常调整,加入量为 1~3mL/L。

5)光亮剂:焦磷酸盐镀铜液使用的光亮剂主要是含巯基的杂环化合物(氮杂环或硫氮杂环)作为主光亮剂,用二氧化硒或亚硒酸作辅助光亮剂。加入二氧化硒可以降低镀层的内应力并获得更好的光亮度。含量少时达不到应有效果,过多则形成暗红色的雾状镀层。用双氧水处理镀液时二氧化硒也被氧化,处理后应重新调整其含量。除此之外,在镀液中添加硝酸根,如硝酸铵或硝酸钾,可以起到提高工作电流密度上限的作用,可减少镀层针孔、降低镀液工作温度、提高均镀能力等。但硝酸盐在亮铜镀液中会使整平作用和阴极效率略有降低。

6)pH:pH 直接影响铜镀层的质量和镀液的稳定性。通常情况下,当 pH 偏低时,零件的深凹处发暗,镀层出现毛刺,镀液中的正磷酸盐浓度上升。而当 pH 偏高时,镀层的光亮范围小,镀层呈暗红色,结晶粗糙,允许工作电流密度降低,镀液的分散能力降低,阴极电流效率降低。pH 通常控制在 7.0~9.0。

当 pH 低时,用氢氧化钾调整。如果溶液中同时缺少铵盐,可用氨水调整。如果 pH 过高,可用柠檬酸、酒石酸、氨三乙酸等调整,切勿使用磷酸调整,以减少镀液中正磷酸盐的积累。

7)温度:镀液温度过高,易促使溶液中氨挥发,并使镀层粗糙,还会使焦磷酸盐迅速分解成正磷酸盐。镀液温度过低,电流效率下降。光亮性镀液操作温度控制在 40~45℃。

8)电源波形:焦磷酸盐镀铜时的电源波形对镀层质量有较大的影响。使用直流电流镀取的镀层发暗且较粗糙。采用周期换向电流或间歇电流才能获得细致光亮的铜镀层。可以在发电机中加装间歇设备,间歇电镀的周期为电镀通、断电时间:通电镀 2~8s,停电 1~2s。

9)搅拌:搅拌镀液不仅能减少浓差极化现象的发生,而且还能增加镀层光亮度,提高阴极电流密度。搅拌包括阴极移动、气体喷流或液体喷流等,在光亮性镀铜液中,可采用 25~30 次/min。普通镀铜工艺在 15~25 次/min 比较适宜。

10)阳极:焦磷酸盐镀铜所用的阳极以无氧铜为好,但由于成本高,常采用电解铜,若电解铜经压延加工后作为阳极,效果较好。阳极和阴极面积比为 2:1。阳极电流密度过大,阳极表面上会生成浅棕色的薄膜。

三、现场操作中应注意的几个问题

1) 焦磷酸盐镀铜液的特点是溶液呈弱碱性,电解液本身无除油能力,且对钢铁制件有钝化作用。因此,对焦磷酸盐镀铜的工件进行良好的镀前活化处理,并进行浸铜或预镀,才能获得结合牢固的铜层。

2) 镀液中焦磷酸根与铜的比值应控制在(7~8):1,从而保证有过量的焦磷酸根离子形成稳定的络合物,使阴极极化增强。

3) 电镀过程中伴有良好的搅拌,通过搅拌不断更新阴极附近溶液,以增大电流密度、减少浓差极化的影响。同时注意及时补加氨或辅助络合剂,确保阳极正常溶解,尽量避免带入杂质。

4) 酸碱度及温度均应注意控制在工艺范围内,为了防止焦磷酸盐的水解,减少正磷酸盐的积累,镀液 pH 应保持在 8~9,镀液温度不高于 50℃,以防焦磷酸盐的水解。随着电镀的进行,正磷酸盐的积累会使镀液恶化,操作范围变窄,这也是焦磷酸镀铜体系的致命弱点。

5) 操作中应注意防止氰化物、铁、油污及铬酸等杂质污染槽液,克服铜层出现的发脆、条纹和结合力不良的疵病。

6) 有机光亮剂的添加不可过量,否则会使镀层变脆。可加入双氧水去除光亮剂及分解产物,充分搅拌后再加入活性炭,搅拌后澄清过滤。

第四节　硫酸盐镀铜

酸性硫酸盐镀铜液因其成本低廉、废水处理简单及环保优势,目前在电子电路制程领域获得了广泛的应用。硫酸盐镀铜液主要由硫酸、硫酸铜和少量的电镀添加剂所组成。根据硫酸铜镀液中铜离子与硫酸的含量不同,在印制电路领域又常分为高酸低铜和高铜低酸,高酸低铜镀液分散能力好,而高铜低酸镀液用于印制电路板盲孔填孔的效率高。根据酸性镀铜液组成的不同,也常将镀铜液分为普通镀液和光亮镀液两种。普通酸性镀铜液具有镀液稳定、成分简单、成本低廉及电流效率高的优点,其不足之处在于镀液的分散能力较差且镀层结晶粗糙、钢铁件基材因置换反应的存在等而无法直接电镀,因此,普通酸性镀铜液适用于电铸或铜铁基材通过氰化物预镀一层铜后再进一步电镀加厚。光亮镀铜是在普通的酸性镀铜液中加入少量的光亮剂等电镀添加剂,获得光亮与平整性俱佳的铜层。20 世纪 60 年代,通过冷冻降温控制镀液的上限温度不高于 27℃的光亮酸性镀铜工艺已在国外开始应用,我国于 70 年代开发出 M-N 全光亮酸性镀铜及 SH-110 全光亮酸性镀铜工艺,并使得光亮酸性镀铜工艺上限槽液温度可达 40℃,在工业上获得了广泛的应用。

一、普通硫酸盐镀铜

（一）普通硫酸盐镀铜配方及工艺条件

普通硫酸盐镀铜配方及工艺条件见表 5-4。

表 5-4　普通硫酸盐镀铜配方及工艺条件

成分及工艺条件	配方	
	1	2
硫酸铜($CuSO_4 \cdot 5H_2O$)/(g/L)	200~250	150~200
硫酸(H_2SO_4)/(g/L)	50~70	45~65
葡萄糖($C_6H_{12}O_6$)/(g/L)		30~35
温度/℃	15~25	20~30
电流密度/(A/dm^2)	1~2	1~3

（二）溶液的配制

1）以 10% NaOH 溶液注入镀槽，开启过滤机和空气搅拌。将此槽液加温到 60℃，保持 4~8h，然后用清水冲洗。再注入 5%硫酸，同样浸洗，然后用清水冲洗。

2）在备用槽内先加入适量体积的蒸馏水或去离子水（通常小于预配制槽液总体积的一半），在引流棒的导流作用下缓慢加入计量的硫酸，并借助搅拌快速释放硫酸溶解放出的热量，在不断搅拌的情况下再加入计量的硫酸铜直至全部溶解。

3）加入 1~1.5mL/L 的双氧水，搅拌 1h，升温至 65℃，保温 1h 以赶走多余的双氧水。

4）在不断搅拌作用下加入活性炭至 3g/L 后持续搅拌 1h，待搅拌停止后静止 0.5h 再过滤，直至没有炭粒为止，将溶液转入镀槽。

5）加入计量的盐酸和计量的添加剂，加蒸馏水或去离子水至所需体积，将阳极板装入耐酸阳极袋内。

6）以 1~1.5A/dm^2 阳极电流密度进行电解处理，使阳极形成一层致密的黑色薄膜，试镀合格后即可生产。

（三）溶液成分的作用及注意事项

1）硫酸铜：硫酸铜是镀液中的主盐，它在水溶液中电离出铜离子，铜离子在阴极上获得电子沉积出铜镀层。铜离子含量过低时，工作电流密度范围较小，镀液分散性能较好，但阴极电流效率低；铜离子含量过高时，镀层均镀能力较差，严重时镀液中铜离子会结晶析出。

2）硫酸：硫酸的主要作用是增加溶液的导电性及增加镀液的稳定性。硫酸的浓度对镀液的分散能力和镀层的机械性能均有影响，硫酸在溶液中能降低溶液的电阻，并能防止硫酸铜水解生成氧化亚铜或其他盐类沉淀。硫酸含量低时，会使镀层粗糙，阳极容易钝化；含量过高时，会使镀层脆性增大。

3）葡萄糖或酚磺酸：其主要作用是增加阴极极化作用获得结晶致密的镀层，并有助于镀液分散能力的提升，但不能得到光亮的镀铜层。

4）温度：温度对镀液性能影响很大，温度提高，会导致允许的电流密度提高，加快电极反应速率，一般以 20～30℃为佳。若溶液温度过低，不但工作电流密度低，而且硫酸铜容易结晶析出，提高溶液温度能增加溶液的导电度，但会使镀层结晶粗糙。

5）电流密度：电镀过程中为了获得较高的电流密度，通常采用的方法包括搅拌、提高镀液温度、缩小阴阳极距离、提高主盐浓度、添加加速剂等。但电流密度过高时应防止电流效率下降及镀层粗糙等现象发生。

6）搅拌：可以消除浓差极化，提高允许电流密度上限，从而提高生产效率。搅拌可以通过使工件移动或使溶液流动，或两者兼有来实现加快铜离子沉积速率的目的，但必须在提高温度和提高电流密度相结合下效果才好。单纯搅拌而不提高电流密度会使镀层粗糙。

7）阳极：采用含磷（0.04%～0.065%）的磷铜板可以减少铜粉。阳极与阴极面积的比例一般为(1～2)：1，在硫酸含量正常情况下，阳极不会钝化，只有硫酸含量过低和电流密度过高时才会出现阳极钝化。阳极应装入聚丙烯阳极套内，防止溶解泥渣进入溶液使镀层粗糙。

（四）杂质的影响和去除

1）镀液中含有砷、锑杂质会使镀层粗糙脆性大。采用较高的电流密度进行电解处理，可除去砷、锑杂质。

2）氯离子：印制电路板中电镀填盲孔的镀铜液中氯离子允许的含量通常控制在 20～80mg/L，通过氯离子与抑制剂、加速剂等的协调作用实现超级填孔的目的。普通镀铜液中含氯离子杂质时可采用银盐法生成氯化银沉淀进行过滤除去，但银盐法成本较高；也可以采用锌粉方法除去氯离子，先将锌粉调成糊状，在搅拌作用下将其加入镀铜液中至 1～3g/L，然后再加入活性炭至 3g/L，过滤除去杂质。锌粉除去氯离子的原理主要是依赖锌粉加入含铜离子的镀液中会产生亚铜离子，亚铜离子不稳定易发生歧化反应，但氯离子仍有可能和镀液中的不稳定的亚铜离子生成 CuCl 沉淀物，因此可通过活性炭吸附后过滤除去。

3）有机杂质：镀液中有机杂质过多时，镀层有光亮的条纹，可用 1～5g/L 活性炭吸附后过滤除去。

（五）常见故障及纠正方法（表 5-5）

表 5-5　普通硫酸盐镀铜常见故障及纠正方法

故障现象	产生原因	纠正方法
镀层粗糙	①溶液有固体颗粒杂质 ②电流密度偏大 ③硫酸或添加剂不足	①过滤镀液 ②降低电流密度 ③补充硫酸或添加剂
镀层沉积慢	①硫酸铜含量低 ②电流密度小 ③镀液温度低	①补充铜离子 ②提高电流密度 ③提高温度至工艺规范

续表

故障现象	产生原因	纠正方法
镀层结合力差，并有鼓泡	①镀前除油除锈不彻底 ②无预镀层或预镀层不良	①加强镀前处理工序 ②检查预镀槽，增加预镀
镀层有浅色或褐色条纹	溶液中有锑、砷或有机杂质	电解处理，检验阳极板中砷、锑和硫酸中砷的含量
镀层厚度不均	①硫酸铜含量高 ②硫酸含量低 ③镀液温度高	①稀释镀液并且进行调整 ②补充硫酸 ③降低温度至工艺范围
阳极及槽壁上有结晶硫酸铜	①硫酸铜含量高 ②溶液温度低	①稀释镀液并且进行调整 ②提高温度至工艺范围
粗糙大晶粒镀层	①硫酸不足 ②硫酸铜浓度高 ③有悬浮杂质 ④无抑制剂	①分析调整 pH ②降低主盐浓度 ③过滤镀液 ④加入抑制剂

二、硫酸盐光亮镀铜

硫酸盐光亮镀铜溶液是在普通镀液的成分中加入适当的有机添加剂，从而获得全光亮的镀层，省去了繁重的机械抛光程序。

（一）酸性光亮镀铜的主要特点

1）高分散能力和穿孔能力：选择合适的光亮剂，可获得分散能力和覆盖能力都非常好的镀液，完全可以满足电子封装领域如印制电路板高厚度、小孔径的通孔电镀（through hole plating）的需要。

2）高速电镀铜：在强烈搅拌时，酸性光亮镀铜液使用的电流密度高达 $20A/dm^2$ 以上，具有很高的沉积速率，特别适于镀厚铜和电铸。

3）高光亮高整平：在粗糙的铜件及未打光的锌压铸品上用氰化铜液预镀后，用酸性光亮铜二次电镀加厚，可获得整平而光亮的铜层，不需打光即可直接镀镍，这对电镀过程的连续化、自动化有重大的作用。

4）高延性低应力：酸性光亮镀铜层的应力很小，延展性很好，特别适于塑料和印制电路板的电镀。

（二）硫酸盐光亮镀铜工艺规范

硫酸盐光亮镀铜工艺规范见表5-6。

表5-6　硫酸盐光亮镀铜工艺规范

成分及工艺参数	配方		
	1	2	3
硫酸铜(CuSO₄·5H₂O)/(g/L)	150～220	150～220	150～220
硫酸(H₂SO₄)/(g/L)	60～80	50～70	50～80

续表

成分及工艺参数	配方		
	1	2	3
2-四氢噻唑硫铜/(mg/L)		0.5～1	
2-巯基苯并咪唑(M)/(mg/L)	0.5～1		0.4～1
乙撑硫脲(N)/(mg/L)	0.3～0.8		0.3～0.8
聚乙二醇(PEG8000)/(g/L)	0.05～0.1	0.03～0.05	0.05～0.1
十二烷基硫酸钠/(g/L)	0.05～0.1	0.05～0.2	
聚二硫二丙烷磺酸钠(SP)/(g/L)	0.016～0.02	0.01～0.02	0.015～0.02
氯离子(Cl⁻)/(mg/L)	20～80	20～80	20～80
温度/℃	10～40	10～25	15～40
电流密度/(A/dm²)	2～4	2～4	2～4
阴极移动			需要
阳极材料	磷铜板	磷铜板	磷铜板

（三）溶液的配制

1）用 50～60℃ 的蒸馏水或去离子水将计算量的硫酸铜溶解入槽，搅拌溶液至硫酸铜全部溶解。再加入 1/10 计算量的硫酸，以防止硫酸铜水解。

2）将计量的双氧水（0.5～1mL/L）在搅拌下慢慢加入镀槽中，搅拌 60min 左右，待除去过量的双氧水，再加入 1～2g/L 活性炭，搅拌 30min 静置后过滤。

3）加入剩余量的硫酸及计算量的各种添加剂，并加蒸馏水或去离子水至规定的体积，充分搅拌，使溶液浓度均匀后即可进行试镀。

（四）电极反应

阴极反应：

在硫酸铜溶液中，阴极反应中的金属盐离子主要以 Cu^{2+} 的形式存在。关于 Cu^{2+} 放电，一般有如下几种反应：

$$Cu^{2+} + e^- \longrightarrow Cu^+（慢）$$
$$Cu^+ + e^- \longrightarrow Cu（快）$$
$$2Cu^+ \longrightarrow Cu + Cu^{2+}$$
$$Cu + Cu^{2+} \longrightarrow 2Cu^+$$
$$2H^+ + 2e^- \longrightarrow H_2\uparrow$$

一般来说，Cu^{2+} 得到一个电子变成 Cu^+ 的反应较慢，表明这个反应较困难，但形成 Cu^+ 后，容易再得到一个电子还原成金属铜。因此，在阴极表面几乎检测不出 Cu^+ 的存在。

阳极反应：

硫酸盐镀铜的阳极板可以是可溶性的阳极和不可溶性的阳极，不可溶性阳极在第 8.4 节 PCB 高速电镀铜章节作介绍。在可溶性阳极中，铜阳极主要反应如下：

$$Cu - 2e^- \longrightarrow Cu^{2+}$$

有时会发生阳极的不完全氧化：

$$Cu - e^- \longrightarrow Cu^+$$

形成的 Cu^+ 有可能进一步被氧化为 Cu^{2+}，也有可能被水解形成氧化亚铜：

$$Cu^+ - e^- \longrightarrow Cu^{2+}$$

$$2Cu^+ + 2H_2O \longrightarrow 2CuOH + H_2\uparrow$$

$$2CuOH \longrightarrow Cu_2O\downarrow + H_2O$$

镀液中含有氧化亚铜时会造成阴极镀层粗糙，有时甚至会出现海绵状的镀层。为了消除镀液中 Cu_2O，必要时可向镀液中加入适量的双氧水，使一价铜氧化为二价铜，避免粗糙镀层的出现。

（五）溶液成分作用及影响

1）硫酸铜：硫酸铜含量控制在 150～220g/L 范围内。常温下，如铜含量过高，因溶解度的限制将有结晶体析出，而当硫酸铜含量低时，允许工作的电流密度范围小，在硫酸含量高的情况下镀液分散性能较好。

2）硫酸：硫酸含量控制在 50～80g/L，硫酸含量太低时，镀液的分散能力下降，镀液稳定性差，阳极容易钝化；含量过高则镀层脆性增大。

3）聚二硫二丙烷磺酸钠：作为光亮剂可以加速铜离子在阴极表面的还原反应速率并使镀层晶粒细化。光亮镀铜工艺中聚二硫二丙烷磺酸钠常与巯基苯并咪唑或乙撑硫脲配合使用，其含量通常控制在 10～20mg/L，聚二硫二丙烷基磺酸钠在低电流密度区的光亮作用较大并具有较强的静态吸附金属表面的能力。

4）氯离子：在光亮硫酸盐镀铜溶液中必须有少量氯离子才能得到全光亮镀层，含量一般控制在 20～80mg/L。氯离子含量过低，整平性能和镀层光亮度均下降，并易产生光亮树枝状条纹，严重时镀层粗糙甚至烧焦；过高时，镀层光亮度也下降，光亮区变窄，这与因光亮剂不足造成的结果完全一样，因此要经常检查镀液中的氯离子含量，氯离子以盐酸或氯化铜形式加入。有微量氯离子存在的情况下，铜电镀过程在一个很大的电流密度范围内进行，110 晶面的择优取向是很显著的，而 111、113 及 100 晶面的取向指数要比 110 晶面小得多，保证了在厚铜层时具有良好的外延生长率。

5）聚乙二醇：聚乙二醇是一种非离子型表面活性剂，能提高阴极极化，使沉积电位负移，获得镀层的晶粒更为均匀、细致和紧密。聚乙二醇还具有消除铜镀层产生针孔和麻点的作用，由于其吸附作用较强，会附在零件表面上产生一层憎水膜，一直影响铜镀层作为底层或中间层与其他镀层的结合力，所以镀后必须在碱性溶液中用阳极电解或化学法进行除膜：①电解除膜是在氢氧化钠（20g/L）、碳酸钠（20g/L）水溶液中，阳极电流 3～5A/dm²，温度 30~50℃，通电 5~15s；②化学除膜是在氢氧化钠（30~50g/L）、十二烷基硫酸钠（2~4g/L）水溶液中，温度 40~60℃，浸渍 5~15s。

（六）操作条件的影响

1）温度：通常提高温度可以使用较高的电流密度，减少浓差极化现象，镀层光亮性和整平性提高，而且韧性好。但温度过高，镀层的低电流密度区会产生白雾或发暗，甚至得不到光亮镀层，光亮剂也会加速分解。温度过低，易在槽底及槽壁和阳极表面析出硫酸铜。

2）搅拌：搅拌镀液可以减少浓差极化现象、增加镀层光亮度，还能提高工作电流密度，加快沉淀速度等。

3）添加剂的消耗：一部分添加剂随着工件的带出和镀层夹杂而被消耗掉；另一部分添加剂随着电镀的进行则会发生分解反应，分解后有机物残留在槽液中会使添加剂本身的组分发生变化，从而造成镀层的缺陷。因此，生产中应注意细心观察，积累经验，不断维护现场，以少加勤加为主。

4）阳极：光亮硫酸盐镀铜工艺中采用电解铜作为阳极时不仅发生电化学溶解反应也会出现化学溶解现象，产生的阳极污泥及铜粉等杂质附着在阴极表面会使铜镀层产生毛刺等缺陷。因此，可溶性阳极常采用含磷铜阳极来控制阳极铜金属的溶解速率，为了防止阳极泥渣进入溶液，常在阳极铜金属外面包裹一层聚丙烯阳极套。

（七）杂质的影响和去除

1）Cu^+：溶液中允许少量的 Cu^+ 存在，当含量高时，低电流密度区镀层不光亮，有毛刺并粗糙。用稀释 2~3 倍的双氧水（加入量 0.1~0.2mL/L）在搅拌下加入镀槽，将一价铜氧化为二价铜。

2）油污：镀液含有油污时，镀层发花，呈雾状且有针孔。可用十二烷基硫酸钠乳化后加入 1~2g/L 活性炭吸附后过滤。

3）有机物：当含量高时，镀层发花，光亮度下降。除去方法：往镀液中加 2~3g/L 活性炭，连续搅拌 60min，静置一段时间后过滤除去。

（八）光亮硫酸盐镀铜常见故障及纠正方法

光亮硫酸盐镀铜常见故障及纠正方法见表 5-7。

表 5-7 光亮硫酸盐镀铜常见故障及纠正方法

故障现象	产生原因	纠正方法
镀层易烧焦	①铜含量过低 ②电流过大 ③光亮剂比例失调 ④槽温过低 ⑤阴阳极距离太远 ⑥氯根污染	①补充硫酸铜 ②降低电流 ③调整光亮剂 ④适当提高槽温 ⑤调整阴阳极距离 ⑥加热至60℃除净为止

续表

故障现象	产生原因	纠正方法
光亮度与整平性差	①光量剂比例失调 ②铜量过低，酸根过高 ③温度高、电流小 ④有机分解物过多 ⑤润湿剂不足	①调整光亮剂 ②分析后调整成分 ③增大电流、降温到工艺范围 ④用双氧水、活性炭处理 ⑤添加适量润湿剂
镀层有树枝状条纹	①电流密度过大 ②四氢噻唑硫铜过多	①降低电流密度 ②用活性炭吸附过滤
镀液分散能力差	①铜量过高，硫酸过低 ②润湿剂不够 ③槽液温度过高 ④光亮剂不匹配 ⑤电流密度太低 ⑥有机物分解过多，溶液浑浊	①分析后调整成分含量 ②添加润湿剂 ③降低槽温 ④添加聚乙二醇 ⑤适当增加电流密度、降温 ⑥活性炭处理、过滤
镀层有毛刺	①金属杂质的水解产物 ②阳极泥或悬浮杂质 ③镀前处理不当	①调整硫酸含量 ②加装阳极套或过滤溶液 ③加强电镀前处理工艺管理
镀层结合力差	①预镀底层处理不当 ②有杂质污染 ③浸镍预镀后表面钝化	①加强预镀 ②用活性炭处理 ③浸盐酸活化
低电流区镀层薄、不亮	①硫酸含量高 ②硫酸铜含量低 ③电流密度小 ④光亮剂含量低 ⑤阳极面积少	①稀释调整镀液 ②补充硫酸铜至工艺范围 ③提高电流密度 ④适当补充光亮剂 ⑤适当增加阳极面积
低电流区镀层不光亮、疏松	①硫酸铜含量高 ②硫酸含量低 ③亚铜含量过多	①稀释镀液调整 ②补充硫酸至工艺范围 ③用双氧水氧化转化为铜离子

（九）铜离子检测方法

镀液中铜离子的测量方法主要有 EDTA 滴定法、碘量法及分光光度法等。酸铜中主要采用 EDTA 滴定法和碘量法等。

1）EDTA 滴定法：取 1mL 镀液及 80mL 蒸馏水注入 250mL 规格的锥形瓶中，如镀液中含有铁、铝等杂质金属离子时，可加入氟化钠 1g 和三乙醇胺 6 滴作为掩蔽剂，并加入氨水调节镀液 pH 至淡蓝色$[Cu(NH_3)_4]^{2+}$的微碱性环境，然后在镀液中加入 3 滴 PAN [1-(2-吡啶偶氮)-2-萘酚] 指示剂，以 0.05mol/L EDTA 滴定铜离子，由紫色变为墨绿色时为终点，并计算铜离子的浓度。

2）碘量法：碘量法测定铜的依据是在弱酸性溶液中（pH = 3～4），Cu^{2+}与过量的 KI 作用，生成 CuI 沉淀和 I_2，析出的 I_2 以淀粉为指示剂，用 $Na_2S_2O_3$ 标准溶液滴定。有关反应如下：

$$2Cu^{2+} + 4I^- \rightleftharpoons 2CuI + I_2$$

或

$$2Cu^{2+} + 5I^- \longrightarrow 2CuI + I_3^-$$

$$I_2 + 2S_2O_3^{2-} \longrightarrow 2I^- + S_4O_6^{2-}$$

因 CuI 沉淀易吸附 I_3^- 使得滴定终点结果偏低，故在接近终点时加入少量的 KSCN，因 CuI 与 CuSCN 的溶解度差异较大（$K_{sp, CuI} = 1.1 \times 10^{-12}$，$K_{sp, CuSCN} = 4.8 \times 10^{-15}$），CuI 易转变成 CuSCN 沉淀：

$$CuI + SCN^- \Longrightarrow CuSCN\downarrow + I^-$$

在沉淀转化过程中，吸附的碘被释放出来，从而被 $Na_2S_2O_3$ 溶液滴定，使分析结果的准确度得到提高。在滴定反应中过早加入硫氰酸盐会还原大量存在的 I_2，从而导致测定结果偏低。测试时，酸度偏低时 Cu^{2+} 易水解，致使滴定反应不完全；酸度过高时 I^- 在空气中氧及 Cu^{2+} 催化作用下生成 I_2，从而导致测试值偏高。当测试液中含有 Fe^{3+} 时需加入 NH_4HF_2 掩蔽，否则 Fe^{3+} 能氧化 I^-，且 HF 的 $K_a = 6.6 \times 10^{-4}$，故能使测试液的 pH 维持在 3.0～4.0。

三、镀铜工艺流程及不合格镀层的退除

印制电路板是电子元器件电气连接的提供者。采用电路板的主要优点是大大减少布线和装配的差错，提高自动化水平和生产劳动率，电镀铜工艺是 PCB 制程中的关键工序之一。其工艺流程主要包括以下几种。

图形电镀法：覆铜箔板→钻孔→去毛刺→表面清整处理→弱腐蚀→活化→化学镀铜→全板镀铜→蚀刻电镀图形成像→图形电镀铜→镀锡铅或镍金→退除抗蚀剂→蚀刻→热熔→涂阻焊层。

全板电镀法：覆铜箔板→钻孔→去毛刺→表面清整处理→弱腐蚀→活化→化学镀铜→全板镀铜→贴膜或网印→蚀刻→退抗蚀剂→涂阻焊剂→热风整平或化学镀镍金。

以全板电镀铜为例，采用焦磷酸盐镀铜工艺过程：磨光→抛光→化学除油→热水清洗→冷水清洗→强腐蚀→冷水清洗→电化学除油→热水清洗→冷水清洗→弱腐蚀→冷水清洗→浸铜→碱性活化处理→焦磷酸盐镀铜→回收→冷水清洗。

此外，在铁件上常采用的硫酸盐光亮镀铜工艺过程为：磨光→抛光→化学除油→热水清洗→冷水清洗→强腐蚀→冷水清洗→电化学除油→热水清洗→冷水清洗→弱腐蚀→冷水清洗→浸稀氰化钠→预镀氰化钠→焦磷酸盐镀铜→回收→冷水清洗→镀酸性光亮铜→冷水清洗。

镀层质量的好坏包括镀层结合力、外观、厚度、耐腐蚀性等几个方面。在现场的检验，多半是以外观和结合力为主，然后抽样进行厚度检测，必要时才进行耐蚀性的检验。

1）外观：镀层应为玫瑰红色、光亮、细致，不应有毛刺、起泡、脱皮等现象。

2）结合力：当弯折、产生划痕和撞击后，不应有脱皮、起皮等现象。

3）孔隙率：将预先浸有腐蚀液的滤纸贴附在被镀覆金属层不小于 $1dm^2$ 的表面上，腐蚀 2～3min 后观察滤纸颜色变化（如生成蓝色腐蚀点），一般镀铜零件 $1dm^2$ 不应超过 3 个腐蚀点。

不合格铜镀层的退除：

1. 钢铁基材上铜镀层的化学除去方法

铬酐　　　　　　　　　　　　　　　　400g/L

硫酸　　　　　　　　　　　　　　　　50g/L

温度　　　　　　　　　　　　　　　室温

2. 钢铁件上铜镀层或铜镍镀层的化学退除

（a）间硝基苯磺酸钠　　　　　　　70g/L

　　　氰化钠　　　　　　　　　　　20g/L

　　　温度　　　　　　　　　　　　80～90℃

（b）浓硝酸　　　　　　　　　　　1000mL

　　　氯化钠　　　　　　　　　　　40g

　　　温度　　　　　　　　　　　　60～70℃

3. 钢铁件上铜镀层的电化学退除

硝酸钾　　　　　　　　　　　　　　100～150g/L

阳极电流密度　　　　　　　　　　　5～10A/dm^2

温度　　　　　　　　　　　　　　　15～50℃

pH　　　　　　　　　　　　　　　　5.4～5.8

4. 钢铁件上铜镀层或镍铜镀层的电化学退除

硝酸钾　　　　　　　　　　　　　　150～200g/L

硼酸　　　　　　　　　　　　　　　40g/L

阳极电流密度　　　　　　　　　　　7～10A/dm^2

温度　　　　　　　　　　　　　　　室温

pH　　　　　　　　　　　　　　　　5.4～5.8

第五节　电镀铜合金

一、电镀铜锌合金

　　铜含量高于锌的铜锌合金称为黄铜。含铜为68%～75%的黄铜应用较广泛。含铜量为70%～80%的铜锌合金呈金黄色，具有优良的装饰效果，可以进行化学着色而转化为其他色彩的镀层，广泛应用于灯具、日用五金、工艺品上，如国内外的钢丝轮胎均采用黄铜镀层作为钢丝与橡胶热压时的中间层。

　　锌含量高于铜的铜锌合金常称为白黄铜，它具有很强抗腐蚀性能，可用作钢铁零件镀锡、镍、铬、银及其他金属的中间层，多用在文教用品及家用电器、日用五金等方面。目前，主要从氰化电镀中可以镀得黄铜和白黄铜，各种黄铜液的配方及工艺条件见表5-8。

表 5-8　铜锌合金镀层的配方及工艺条件

成分及工艺条件	黄铜			白黄铜
	装饰性	厚镀层	光亮滚镀	
氰化亚铜(CuCN)/(g/L)	22～27	56	28～35	17
氰化锌(Zn(CN)$_2$)/(g/L)	8～12	13	4～6	64

续表

成分及工艺条件	黄铜			白黄铜
	装饰性	厚镀层	光亮滚镀	
游离氰化钠(NaCN)/(g/L)	16		8～15	31
总氰化钠(NaCN)/(g/L)	65～80	85		85
氢氧化钠(NaOH)/(g/L)			5～8	60
硫化钠(Na₂S)/(g/L)				0.4
硫氰酸钾(KSCN)/(g/L)		30		
碳酸钠(Na₂CO₃)/(g/L)	30～50		20～30	
碳酸氢钠(NaHCO₃)/(g/L)	10～20			
氯化铵(NH₄Cl)/(g/L)	5～7			
乙醇胺/(mL/L)		50		
酒石酸钾钠/(g/L)		20	20～30	
乙酸铅/(g/L)			0.01～0.02	
pH	11.5～11.7	11.7		12～13
温度/℃	35～45	55	50～55	25～40
阴极电流密度/(A/dm²)	1～4	1～3	150～170A/筒	1～4
镀层含铜量/%			68～75	28
阳极含铜量/%	70		70	23

（一）工艺条件的影响

1）pH：一般镀液的 pH 控制在 11～12 之间为宜，提高 pH，镀层中锌含量增加。pH 过低可用氢氧化钠或碳酸钠调整。必须在良好的通风条件下操作，因为在反应时会产生剧毒的氰化氢。

2）温度：温度一般控制在工艺的规定范围以内。温度升高，镀铜含量增加，阴极允许电流密度增大，电流效率提高，但氰化物的分解加快，镀层容易发灰和产生毛刺。温度过低时，镀层中锌含量高，镀层呈苍白色。

3）阴极电流密度：电流密度可控制在规定范围内，镀黄铜一般可在 0.5～1.5A/dm²，镀白黄铜可在 2～3A/dm²。电流密度增大，阴极电流效率降低，阳极容易钝化，镀层中铜含量降低。

4）控制碳酸钠含量：碳酸钠能提高镀液的分散能力和导电性，并减缓氰化物的分解，因为碱性镀液易吸收空气中二氧化碳而变为碳酸钠，同时氰化物水解也形成碳酸钠，这样便使镀液中的碳酸钠逐渐积累，影响镀液的阴极电流效率，所以应定期用冷却法除去碳酸钠结晶。

（二）电镀仿金

仿金电镀多以黄铜镀液为基础液进行电镀，获得的仿金镀层与金层具有相似的悦目色彩，既获得了镀金装饰性的效果也节约了贵金属资源。常用的仿金颜色以 18K 为多，常在铜锌二元合金镀液中引入第三种金属元素如锡元素来改变仿金层外观色调。仿金镀层厚度通常控制在 1～2μm，为了提高其耐蚀性和色泽，一般在仿金镀层前镀光亮镍作为中间层。镀件在镀光亮镍完成后再经过阴极电解除油 3～5min，清洗后用 50g/L 的硫酸溶液活化，再经清洗干净后才能进入镀仿金镀槽进行电镀，有利于提高镀层结合力，其工艺过程为：抛磨→镀光亮铜锡合金→抛光至镜面→闪镀镍铁合金→镀仿金→后处理。

仿金电镀液配方的成分较为复杂，一般可分为有氰和无氰两大类，目前仿金电镀领域含氰电镀应用较多。无氰仿金电镀因质量等原因未能获得工业化生产使用。氰化物镀仿金配方及工艺条件如表 5-9 所示。

表 5-9　仿金镀液组成及工艺条件

组成及工艺条件	配方	
	1	2
氰化亚铜(CuCN)/(g/L)	15～18	
氰化锌(Zn(CN)₂)/(g/L)	7～9	
锡酸钠(NaSnO₃·3H₂O)/(g/L)	4～6	
总氰化钠(NaCN)/(g/L)	54	
游离氰化钠(NaCN)/(g/L)	5～8	
碳酸钠(Na₂CO₃)/(g/L)	8～12	
酒石酸钾钠/(g/L)	30～35	
895 仿金盐/(g/L)		150～160
895A 光亮剂/(mL/L)		20
895B 光亮剂/(mL/L)		2
pH	11.5～12	10～12
温度/℃	20～35	25～35
阴极电流密度/(A/dm²)	0.5～1	0.2～0.5
阳极	7:3 黄铜	7:3 黄铜
用途	金黄色金	金黄色金
生产单位		上海永生助剂厂

仿金电解钝化粉处理工艺见表 5-10，不合格仿金镀层采用稀盐酸进行退除。

表 5-10　仿金钝化处理工艺

组成及含量	工艺条件	组成及含量	工艺条件
钝化粉	50～100g/L	温度	常温
阴极电流密度	1～1.5A/dm^2	阳极	不锈钢
pH	12.5～14	时间	1～1.5min

（三）铜锌合金镀层的后处理

铜锌合金镀层在大气环境中会发生氧化变色反应,因此其合金镀层在电镀完成后需立即在镀层表面进行钝化处理或涂覆一层透明有机材料进行保护。

钝化工艺如下:重铬酸钾 40～60g/L,用乙酸调 pH 为 3～4,温度 30～40℃,时间5～10min。

透明有机涂料种类很多,固化温度一般在 80～160℃,可根据不同要求选用。

不合格镀层的退除:

1)铬酐 150～250g/L;浓硫酸 5～10g/L;温度 10～40℃。

2)浓硫酸体积分数 75%;浓硝酸体积分数 25%。

二、电镀铜锡合金

铜锡合金又名青铜,电镀青铜镀层颜色随着含锡量的不同出现红色、金黄色、淡黄色、银白色等。根据其含量分为三类,即含锡 8%～15% 为低锡青铜,含锡 15%～40% 为中锡青铜,含锡 40%～50% 为高锡青铜（又名白青铜）。青铜具有孔隙率低、耐蚀性好、容易抛光、可直接套铬等优点,是应用最广泛的合金镀层之一。

低锡青铜中含锡 8% 以下的镀层为红色,含锡 14%～15% 的为金黄色,此时的耐蚀性能最好。低锡青铜对于钢铁是阴极保护,具有较好的防护能力,通常用于装饰性镀层的底层或中间层;中锡青铜外观呈黄色,硬度和抗氧化能力比低锡青铜好,可以作为装饰性镀层的底层,但是不宜作为表面镀层;高锡青铜外观呈银白色,又称白青铜,硬度介于镍、铬之间,抛光后具有镜面光泽,在空气中的稳定性好,具有良好的铣焊能力和导电能力,但是镀层太脆,不能经受变形。

以氰化物电镀铜锡合金为例。铜的标准电位是 $\varphi^{\ominus}$ Cu$^+$/Cu = 0.52V, $\varphi^{\ominus}$ Cu^{2+}/Cu = 0.34V,锡的标准电位为 $\varphi^{\ominus}$ Sn^{2+}/Sn = 0.14V, $\varphi^{\ominus}$ Sn^{4+}/Sn = 0.005V,铜锡金属的标准电位差值较大,难以在单盐溶液中形成合金镀层。为了使铜锡金属的析出电位接近,可采用两种络合剂分别络合铜锡金属离子,以氰化钠与一价铜离子络合,氢氧化钠与两价锡络合成锡酸钠,两种络合剂互不干扰,电解液稳定,容易维护。铜锡合金镀液的组成及工艺条件见表 5-11。

表 5-11　铜锡合金镀液组成及工艺条件

成分及工艺条件	低锡低氰	半光亮中锡	低氰高锡
氰化亚铜(CuCN)/(g/L)	20~25	12~14	13
锡酸钠(NaSnO₃·3H₂O)/(g/L)	30~40		100
氯化亚锡(SnCl₂·2H₂O)/(g/L)		1.6~2.4	
游离氰化钠(NaCN)/(g/L)	4~6	2~4	10
氢氧化钠(NaOH)/(g/L)	20~25		
游离氢氧化钠(NaOH)/(g/L)			15
三乙醇胺/(g/L)	15~20		
磷酸氢二钠(Na₂HPO₄·12H₂O)/(g/L)		50~100	
明胶/(g/L)		0.3~0.5	
酒石酸钾钠/(g/L)	30~40	25~30	
pH		8.5~9.5	11.5~12.5
温度/℃	50~60	55~60	64~66
阴极电流密度/(A/dm²)	1.5~2	1.0~1.5	8
阳极合金含锡量/%	8~15	铜板	铜板

镀液主要组分作用及工艺条件的影响如下所述。

1）氰化物和氢氧化钠：氰化物和氢氧化钠是铜锡合金镀溶液中主要络合剂。铜与氰化物形成[Cu(CN)₃]²⁻络离子，锡与氢氧化铜形成[Sn(OH)₆]²⁻络离子，两种金属络合离子互不干扰，因而构成的这种较理想的镀液可从低锡到高锡形成各种合金，游离络合剂的作用是保持络合物的稳定，且游离络合剂的含量多少可调节控制镀层中两种金属的相对比例。因此，控制一定量游离络合剂保持在镀液之中和控制主要络合剂同等重要。游离氰化物含量过高时，阴极电流效率下降，游离氰化物含量过低时，阳极容易钝化。

2）氰化亚铜及锡酸钠（或氯化亚锡）：镀液中金属主盐的相对含量对青铜合金镀层的成分影响很大，通常来说，镀液中铜离子浓度增加，镀层中某种主盐含量将相对增加，如铜离子含量增加，则镀层中铜含量增加。随着金属离子在镀液中增加，阴极电流效率升高，分散能力下降，镀层粗糙。因此镀液中金属离子的含量要调整到工艺范围内。调整金属离子含量的方法有：改变阳极面积、添加络合剂、变换温度及电流密度；两种金属含量相差比例大时，可直接用金属盐来调整。

3）温度：温度对铜锡合金镀层成分、质量和电流效率都有明显影响。一般控制在55~65℃。镀层中的含锡量随着温度的升高而增加，但是温度过高，会加速溶液的分解，镀层缺乏光泽呈灰褐色；温度过低，不但电流效率低，而且镀层结晶粗糙，镀层呈黄红色。

4）电流密度：阴极电流密度的变化对镀液中铜、锡离子的析出电位及镀层质量都有影响。在氰化物镀铜锡合金镀液中，镀层中锡的含量随电流密度的增大而上升，当电流密度过大时，阴极电流效率低，镀层含锡量会有所增加，镀层粗糙，阳极容易发生钝化；电流密度过小，沉积速率慢，镀层无光呈暗褐色，锡含量也偏低。一般电镀低锡电流密度为1.5~2A/dm²，电镀高锡青铜时可以适当高一些。

5）阳极：阳极大多采用含锡 8%～15%且经回火处理的合金。用单金属阳极时，铜锡极按 9∶1 比例悬挂。电镀时，锡阳极表面应带有金黄色钝化膜，使锡以四价形式进入镀液。如果阳极是以二价锡溶解，则它的析出电位为正，会使镀层发暗，此时，可用双氧水使二价锡氧化成四价锡。金黄色钝化膜可以采用正常电镀的三倍电流密度对锡阳极通电 2min 左右，再调到所需电流密度，锡阳极表面即可形成金黄色钝化膜，有利于阳极以四价锡溶解。

总之，电镀铜锡有一定优点，通常采用高氰和低氰镀液，无氰镀液虽也曾有所开发，但均限于工作范围窄、允许电流密度上限降低、现场维护比较困难，因而实际应用不断在缩减，有待完善。

习 题

1. 铜阳极中为什么要含磷？
2. 酸铜电镀液中氯离子过高的主要处理方法包括哪几种？
3. 简述氰化物镀铜的优缺点。
4. 简述氰化物镀铜液中各成分的作用。
5. 焦磷酸盐镀铜的优点和缺点是什么？
6. 简述焦磷酸盐镀铜电解液的维护措施。
7. 简述酸铜镀液中各成分的作用。
8. 简述铜锡合金镀液组分及作用。

第六章 电镀锡及锡合金

第一节 概　　述

锡（Sn）为第五周期VIA族元素，银白色锡金属具有高韧性、易钎焊、延展性好、耐蚀耐变色及无毒等优点，这使得其在电子工业领域的应用较为广泛。纯锡的密度约为 $7.299g/cm^3$，电导率 $9.09Ms/m$，熔点、沸点分别为 $232℃$ 和 $2260℃$。锡有白锡、灰锡、脆锡三种同素异形体，其化合价主要有 Sn^{2+} 和 Sn^{4+}，其中 Sn^{2+} 的标准电极电位、电化学当量分别为 $-0.136V$ vs SHE 和 $2.214g/(A·h)$。

锡金属的无毒特点使得其在餐具、食品包装等领域有所应用，例如，薄铁皮镀锡作为食品罐头的内层具有无毒特性且可有效防止有机酸对铁的腐蚀。自 1843 年电镀锡专利发表以来，镀锡及其合金层凭借优良的可焊性，在半导体器件、电子电路、无源器件等电子行业中用途广泛，且镀锡技术随着电子工业的进步经历了由碱性四价锡酸盐到酸性二价亚锡盐体系的发展历程。酸性镀锡为了适应工业化绿色清洁和高效生产的要求也经历了氯化盐、氟硼酸、硫酸盐、酚磺酸和甲磺酸镀锡的技术革新。随着光亮镀锡工艺的进步和以锡代银低成本的驱动，锡金属层的可焊性优点在电子封装领域具有广泛的应用，且冰花镀锡技术在装饰领域的用途也日益扩大。

锡是两性金属，既能与酸反应生成盐而形成锡的阳离子，又能与强碱生成盐形成锡酸根的阴离子。锡在酸性镀锡中是两价阳离子，而在锡酸盐碱性镀液中是以四价（锡酸根 SnO_3^{2-}）存在的。锡在低温下可转变为非晶型的同素异形体（α 锡或灰锡），俗称"锡瘟"，锡与少量的锑（$0.2\%\sim0.3\%$）或铋等共沉积可有效地抑制这种转变。

镀锡层在高温、高潮湿及密闭条件下能长成"锡须"，俗称"长毛"，锡须有惊人的高电流负载能力，通常约为 $10mA$，最大可达 $50mA$，大电流对电子集成电路来说是致命的。锡须能够造成电气短路，引发故障，降低电子器件的可靠性，甚至造成灾难性后果。锡须是从镀层表面自然生长出的柱状或圆柱细丝状单晶锡，大多以缠绕、弯曲或扭曲的形态出现，长度可从 $1\mu m$ 到 $1mm$ 不等，直径通常为 $1\sim3\mu m$。不同的锡合金表面均可能出现锡须，但纯锡表面最容易出现锡须的生长。许多合金元素，如 Pb 和 Bi 等元素，可以阻碍或延迟锡须的生长；另外还有一些元素，如 Cu 元素，虽然不溶于 Sn，实际上却可以促进锡须生长。抑制锡须的生长是无铅化进程中需要解决的关键问题之一。因此需要采取必要的措施来解决镀锡层易造成电子元件短路的问题，采取的手段主要包括镀覆中间层、电镀较厚的 Sn 合金镀层、镀低应力 Sn 合金镀层、Sn 合金镀层表面回流和退火处理等措施。

电镀锡无论采用哪种电解质，都需要不同的电镀添加剂来获得令人满意的镀层：亚光，半光亮和全光亮。根据电镀添加剂的功能，添加剂可以分为整平添加剂、光亮剂、晶粒细化剂、抑制剂和润湿剂。添加剂在水性电镀液中的使用是极其重要的，主要是由于其对成核、结晶的生长和电沉积的结构等均有影响，添加剂的用处包括增亮沉积层、减小晶粒尺寸、降低形成直径的趋势和提高物理机械性能。

镀锡液包括碱性镀锡和酸性镀锡两类。酸性镀锡电解液中主盐锡主要以二价锡形式存在，在碱性镀锡中主要以四价锡形式存在。碱性镀锡电解液的分散能力较好，镀层结晶细致、洁白、孔隙少，对杂质允许量大。酸性电解液的电流效率比碱性电解液的电流效率高，沉积速率快，且酸性电解液无需加热，室温下即可进行而获得光亮锡镀层，两类镀液的特点如表 6-1 所示：两种镀液性能不同，但都能取得较满意镀层。

表 6-1　两种类型镀锡电解液的特性对比

性能 电解液	均镀 能力	深镀 能力	沉积 速率	钎焊性	光亮度	阴极电流效率(η_k)/%
碱性镀锡电解液	优	优	良	优	较好	60~80
酸性镀锡电解液	良	良	优	良	优	95~100

第二节　碱　性　镀　锡

在镀锡过程中，碱性锡酸盐电镀锡液较酸性镀锡液使用较少，碱性锡酸盐镀液优点在于镀液对钢铁基材没有腐蚀性，属于简单盐电镀液，不需要添加剂就可以获得良好的镀层，分散能力良好。缺点在于碱性锡酸盐镀液需要加热，导致耗电增加，其允许操作的最高电流密度较低。此外，碱性电镀液中 Sn 是从四价锡离子得电子生产 Sn 的，所需的理论电能是酸性电镀液的 2 倍。在碱性电解液中，低电流密度时锡阳极溶解成亚锡酸盐，当电流密度增大到一临界值时，锡阳极表面就会生成一种金黄色的膜，而一旦这种膜覆盖住阳极表面，锡就完全溶解成锡酸盐，只有这样才能使电镀锡层致密。

一、碱性镀锡液中的主要成分

碱性镀锡溶液分为钠盐和钾盐两大体系。钠盐体系主要成分有锡酸钠和氢氧化钠，钾盐体系主要成分有锡酸钾和氢氧化钾。国内碱性镀锡溶液多采用钠盐体系，钠盐成本较低，货源比较方便，与钾盐相比较，钠盐的阴极电流效率、阴极电流密度、溶解度等在相同条件下比钾盐低，钾盐溶液稳定性较好。碱性镀锡电解液成分简单，镀液用锡酸钠或锡酸钾为主盐，氢氧化钠为镀液稳定剂，阳极一般用含锡量 99%以上的纯锡。一般来说，碱性镀锡液的分散能力较好，但其电流效率较低，锡的沉积速率较慢，镀液需要的温度高。碱性镀锡液的成分及工艺条件见表 6-2。

表 6-2　碱性镀锡液成分及工艺条件

成分及工艺条件	1	2	3
锡酸钠 ($Na_2SnO_3 \cdot 3H_2O$)/(g/L)	75~90		120
锡酸钾 ($K_2SnO_3 \cdot 3H_2O$)/(g/L)		95~110	
氢氧化钠 (NaOH)/(g/L)	8~12		30

续表

成分及工艺条件	1	2	3
氢氧化钾 (KOH)/(g/L)		13～19	
乙酸钠 (NaAc)/(g/L)			30
乙酸钾 (KAC)/(g/L)		0～15	
过硼酸钠 (NaBO₃)/(g/L)			2
双氧水 (H₂O₂)/(g/L)	适量		
温度/℃	70～90	65～85	60～70
阴极电流密度 /(A/dm²)	1.0～1.5	3～10	3～10
阳极电流密度 /(A/dm²)	3～4	1.5～4	1.5～4
电压 /V	4～8	4～6	6～10

二、碱性镀锡溶液成分作用及工艺条件

1. 锡酸盐

锡酸钠（钾）是镀锡的主盐，提供被沉积的金属离子，通过调整相对应的氢氧化钠（钾）的适当含量和其他添加成分，以防止产生棉状锡镀层。锡酸盐镀液的突出优点是分散能力很强，对形状复杂件和有空洞凹坑的零件尤为合适。一般来说，提高主盐浓度，可相应提高工作电流密度，加快沉积速率，但它的阴极电流效率随着阴极电流密度的升高而很快下跌。主盐含量过高时，阴极极化作用降低，使镀层粗糙。主盐含量过低时，溶液的分散能力较好，镀层洁白细致，但沉积速率慢。

2. 氢氧化钠（钾）

氢氧化钠（钾）的作用首先是防止锡盐水解，起稳定溶液的作用；其次可减缓空气中二氧化碳影响，保持一定量的游离碱，可以吸收空气中的二氧化碳，生成碳酸钠（钾），从而减缓了空气中二氧化碳对主盐的影响；此外，氢氧化钠（钾）的作用是使阳极正常溶解。碱性镀锡时游离碱一般控制在 7～20 g/L 范围内，其含量过高会使阳极难以保持半钝化状态，阳极不易保持金黄色，容易溶解出二价锡离子而影响镀液的稳定性并使镀层质量变劣，镀液不稳定。当其含量过低时，阳极则易钝化，镀液分散能力下降，镀层也易烧焦，同时镀液中还会出现锡酸盐的水解。

3. 乙酸钠（钾）

某些碱性镀锡液中加入乙酸盐，以期达到缓冲作用，实际上碱性镀锡液呈强碱性，乙酸盐不可能起缓冲作用。但是生产中常用乙酸来中和过量的游离碱，起控制游离碱的作用，故在镀液中总是存在乙酸盐。

4. 双氧水和过硼酸钠（钾）

少量的二价锡存在就会形成灰暗或海绵状镀层，镀液中二价锡去除方法是用 30%双氧水 0.1～0.5mL/L 稀释加入，均匀搅拌，或用过硼酸钠（钾）使二价锡变为四价锡，必要时，可在阳极面积与阴极面积比为 1∶5 条件下进行电解处理。

5. 阴极电流密度

阴极电流密度的高低取决于镀液温度、主盐浓度、游离碱量和搅拌等。提高阴极电流密度可相应提高沉积速率，但阴极电流密度过高时，阴极电流效率随着阴极电流密度的升高而很快下跌，且镀层粗糙、多孔及色泽发暗。

6. 温度

碱性镀锡溶液温度通常控制在 60～90℃范围，提高温度能加快阳极溶解及减少阴极浓差极化，并可得到较好的镀层。但温度过高，阳极稳定性差且不易保持金黄色膜，产生的二价锡影响镀层质量，能源消耗大，镀液损耗多。

碱性电解液镀锡后特别是焊接件需用去离子水或软水清洗，以防锡酸钙和锡酸镁附着镀件表面影响产品可焊性。配制镀液时，在镀锡槽中加入 2/3 的去离子水，并加热到约66℃，慢慢加入计量氢氧化钠，再逐渐加入已经用水调成糊状的锡酸钠，强烈搅拌待全部溶解后加热调至规定体积，取样分析并调整到工艺范围，过滤调整后，通电处理数小时即可试镀。

三、碱性镀锡常见故障及对策

碱性镀锡常见故障及纠正方法如表 6-3 所示。

表 6-3　碱性镀锡常见故障及纠正方法

故障现象	产生原因	纠正方法
锡阳极呈灰白色	①阳极电流密度过低	①可增大电流或减少阳极面积
	②温度升高	②降低温度
阴极电流效率低，镀层发暗	①温度过低	①提高温度
	②主盐含量低	②分析主盐含量并调整
	③游离碱量过高	③降低游离碱量
锡阳极发黑	①游离碱含量低	①分析补充
	②阳极电流密度过高	②调整
镀层粗糙发黑或呈海绵状	①二价锡过多	①补加双氧水或过硼酸钠
	②阴极电流密度过低	②提高电流密度至正常工艺范围内

续表

故障现象	产生原因	纠正方法
镀层发雾	四价锡过多、杂质过多，光亮剂分解物积累	过滤，低电流处理或加活性炭处理
零件深凹处无镀	游离碱太少	分析补充
沉积速率慢	镀前处理不好，光亮剂过量，游离 NaOH 缺少	适当调整

第三节　酸　性　镀　锡

酸性镀锡液的主要类型有氯化盐、氟硼酸、硫酸盐、酚磺酸和甲磺酸等，其中硫酸盐镀锡具有电流效率高、废水处理成本较低及常温下可进行电镀的优点，在金属材料表面易获得满意的锡镀层，但硫酸盐镀锡液分散能力及稳定性较差。自 20 世纪 60 年代以来，酸性镀锡添加剂经历了明胶、β-萘酚、甲酚磺酰的发展历程并获得了电沉积锡晶体致密且可焊性好的无光镀锡层，此后在无光镀锡液的基础上通过加入特定的有机添加剂获得了光亮镀锡层的新工艺。光亮镀锡液中特定的有机添加剂有分散剂、光亮剂和亚锡离子的稳定剂（抗氧化剂）等。硫酸盐镀锡液中加入抗坏血酸至 2g/L 时可使镀液中 Sn^{4+} 还原成 Sn^{2+} 以维持镀液的稳定，常用的酸性镀锡稳定剂还包括 β-萘酚、盐酸羟胺、苯二酚、硫酸铵、水合肼和甲酚磺酰等。酸性光亮镀锡液中的光亮剂主要包括两类，一类是含有共轭双键或大 π 键的不饱和有机羰基化合物，苯亚甲基丙酮在光亮酸性镀锡中作为光亮剂使用时，其浓度控制为 0.3g/L，苯亚甲基丙酮分子结构特点如下：

第二类光亮剂有增光作用，也称辅助光亮剂。在镀液中第二类光亮剂与其他有机物一起在电极上吸附，使氢不易析出，有利于金属锡沉积为光亮的镀层，如甲醛、四氢呋喃等。通常情况下，光亮镀锡层与镀暗锡层相比稍硬且韧性较好，经冲击适量变形，光亮镀锡层可焊性比暗锡好，光亮镀锡层长锡须的趋向比不光亮的暗锡镀层大，尽管它存在一定缺点，但由于光亮镀锡沉积速率快、整平性能好、外观漂亮、耐久，在电子工业上广受欢迎。为了在酸性镀锡液中获得光亮镀锡，从 20 世纪 20 年代起便开始不断探索，20 世纪 60～70 年代酸性镀锡光亮剂发展为大多以酮、醛与羧酸类为主。我国从 20 世纪 80 年代迄今涌现了一系列酸性锡添加剂，在促进我国电镀锡科研和生产方面起了重要的作用。

一、硫酸盐镀锡原理

实际上，无论是普通硫酸亚锡溶液还是光亮硫酸亚锡溶液，其主要成分均包括硫酸亚锡和硫酸。硫酸亚锡在溶液中离解，即

$$SnSO_4 \Longrightarrow SO_4^{2-} + Sn^{2+}$$

锡主要呈二价状态，阴极效率通常在90%以上，硫酸盐镀锡阴极的主要反应是

$$Sn^{2+} + 2e^- \longrightarrow Sn$$

通常情况下，氢离子在锡上的过电位较高，因此析氢副反应不易发生，在阴极上主要是锡离子放电析出金属锡。而阳极反应过程主要是金属锡失去电子，成为二价锡离子而进入溶液：

$$Sn \longrightarrow Sn^{2+} + 2e^-$$

镀液中二价锡不稳定，容易氧化生成四价锡，因此常在电解溶液加入适量的硫酸，其主要作用有：

1）作为导电盐，增加溶液的导电性，降低槽压。

2）使作为主盐成分的亚锡离子的浓度相对降低，主盐浓度越低，其阴极极化作用越显著，这样才有利于形成结晶细致的镀层。

3）防止锡发生水解，在硫酸镀锡溶液中，二价锡容易氧化为四价锡，这两种离子容易被水解而沉淀，使电解溶液浑浊，水解反应如下：

$$SnSO_4 + 2H_2O \Longrightarrow Sn(OH)_2\downarrow + H_2SO_4$$
$$Sn(SO_4)_2 + 4H_2O \Longrightarrow Sn(OH)_4\downarrow + 2H_2SO_4$$

从离子平衡角度来说，在硫酸足量情况下，便可抑制硫酸锡盐的水解。酸性镀锡液中，如果仅含有硫酸亚锡和硫酸，则使电镀层粗糙、色泽暗淡，镀液的分散能力也较差。因此，在酸性镀锡液中必须有适当的添加剂，如有机光亮剂、稳定剂和分散剂等。在酸性镀锡液中，有机光亮剂通常还包括主光亮剂和辅助光亮剂，其中主光亮剂以镀层发光为主要目的，多为一些芳香醛、不饱和酮及胺作主光亮剂。主光亮剂需要辅助光亮剂才能起协同效应，以细化结晶，扩大光亮区。辅助光亮剂有增光作用，这是因为它在镀液中能与其他有机物一起在电极上吸附，使氢不易析出，有利于金属锡沉积形成光亮锡镀层。

实际上，许多有机添加剂如主光亮剂和辅助光亮剂在水溶液中溶解度低，且有些有机添加剂在电镀过程中会发生聚合、氧化反应等而从镀液中析出。因添加剂不易溶解，其在镀液中的浓度非常低，这将直接影响添加剂在阴极表面的吸附，增光效果不明显。载体光亮剂又称分散剂，有时也称为表面活性剂，如OP乳化剂等，利用表面活性剂的胶束增溶作用来提高光亮剂在镀液中的含量。载体光亮剂是光亮剂的载体，同时也能在较宽的电流密度范围内抑制亚锡离子（水化离子）的放电。

二、酸性镀锡液中的主要成分

硫酸盐具有成本低、腐蚀性小的优点，所以硫酸酸性光亮镀锡是目前国际上应用最广的一种电镀液。近年来，在高速电镀锡液领域，烷基磺酸、羟烷基磺酸越来越受到重视。烷基磺酸、羟烷基磺酸具有溶解锡的容量大的特点，尤其是甲基磺酸、亚锡液的稳定性大大优于硫酸体系，且使用的电流密度高、沉积速率快，可在高温下操作，尤其适于高速连续性镀锡和锡合金。它的最主要缺点是成本太高，不利于大规模推广。酸性硫酸盐镀锡电解液虽然比碱性镀液分散能力差，但它的电流效率高，对电能的消耗比碱性镀锡要省得多，而且操作时不需加热和抽风设备，节省能源。酸性镀锡溶液配方及工艺条件见表6-4。

表 6-4　酸性镀锡溶液配方及工艺条件

成分及工艺条件	一般镀锡		光亮镀锡	
	配方 1	配方 2	配方 3	配方 4
硫酸亚锡 (SnSO$_4$)/(g/L)	45～55	45～55	20～45	70
硫酸 (H$_2$SO$_4$)/(mL/L)	60～100	60～80	90～110	160
α-萘酚 (C$_{10}$H$_8$O)/(g/L)	0.8～1			
明胶 /(g/L)	2～3	0.3～1.0		
酚磺酸或甲酚磺酸 /(mL/L)	80～100	40～60		
AT-92 光亮剂 /(mL/L)			16～20	
AT-92 稳定剂 /(mL/L)			20～30	
SS-820/(mL/L)		5～7		15
SS-821/(mL/L)				1
温度/℃	15～30	15～30	5～40	10～35
阴极电流密度 /(A/dm^2)	0.5～2	0.3～0.8	0.5～0.8	1～3.5
搅拌方式	阴极移动	挂镀	滚镀	阴极移动

注：配方 1、2 为普通酸性镀锡，配方 3、4 为光亮酸性镀锡。其中 SS-820 系列，由黄岩萤光化学有限公司产。

镀液配制是首先计算镀槽配制体积，根据配制体积及选用的配方，分别计算出各种成分用量。然后在镀槽内加入 2/3 配制体积的蒸馏水，再将计算好的硫酸缓慢加入槽内，均匀搅拌后，将计算好的硫酸亚锡加入上述溶液中，搅拌至完全溶解。等电解液冷却之后，加入预先在载运剂中溶解的主光亮剂及辅助光亮剂等，并加水到配制体积，再进行电解，经分析调整后即可投产。

三、酸性镀锡溶液成分作用及工艺条件

1. 硫酸亚锡

硫酸亚锡作为溶液的主盐，在允许范围内采用上限含量可提高阴极电流密度，增加沉积速率。但主盐浓度过高则极化程度低、镀液的分散能力下降，光亮区缩小，镀层色泽变暗，结晶粗糙；浓度过低，则允许的电流密度减小，生产效率低，镀层容易烧焦。滚镀可采用较低浓度。

2. 硫酸

硫酸具有防止亚锡水解、降低槽电压、使溶液稳定的作用。游离硫酸能提高镀液的导电性能和分散能力。当硫酸含量不足时，Sn^{2+} 易氧化成 Sn^{4+}。它们在溶液中易发生水解反应：

$$SnSO_4 + 2H_2O \longrightarrow Sn(OH)_2\downarrow + H_2SO_4$$
$$2SnSO_4 + O_2 + 6H_2O \longrightarrow 2Sn(OH)_4\downarrow + 2H_2SO_4$$

因此，硫酸浓度的增加有助于减缓上述水解反应，当硫酸浓度足够大时，可以抑制 Sn^{2+} 和 Sn^{4+} 的水解。

3. β-萘酚

β-萘酚起提高阴极极化、细化晶粒、减少镀层孔隙的作用。由于 β-萘酚憎水性较高，含量过高时会导致明胶凝结析出，并使镀层产生条纹。

4. 酚磺酸

酚磺酸可以提高酸性镀锡液的阴极极化作用，使镀锡层结晶致密均匀，在光亮镀锡溶液中可以减少镀层条纹及针孔，使镀层平整光亮，并能防止亚锡离子氧化，使镀液稳定。

5. 明胶

明胶具有增大阴极极化电位的作用，并有利于获得致密均匀的镀层。明胶过高时镀层的脆性增加而可焊性变差，因此需要严格控制明胶用量，尤其是高可焊性镀层的电镀液中应尽量不含明胶成分。

6. 光亮剂

光亮剂具有增大镀层镜面光亮的效果。光亮剂含量过高时，镀层的脆性增加、结合力变差。镀锡光亮剂通常包括载体光亮剂、主光亮剂和辅助光亮剂等主体成分。①载体光亮剂：大多数的光亮剂溶解度较低，导致其在阴极表面的吸附量少，镀层镜面光亮效果不明显。因此常在镀液中加入少量表面活性剂作为载体分散剂，并借助胶束增溶作用来提高光亮剂在阴极表面的吸附量。光亮镀锡时，载体光亮剂在一定的电流密度范围内也能起到抑制亚锡离子放电的效果；②主光亮剂：其分子结构中含有共轭双键或大 π 键的不饱和含烯基的有机羰基化合物，如肉桂醛、亚苄基丙酮等；③辅助光亮剂：在镀液中与主光亮剂一起在阴极表面吸附，使金属锡沉积晶粒细化，有镜面光亮效果，如苄叉丙酮、丙烯酸等。

7. 阴极电流密度

阴极电流密度随主盐浓度、温度和搅拌情况而变化，光亮镀锡的电流密度可在 $1\sim4A/dm^2$ 范围内变化，电流密度过高，镀层疏松、粗糙、多孔，边缘易烧焦，还可能出现脆性；电流密度过低，得不到光亮镀层，且沉积速率降低，影响生产效率。

8. 温度

温度宜低不宜高，若温度过高，二价锡氧化速度加快，溶液中浑浊和沉淀物增多，镀层粗糙，镀液寿命降低。光亮剂消耗亦随温度升高而加快，使光亮区变窄，镀层均匀性差，严重时镀层变暗，出现花斑和可焊性降低。温度过低，工作电流密度范围变小，镀层易烧焦，并使电镀的能耗增大。加入性能良好的稳定剂可提高工作温度的上限值。

9. 搅拌

光亮镀锡应采用阴极移动或搅拌，阴极移动速率为 15～30 次/min，搅拌有助于镀取镜面光亮镀层和提高生产效率。但为防止 Sn^{2+} 氧化，禁止用空气搅拌。

10. 阳极材料

酸性镀锡阳极通常采用 99.9% 以上的高纯锡。纯度低的阳极易产生钝化，促进溶液中 Sn^{2+} 被氧化成 Sn^{4+}，从而导致 Sn^{4+} 的积累和镀液浑浊。一般采用铸造法或辊压法制备阳极。铸造法制备阳极的时候最好用冷水迅速冷却，以防止锡晶粒粗大。为限制阳极电流，防止阳极钝化，阴阳极面积比一般选在 1：2 左右。为防止阳极泥渣影响镀层质量，可用耐酸的阳极袋包裹阳极以免阳极泥渣进入镀液中。

四、其他酸性镀锡体系

目前工业上应用的酸性镀锡液主要有硫酸盐镀液、氟硼酸盐镀液、氯化物-氟化物镀液、磺酸盐镀液等几种类型。

1）冰花镀锡：冰花镀锡是利用首次镀锡层的重熔冷却结晶后经腐蚀在锡层表面显示出的花纹隐影的表面，然后在同一镀锡液中进行二次镀锡获得明暗相间呈晶纹状的镀锡图案。冰花镀锡具有良好的商品装饰效果，为了使得冰花镀锡的商品具有更加精美高雅的效果，常在其表面涂敷色漆进行装饰。冰花镀锡液组成及工艺条件如下：

硫酸（H_2SO_4）（1.84g/cm³）	80～90mL/L
硫酸亚锡（$SnSO_4$）	40～60g/L
SNU-2a（光亮剂）	15～20mL/L
NSR（稳定剂）	20～30mL/L
温度	18～32℃
电流密度	1～3A/dm²
$S_{阴极}$：$S_{阳极}$	1：2

冰花镀锡层制备工艺流程包括：被镀覆件→除油除锈→热水冲洗→冷水冲洗→被镀覆件表面材料的活化→冷水冲洗→第一次镀锡→冷水冲洗→吹干→热熔→结晶冷却→活化处理→第二次镀锡→水清洗→涂透明清漆→成品。

2）氟硼酸盐镀锡：氟硼酸盐镀锡可采用很高的阴极电流密度并有相当宽的阴极电流密度范围，沉积速率高，分散能力好，镀层结晶细致，洁白而有光泽，可焊性好，适用于挂镀、滚镀和线材电镀，常用于钢板、带及线材的连续快速镀锡。氟硼酸能与镀液中的

Sn^{2+}形成稳定的络离子，以提供电沉积时所需的金属离子。"游离氟硼酸"（指与镀液中的 Sn^{2+} 络合所需的氟硼酸外剩余的氟硼酸）能稳定镀液中的 Sn^{2+}，防止水解和氧化作用。如果镀液中氟硼酸含量低，会发生水解和氧化成胶体状的高价锡化合物，以及白色碱式氟硼酸盐沉淀：

$$Sn(BF_4)_2 + H_2O \longrightarrow Sn(OH)BF_4\downarrow + HBF_4$$

游离的氟硼酸还能加速锡阳极的溶解，造成镀液中 Sn^{2+} 含量增加，并且随着氟硼酸浓度提高而明显增加。提高氟硼酸含量能提高镀液的导电率和分散能力。德国的拉色斯坦公司持有氟硼酸型电镀锡工艺专利许可证，镀液主盐为氟硼酸亚锡，此工艺优点在于可采用的电流密度高，适合高速电镀，并且有良好的均镀能力，但镀液中含有氟离子而使废水难于降解，并且氟离子对仪器设备和人体的危害都比较大，其镀液组成如下：

$Sn(BF_4)_2$	225～300g/L
Sn^{2+}	45～60g/L
HBF_4	225～300g/L
H_3BO_3	22.5～37.5g/L
β-萘酚	1～2g/L

3）有机磺酸盐镀锡：有机磺酸盐镀液是近年来开发的一种高速电镀锡溶液，目前是酸性镀锡领域研究的热点之一。其最大的优点是工艺成分简单，操作容易，维护方便，适应性强，镀液稳定性好，对环境无氟化物污染，是一种比较经济的镀锡工艺。但它的镀层粗糙、孔隙多、抗腐蚀能力差，镀后要经过软熔处理。常见的磺酸盐有甲磺酸、酚磺酸、氨基磺酸、乙氧基甲萘酚磺酸等。

有机磺酸盐镀锡的工艺规范如下：

硫酸亚锡（$SnSO_4$）	30～40g/L
硫酸（H_2SO_4）	70～90g/L
酚磺酸（$C_6H_4HSO_3H$）	20～60g/L
聚乙二醇（$M \geqslant 6000$）	2～3g/L
酒石酸钾钠（$NaKC_4H_4O_6$）	2～4g/L
40%甲醛（HCHO）	3～7mL/L
硫酸钴（$CoSO_4 \cdot 7H_2O$）	80～150mg/L
温度	15～35℃
电流密度	0.3～2A/dm²
$S_{阳极}$: $S_{阴极}$	（1～2）：1

五、酸性镀锡镀前和镀后处理

在钢铁基材上直接镀锡时结合力较差，通常为了保证结合力和镀层的防腐蚀能力，可以在镀锡层之前镀一层铜或铜镍层后再镀一层锡以赋予镀层良好的可焊性；黄铜基材镀锡时因黄铜合金中含有锌元素，锌元素易腐蚀，会使得镀层出现腐蚀斑点，因此黄铜基材镀锡前需预镀一层铜或镍。

1. 镀前处理

光亮酸性镀锡的除油液中不能含有硅酸钠（水玻璃），如果硅酸钠带入镀液，会污染镀液。除锈时，浸酸液不可用盐酸和硝酸，一般用稀释硫酸。对于黄铜件，可先预镀层镍（特别是滚镀尤其需要），否则高温时易起泡，挂镀无须预镀，但镀件入槽时需用冲击电流，以免加工黄铜件发生局部化学腐蚀，因镀液是强酸，会浸蚀黄铜。

2. 镀后处理

镀锡后镀件即用水冲洗干净，不可停留，再用热水烫洗，然后用离心甩干机甩干，再用远红外线电热器烘干。因锡是低熔点金属，要特别注意控制工艺规范，温度不可过高。

3. 锡镀层退镀工艺

电化学方法：
1）配方1：

氢氧化钠（NaOH）	150～200 g/L
氯化钠（NaCl）	15～30 g/L
温度	80～100℃
电流密度	1～5A/dm^2

2）配方2：

盐酸（HCl）	10%
温度	40～60℃
电流密度	1～2A/dm^2

化学方法：

三氯化铁（FeCl$_3$）	70～100 g/L
乙酸（CH$_3$COOH）（50%）	300～450 mL/L
温度	20℃

六、酸性镀锡常见故障及对策

酸性镀锡常见故障及纠正方法如表6-5所示。

表 6-5　酸性镀锡常见故障及纠正方法

故障现象	产生原因	纠正方法
镀层起泡	①前处理不良 ②镀液有机污染 ③添加剂过多	①加强前处理 ②活性炭处理 ③小电流处理

续表

故障现象	产生原因	纠正方法
镀层有条纹	①温度过低 ②主盐含量低 ③游离碱量过高	①调整镀液温度至规定值范围内 ②调整电流密度 ③小电流电解
阳极钝化	①阳极电流密度太高 ②镀液中硫酸不足	①加大阳极面积 ②分析，补加硫酸
镀层沉积速率慢	①Sn^{2+}偏少 ②电流密度太低 ③温度太低	①分析，补加$SnSO_4$ ②提高电流密度 ③适当提高操作温度
镀层发暗、发雾	①镀层中铜、砷、锑等杂质污染 ②氯离子、硝酸根离子污染 ③Sn^{2+}不足，Sn^{4+}过多 ④电流过高或过低	①小电流电解 ②小电流电解 ③加絮凝剂过滤 ④调整电流密度至规定值
镀层有针孔、麻点	①镀液有机污染 ②阴极移动太慢 ③镀前处理不良	①活性炭处理 ②提高移动速度 ③加强前处理
镀层粗糙	①电流密度过高 ②锡盐浓度过高 ③镀液有固体悬浮物	①适当降低电流密度 ②适当提高硫酸含量 ③加强过滤，检查阳极袋是否破损
镀层脆或有裂纹	①镀液有机污染 ②添加剂过多 ③温度过低 ④电流密度过高	①活性炭处理 ②活性炭处理或小电流处理 ③适当提高温度 ④适当降低电流密度
局部无镀层	①前处理不良 ②添加剂过量 ③电镀时零件相互重叠	①加强前处理 ②小电流电解 ③加强操作规范性

七、酸性及碱性镀锡工艺过程

1）印制电路板图形电镀：是在线路图形裸露的铜皮上或孔壁上电镀一层达到要求厚度的铜层与要求厚度的金镍或锡层。其流程为：上板→除油→水洗两次→微蚀→水洗→酸洗→镀铜→水洗→浸酸→镀锡→水洗→下板。

2）钢铁件碱性镀锡：化学除油→水洗两次（热水、冷水清洗）→强腐蚀→冷水清洗→电化学除油→水洗两次→弱腐蚀→冷水清洗→中和→镀锡→水洗两次→烘干。

3）铜和铜合金件碱性镀锡：化学除油→水洗两次→酸液浸蚀→水洗两次→光亮酸洗→水洗两次→镀锡→水洗两次→烘干。

4）钢铁件酸性镀锡：化学除油→水洗两次→强腐蚀→水洗两次→电化学除油→水洗两次→弱腐蚀→冷水清洗→镀锡→水洗两次→烘干。

5）铜和铜合金件酸性镀锡：化学除油→水洗两次→酸液浸蚀→水洗两次→光亮酸洗→水洗两次→浸稀镀锡溶液→酸性镀锡→回收→去离子水洗两次→烘干。

第四节　电镀锡合金

一、电镀锡铅合金

　　Sn^{2+}和 Pb^{2+}在酸性溶液中得电子还原析出速度快且获得的镀层粗糙呈枝状。考虑到Sn^{2+}和Pb^{2+}还原电化学反应的超电压过小，为了获得致密光亮的锡铅合金镀层就需要增加电极还原反应的阻力并提高阴极极化过电位。通过在酸性镀液中加入合适的络合剂或添加剂来抑制金属离子的快速还原反应来获得结晶致密的镀层是一种有效的方法。在低 pH 环境下同时抑制 Sn^{2+}和 Pb^{2+}金属离子还原反应的配位剂的研究工作有待进一步提高，目前常采用有机添加剂注入酸性镀液中，依赖其在电沉积金属表面上的吸附以抑制结晶生长并促进晶核生成的方法来增加阴极极化。铅锡合金镀层曾经在电子封装领域应用广泛，但因铅元素的危害性，目前其应用正受到限制，例如，按欧洲议会的决议，2006 年 7 月 1 日起将全面实施电子产品的无铅化，因此锡铅合金也将被停止使用。海水环境中常采用锡铅合金中含锡45%～55%的合金防止海水腐蚀，而含锡 55%～65%的锡铅合金具有良好的表面焊接性。酸性镀纯锡层的可焊性也比锡铅合金差且熔点较高，受外力作用时易长锡须。通过镀锡合金中引入其他元素（如锡铅合金中含 1%～3%铅）可以抑制锡须的生成。

（一）氟硼酸盐镀铅锡/锡铅合金

　　氟硼酸盐镀合金镀液的组成及工艺条件见表 6-6。氟硼酸盐镀铅锡/锡铅合金镀液的成分简单，镀液稳定性好，阴阳极的电流效率高。

表 6-6　氟硼酸盐镀合金镀液的组成及工艺条件

组成及含量	可焊性镀层	印制电路镀层	防护镀层	光亮镀层
氟硼酸亚锡[$Sn(BF_4)_2$]/(g/L)	100～150	30～50	70～95	44～62
氟硼酸铅[$Pb(BF_4)_2$]/(g/L)	50～60	15～26	55～85	15～20
游离氟硼酸(HBF_4)/(g/L)	100～200	350～500	80～100	260～300
蛋白胨/(g/L)	5	2.0～7.0		30～35
β-萘酚($C_{10}H_8O$)/(g/L)				3
游离硼酸(H_3BO_3)/(g/L)				30～35
2-甲基醛缩苯胺/(mL/L)				30～40
40%甲醛($C_{10}H_8O$)/(g/L)				20～30
平平加/(mL/L)				30～40
明胶			1.5～2.0	
温度/℃	15～37	15～37	室温	10～20
阴极电流密度/(A/dm²)	3.2	1.0～2.5	0.8～1.2	3.0
阳极或镀层锡含量/%	60	60	45～55	60
搅拌方式	阴极移动	阴极移动	阴极移动	阴极移动

1）镀液中锡、铅以氟硼酸亚锡[Sn(BF$_4$)$_2$]、氟硼酸铅[Pb(BF$_4$)$_2$]的形式加入镀液中，锡的标准电位是$\varphi^\ominus$ Sn^{2+}/Sn = −0.136V，铅的标准电位是$\varphi^\ominus$ Pb^{2+}/Pb = −0.126V，这两种金属的标准电位接近，Sn-Pb 合金电沉积机理属于平衡共沉积，其特征是在较低电流密度下，镀层中的金属比等于镀液中的金属比。且主盐的浓度对镀液的电导率和分散能力有影响，通常来说，总金属离子浓度高，则允许使用的电流密度上限增加，但镀液的分散力和电导率降低。

2）游离氟硼酸的主要作用是可以防止 Sn^{2+}氧化和水解，保持镀液的稳定。氟硼酸亚锡的水解反应为

$$Sn(BF_4)_2 + H_2O \Longrightarrow Sn(OH)BF_4\downarrow + HBF_4$$

游离氟硼酸还具有使铅锡合金阳极正常溶解，提高镀液的电导率和分散能力的作用。印制电路板电镀中，游离氟硼酸要控制在 400g/L 左右，氟硼酸含量过高，会使镀层粗糙、光亮性差，且氟硼酸水溶液对环境污染较大。

3）硼酸在镀液中能抑制金属盐的水解，并能起缓冲的作用。

4）2-甲基醛缩苯胺、β-萘酚、甲醛、明胶、蛋白胨等添加剂的加入可提高阴极极化改善镀液的分散能力，使镀层结晶细致。蛋白胨可抑制树枝状结晶的生成，使镀层结晶细化。加入甲醛、平平加、β-萘酚等可以在一定的电流密度范围内获得光亮的锡铅合金镀层。但添加剂加入过多，会使镀层变脆。

5）阴极电流密度大，可提高金属离子沉积速率并有利于电位较负的锡析出，但阴极电流密度过大可能导致电流效率下降。此外，依据电镀合金时锡沉积量随电流密度的增加而增加这一特性，可以通过电流密度来调节合金镀层中锡的含量。

6）升高温度，会加速 Sn^{2+}的氧化生成 Sn^{4+}，同时也会加速添加剂的分解和消耗，因此温度不能过高。但温度过低，阴极电流效率降低，镀层变粗糙。

7）电沉积过程中，阳极溶解电流效率接近 100%，几乎不发生阳极钝化现象，因此阳极成分要与镀层成分大致相当，阳极纯度应在 99.9%以上。

（二）其他电镀铅锡/锡铅合金镀液

锡铅合金镀液除了常见的氟硼酸盐外，还有甲基磺酸盐、焦磷酸盐及酚磺酸盐镀铅锡合金体系，其镀液组成及工艺如表 6-7 所示。

表 6-7　镀液的组成及工艺条件

镀液类型	镀液组成及含量		操作条件	
甲基磺酸盐体系	甲磺酸（CH$_3$SO$_3$H）	120～220g/L	温度	18～35℃
	Sn^{2+}[Sn(CH$_3$SO$_3$)$_2$]	30～65g/L	阴极电流密度	2～4A/dm^2
	Pb^{2+}[Pb(CH$_3$SO$_3$)$_2$]	2～6g/L	合金含锡量	90%
	光亮剂 A	30～50g/L		
	光亮剂 B	15～25g/L		
	甲醛（HCHO）	14～18mL/L		

镀液类型	镀液组成及含量		操作条件	
焦磷酸盐体系	氯化亚锡（$SnCl_2$）	50～60g/L	温度	室温
	碳酸铅（$PbCO_3$）	30～65g/L	阴极电流密度	1～3A/dm²
	焦磷酸钾（$K_4P_2O_7$）	200～250g/L	合金含锡量	60%
	EDTA	70～80g/L		
	焦磷酸（$H_4P_2O_7$）	15～25g/L		
	硫脲（CH_4N_2S）	25～35g/L		
	盐酸肼	5～8g/L		
	木工胶	0.4～0.7g/L		
酚磺酸盐体系	Sn^{2+}	15～20g/L	温度	10～20℃
	Pb^{2+}	0.8～1.2g/L	阴极电流密度	2A/dm²
	游离酚磺酸	80～120g/L	合金含锡量	95%
	乙醛缩苯胺	4～8mL/L		
	光亮剂	15～40mL/L		
	OP-15	15～40g/L		

二、电镀锡镍合金

锡镍合金主要用于电子和电器产品上，尤其适于一些对接触电阻要求不高的焊接件、插拔件和印制板。因为其多孔性、易滞留润滑油，又因其摩擦系数小、硬度高，可用于经常做伸缩滑动的一些测量仪器的镜筒等摩擦件上。

锡镍合金镀层与锡、镍单金属镀层相比具有更好的耐蚀及抗变色性能，锡镍合金硬度为 650～700HV 并具有近似不锈钢外观。锡镍镀层在 300℃ 以下金相结构稳定且合金镀层的可焊性较好。锡镍合金镀液的种类主要有氟硼酸盐、焦磷酸盐和氨基磺酸盐等，其中焦磷酸盐适用于镀薄电镀层。

（一）氟化物电镀锡镍合金

在氟化物溶液中，氟离子与二价锡离子形成络合物，使锡的沉积电位向负移动，从而接近镍的析出电位实现合金共同沉积。其镀液组成及工艺条件见表 6-8。

表 6-8　氟化物电镀锡镍合金镀液组成及工艺条件

组成及工艺条件	1	2	3	4
氯化亚锡($SnCl_2$)/(g/L)	50	40～50	50	50
氯化镍($NiCl_2$)/(g/L)	300	280～310	250	300
氟化钠(NaF)/(g/L)	28		20	

续表

组成及工艺条件	1	2	3	4
氟化氢铵(NH₄HF₂)/(g/L)	35	50～60	33	
氢氧化铵(NH₄OH)/(g/L)			8	
盐酸(HCl)/(mL/L)				56
pH	2～3	3～5	2～3	
温度/℃	65	60～70	65	70
阴极电流密度/(A/dm²)	2.5	1～2	2.7	2～3

1）镀液中氟化物的含量直接影响合金镀层质量，镀液中总氟量通常大于总锡量（总锡量是 Sn^{2+} 与 Sn^{4+} 的总和）。氟离子的含量决定镀层的外观和亮度，氟化氢易挥发，需用氢氟酸和氟化物补充。但镀液中氟离子含量过多时，镀层的内应力会增加。

2）镀液的 pH 可用氨水调高，可用氢氟酸或氟化氢铵调低。镀液温度较低时，镀层的光亮度会下降。在电流密度为 $2～4A/dm^2$ 范围内，镀液的温度变化对镀层的组成影响很小。

3）在主盐含量较高的情况下，电流密度对镀层组成影响很小。一般而言，镀液中游离氟离子浓度较高时，镀层中含锡量随电流密度的增加而减小；在游离氟离子含量较低时，镀层中含锡量随电流密度的增加而增加。

4）镀液中加入适量的添加剂，可以稳定镀液，得到平整、光亮的镀层。

5）搅拌可提高阴极电流密度，但对镀层分层与外观无明显影响。

6）阳极最好采用镍或镍锡合金（含锡 72%～73%，含镍 27%～28%），也可采用锡和镍分挂，镀液采用连续过滤。

（二）焦磷酸盐电镀锡镍合金

焦磷酸盐电镀锡镍合金镀液组成及工艺条件见表 6-9。

表 6-9 焦磷酸盐电镀锡镍合金镀液组成及工艺条件

组成及工艺条件	1	2	3	4
焦磷酸亚锡(Sn₂P₂O₇)/(g/L)	20			
氯化亚锡(SnCl₂)/(g/L)		28	15	20～30
氯化镍(NiCl₂)/(g/L)	15	30	70	30～35
焦磷酸钾(K₄P₂O₇)/(g/L)	200	200	280	
柠檬酸铵(C₆H₁₇N₃O₇)/(g/L)	20			
氨基乙酸(C₂H₅NO₂)/(g/L)		20		
蛋氨酸(C₅H₁₁O₂NS)/(g/L)	5		5	5
乙二胺(C₂H₈N₂)/(ml/L)		15		
铜配位化合物/(g/L)				35～40
氢氧化铵(NH₄OH)/(mL/L)		5		

续表

组成及工艺条件	1	2	3	4
光亮剂/(ml/L)		1		
pH	8.5	8	9.5	8～8.5
温度/℃	50	50	60	35～45
阴极电流密度/(A/dm^2)	0.5～6	0.1～1.0	3	0.5

其中焦磷酸亚锡、氯化亚锡和氯化镍为主盐，提供电镀所需的金属离子。焦磷酸钾为络合剂，锡的标准电位是 $\varphi^\ominus Sn^{2+}/Sn = -0.136V$，镍的标准电位是 $\varphi^\ominus Ni^{2+}/Ni = -0.25V$，两者析出电位虽然差别不大，但仍不能共同析出。在焦磷酸盐镀液中，焦磷酸根与 Sn^{2+} 络合，使锡的析出电位向负移，获得合金镀层是焦磷酸盐镀液得以应用的关键。

习　　题

1. 印制电路制程中铜电子电路表面为什么要镀锡？
2. 碱性镀锡电解液中氢氧化钠的作用是什么？
3. 简述酸性镀锡中的光亮剂有哪些种类。
4. 酸性镀锡液中二价锡不稳定，常在电解溶液加入适量的硫酸，其主要作用有哪些？
5. 酸性镀锡的优点和缺点是什么？
6. 酸性镀锡中阳极钝化的原因及解决措施是什么？
7. 简述游离氟硼酸在锡铅合金镀液中的作用。

第七章　电镀贵金属及合金

第一节　镀　银

一、概述

　　贵金属主要指金、银和铂族金属（钌、铑、钯、锇、铱、铂）等 8 种金属元素，贵金属镀层具有稳定性高、接触电阻低、可焊性好等优点。在电子工业中作为可焊性镀层的主要有银镀层、金镀层和钯镀层等。在印制电路制程中，通常铜线表面先镀一层镍再镀贵金属，镀镍后可以阻止铜原子的迁移。银是一种银白色金属，原子量为 107.87，密度为 $10.5g/cm^3$，熔点为 960.8℃。在所有的金属中银的电阻率最小。银的标准电极电势为 0.799V，对于一般基体金属而言，银镀层是阴极性镀层。镀银层的反射系数很高，具有较高的化学稳定性和良好的导热导电性能。在电子封装和仪器仪表制造业中，电子元器件、通信器材及设备的重要零部件都广泛采用银镀层以减少金属表面的接触电阻，保证良好的导电性能及钎焊性能。银镀层暴露在含有硫化物和卤化物的空气中，镀层表面会变色，接触电阻增加，导电性能下降，因此镀银后常需进行防变色处理。当银镀层与塑料、陶瓷等非导体材料接触时，在潮湿和交流电场的作用下，Ag^+ 容易向非导体材料内部扩散并沿材料表面滑移，容易产生银须，甚至造成短路等严重后果。

　　镀银最早始于 19 世纪 80 年代，第一个镀银的专利是 1838 年由英国伯明翰的 Elkington 兄弟提出的碱性氰化物镀液。目前镀银所用的光亮剂，基本可以分为三大类型：第一类是无机易还原的化合物，如无机硫化物、无机硒化物、无机碲化物、无机锑化物和铋化物。第二类是有机易还原的化合物，如含双键、叁键或共轭 π 键的有机化合物。第三类是阳离子、阴离子、非离子和两性表面活性剂。第一类或第二类在阴极表面易被还原，是镀液的主光亮剂，能有效抑制阴极表面微观凸起处的电沉积，有利于沉积层的均一和光亮作用。第三类作为表面活性剂，能在阴极表面上均匀吸附，能在较大电流密度范围内抑制金属离子的放电，使晶粒细化，常被称为晶粒细化剂。同时表面活性剂的胶絮增溶作用有利于光亮剂在水溶液中的均一作用。因此，又有人称表面活性剂为载体光亮剂或分散剂。

　　镀银溶液有氰化物镀银液和无氰镀银液。早在 2005 年，国家发展和改革委员会 40 号文件就将氰化电镀定位为淘汰的落后生产工艺。多年来，电镀工作者深入研究，推出了硫代硫酸盐、乙内酰脲、5,5-二甲基乙内酰脲、亚氨基二磺酸（NS）、丁二酰亚胺、磺基水杨酸、亚硫酸盐、氨水及 EDTA 等无氰镀银络合体系。这些工艺虽各有特色，但也存在镀液不稳定、工艺复杂、成本高及镀层性能不能满足要求等问题而无法进行产业化推广应用。目前实际生产中主要是采用氰化物镀银液。

二、预镀银

银是一种贵金属，在电化序中其活泼性低于铜金属。钢铁基材镀银之前通常先预镀一层铜，再在铜基材上镀银，铜层具有较好的应力缓冲作用。在断开外电源情况下，当铜基材作为阴极与镀银液接触时，铜基材会与电镀液中的银离子发生置换反应，在铜基材表面置换一层薄银层后置换反应停止，置换的银层与铜基材的结合力较差，因此继续电镀银层时获得的银镀层结合力较差。因此在镀银金属之前，通常需要进行预镀银处理，目前生产上常采用三种方法来解决银镀层与铜基材结合力的问题。

1）预镀银：是在镀银之前在工件表面先镀上一层薄而结合力好的银镀层，然后再进行电镀银，这样就不会产生置换银镀层了。预镀银实际是低银离子的氰化物镀银液，由于银离子的浓度很低，作为络合剂的氰化钾浓度较高，操作时带电下槽，使银不易在铜上置换，在被镀工件表面短时间内生成致密的结合力好的镀层。一般预镀银液中氰化银 3～5g/L，氰化钾 60～90g/L，碳酸钾 5～10g/L，电流密度 0.5～1 A/dm^2，也可将常规镀银液取出一些，稀释后加氰化钾来配制预镀银液，使铜件浸入镀液时不会置换银而在通电后才能镀上银镀层，改善镀层的结合力，预镀银是目前常用的一种改善镀层结合力的方法。

2）汞齐化：将铜或铜合金工件浸在含有汞盐及络合剂溶液中，使其表面生成一层薄而致密、覆盖能力好的铜汞齐层，其电极电位比银正，在后续的镀银时避免镀液中银离子被基体金属置换，汞齐化既可采用氰化物溶液，也可以采用酸溶液。

（a）氰化物镀银工艺采用的浸汞溶液组成及工艺条件：

氧化汞（HgO）	5～10g/L
氰化钾（KCN）	50～100g/L
温度	室温
时间	3～5s

（b）无氰化物镀银工艺采用的浸汞溶液组成及工艺条件：

氯化汞（HgCl$_2$）	6～8g/L
氯化铵（NH$_4$Cl）	4～6g/L
温度	室温
时间	3～5s

当铜质工件浸入含汞溶液中时，因铜的标准电极电位比汞负，于是铜便将溶液中的汞置换出来，形成铜汞齐，铜汞齐具有银白色光泽，与基体结合力好。且铜汞齐电极电位比银的电极电位要正。汞齐化过程中，汞原子会沿基体金属晶格的外缘进入晶格内部，使得金属晶格力松溃，产生脆性。同时汞及汞化物易对环境造成严重的污染，对人体危害大，所以常采用浸银或预镀银。

3）浸银：溶液中除了银盐外，还含有络合剂或添加剂。其目的是增大银离子还原为金属银的阻力，使零件表面产生的银层比较致密，而且有良好的结合力。浸银溶液组成及工艺条件：

硝酸银（AgNO$_3$）	15～20g/L

硫脲[CS(NH$_2$)$_2$]	200～220g/L
亚硫酸钠（Na$_2$SO$_3$）	100～200g/L
pH	4
温度	15～30℃
时间	60～120s

三、氰化物镀银

氰化物镀银液具有良好的分散能力和深镀能力，镀层呈银白色，结晶细致，且加入适当的添加剂，可得到光亮镀层或硬银镀层。其缺点是氰化物剧毒，生产时需要有排风和废水处理设备。

（一）氰化物镀银原理

氰化银镀液主要是由银氰络盐和一定量的游离氰化物组成，银的氰化络盐是以银的化合物和氰化物络合获得，如

$$AgCN+KCN \Longrightarrow K[Ag(CN)_2]$$
$$AgCl+2KCN \Longrightarrow K[Ag(CN)_2]+KCl$$
$$AgNO_3+2KCN \Longrightarrow K[Ag(CN)_2]+KNO_3$$

氰化银镀液中一般采用氰化钾而不用氰化钠，通常来说，氰化钾具有更好的溶液导电性，溶解度大，镀液分散性能好，有助于提高极限电流密度，对光亮镀银还能提供较宽的光亮范围。根据氰化物含量不同，银与氰化物络合可形成$[Ag(CN)_4]^{3-}$、$[Ag(CN)_3]^{2-}$、$[Ag(CN)_2]^-$三种络离子，在氰化物镀液中根据CN^-含量，以配位数为2的$[Ag(CN)_2]^-$形式为主，在镀液中存在如下络合平衡：

$$AgCl+2KCN \Longrightarrow K[Ag(CN)_2]+KCl$$
$$K[Ag(CN)_2] \Longrightarrow K^+ + [Ag(CN)_2]^-$$
$$[Ag(CN)_2]^- \Longrightarrow Ag^+ + 2CN^-$$

且镀液中$[Ag(CN)_2]^-$的不稳定常数非常小，$K_{不稳}=8\times10^{-22}$，因此镀液中银离子浓度极小。阴极反应主要是银氰络离子在阴极上直接放电所致。

阴极反应：

$$K[Ag(CN)_2] \Longrightarrow K^+ + [Ag(CN)_2]^-$$
$$[Ag(CN)_2]^- \Longrightarrow Ag^+ + 2CN^-$$

因氰化物的络合作用，镀液中银离子的电离值非常小，例如，在0.25mol/L银氰化钾溶液中，每升镀液中银离子只有10^{-11}个。镀液中银主要是以银氰络盐的形式存在，在阴极上反应主要是银氰络离子在阴极上直接还原：

$$[Ag(CN)_2]^- + e^- \Longrightarrow Ag + 2CN^-$$

阳极常采用纯银板：

$$Ag + 2CN^- \rightleftharpoons [Ag(CN)_2]^- + e^-$$

若阳极发生钝化，则有氧气析出：

$$4OH^- \rightleftharpoons 2H_2O + O_2 \uparrow + 4e^-$$

为获得光亮镀银金属层，在镀液中可添加适当的光亮剂。通常来说，镀银光亮剂有硫元素，如二硫化碳、二硫化碳衍生物、无机含硫化合物（如硫代硫酸盐等）、有机硫化物（如硫醇类等）、金属化合物（如锑、硒等）。

（二）镀液成分及工艺条件

氰化物镀银液的主要成分是银氰络盐和一定量的游离氰化物，镀液具有剧毒，所以在操作场地必须具有良好的通风设备，对废液要回收和处理。为获得光亮镀层，在镀液中可适当地添加光亮剂。氰化物镀银的镀液成分及工艺条件见表 7-1。

表 7-1　氰化物镀银的镀液成分及工艺条件

成分及工艺条件	一般镀银	低氰镀银	光亮镀银	快速镀银
氯化银 (AgCl)/(g/L)	35～40		30～40	
硝酸银 (AgNO$_3$)/(g/L)				70～80
总氰化钾 (KCN$_{总}$)/(g/L)	65～80		45～80	100～125
游离氰化钾 (KCN$_{游离}$)/(g/L)	35～45		30～55	
银氰化钾 [KAg(CN)$_2$]/(g/L)		55～80		45～75
硫氰化钾 (KSCN)/(g/L)		150～250		
氯化钾 (KCl)/(g/L)		25		
硝酸钾 (KNO$_3$)/(g/L)				70～90
碳酸钾 (K$_2$CO$_3$)/(g/L)			18～50	
混合光亮剂 /(mL/L)			5～10	5～10
氨水 (NH$_3$·H$_2$O)/(mL/L)			0.5	
温度/℃	10～35	10～50	10～35	10～43
阴极电流密度 /(A/dm^2)	0.1～0.5	0.5～1.5	0.3～0.8	1.0～3.6

（三）镀液中各成分及工艺条件的影响

1）银盐：常用的主盐主要包括氰化银、银氰化钾、氯化银、硝酸银等，在不同配方中添加有不同的主盐成分。镀液中银盐含量的高低对电镀液的导电性、分散能力和沉积速率等都有一定的影响。主盐含量高可以提高阴极极限电流密度的上限，从而提高沉积速率；降低银盐浓度，同时保持相对较高含量的游离氰化钾时，则可以改善镀液的分散能力。银盐含量太高，会产生阴极去极化效应，使镀层结晶粗糙、色泽发黄。

2）氰化钾：在氰化物镀银液中作为络合剂使用，在碱性环境中，金属氢氧化合物易生成沉淀，因此氰化钾具有稳定镀液的功能。氰化钾的存在增加了阴极金属离子还原反应的阻力，降低了阴极电流效率。此外，氰化钾还具有促进阳极溶解及提高镀液均镀的能力。需要指出的是，氰化钾作为络合剂在镀液中需要保持一定的游离氰化钾含量，以保证镀银工艺的顺利进行。

3）碳酸钾：其作为导电盐，能够提高镀液的电导，增大阴极极化，有助于提高电解液的分散能力，但含量过高会引起镀层粗糙，并使阳极钝化。

4）光亮剂：在镀银液中通常同时加入主光亮剂和载体光亮剂来获得较宽电流密度范围内的全光亮镀银层。电镀时零件表面的微观凸起处电场线分布较为密集，金属离子局部沉积速率过快导致镀层厚度不均匀，主光亮剂能有效屏蔽掉沉积金属表面微观凸起部分电场线从而使镀层厚度均一。载体光亮剂可以协助主光亮剂在镀液中的溶解，载体光亮剂在沉积金属表面具有吸附-抑制金属离子还原反应的能力并使得镀层金属结晶致密。

5）阴极电流密度：电流密度与镀液中银离子的含量、氰化钾的游离量、温度和搅拌条件有关。在一定工艺范围内，提高阴极电流密度，可使镀层结晶紧密。提高沉积速率，过高的电流密度会使镀层粗糙，甚至呈海绵状；过低的电流密度将使镀层的光亮度下降，沉积速率减慢，光亮镀银达不到镜面光亮的程度。

6）温度：温度升高，镀液中金属离子的传质速率加快，有利于提高电流密度的上限，但温度过高，镀液稳定性下降，且获得的银镀层粗糙暗淡。镀银液温度过高会促使氰化钾分解并产生大量的碳酸钾导致镀液性能变差及镀层粗糙。而温度过低（低于5℃）时，电流效率下降的同时镀层可能出现色斑或条纹。

7）搅拌：搅拌能够降低浓差极化，提高阴极电流密度上限，提高沉积速率，特别是光亮镀银和快速镀银都应采用移动阴极搅拌。

8）镀液的过滤：氰化物镀液需要定期或连续过滤，特别是镀厚银和快速镀银镀液。如果采用连续过滤效果更好。

9）阳极材料：氰化物镀银时一般采用纯银作为可溶性阳极，纯银阳极的最低纯度应高于99.95%。为了保证镀层质量，应选用纯度高、不含杂质（特别是难溶的铅、硒、碲等杂质）的阳极，因为银阳极中的杂质会使极板变黑，影响正常溶解，导致镀层粗糙。为了控制镀液中银含量增加，除采用纯银阳极外，还可按比例采用镍、不锈钢制作的阳极和银阳极联合使用。

（四）镀液的配制与维护

1. 镀液的配制

以氰化银配制为例：先将计量的硝酸银和氰化钠分别溶解于蒸馏水中，在搅拌下将氰化钠溶液缓慢地加入配制好的硝酸银溶液中，获得氰化银镀液直至反应完全（用少量氰化钠溶液检验上面澄清液中是否还有银），其反应方程式如下：

$$AgNO_3 + NaCN \Longrightarrow AgCN \downarrow + NaNO_3$$

过滤，用去离子水清洗氰化银沉淀数次，即得所需氰化银。配制 1 g 氰化银，约需 1.27 g 硝酸银和 0.37 g 氰化钠。氰化银配制好以后，在渡槽中加入约 1/2 体积的去离子水，将所需氰化钾的总量（包括游离量）溶解于去离子水中，然后将新配制的计量氰化银在不断搅拌下缓慢加入，使其全部溶解，再依次加入其他类型添加剂或光亮剂，最后加去离子水至规定容量。镀液配制完成后采用阴极电流密度为 0.2～0.3 A/dm^2，通电处理 2～3 h，取样分析合格后即可试镀。

2. 镀液的维护与控制

镀液中应保持一定量的碳酸钾，过量的碳酸盐必须除去，否则镀层发黄及粗糙，当其含量过高时，可加入硝酸钙或氢氧化钙，使其生成碳酸钙沉淀，经过滤除去；阳极应使用纯度 99.9%以上的银板，用耐碱的细帆布制成阳极袋，防止阳极泥渣掉入镀液中。为防止阳极钝化，应保持阳极与阴极的面积比为（1～1.5）：1；镀银溶液的搅拌宜采用移动阴极，对光亮镀银及快速镀银电解液应采用循环过滤，普通镀银电解液也必须定期过滤，光亮镀银液要定期用双氧水和活性炭处理并过滤，以除去金属杂质和有机杂质。

四、非氰化物镀银

从 1970 年初开始，我国许多企业和研究院所等对无氰镀银进行了广泛的研究，研究后进行试产的有亚氨基二磺酸（NS）镀银、烟酸镀银、磺基水杨酸镀银、咪唑-磺基水杨酸镀银、丁二酰亚胺镀银和硫代硫酸盐光亮镀银。虽然国内外在取代氰化物镀银的工艺研究方面做了大量工作，但从综合性能来看还不及氰化物镀银。从目前使用的情况来看，以亚氨二磺酸铵镀银、烟酸镀银、咪唑-磺基水杨酸镀银和硫代硫酸铵光亮镀银较好，下面简单介绍硫代硫酸盐镀银及亚氨二磺酸铵镀银作业的情况。

（一）硫代硫酸盐镀银

以 SL-80 为添加剂的硫代硫酸盐镀银液镀液稳定，电流密度可高达 0.3～0.8 A/dm^2，镀层结晶细致光亮，呈银白色。被镀物无需抛光即可满足生产要求，从而节省大量贵金属银，且大气曝晒结果证明镀层的耐变色能力优于氰系镀层。硫代硫酸盐镀银成本低、货源充足、便于推广使用，因此该工艺是有前途的光亮镀银工艺，其配方和工艺条件见表 7-2。

表 7-2　硫代硫酸盐镀银配方及工艺条件

组成及含量	配方		
	1	2	3
硝酸银 (AgNO$_3$) / (g/L)	45～50	40～45	40～45
硫代硫酸铵 ((NH$_4$)$_2$S$_2$O$_3$) / (g/L)	230～260		200～250
硫代硫酸钠 (Na$_2$S$_2$O$_3$·5H$_2$O) / (g/L)		200～250	
焦亚硫酸钾 (K$_2$S$_2$O$_5$) / (g/L)		40～45	

续表

组成及含量	配方		
	1	2	3
SL-80 添加剂 /(g/L)			8～12
辅助剂 /(g/L)			0.3～0.5
乙酸铵 (CH$_3$COONH$_4$) / (g/L)	20～30	20～30	
无水亚硫酸钠 (Na$_2$SO$_3$) / (g/L)	80～100		
硫代氨基脲 (CH$_5$N$_3$S) / (g/L)	0.5～0.8	0.6～0.8	
pH	5～6	5～6	5～6
温度/℃	15～35	室温	室温
阴极电流密度 /(A/dm^2)	0.1～0.3	0.1～0.3	0.3～0.8
阴极与阳极面积之比	1：（2～3）	1：2	1：（2～3）

注：配方1、2、3均适用于挂镀，3也适用于光亮镀银。SL-80 添加剂、辅助剂由广州电器科学研究院研制。

硫代硫酸盐镀液中各组分作用如下。

1）硝酸银：作为主盐提供银离子，主盐浓度高则有利于提高阴极电流密度的上限，加快沉积速率。但主盐浓度过高会使镀层结晶粗糙，镀液分散性能下降，溶液不稳定。主盐含量低时，镀液分散性能好，但沉积速率慢。

2）硫代硫酸盐：作为镀液中银离子的络合剂，生成硫代硫酸银络离子，具有提高阴极极化作用，使得银离子得电子的阻力增加，可改善镀液性能和镀层质量。

3）焦亚硫酸盐：镀液中稳定剂和辅助络合剂，水解生成亚硫酸氢钠：

$$Na_2S_2O_5 + H_2O \Longrightarrow 2NaHSO_3$$

在酸性条件下亚硫酸氢根由于同离子效应抑制了硫代硫酸根的分解，稳定了镀液。

4）辅助剂：镀液中的缓冲剂、表面活性剂、光亮剂等。

5）pH：硫代硫酸盐镀银时 pH 一般控制在 5～6，当 pH＞7 时，镀液会发生如下反应：

$$NH_4^+ + OH^- \Longrightarrow NH_3 \uparrow + H_2O$$

$$2Ag^+ + 2OH^- \Longrightarrow Ag_2O \downarrow + H_2O$$

造成镀液中产生 Ag$_2$O 黑色沉淀。而当 pH＜4 时，则发生如下反应：

$$(NH_4)_2S_2O_3 \Longrightarrow 2NH_4^+ + S_2O_3^{2-}$$

$$S_2O_3^{2-} + 2H^+ \Longrightarrow H_2S_2O_3$$

$$H_2S_2O_3 \Longrightarrow H_2SO_3 + 2S \downarrow$$

造成络合剂分解，镀液不稳定。另外，亚硫酸盐在强酸性的条件下也不稳定：

$$SO_3^{2-} + 2H^+ \Longrightarrow H_2SO_3$$

$$H_2SO_3 \longrightarrow H_2O + SO_2 \uparrow$$

6）温度：硫代硫酸盐镀液温度通常控制在 25～35℃为宜，温度过高镀液容易挥发，镀液稳定性差；温度过低，阴极电流密度下降，沉积速率慢而且镀层粗糙。

7）阴极电流密度：一般控制在 $0.1\sim0.8\,A/dm^2$ 范围内能得到较好的镀层。电流密度过高，电流效率降低，严重时镀层烧焦，对镀液有破坏作用，在阴极周围出现黑色沉淀物。

（二）亚氨基二磺酸铵镀银

亚氨基二磺酸铵镀银的镀层品质及镀液性能接近氰系镀银，镀液配制容易，管理方便，原料易获得，废水处理简单，该工艺为我国首创。但该镀液含氨，需在碱性环境中进行电镀，因此氨的挥发和铜材的化学溶解较为严重，特别是当镀液中存在铜离子时，这种化学溶解可以通过镀液中铜离子的氧化作用和氨的络合作用同时对铜基材进行腐蚀和溶解：

$$CuCl_2 + 4NH_3 = Cu(NH_3)_4^{2+} + 2Cl^-$$

$$Cu(NH_3)_4^{2+} + Cu = 2Cu(NH_3)_2^+$$

亚氨基二磺酸铵镀液对杂质比较敏感，其配方和作业条件见表 7-3。

表 7-3　亚氨基二磺酸铵镀银配方及工艺条件

组成及工艺条件	普通镀银	快速镀银
硝酸银 $(AgNO_3)$ / (g/L)	$25\sim30$	65
亚氨基二磺酸铵 (NS) / (g/L)	$80\sim100$	120
硫酸铵 $[(NH_4)_2SO_4]$ / (g/L)	$100\sim120$	60
氨磺酸 (H_3NO_3S) / (g/L)		50
电镀添加剂 (NC_1) / (g / L)		适量
柠檬酸铵 $[C_6H_5O_7\,(NH_4)_3]$ / (g/L)	2	
pH（NaOH 调整）	$8.5\sim9$	$9\sim10$
温度/℃	$10\sim35$	$15\sim30$
阴极电流密度 / (A/dm²)	$0.2\sim0.5$	$0.1\sim2$

五、镀银后处理

金属银的化学性质较稳定，但在硫化物存在情况下易生成硫化银。方景礼等曾研究过将镀银试样分别浸渍于有氧和无氧存在的浓度为 5% 的 Na_2S 溶液中，研究表明，在无氧存在的 Na_2S 介质中，浸渍的样品没有发生变色，而浸渍在有氧存在的 Na_2S 介质中的样品则有明显变色行为。该研究认为银层变色原因是 O_2 先将银表面氧化，将 Ag 氧化为 Ag^+，随后 Ag^+ 和 S^{2-} 结合生成溶度积更小也更稳定的 Ag_2S。许多含硫组分对银都有硫化作用，例如，当空气中存在含硫化合物时，以硫化氢腐蚀镀银层变色为例，存在如下变色行为：

$$2H_2S + 4Ag + O_2 \rightleftharpoons 2Ag_2S\downarrow + 2H_2O$$

镀银层防变色的工艺通常需要做到以下几点：不影响镀银件的电气性能和可焊性；不影响外观色泽；阻止有害介质的侵蚀；紫外线照射下可维持稳定性；具有热稳定性等。

（一）防镀银层变色方法

抑制银氧化的速率是一种较为合理的防变色方法。例如，采用钝化隔离的方法使银表面处于钝化的状态，从而减缓银与外界腐蚀环境接触的氧化速度，延缓其变色过程。此外，还可以在镀银层表面敷覆一层薄膜以隔离银表面与外界腐蚀环境的直接接触，从而起到防变色的作用。因此银镀层后处理有助于提高镀层的耐蚀性，银镀层后处理方法主要包括化学或电化学钝化、镀贵金属（及其合金）和稀有金属或涂覆有机覆盖层等。

1）化学钝化：将镀银层工件浸入一定组成的溶液中，形成一层钝化膜，以提高镀层的抗腐蚀性能。具体工艺可分为四步。

第一步，成膜：镀银层在成膜液中生成一层疏松的膜。例如，室温下在含有铬酐（CrO_3）80～100g/L、氯化钠（NaCl）12～15g/L 的成膜液中浸渍约 15s，可获得由 AgCl、Ag_2CrO_4 和 $Ag_2Cr_2O_7$ 组成的疏松黄膜层。

第二步，去膜：用浓氨水将黄膜溶解，则银层金属晶格暴露出来，使得银层细致有光泽，至薄膜去除为止。

第三步，浸酸：为使镀层更加光亮，可在 5%～10% 盐酸中浸泡 10～15s。

第四步，化学钝化：其工艺规范见表 7-4。

表 7-4　化学钝化工艺规范

组成及含量	中速钝化配方	慢速钝化配方	快速钝化配方
重铬酸钾 ($K_2Cr_2O_7$) / (g/L)	10～15		7.35
铬酐 (CrO_3) / (g/L)		40	2～5
硝酸 (HNO_3) / (mL/L)	10～15		13
氧化银 (Ag_2O) / (g/L)		5	
冰醋酸 (CH_3COOH) / (mL/L)		2	
温度/℃	10～35	室温	25
时间/s	20～30	300	3

2）电化学钝化：采用阴极电解钝化方法，使银镀层表面生成碱性铬酸盐钝化膜。这层膜的氧化还原电位较正。电化学钝化处理过程为：铬酸成膜→氨水去膜→浸酸→电解钝化。电化学钝化的主要成分是重铬酸盐、硝酸钾、氢氧化钾和碳酸钾等。这种方法存在环境污染等缺点。电解液的组成及工艺条件见表 7-5。

表 7-5　电化学钝化的组成及工艺条件

组成及含量	1	2	3
重铬酸钾 ($K_2Cr_2O_7$) / (g/L)	56～66	56	20～40
硝酸钾 (KNO_3) / (g/L)	10～14	12	
氢氧化钾 (KOH) / (g/L)		22	20～40
碳酸钾 (K_2CO_3) / (g/L)			30～40
pH	5～6	8～9	
阴极电流密度/ (A/dm^2)		2	0.8
温度/℃	室温	30	室温
阳极材料	不锈钢	铅	不锈钢
时间 / min	3～5	20	15

3）电镀薄层贵金属及其合金：在银上镀金、铂、钯、铑及其合金，这种方法具有高的化学稳定性、防变色能力好，且具有良好的耐磨及导电焊接性能。但是由于此方法的工艺复杂，成本高，一般使用较少。

4）浸有机膜：在经过浸亮处理的银镀层上覆盖一薄层透明的有机材料薄膜，将镀层与空气隔开，以提高镀层的抗色变能力。这种膜抗腐蚀能力强、成本低、操作简单，但是它会使镀层的接触电阻增加，对于电性能要求高的器件不宜采用。

5）表面络合物的钝化处理：镀银工件在含有硫、氮活性基团的直链或杂环化合物的有机钝化液中浸渍一段时间后，如苯并三氮唑、苯并四氮唑、2-巯基苯并噻唑等这些有机化合物在银镀层表面生成一层非常薄的中性难溶的银络合物膜，可以形成保护膜的作用。这种方法获得的保护膜抗潮湿、抗硫性能比铬酸盐钝化膜好，但抗大气光照的效果要差一些。

（二）银的回收方法

银为贵重金属，其回收方法有以下几种。

1）含氰废银的回收：在通风条件下往含氰的镀液中加入过量的盐酸，使银离子生成氯化银沉淀，过滤得到氯化银。

2）其他镀银液中银的回收：用 20%的 NaOH 溶液将废银液的 pH 调至 8～9，在搅拌下加入硫化钠溶液使之生成硫化银沉淀，过滤并用温水反复洗涤沉淀，以除去可溶性杂质，然后将洗涤后的硫化银沉淀放入石墨坩埚中并加热至 800～900℃进行脱硫，直至硫化银全部变成金属银为止，冷却后，加入少量硼砂继续于 900～1000℃下烧成比较纯的银块。

第二节　镀　　金

一、概述

金是金黄色的贵金属，不溶于普通的酸，可溶于王水，化学稳定性好。原子量为 196.97，密度为 19.3 g/cm³，熔点为 1062.7℃。在现代电子工业中，金的高导电性、低接触电阻、良好的焊接性能、优良的延展性、耐蚀性、耐磨性、抗变色性等一系列优点使得金镀层在电子元器件、印制电路板、IC 集成电路、连接器、引线框架、波导器、继电器、警铃和高可靠开关等领域广泛应用。此外，金表面层具有的优良光反射性，特别是红外线的反射功能，在航空航天领域具有重要的用途，如火箭推进器、人造卫星及火箭追踪系统等。此外，金还可与硅形成最低共熔物，金镀层可广泛用于各种关键和复杂的硅芯片载体元件中。纯金镀层具有优良的打线或键合功能，拓展了金在集成电路和印制电路板制程中的打线镀层上的应用，对半导体和印制板的表面组装（SMT）工艺的实施起到了至关重要的作用。镀金层中含有少量其他金属，如镍或钴的酸性镀金层具有非常好的耐磨性能，在连接器和电接触器领域应用广泛，它被用作低负荷电气接触器的专用精饰已有超过 40 年的历史，经久不衰。目前最厚的镀金层可达 1mm，最薄的电镀装饰光亮黄金镀层只有 0.025μm。

目前常用的镀金方法主要有氰化物镀金和非氰化物镀金两大类。

二、氰化物镀金

依据镀液的酸碱性差异，氰化物镀金液可分为中性、酸性和碱性镀金液。例如，印制电路图形电镀时其抗蚀干膜易与碱溶液发生溶解反应，图形电镀可在酸性镀液中进行电镀。因此，酸性氰化物电镀金可用于电子电路制备领域。对于酸碱性较易腐蚀的金属材料可采用中性氰化物镀金液。纯金与金合金的电镀多数采用碱性氰化物镀液，其电流效率较高。

（一）镀液的组成及工艺条件

生产上用的含氰化物镀金液有两类：一类是碱性氰化物镀金液，以金的氰络合盐和游离氰为主要成分，这种氰化物镀金液具有较强的阴极极化作用和良好的分散能力及覆盖能力，且获得的金镀层纯度高，镀层光亮细致并含有一定的孔隙度。为了提高镀层的耐磨性，通常会在镀液中加入适量的镍钴等金属离子。另一类溶液中的金盐以金氰化钾形式加入，其溶液中氰化物含量较少。这类镀金液呈酸性或中性，且镀液较为稳定，镀层的孔隙率较小，可焊性较好，以柠檬酸为辅助络合剂的酸性镀液应用较多。氰化物镀金液组成及工艺条件见表 7-6。

表 7-6　氰化物镀金液组成及工艺条件

组成及条件	配方			
	碱性镀金 1	碱性镀金 2	酸性镀金	中性镀金
氰化金钾 {K[Au(CN)$_2$]} / (g/L)	4～5	5～20	10～20	6
氰化钾 (KCN) / (g/L)	15～20	25～30		
碳酸钾 (K$_2$CO$_3$) / (g/L)	15	25～35		
磷酸氢二钾 (K$_2$HPO$_4$) / (g/L)		25～35		

组成及条件	配方			
	碱性镀金 1	碱性镀金 2	酸性镀金	中性镀金
柠檬酸 ($H_3C_6H_5O_7$) / (g/L)			30~35	
柠檬酸钾 ($K_3C_6H_5O_7$) / (g/L)			30~70	
磷酸二氢钠 (NaH_2PO_4) / (g/L)				15
磷酸二氢钾 (KH_2PO_4) / (g/L)				20
镍氰化钾 [$K_2Ni(CN)_4$] / (g/L)				0.5
pH	8~9	12	4.5~5.0	6.5~7.5
温度/℃	60~70	50~60	35~40	
阴极电流密度/(A/dm²)	0.05~0.1	0.1~0.5	0.3~0.5	0.5
阳极材料	金、铂	金、不锈钢	金、不锈钢	铂、不锈钢
搅拌	阴极移动	阴极移动	阴极移动	阴极移动

（二）电极反应

生产上用的氰化金钾 $K[Au(CN)_2]$ 在镀液中会发生解离，产生氰金络离子：

$$K[Au(CN)_2] \rightleftharpoons [Au(CN)_2]^- + K^+$$

阴极反应：在阴极金氰络离子获得电子直接发生还原沉积：

$$[Au(CN)_2]^- + e^- \longrightarrow Au + 2CN^-$$

阳极反应：金阳极进行溶解并立即与 CN^- 结合发生如下反应：

$$Au + 2CN^- - e^- \longrightarrow [Au(CN)_2]^-$$

如果阳极采用铂或不锈钢等惰性阳极，则有可能发生析氧反应：

$$4OH^- - 4e^- \longrightarrow 2H_2O + O_2 \uparrow$$

（三）镀液中各成分及操作条件的影响

1）氰化金钾：作为主盐提供金离子。降低氰化金钾的含量可以提高镀液的分散性能，使镀层结晶细致；但含量过低会使镀层颜色变浅，阴极电流密度上限降低，镀层易烧焦。提高氰化金钾的含量，可提高阴极电流密度上限，提高阴极电流效率；但含量过高会使镀层粗糙，镀层色泽变暗发红。

2）氰化钾：作为金盐络合剂，可提高阴极极化，保持镀液稳定，并使金阳极溶解正常，镀层结晶细致。含量过高易使金镀层颜色变浅，阴极电流效率下降；含量过低易使镀层粗糙，阳极溶解失常，镀液稳定性下降。

3）碳酸钾：作为导电盐，可改善分散能力，在生产过程中，由于氰化钾的水解及吸收空气中的二氧化碳，镀液中的碳酸钾逐渐积累，含量过多时会使镀层粗糙。

4）磷酸二氢钾：通常作为镀金液的缓冲剂，使镀液的 pH 稳定在规定的范围内，还能改善镀层的光泽度。

5）柠檬酸盐：酸性镀液的辅助络合剂，与金可形成柠檬酸金络离子$[Au(HC_6H_5O_7)]^-$，从而提高阴极极化，控制镀液中金离子的浓度，使得镀层结晶致密光亮。

6）pH：其值大小直接影响镀液中络合物的形成，氰化物镀金液中按 pH 不同可分为碱性、中性及酸性镀金液，且 pH 对镀层的外观和硬度有明显影响，需要严格控制不同类型镀金液中的 pH。

7）温度：影响电流密度范围和镀层外观色泽。升温可提高极限电流密度上限，但温度过高会使镀层色泽不匀，发红发暗，结晶粗糙；温度过低则镀层不亮，电流密度范围缩小，色泽发暗。

8）电流密度：氰化物镀金一般使用较低的阴极电流密度。电流密度过高时，镀层发暗、松软、结晶颗粒粗大，还有可能存在其他金属的共沉积现象；电流密度过低时，沉积速率下降，镀层色泽暗淡。

9）阳极材料：阳极材料可以采用可溶性阳极金（纯度 99.99%）及不可溶性阳极如铂或不锈钢材料。若采用不锈钢，在使用前必须进行电解或机械抛光，否则会产生腐蚀，污染镀液。若采用不溶性金属阳极，必须定期地补充金的含量。

三、非氰化物镀金

最早提出非氰化物镀金的是 1962 年由 Smith 申请的美国专利，其利用金的亚硫酸盐配合物来镀金（US3057789），但该配合物要在 pH 9～11 的条件下才稳定。目前非氰化物镀金液在生产上使用的主要是亚硫酸盐镀金液，其中金盐以 $K_3[Au(SO_3)_2]$ 的形式存在，络合剂主要是使用亚硫酸铵或亚硫酸钠。通常来说，单独使用亚硫酸盐作金盐络合剂，镀金液稳定性较差，常需要加入辅助络合剂如柠檬酸盐、酒石酸盐、磷酸盐、EDTA 和含氮有机添加剂配合使用。此外，加入钴、镍或锑盐还可以提高镀金层的硬度，增加镀层的耐磨性。在电镀过程中，亚硫酸根会被氧化成硫酸根，随着电镀的进行需要经常补充亚硫酸盐。

（一）镀液的组成及工艺条件

亚硫酸盐镀金液无毒，以亚硫酸为络合剂，柠檬酸盐等为辅助络合剂，具有较好的分散能力和覆盖能力，且阴极电流效率高，沉积速率快。镀层与铜、银、镍等基材结合力好，镀层结晶光亮细致，孔隙少。亚硫酸盐镀金的工艺条件见表 7-7。

表 7-7　亚硫酸盐镀金配方及工艺条件

成分及工艺条件	配方		
	1	2	3
金(以 $K_3[Au(SO_3)_2]$ 形式加入) /(g/L)	5～10		
金(以 $AuCl_3$ 形式加入) /(g/L)		10～15	5～10
亚硫酸铵 $[(NH_4)_2SO_3]$ /(g/L)			150～250

成分及工艺条件	配方		
	1	2	3
亚硫酸钠 ($Na_2SO_3 \cdot 7H_2O$) /(g/L)		140~180	
亚硫酸钾 (K_2SO_3) /(g/L)	80~100		
柠檬酸钾 ($K_3C_6H_5O_7$) /(g/L)		80~100	
钴(以 EDTA 钴盐形式加入) /(g/L)			100~150
EDTA 二钠盐 /(g/L)	0.1~0.3		
硫酸钴 ($CoSO_4 \cdot 7H_2O$) /(g/L)		40~60	
磷酸氢二钾 (K_2HPO_4) /(g/L)		0.5~1.0	
酒石酸锑钾 ($KSb(C_4H_4O_6)_3$) /(g/L)	10~20		
氯化钾 (KCl) /(g/L)		60~80	0.05~0.1
pH	8~9.5	8~9.5	8~9.5
温度/℃	45~55	40~60	15~30
阴极电流密度 /(A/dm²)	0.5~1.0	0.1~0.8	0.1~0.4

（二）电极反应

电镀过程中常用三氯化金配制镀液，以表 7-7 中配方 2 和 3 为例，将三氯化金用蒸馏水溶解，在冷却条件下，用约 40% KOH 溶液慢慢中和至 pH 为 7~8，获得血红色透明的 $KAuCl_4$ 溶液，将配制好的 $KAuCl_4$ 溶液慢慢倒入亚硫酸铵水溶液中，加热到 55~60℃，经过不断搅拌后，得到亚硫酸金铵无色透明液体：

$$AuCl_3 + 3(NH_4)_2SO_3 + 2KOH \longrightarrow (NH_4)_3[Au(SO_3)_2] + NH_4Cl + 2KCl + H_2O + (NH_4)_2SO_4$$

阴极反应：

$$[Au(SO_3)_2]^{3-} + e^- \longrightarrow Au + 2SO_3^{2-}$$

阳极反应：采用金或铂等惰性阳极时，则有可能发生析氧反应：

$$4OH^- - 4e^- \longrightarrow 2H_2O + O_2 \uparrow$$

（三）镀液中各成分的作用

1）主盐：三氯化金（$AuCl_3$）和亚硫酸金钾都是非氰化物镀金液中常用的主盐，主盐浓度高时镀液分散性能差，镀层粗糙，但允许使用较大的电流密度。含量过低时，沉积速率慢，阴极电流密度窄，镀层色泽发暗。

2）主络合剂：亚硫酸盐是非氰化物镀金液的主络合剂，金与亚硫酸根和氨形成亚硫酸金氨络合离子 $(NH_4)_3[Au(SO_3)_2]$，能提高阴极极化，有利于阳极正常溶解，改善了镀液的分散能力和覆盖能力，获得光亮细致的镀层。亚硫酸根含量过高时，会使阴极电流效率降低；含量过低时镀层粗糙，色泽暗淡。在电镀过程中，亚硫酸盐会被氧化成硫酸根，因此需要经常补充。

3）辅助络合剂：常用柠檬酸盐、磷酸盐等作为非氰化物镀金液的辅助络合剂，辅助络合剂具有稳定镀液、提高镀液分散能力和覆盖能力的作用。

4）锑盐、钴盐：可提高镀层的硬度，过量时会引起镀层的脆性增加。

5）pH：在亚硫酸盐还原剂存在的镀液中，pH≤6.5 时镀液变浑浊；pH>10 时金镀层光泽度下降。因此常采用氨水调节，使 pH 控制在 8 以上，以保证镀液的稳定。

6）温度：升高温度有利于减少浓差极化，加快金沉积速率，提高阴极极限电流密度上限。但温度过高时，镀液不稳定，特别是局部过热时会使溶液分解而析出黑色的硫化金。

7）搅拌：在电镀过程中，搅拌除了加速溶液的混合和使温度、浓度均匀一致以外，主要是促进沉积离子的传递，在非氰化物镀金液中的阳极区析氧消耗 OH⁻而导致 pH 下降，造成镀液的不稳定性，因此需要搅拌来防止产生这种现象。

（四）镀金工艺流程

以铜及合金基材表面镀金为例，其工艺流程为：碱性除油→热水清洗→冷水清洗→除锈酸洗→冷水清洗→活化→预镀铜→冷水清洗→吹干→电镀中间镀层（如镀镍）→冷水清洗→镀金→回收清洗→冷水清洗→镀后处理→清洗吹干→包装出库。

四、镀金层的退除与金的回收

（一）镀金层的退除

退除不合格镀层时，可采用化学法或电解法。金价格昂贵，无法修复时，才考虑退除，退除时要求具有良好的通风条件。常用的化学退金溶液的组成及操作条件见表 7-8。电化学法是将欲退除金镀层的零件置于 3%～10%氰化钾溶液中，在室温下阳极电解退除。电流密度不应过大，以避免基体金属过腐蚀。

表 7-8　退金溶液的组成及操作条件

组成及操作条件	配方		
	1	2	3
氢氧化钠 (NaOH) / (g/L)	10～20		10～20
氰化钾 (KCN) / (g/L)	5～100		50～100
盐酸 (HCl) / (mL/L)		200	
硫酸 (H_2SO_4) / (mL/L)		800	
硝酸 (HNO_3) / (mL/L)		分批缓慢少量加入	
30%的双氧水 (H_2O_2) / (mL/L)	缓慢加入至工件周围		
温度/℃	15～30	60～70	10～35
时间/min	退净为止	退净为止	退净为止

注：在通风良好条件下进行，配方 2 硝酸加入量一般不超过 50 mL/L，要求经常翻动工件。

（二）金的回收

1）方法一：在良好的通风条件下，将废液加热蒸发至黏稠状，用五倍蒸馏水稀释，在不断搅拌下加入经盐酸酸化过的硫酸亚铁溶液，使金呈黑色沉淀析出，至完全沉淀后，先用盐酸洗涤沉淀，后用硝酸煮一下，然后用蒸馏水清洗数次，烘干并在 700～800℃下焙烧 30min。

2）方法二：在良好的通风条件下，用盐酸将废液的 pH 调至 1 左右，将溶液加热到 70～80℃，在不断搅拌下加入锌粉，使金被锌置换出，至溶液变成半透明黄白色，有大量金粉被沉淀下来为止。在这过程中，保持 pH 为 1 左右。此后的处理同方法一。

第三节　电镀银合金及金合金

一、电镀银合金

电子产品中的铅及其化合物对人体及对生态的危害和污染，越来越被人类所重视。电子封装过程中涉及印制电路板、IC 引线架等电子部件封装时，需要在焊接的部位镀覆一层 Sn-Pb 合金镀层，随着对环保的重视，要求电子产品镀覆无 Pb 焊料镀层。无 Pb 焊料镀层以熔点较低、耐热疲劳性较好的 Ag-Sn 合金系镀层为主流，其中包括以降低熔点为目的、添加 Bi 或 Cu 等第 3 元素的 Ag-Sn 系三元合金。氰化物 Ag-Sn 合金镀液中，Ag^+ 以 $[Ag(CN)_2]^-$ 络离子的形式存在，Ag^+ 稳定地存在于镀液中，Ag 与 Sn 一起共析出，而在无氰镀液中，如果 Ag^+ 不稳定，就会引起镀液中 Ag^+ 与 Sn^{2+} 之间的氧化还原反应，在析出 Ag 的同时，Sn^{2+} 容易氧化成 Sn^{4+} 沉淀物，显著地影响镀液的稳定性。此外，由于 Ag 与 Sn 的析出电位差异较大，如果 Ag^+ 不稳定，最初优先析出 Ag，而难以实现 Ag 与 Sn 的同时共析出。因此采用氰化物镀液具有较好的镀液稳定性。非氰化物镀液中加入硫酸或磺酸，旨在提高镀液的稳定性，且银锡合金比纯银镀层在耐变色、耐磨方面更优，焊接质量高且导电性好，银锡合金被广泛用作电接点镀层。

（一）Ag-Sn 合金镀层

1. 含氰化物电镀银锡合金镀液成分及工艺条件

含氰化物电镀银锡合金镀液组成及工艺条件见表 7-9。

表 7-9　银锡合金镀液组成及工艺条件

组成及工艺条件	配方		
	1	2	3
氰化银钾[KAg(CN)₂]/(g/L)		14.7	18.5
氰化银(AgCN)/(g/L)	5		
硫酸锡(SnSO₄)/(g/L)		19.9	
锡酸钾(K₂SnO₃)/(g/L)	80		

组成及工艺条件	配方		
	1	2	3
焦磷酸锡($Sn_2P_2O_7$)/(g/L)			51.8
焦磷酸钾($K_4P_2O_7$)/(g/L)		100	231
氰化钾(KCN)/(g/L)		15	
氰化钠(NaCN)/(g/L)	80		
氢氧化钠(NaOH)/(g/L)	50		
锑盐(以金属锑计)/(g/L)			0.7
酒石酸钾钠/(g/L)			0.5
pH	9~10	9~10	8.0~9.5
温度/℃	室温		20
电流密度/(A/dm²)	0.5	0.5~0.7	1.0
镀液成分(Ag∶Sn)	90∶10	90∶10	73∶27

2. 非氰化物镀液体系

$Ag(CH_3SO_3)$(以 Ag^+ 计)	0.7g/L
苄基十六烷基二甲基甲烷磺酸铵	1g/L
$SnSO_4$	20g/L
萘酚-6-磺酸	0.2g/L
H_2SO_4	150g/L
硫代丙三醇	70g/L
聚氧乙烯（EO15）辛酚	5g/L

（二）电镀银铜合金

银铜合金镀液中的组分含量及工艺条件发生变化，能获得铜含量不同的银铜合金层，其颜色随铜含量的增加由银白色经玫瑰色到红色。镀层结晶细致，耐磨性较纯银好。其镀液配方及工艺条件如表 7-10 所示。

表 7-10　电镀银铜合金镀液组成及工艺条件

组成及工艺条件	配方		
	1	2	3
硝酸银($AgNO_3$)/(g/L)	15	12	
硝酸铜($CuNO_3$)/(g/L)	30		
银＋铜/(g/L)			20
碘化亚铜(CuI)/(g/L)		10	
焦磷酸钾($K_4P_2O_7$)/(g/L)	82	500	100

组成及工艺条件	配方		
	1	2	3
碘化钾(KI)/(g/L)		100	
奎宁酸/(g/L)		0.5	
pH			9
温度/℃	45	25	20
电流密度(A/dm²)	1.5	0.3	0.5

（三）电镀银镍合金

银镍合金镀层具有耐蚀、耐磨、耐高温和硬度高的优点,尤其是银镍合金与铜接触电阻类似于纯银与铜接触电阻率低的特点,且银镍合金镀层同时具有导电性好及不起电弧的优点,因此电镀银镍合金在接触式电器开关及继电器生产中用途广泛。电镀银镍合金组成及工艺条件如表 7-11 所示。

表 7-11　电镀银镍合金镀液组成及工艺条件

组成及工艺条件	数值
氰化银(AgCN)/(g/L)	6.7
氰化镍[Ni(CN)₂]/(g/L)	1.1
氰化钠(NaCN)/(g/L)	11.8
温度/℃	20
电流密度/(A/dm²)	0.2～0.8

二、电镀金合金

金及其合金具有良好的耐磨、耐蚀及高导电性特点,从而在现代电子工业中用途广泛,尤其是良好的防腐能力及电气性能参数的稳定性使得金及其合金制备的电子功能部件可以在恶劣的环境条件下安全运行。电镀金及其合金镀层若采用氰化物镀液,具有良好的覆盖及分散能力,氰化物镀金层均匀致密且镀液稳定性好。缺点是氰化物作为镀金液络合剂毒性大、危害环境的同时对电镀生产维护人员的危害较大。因此,采用无毒或低毒镀液取代氰化物电镀金层一直是科技人员研究的热点。目前镀金及镀合金液主要有碱性和中性氰化物镀液,酸性柠檬酸盐镀液和无氰亚硫酸盐镀液近年来有一定的应用,且随着技术的进步有望进一步取代氰化物镀金液。

（一）电镀金铜合金

合金镀液中金盐和铜盐组分比例不同,可以得到多种外观色泽的合金镀层。金铜合金中含金 85%的为玫瑰色金，俗称玫瑰金，广泛用于装饰品。通常来说含铜 15%～25%的金铜合金，硬度比纯金高 1.5 倍。含铜 20%～40%的金铜合金，镀层的硬度和耐磨性比纯金高 1～2 倍。因此，在耐磨性要求较高的接插件和触点开关制造领域可采用耐磨性更好的金铜合金镀层取代纯金镀层。一般来说，镀中性金铜合金工艺应用较多，碱性金铜合金镀液电流效率低，金铜合金镀液配方及条件如 7-12 表所示。

表 7-12 电镀金铜合金组成及工艺条件

组成及工艺条件	配方		
	1	2	3
氰化金钾(KAu(CN)$_2$)/(g/L)	7	3～6	16
氰化亚铜(CuCN)/(g/L)	7	8～14	
游离氰化钾(KCN)/(g/L)		1～1.5	
磷酸氢二钠 (Na$_2$HPO$_4$)/(g/L)	28		
亚铁氰化铁 Fe[Fe$_2$(CN)$_8$]/(g/L)	3（铁计）		
亚硫酸钠(Na$_2$SO$_3$)/(g/L)		9～10	
铜(EDTA 钠盐)/(g/L)			2.5
锌(EDTA 钠盐)/(g/L)			2
镍(EDTA 钠盐)/(g/L)			2
EDTA 二钠盐/(g/L)			5
pH	7～7.5	7～7.2	8
温度/℃	65～75	75～80	60
电流密度/(A/dm^2)	0.5～1	1～3	2～3

镀液中各成分及工艺的影响如下。

1）金离子络合物作为主盐，以氰化金钾形式存在镀液中较为稳定，主盐含量高时，可以在较高的电流密度下进行电镀。

2）氰化亚铜是主盐，在镀液中以氰化亚铜络离子形式存在。其浓度变化对镀层中铜含量影响较大。镀层中铜含量随着镀液中氰化亚铜浓度增加而增加，若氰化亚铜主盐含量增加，则需要增加相应的络合剂来维护镀液稳定。

3）游离氰化钾含量高时铜难以析出，同时允许使用的电流密度上限降低。

4）磷酸二氢钠是 pH 缓冲剂，在溶液中磷酸二氢钠的水解不仅可以使 pH 在一定范围内保持稳定，还可以增加镀液的导电性，使其色泽更鲜艳，扩大色泽的最佳范围。

5）镀液中的金铜含量比宜控制在 1：（2～3），铜含量过高，则镀层呈现紫红色；含铜量低呈金黄色，均达不到玫瑰金色。

6）阴极电流密度高时，镀层中铜含量增加，外观呈现红色。电流密度低时，镀层合金中含金量增加，镀层易产生白雾，反光性能变差。

7）合金镀层完成后，如需要提供镀层硬度及耐磨性能，镀后需要在 300℃下热处理 2～3h。

（二）电镀其他金合金

电镀金银合金镀层可以减少黄金的使用量进而降低贵金属电镀的成本，例如，将镀金银合金镀层用于装饰和电子工业领域以取代纯金电镀层。电镀金钴合金镀层获得的显微硬度为 130HV，远大于电镀纯金镀层的显微硬度 70HV。金钴合金镀层优良的耐磨性及低的接触电阻使得其可以应用于集成电路电接点和电子封装领域的印制电路板耐磨接插头等。电镀金合金还包括二元合金如金锡、金锌及三元合金如金铁钛等镀层，合金镀层所具的不同的物理化学性能使得其应用领域有所差别。电镀合金液的成分及工艺条件如表 7-13 所示。

表 7-13　电镀合金液的组成及工艺条件

组成及工艺条件	Au-Ag	Au-Co	Au-Sn	Au-Zn	Au-Fe-Ti
氰化亚金钾[KAu(CN)$_2$]/(g/L)	8.2	5～10	4	15	
硫酸锌(ZnSO$_4$·7H$_2$O)/(g/L)				10	
丙酸钾(C$_3$H$_5$KO$_2$)/(g/L)				30	
乙二胺(C$_2$H$_8$N$_2$)/(g/L)				50	
氰化金钾(以 Au^{3+}计)/(g/L)					1
草酸(H$_2$C$_2$O$_4$)/(g/L)					30
草酸铁(以 Fe^{2+}计)/(g/L)					0.05
TiF$_3$(以 Ti^{3+}计)/(g/L)					0.001
氰化银(AgCN)/(g/L)	4.1				
焦亚硫酸钾(K$_2$S$_2$O$_5$)/(g/L)	75				
硫氰酸钾(KSCN)/(g/L)	1				
聚乙烯亚胺(PEI)/(g/L)	150				
硫酸钴(CoSO$_4$·7H$_2$O)/(g/L)		0.3～10			
柠檬酸钾(C$_6$H$_5$K$_3$O$_7$)/(g/L)		15～20			
柠檬酸(C$_6$H$_8$O$_7$)/(g/L)		50～70			
光亮剂/(g/L)		40～50			
六氯锡酸铵(H$_8$Cl$_6$N$_2$Sn)/(g/L)		1～2			
乙二胺/(mL/L)			10		
抗坏血酸/(mL/L)			2		
1,4-丁炔二醇(5%)/(mL/L)			1		
pH	8.5	5～6	0.6	4.0	3.5
温度/℃	32	45～60	32	60	40
电流密度/(A/dm^2)	1.2	0.2～1	2	1	2

习　题

1. 为什么镀银不用单盐而用络合物镀液时，才能镀出合格镀层？
2. 镀银前为什么要进行预镀处理，有哪些方法？
3. 氰化物镀贵金属镀液中钾盐、钠盐具有什么特点？
4. 氰化物镀银镀液中碳酸盐有何作用，随着反应的进行其含量有何变化？过量碳酸盐如何除去？
5. 亚硫酸盐镀金液中常用的主络合剂和辅助络合剂是什么？各有何特点？

第八章 电子封装互连材料的非等向性电镀

第一节 概 述

当前电子工业领域的芯片互连及印制电路、连接器、引线框架、微波器件制程中采用电子电镀工艺制程具有其他淀积技术无法取代的经济及技术优势,电子电镀在电子工业的广泛应用不仅无法被完全取代,而且随着电子电镀技术的进一步发展,其在新兴的电子行业与传统的金属材料防腐与装饰领域的应用范围还在不断拓展,如芯片中的大马士革铜互连、先进封装中的微通孔填孔电镀、高密度互连 PCB 板的盲孔孔金属化技术及 LED 框架电镀等,以及传统钢铁工业的防腐、装饰及功能性的无毒镀层等。先进的电子电镀技术是特征尺寸 90nm 以下的集成电路及其 3D 封装产业核心制程工艺,若没有电子电镀技术在电子元器件制造及高密度互连 PCB 板层间互连孔金属化的应用,难以想象全球年产值 500多亿美元的 PCB 制程产业链如何完善,一台手机中就有近百个电子元器件需要电镀,例如,手机外壳的装饰性电镀为我们提供了色彩艳丽的手机外观。电子电镀是各种淀积技术中应用最活跃、技术最先进的一个分支。电子封装中的引线框架型封装 DIP、QFP、SOP、球栅阵列型封装 BGA、ttBGA,带载型封装 TAB,芯片倒装型封装 FC,芯片尺寸封装CSP,多芯片封装 MCM,堆栈型系统封装 SIP 等,完成这些电子封装需要较多的功能性镀层材料和精密性的电子电镀技术,如倒装芯片电极凸点(bump)的形成,IC 引线框架的镀银、镀金及锡铅可焊性镀层,BGA 基板上的铜电子电路布线、焊点上的镀镍金层等。电子电镀技术在电子封装领域的应用如表 8-1 所述。不同的镀覆件几何形状及电解液组分对电镀后的材料界面的轮廓(profile)会产生直接的影响,例如,传统的等同性电沉积会在工件几何体不同的表面位置产生近似的沉积速率,从而导致几何体部位的槽沟或孔洞处形成空洞缺陷等,如图 8-1 所示。非等同性电沉积铜则是借助镀液中添加剂的静态与动态吸附率及扩散传质等的差异,造成特定方向的电沉积速率的加快,而沉积后形成无孔洞缺陷的沉积金属轮廓,如图 8-2 所示。采用非等同性电沉积技术在 PCB 板孔金属化制程中可实现金属离子在盲孔底部的快速还原沉积金属的填孔电镀,制造出无缺陷的电路板层间垂直金属互连线。

表 8-1 电子电镀在电子封装中的应用实例

电子电镀	应用实例	电镀方法	特点
Ni/Au, Ni/Sn	倒装芯片电极凸点 BGA、FC-BGA、μBGA 等基本焊点等	电镀、化学镀	满足金线、焊球的焊接性位置精度:$1\sim10\mu m$,要求 Ni 中 P 含量低
Cu	BGA、FC-BGA、μBGA 等基板布线、多层间连接;PCB、IC 封装基板层间互连(微盲孔、通孔)等	局部电镀、非等向性电镀如盲孔填孔中孔底沉积速率远远大于面铜沉积速率	多为酸性镀液,厚径比高,微盲孔、通孔孔径:$10\sim100\mu m$

电子电镀	应用实例	电镀方法	特点
Ag、Au	引线框架内腿、接插件等	局部或全面连续电镀	满足金线低氰镀液，高速位置精度：50~100μm
Sn、Sn-Pb、Sn-Bi、Sn-Ag、Sn-Cu、Sn-Zn	引线框架外腿、接插件等	局部或全面连续电镀	满足与焊锡的焊接性，与Sn-Pb 相比均有一定差距，仍在开发中
Ag、Ni/Pd、Ni/Pd/Au	PPF 型引线框架	全面连续电镀	可同时满足与金线、焊锡的焊接性

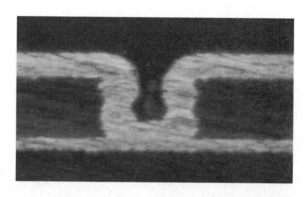

图 8-1　具有 $\Phi100\mu m$ 盲孔填孔形成缝隙的铜互连线示意图

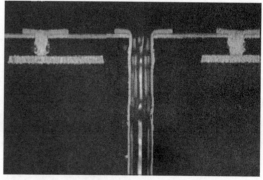

图 8-2　具有埋盲孔、通孔的无缺陷的铜互连线示意图

一、TSV 三维封装中铜互连的应用

电子封装主要包括零级封装，也称为芯片上的互连；一级封装，指器件级封装；二级封装，指 PCB（PWB）级封装；三级封装，指分机柜内母板的组装；四级封装是指分机柜整机系统。电子封装常采用立体封装，也就是指三维封装，是在垂直于芯片表面的方向上堆叠，互连两片以上裸芯片的封装。其空间占用小，电性能稳定，是一种高级的 SiP （system in package）封装技术。三维立体封装通常采用混合互连技术，以适应不同器件间互连，例如，裸片与裸片、裸片与微基板、裸片与无源器件间可根据需要采用倒装、引线键合等互连技术。传统的芯片封装中每个裸片都需要与之相应的高密度互连基板，封装基板成本占整个封装器件产品制造成本比例较高。三维立体封装内的多个裸片仅需要一个基板，因裸片间大量的互连是在封装内进行的，互连线的长度显著减小，提高了器件的电性能。三维立体封装还可以通过共用 I/O 端口减小封装的引脚数。因此，采用三维立体封装具有显著的优点：体积小、重量轻，信号传输延迟时间减小，低噪声，低功耗，极大地提高了组装效率和互连效率，增大了信号带宽，加快了信号传输速度，具有多功能性、高可靠性和低成本性。

　　硅通孔技术是通过在芯片和芯片之间、晶圆和晶圆之间制作垂直导通，实现芯片之间互连的新技术，如图 8-3 所示。与以往的 IC 封装键合和使用凸点的叠加技术不同，硅通孔技术能够使芯片在三维（3D）方向堆叠的密度最大，外形尺度最小，且能在大幅度改善芯片速度的同时实现低功耗。目前，硅通孔填充的材料通常有多晶硅、铜、钨和高分子电导体等，填充技术主要包括电镀、化学气相沉积、高分子涂布等。一般来说，金属有机化学气相沉积（metal-organic chemical vapor deposition，MOCVD）淀积铜技术因成本较高，通常用于小尺寸硅通孔（5μm）的孔金属化；低压化学气相沉积（low pressure chemical vapor deposition，LPCVD）淀积重掺杂多晶硅制作工艺简单，但因其导电性能较差，且寄生电容参数等较大，因此应用范围狭小；填充导电胶时需防止填充时产生气泡，因其孔径较小导致工艺难度较大，且散热性能较差，同样其导电性能与金属相比也较低。而电镀 Cu 由于其导电性能好及成本低廉、适宜批量生产等特点，成为目前硅通孔填充的主要方法。

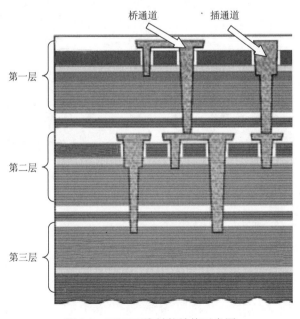

图 8-3　TSV 三维封装结构示意图

二、PCB 板中铜互连的应用

在二级封装领域，随着电子信息技术的发展，绝大多数电子设备都要使用 PCB，PCB 也简称印制板或电路板。它是将预先设计好的电路图形以某种方式呈现在绝缘基材的内部或者表面上，从而实现元器件之间电气互连的一种特殊的含电路的基板。PCB 是重要的电子部件，它为各种电子元件的安装固定提供支撑，同时又肩负着各元器件之间电路互通的重任。传统的电路板是采用印刷蚀刻阻剂的方法得到电路的线路及图形的。随着电子产品的逐渐小型化与精细化，印制电路板减成法已不能满足精细线路发展的要求，尽管目前大多数的电路板仍采用减成法制作方式，先贴附蚀刻阻剂（压膜或涂布），经过曝光显影后，再进行蚀刻的工艺流程做出线路图形。PCB 向轻、薄、高密度方向发展，给设备和生产工艺带来了更高的要求。印制电路行业已经进入高频高速高互连的时代，而层间铜互连线路的制作能力提升一直是 PCB 生产商关注的重点，电镀工序不仅是影响整个线路板行业制作水平的关键工序之一，更是提高层间线路制作能力和品质的一个重难点工序。

一般而言，PCB 板上的微孔可分为三种：通孔、盲孔和埋孔。其中，埋孔也可看作是盲孔的一种。这几种类型的孔按需要分布在 PCB 板的不同位置，经过孔金属化制程后可以实现 PCB 板层与层之间的电气互连。任意层互连 HDI 积层印制电路板结构如图 8-4 所示，电镀铜填盲孔以及盲孔堆叠技术因为可以实现 PCB 板上任意两层或多层之间的电气互连而成为 HDI 制作过程中的关键技术之一。利用非等同性电沉积铜塞孔是多数填孔技术中最有效的方式，由于电化学沉积铜技术具有低温制程、低成本、高沉积速率及制程简单等优点，为了提高微孔或沟槽的层间连接的可靠性及精密性，采用电沉积铜的填充方法已成为主流。但由于这些微孔或沟槽通常是微米或亚微米级尺寸，给 PCB 板及集成电路封装基板制造工艺带来了众多的困扰，电镀沉积铜在具有高纵横比的微盲孔内无缺陷沉积铜填充是 IC 封装基板制造技术中必须解决的一个关键技术问题。PCB 基材是以环氧树脂为黏结剂的玻璃纤维增强塑料，常规的全板电镀加厚工艺流程如下：PCB→钻孔→超声波溶剂除油→蒸汽喷射→电刷洗净→轻度粗化→化学浸蚀→酸浸渍→敏化→活化→酸浸渍（活化）→化学镀铜→酸浸渍→电镀铜→镀其他镀层等。

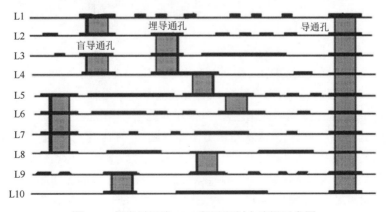

图 8-4　任意层互连 HDI 积层印制电路板示意图

三、IC 芯片中铜互连的应用

硅晶片在氧化、掩模、光刻和掺杂等工序后会在其硅片表面阵列分布晶体管，晶体管之间及器件与半导体材料之间的电学导通有赖于淀积导体金属布线工艺来实现。IC 芯片中电学互连金属线路的制作主要是采用电镀或者溅射的方法在硅片表面形成金属互连线，通过金属互连线将阵列分布的晶体管按照设计要求实现铜互连导通。美国 IBM 公司早在 1997 年就推出世界上第一块通过铜电子电路布线实现晶体管电学互连的商用芯片，如图 8-5 所示，并应用于 400MHz Power PC 的微处理器。IBM 公司宣称采用铜替代铝布线的方法使得电导率上升的同时功耗降低了 50%以上。IBM 公司在 IC 制程中实现铜布线是芯片技术实现高速化的一项重大突破，促进了大马士革铜互连工艺、化学机械抛光铜工艺和电镀铜工艺在微电子领域的应用。实际上很长一段时间主要采用铝布线，是考虑到采用铜布线时铜金属在硅及其氧化物介质层中易扩散迁移的影响，例如，介质层中因铜扩散迁移会形成深能级杂质，其对载流子产生较强的陷阱效应，严重时可导致芯片功能退化甚至失效。防止铜在介质层的迁移的有效方法是在铜与介质之间淀积一阻挡层。

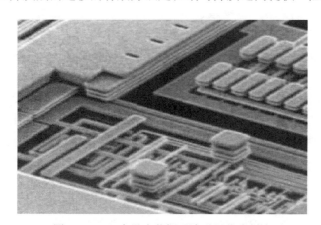

图 8-5　IBM 大马士革铜互连引入芯片制造

第二节　PCB 电镀铜填盲孔

进入 21 世纪后，欧洲、美国、日本等国家和地区的劳动力成本不断增长，高端服务器和网络通信类服务器及消费类电子产品 PCB 的制造开始逐渐从美国、日本等向中国及东南亚地区转移，同时中国国内形势越来越好。随着各方面技术的逐步成熟，很多 PCB 工厂逐渐成长起来，不再局限于低质量简单的单双面板产品，而是开始往中高端的服务器和通信及消费电子类等 PCB 转型以追求更高的利润和回报。传统的埋盲孔互连工艺，一般是以导通孔填塞导电胶为主，但随着电子元器件尺寸、微埋盲孔孔径的缩小，采用填充导电胶在工艺上变得极为困难。且填充导电胶工艺存在残存气泡等问题，严重影响产品的可靠性，已不能满足产品需要。因此，为适应高密度 PCB 和集成电路封装基板多阶任意层互连性能及信号传输速率进一步发展的要求，使用电镀填孔工艺来完成导孔金属化从而实现微埋盲孔多阶任意层互连已经是必然趋势。在电镀铜填盲孔开始之前，首先要对盲孔的孔壁进行金属化处理，一般采取的手段是化学镀铜，化学镀铜层厚度为 $2\sim3\mu m$，由于铜具有经济性和选择性，具备优良的深镀能力、较低的电阻率和较高的抗电迁移性，被普遍认为是一种比较理想的电气互连金属材料。

一、PCB

（一）PCB 的分类

PCB 作为电子工业的重要部件之一，经历了长足的发展，为了满足不同领域的特殊需求，逐渐发展演化出较多的品种。如果按照 PCB 所用基材的强度进行分类，PCB 可以分为三种：刚性的、挠性的及刚挠结合的。刚性板一般是由不易弯曲的刚性材料所制成，如玻纤板、铝基板和陶瓷板等，这些板的机械强度大，可以为附着其上的电子元器件提供支撑。挠性板，也称为柔性板，是一种使用聚酰亚胺或聚酯薄膜材料制作而成的具有高度可靠性和绝佳的可挠性的印制电路板，同时它还具有配线密度高、重量轻和体积小等特点。刚挠结合板俗称软硬结合板，就是将刚性板与挠性板有机地结合起来，其结构紧密，以金属化孔形成导电连接。所得的印制电路板不仅具有刚性板的强度，同时具有挠性板的韧性，能满足一些特殊用途。如果按照 PCB 上导电线路的层数进行分类，PCB 亦可分为三种：单面板、双面板和多层板。单面板，是最早出现的，也是最简单的 PCB 板，所有的零件都集中在板的一侧，而连接零件的导线则都集中在板的另外一侧。单面板的局限在于，其上的布线不能交叉，只能独立路径，这就决定了单面板上的电路不能过于复杂，装备零件的数量不能过多。双面板是板的两侧均有导电线路，通过金属化的通孔实现两侧的电路互通。由于双面板的可工作面积变大，且布线可以相互交错，因此上面可以装配更多的零件，从而能组装出比单面板更高级、更复杂的电路体系。多层板是指由三层及以上的导电图形层与绝缘材料交替层压黏结在一起制成的 PCB。多层板的结构更为复杂，一般底层和顶层为信号层，中间还含有电源层和地线层。多层板除了能提供更为复杂的电路体系之外，还可以大幅提高电路的可靠性与稳定性，因此得到了广泛的应用。

（二）PCB 盲孔金属化制程

以多层板为例，其 PCB 制作的工艺流程如图 8-6 所示：PCB 制造工艺从基板到成品，前后要经过上百道工序，流程极为复杂，其中孔金属化工序也是 PCB 制作过程中最为关键且必不可少的一个工序，以 PCB 板面电镀工序为例，其主要流程如下：上板→除油→水洗→微蚀→水洗→酸浸（酸洗）→镀铜→水洗→酸浸（酸洗）→镀锡→水洗→下板等。PCB 工序中的酸浸（酸洗）的目的是除去预镀印制电路板金属表面的锈垢、氧化物膜及其他锈蚀，使预镀印制电路板金属表面活化，从而获得良好的金属镀层。PCB 层间互连主要是通过通孔、盲孔和埋孔的孔金属化实现层间电气导通。微通孔是从电路板的顶层贯穿至电路板底层的整个电路板的导通孔；盲孔是指一端开口，位于电路板的顶层或底层表面，另一端为封闭性的具有一定深度，用于实现层间电路连接的微孔，孔的深度与孔径通常不超过一定的比例；埋孔是一种被埋在电路板中间的孔，是多层板通过压合后形成的电路板内部孔。孔的金属化制程目的就是实现电路板中层与层之间的盲孔、通孔等孔内金属填充获得良好的电气互连效果，因孔型、厚径比等不一样，电镀工艺与镀液配方有一定差异。对于通孔或盲孔填孔，由于其厚径比较大，相应所需的沉铜量就会较大，一般采用较高的主盐浓度，其金属化制程为：先在孔壁上沉积一层化学镀铜层，然后在含有添加剂的酸性硫酸铜镀液中进行电镀铜填孔，直至电镀填孔填满整个盲孔或通孔。需要指出的是，电镀填孔时所用的镀铜液一般是低酸高铜体系，主盐浓度高可用来提高镀液沉积速率。而均匀电镀时所用的镀铜液一般为高酸低铜体系。此外，电镀沉积铜

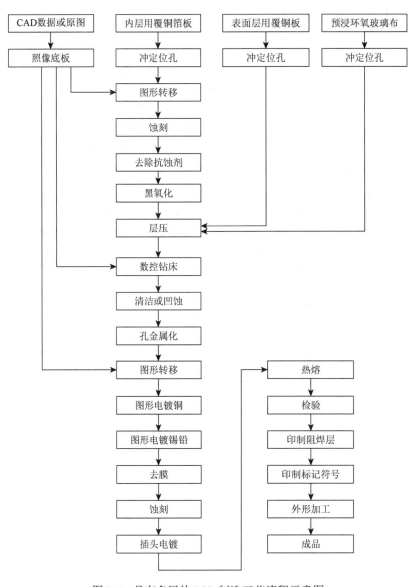

图 8-6　具有多层的 PCB 制造工艺流程示意图

层效率、镀层结合力等远高于化学镀铜。因此化学镀孔金属化后通常采用电镀填孔及加厚镀层。

二、电镀铜填盲孔的研究现状

2006 年我国就超过日本成为全球印制电路的制造大国。2010 年我国印制电路行业总产值到达 220 亿美元，占全球产值的 39%。我国是印制电路制造大国，但不是强国，高技术含量、高附加值的高端印制电路产品，如 HDI 印制电路板及 IC 封装基板多为欧洲、美国、日本的企业制造，这些企业在设备、材料、电子化学品（如电镀铜填埋盲孔配方、添加剂）等领域具有领先优势。HDI 印制电路板及封装基板占到全球印制电路总产值的 20%，约 130 亿美元。Cu 互连微埋盲孔填充电镀技术是实现多阶任意层互连 HDI 印制电路板、封装基板制造最为关键的技术。

最早开展微埋盲孔填孔研究的 IBM 研究团队在 1998 年指出，在电镀液中添加许多特定的有机添加剂来改变微埋盲孔沉积区域性的电流密度，在孔底形成高电流密度区，使得孔底沉积速率加快，而在板面形成低电流密度区，造成板面沉积速率减缓，因此形成孔底上移的沉积模式，借以调控微埋盲孔板面及孔底的沉积速率达到超级填充的填孔模式。

由于当前使用填孔电镀技术来完成导孔金属化技术越来越重要，众多学者纷纷投入电镀铜填孔机理的研究，试图透过电化学仪器的测量及电镀填孔过程的物理化学模拟方程式的推导来阐述加速剂、抑制剂、平整剂和氯离子之间的协同填孔作用机制。抑制剂在高电流区有极强的吸附能力，利用这种吸附特点可以使高/低电流区的极化电阻趋于一致，铜离子配合物在沉积界面的双电层内进行电荷转换，此时关键的还原反应由氯离子扮演电子桥的角色。埋盲孔填铜研究中常用的抑制剂多为高分子聚醇类化合物，如聚乙二醇（PEG），但 PEG 必须依赖氯离子进行协同效应后才具有强烈的抑制铜沉积的效果。1998 年，West 研究团队利用石英晶体微天平（quartz crystal microbalance，QCM）研究了 PEG 在电镀铜阴极表面上的吸附机理，研究结果表明，PEG 在电极表面上的吸附是以球状且单层的模式吸附在铜表面，但当研究体系中含有氯离子时，PEG 会同一价铜离子产生竞争吸附，从而造成一价铜离子难以进行还原反应，进而达到抑制铜沉积的效果。2003 年，Feng 等研究人员利用表面增强拉曼光谱（surface enhanced raman spectroscopy，SERS）研究 PEG 与氯离子在电镀时的行为，结果发现 PEG 会与氯离子及一价铜离子键结，形成配合物吸附在电极表面。

2005 年，Dow 研究团队以电子顺磁共振仪（electron paramagnetic resonance，EPR）证实，氯离子在电镀填充铜过程中与二价铜离子进行配位，具有将二价铜离子还原成一价铜离子的能力，进而加速铜离子还原速率。但在研究体系中存在 PEG 时，研究发现，随着 PEG 分子量的增加，在铜表面形成的氯化亚铜颗粒变少，这表明 PEG 分子量越大，在阴极表面覆盖率也越大，其抑制作用也越强。研究也表明在电镀体系中添加 3-巯基-1-丙烷磺酸钠（MPS）、PEG 和氯离子三种添加剂可以实现对直径为 0.065mm 和 0.105mm 的微埋盲孔的超级填充。

加速剂具有加速二价铜离子转变为一价铜离子的电催化效果，且使得镀层具有光亮效果，学术界常用的电沉积铜的加速剂（光亮剂）主要为硫醇类化合物，如聚二硫二丙烷磺酸钠（SPS）。2007 年由 Min Tan 等研究人员利用末端基为二硫化物的 PDSA、MPSA 及 PDT 进行试验，研究表明在电镀过程中二硫化物会与氯离子和一价铜离子形成配合物，再经由氯离子传导电子，将电极表面上的一价铜离子快速还原成金属铜。平整剂大多为含氮的杂环类有机物，镀铜液中常用的平整剂有詹纳斯绿（Janus Green B，JGB）及三氮唑类衍生物。平整剂通常荷正电易吸附在高电流区，抑制铜离子还原反应的速率，以达到镀铜层平整的效果。West 研究团队在 2001 年利用电化学测试方法对电镀液中的 JGB 进行电化学分析，研究发现电镀体系中添加 JGB 后，比原来分析液中含有 PEG、氯离子和 SPS 等添加剂的抑制效果更显著。2005 年，Osaka 等研究人员利用电化学分析发现镀液中添加 JGB 后，可以抑制电镀铜沉积过程所产生的金属铜凸块、降低板面金属铜沉积的厚度，并且可以改善孔口提早封口所形成的空洞现象，有利于提高铜填孔质量。

　　在微埋盲孔电镀填孔机理研究方面，国际学术界有代表性的理论有：2001 年 Moffat 研究团队提出的加速剂覆盖率曲度提升反应机制（curvature enhanced accelerator coverage mechanism，CEAC）理论，CEAC 理论认为要达到微埋盲孔电镀填充铜的关键在于加速剂的协同作用，在微埋盲孔电镀填充铜的过程中，加速剂会因为微埋盲孔孔底表面积的内缩，而在孔底产生浓度累积的现象，使得加速剂在孔底的覆盖度提升，因此孔底的铜离子还原速度加快，增加了金属铜在孔底的沉积。此外，CEAC 理论还认为随着电镀填孔的进行，孔口及板面处的表面积增加，使得加速剂的覆盖率下降（图 8-7）。因此，在微埋盲孔底部有较强的加速效果，而板面及孔口处则有较弱的加速效果，利用孔底与板面及孔口加速剂的覆盖率的差异，进而产生超级填充的微埋盲孔填孔效果。

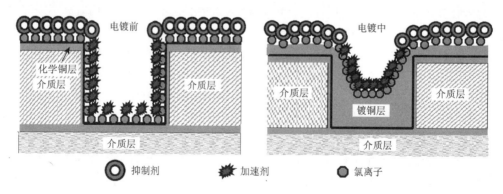

图 8-7　电镀体系中加速剂、抑制剂和氯离子微盲埋孔协同填孔示意图

　　在 Moffat 研究团队提出加速剂覆盖率曲度提升反应机制理论的同一年，West 研究团队提出的电镀填孔理论认为，在电镀体系中必须同时具备加速剂、抑制剂、氯离子和平整剂几种添加剂的情况下才能达到超级填充微埋盲孔的效果。该理论认为，填孔电镀是利用添加剂中的加速剂和平整剂在孔底及板面上的扩散-吸附-消耗的作用机制来达到超级填充的目的，但后续的研究事实表明，在电镀体系中未添加平整剂时，依靠加速剂、抑制剂和氯离子就能达到超级填铜的效果，在此基础上，West 研究团队对电镀填充微埋盲孔模拟理论进行了修正，即以扩散-吸附-消耗的作用机制为基础，在引用 Moffat 的 CEAC 模拟理论的基础上，提出在

考虑加速剂在电沉积铜过程中随孔底表面积的内缩而累积的同时，强调抑制剂对电镀填孔效果的影响，并在此基础上阐述了不同纵横比的微埋盲孔填充过程的铜凸块的形成机制。

电镀填孔不仅与被镀覆物几何形状及镀液中添加剂协同作用的影响有关，而且镀液的静态与动态的差异对添加剂的吸附效率的影响也是需要考虑的因素。台湾学者窦维平等研究了搅拌强对流于电镀填孔的影响后提出了"对流依赖吸附"（convection dependent adsorption，CDA）的影响机制，认为在 CDA 模型中，对流的强度会影响添加剂在沉积金属表面的吸附浓度进而影响到阴极电流密度的分布，其认为对流越强，添加剂到达铜表面的速度越快，抑制剂在金属表面的吸附密度越大，抑制金属离子还原作用越明显，反之在盲孔底部的吸附量少，则抑制作用不明显，从而造成孔内无空洞填充铜现象。

近年来，随着 5G 通信技术的发展、通信产品功能的提升，促使高密度互连印制板向高集成化发展，微埋盲孔的直径和焊盘的直径越来越小，微埋盲孔孔径发展需求从 0.1mm（4mil）缩小到 0.075mm（3mil）、0.050mm（2mil）乃至更小 0.025mm（1mil）。然而，盲孔孔径的微小化却给高密度互连印制电路制造工艺带来了众多的困扰，电镀铜在具有高纵横比的微埋盲孔内超级填充是 HDI 印制电路制造技术中必须解决的一个关键技术问题。因此，深入研究微盲孔填铜过程中的添加剂及添加剂协同作用规律，并在此基础上开发出优质、高可靠性的微埋盲孔电镀填孔用添加剂，对于提高我国的高密度互连印制电路技术的整体水平，促进我国印制电路行业自主创新具有十分重要的战略意义。

三、酸性镀铜液的基本组成及添加剂介绍

酸性硫酸盐镀铜因废水处理相对简单，镀液对环境较为友好，镀液管理维护方便，生产成本较低，在印制电路孔金属化工序中具有广泛的应用。酸铜电镀液主要成分包括硫酸铜（$CuSO_4·5H_2O$）、硫酸（H_2SO_4）和氯离子（Cl^-）。PCB 电镀铜填盲孔技术的发展主要体现在两个方面。第一，电镀生产线的不断更新。从早期的龙门式电镀生产线发展到垂直连续电镀生产线，再到近年来出现的水平连续电镀生产线，电镀生产线的每一次更新换代都会促使人们对电镀铜工艺做出相应的调整，在水平连续电镀生产线上，传统的磷铜阳极已经被惰性阳极辅以氧化铜粉末补加技术所取代。第二，添加剂的不断推陈出新，在促使电子产品的质量获得提升的同时极大减少了对环境的危害。例如，从早期的氰化物镀液、焦磷酸盐镀铜到现在的硫酸盐镀铜液，电镀添加剂起到了极为关键的作用。

1）硫酸铜作为主盐：主要提供电镀时所需要的 Cu^{2+}。电镀填盲孔常采用高铜低酸镀液进行电镀，其电流效率高，电流密度大，沉积速率快，但与低铜高酸相比，其镀液分散性能较差，电镀填盲孔的镀液中 $CuSO_4·5H_2O$ 的含量范围为 180～220g/L，纯度要求更高，以保证镀铜层的质量，生产中，电镀原料一般选择纯度高于 99% 的硫酸铜。此外，为了确保电镀过程中铜离子浓度不变，阳极一般选择磷铜球（磷含量为 0.040wt%～0.065wt%[①]），通电时磷铜阳极表面会形成 Cu_3P 黑色薄膜来抑制阳极泥形成，提高电镀品质量。

2）H_2SO_4 作为导电盐：一是增强镀液的导电性，二是防止硫酸铜水解。较高 H_2SO_4

---

① wt%表示质量分数。

含量可以在促进阳极溶解的同时增强电镀液的覆盖能力，存在的缺点是电流效率也会随之下降；反之 H_2SO_4 含量过低则会降低镀液分散能力和覆盖能力。盲孔镀铜液中 H_2SO_4 的含量为 $50\sim70g/L$。

3）Cl^- 的作用：Cl^- 作为酸铜镀液极其重要的添加剂，通常以盐酸或者氯化钠的形式加入镀液当中，一般允许量为 $5\sim200mg/L$，在电镀填盲孔镀液中用量控制为 $30\sim70mg/L$。Cl^- 本身可与二价铜离子配位，担任 Cl^- 架桥传送电子，进而加速 Cu^{2+} 还原的速率。1995 年 Nagy 的研究团队提出 Cl^- 架桥理论：无 Cl^- 时，Cu^{2+} 之间的电子以水分子作为媒介进行传送［图 8-8（a）］，则电子以外星型电子传送模式传送，电子的传送速率较慢。而含有 Cl^- 时，Cl^- 与两个 Cu^{2+} 之间产生键结，使得电子传递变为内球型电子传送模式［图 8-8（b）］，进而提升铜离子的还原速率。

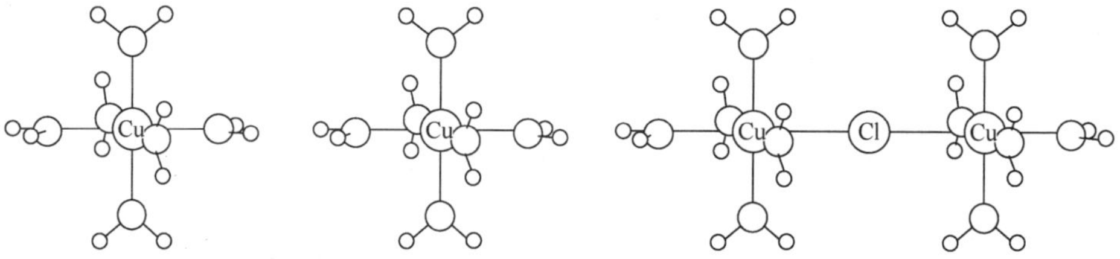

(a) 无氯离子　　　　　　　　　　　　　　(b) 含氯离子

图 8-8　氯离子架桥理论示意图

通常来说，在镀液中没有其他添加剂的情况下，Cl^- 通常具有一定的加速作用，但它能与亚铜离子发生络合，形成"Cu（Ⅰ）-chloride"络合物的薄膜，该络合物薄膜具有不溶性，将会先覆盖在铜表面从而阻碍阴极的铜沉积过程。Cl^- 也可以和其他有机添加剂相互作用，形成更复杂的络合物以实现电镀盲孔填孔。Cl^- 在电镀过程起到的作用可以概括为三点：①作为金属铜与 Cu^{2+} 之间电子传递的桥梁加速铜的溶解和沉积；②提高阳极活性，在阳极表面形成均匀的阳极膜，促使磷铜球阳极均匀电解；③镀液中加速剂与抑制剂等需要在 Cl^- 的协同作用下发挥各自功能。Cl^- 在阴极表面的吸附量及分布情况一定程度上决定了电镀铜填盲孔的效果。

4）用于盲孔镀铜的添加剂按功能大致可以分为三种：加速剂、抑制剂和整平剂。常见的加速剂多为丙烷磺酸盐的衍生物，电镀酸铜工艺的添加剂主要有整平剂、加速剂、抑制剂，它们相互协同的作用主要是降低镀液表面张力，提高镀液的分散能力和深镀能力，改善电极过程和提高镀层质量。

（a）整平剂及其作用：

整平剂通常为含氮的带正荷的化合物，它在酸性溶液中带有很强的正电性，结构中含有偶氮基的染料或分子中存在 1,3 位碳碳共轭双键的染料分子。该类添加剂的分子内含有共轭结构，这种结构增强了它在阴极表面的吸附强度，使其更容易吸附在带负电性强的区域，与 Cu^{2+} 产生竞争反应，阻碍铜的电沉积，在溶液中其含量一般较低，故对低电流密度区无太大的影响，因此它只在高电流密度区起抑制作用，使得原本起伏不平的表面变得更为平坦。整平剂通常分为两类：染料型和非染料型整平剂。有机染料是酸铜电镀工艺中最早采用的整平剂，品种较多，有吩嗪染料、噻嗪染料和酞菁染料等。常用的整平剂有詹纳斯绿 JGB、二嗪黑（diazine black，DB）、阿尔新蓝（alcian blue，ABPV）和苯并三氮唑等。詹纳斯绿和二嗪黑均属吩嗪染料，阿尔新蓝属酞菁染料。染料型整平剂可在较宽的电流密度范围内获得平整光亮的镀铜层，但染料型整平剂存在染料易分解、耐高温性差的缺点，需要采取严格控温措施。非染料型整平剂主要是含氮杂环化合物，如苯并三氮唑、四氢噻唑硫酮及聚烷醇季铵盐等。

（b）加速剂及其作用：

加速剂又称作光亮剂，通常是小分子量的含硫有机物，其主要作用是提高阴极电流密度，并控制晶核形成的速度，从而使镀层晶粒细致、排列紧密。目前研究较多的加速剂主要是磺酸盐类化合物如聚二硫二丙烷磺酸钠（SPS）。在电镀过程中，磺酸盐类化合物解离后会产生 R—S 基团，这种基团能与铜形成 CuS，CuS 不易溶于水并易于在铜的表面吸附，造成原子彼此吸引并形成新晶核，使铜晶核的生成速率大于晶核生长速率，从而获得的铜晶粒细致。最早使用的酸性镀铜光亮剂是硫脲及其衍生物，尽管其有较好的光亮和整平效果，但光亮密度范围窄、镀层脆、光亮剂分解产物有毒等。目前光亮剂的使用转向了磺化的有机硫化物，磺化的有机硫化物与 Cl^- 存在协同效应，可以降低铜离子还原过程所需的能量。加速剂分子通过氯离子的特性吸附可以置换已经吸附在电极表面上的抑制剂分子，从而促进铜晶核的形成；对于盲孔填孔来说，更重要的是加速剂分子会优先吸附在某些对流较弱的工件部位，促使盲孔孔底生长速率加快，而面铜部位的对流较强部位加速剂吸附较弱，从而造成盲孔孔底速率远大于面铜生长速率。PCB 盲孔填铜使用的光亮剂主要有：聚二硫二丙烷磺酸钠[$NaSO_3-(CH_2)_3-S-S-(CH_2)_3-SO_3Na$，SPS]和 3-巯基-1-丙烷磺酸钠[$HS-(CH_2)_3-SO_3Na$，MPS]，通常认为 SPS 分子中荷电的磺酸基对其催化加速铜离子沉积有着至关重要的作用。在酸铜电镀液中，SPS 与 MPS 之间可以通过以下反应相互转化：$SPS + 2H^+ + 2e^- \longrightarrow 2MPS$；$4MPS + 2Cu^{2+} \longrightarrow 2NaSO_3-(CH_2)_3-S-Cu(I) + SPS + 4H^+$，加速剂分子中的磺酸基通过形成配合物加速电子转移速度而最终加速铜离子沉积反应。其加速作用机制是铜内球电子的转移机制，即 MPS 或 SPS 利用其硫醇官能基吸附于阴极上，然后其末端的磺酸根离子会捕捉镀液中水合铜离子，电子通过氯离子传递给磺酸根离子吸附的铜离子，从而起到加速铜离子沉积的作用。

（c）抑制剂及其作用：

抑制剂，又称润湿剂，通常是由高分子量的聚醚类化合物所构成的长链物质。常见的抑制剂有聚乙二醇（PEG）、聚丙二醇（PPG）、脂肪醇聚氧乙烯醚（AEO）、环氧乙烷（EO）与环氧丙烷（PO）所构成的三嵌段聚合物（EPE），以及环氧丙烷（PO）与环氧乙烷（EO）所构成的三嵌段聚合物（PEP），其中早期常用抑制剂是 PEG，当前盲孔填孔常采用的抑制剂是 EPE 或 PEP。2003 年，Feng 和 Gewirth 利用表面增强拉曼光谱（SERS）研究了 PEG 与氯离子在电镀过程中电极表面的行为，发现 PEG 与氯离子抑制机制是在电极表面上的一个氯离子与 PEG 上的两个氧原子分别配位在中心位一个一价铜离子上，如图 8-9 所示。通过氯离子特性吸附的 PEG-Cu^+配合物结构在阴极铜表面形成一层阻挡层，进而抑制铜原子还原。

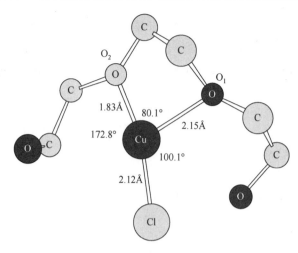

图 8-9　氯离子、PEG 和一价铜离子配合物结构示意图

抑制剂的作用主要有三点：第一，协助加速剂使其在镀面均匀分布；第二，降低镀液表面张力，增加镀液的亲水性，保证镀液在电镀过程中充分入孔，增加传质效果；第三，由于抑制剂分子量较大，难以扩散，在镀件表面主要呈梯度式分布，从而使高低电流区的差异减小，提高了阴极极化作用，保证了铜能够均匀沉积。

四、PCB 电镀铜盲孔填孔机理

电镀填孔技术是利用电镀的方式，通过添加剂浓度的梯度分布及盲孔几何形状，进而改变二次电流密度的分布，达到孔底上移的填充能力。PCB 电镀铜填盲孔沉积模式与 IC 板一样区分为三类：非均匀成长型（anti-conformal）、均匀成长型（conformal）和超级填孔（super-filling）的沉积模式，如图 8-10 所示。①非均匀成长型：当槽液中的铜离子浓度过低，高电流密度下的电镀会造成铜离子消耗速率过快而来不及补充时，盲孔几何形状的影响等，使得盲孔孔口处的铜离子还原速率过快，若电镀时间较长则在盲孔孔口处发生封口现象，形成空洞（void）。非均匀成长型在高厚径比（high aspect ratio）的盲孔中容易发生；②均匀成长型：在镀液分散性能高的镀液中进行电镀时，盲孔孔底的铜离子还原速率与 PCB 板面的铜离子还原速率相同，在经过长时间电镀后，会在盲孔内形成一条缝隙（seam）；③超级填孔又称超等角填孔模式，即通过盲孔底部到顶部沉积模式对其进行填充。在超级填孔模式下，铜在盲孔底部的沉积速率大于在盲孔顶部的沉积速率，理论上可以获得表面镀铜层厚度低、孔处凹陷小、没有空洞的镀件。

盲孔结构不同于通孔，盲孔在板面上只有单个开口，单纯搅拌使盲孔底部的镀液进行流动和交换非常困难。由于目前电子产品中 PCB 板上盲孔直径已经减小到 $25 \sim 50 \mu m$，只有采用电镀填充铜才能满足技术指标和性能要求。盲孔的体积和形貌都会对添加剂的浓度分布和镀液的扩散交换产生影响，一般情况下随着盲孔孔径变大，盲孔的体积增加，加速剂在孔内外的分布不均，抑制剂和加速剂难以在铜表面和孔口附近形成吸附浓度差，盲孔体积变大，要求铜沉积量也越多，填平难度变大。当盲孔孔径减小时，不利于孔内的镀液流动和交换，这时添加剂的作用就会凸显出来，通过多种添加剂之间的相互作用，再以适当搅拌辅助完成盲孔电沉积，随着时间的进行，其填孔过程如图 8-11 所示，最终达到超级填孔的理想效果。

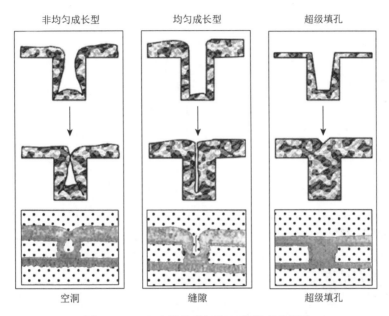

图 8-10　PCB 电镀填孔沉积三种模式示意图

图 8-11　超级填孔过程示意图

不考虑金属铜电沉积过程成核与结晶生长等微观过程，从铜沉积的宏观角度来考虑，超填孔镀铜过程中金属铜的沉积就包括离子在电场作用下的迁移、离子在镀液中的扩散、对流所引起的电荷转移、离子传质及铜沉积层变化等过程。这其中对涉及的盲孔填充机理有多种不同的解释，其主要理论包括以下几种：CEAC 机理、CDA 机理、扩散-消耗机理、添加剂的时间依赖机理。

1）CEAC 机理。由 Moffat 等提出并不断完善，认为电镀填盲孔初期，盲孔底部沉铜层出现，盲孔内部空间不断减小，沉铜面不断缩减，加速剂在盲孔内部单位面积吸附量急剧增加，盲孔内的铜的沉积速率不断加快，最终实现超填孔镀铜。CEAC 机理模型如图 8-12 所示。需要补充的是：首先，沉铜层表面吸附的抑制剂可以被加速剂替代；其次，加速剂可以不受约束在沉铜层表面自由移动。CEAC 机理既很好地解释了超级填孔过程，又能对电镀过程中出现在 Cl-PEG-SPS（MPS）添加剂体系的"过填孔"现象做出很好的解释。经过不断的修正与完善，CEAC 机理目前可用于解释整平剂的加入可以有效地抑制"过填孔"现象。

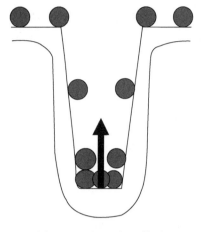

图 8-12　CEAC 机理模型

2）CDA 机理。填盲孔时，孔底部铜沉积速率不仅受到加速剂单位体积内浓度的影响，而且搅拌强对流的作用会使得诸如抑制剂等在孔内部呈浓度梯度分布，从而使得盲孔底部铜沉积速率也受到影响。例如，采用空气搅拌，高的氧气输送速率会使电镀添加剂的老化加剧。Dow 等提出了 CDA 机理认为：镀液对流强度可以影响 Cl⁻在电极表面的分布，进而影响添加剂的吸附，具体来说，强对流主要发生在 PCB 盲孔孔口处和 PCB 非盲孔区的板表面，这促进了 Cl⁻在电极表面的吸附，Cl⁻与抑制剂之间存在协同效应，相应抑制剂的吸附量也会提升，整体上强化了铜离子电沉积抑制作用。弱对流主要发生在盲孔底部，这种对流环境更有利于加速剂发挥作用。CDA 机理模型如图 8-13 所示。对 CDA 机理需要指出的是：在 PCB 电镀填孔中，加速剂与抑制剂作用的发挥都离不开 Cl⁻的协同作用，且抑制剂在电极表面上的吸附取决于 Cl⁻在电极表面上的分布情况，Cl⁻对于抑制剂吸附起到锚接的作用。此外研究还表明加速剂与抑制剂在电极表面存在竞争吸附关系。CDA 机理相比 CEAC 机理适用范围更广，在孔壁无铜层的情况下，CDA 机理依然可以解释超填孔现象，而 CEAC 机理不适用。

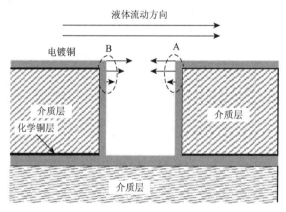

图 8-13　CDA 机理模型

3）扩散-消耗机理。为了进一步研究添加剂作用，West 等提出了扩散-消耗模型，该理论重点强调抑制剂在铜沉积中的作用：假设抑制剂在电极表面的吸附是扩散控制，由于抑制剂吸附在电极表面导致铜沉积速率降低，然后消耗。由于抑制剂通常来自远离电极的溶液，当较多抑制剂被吸附孔口时，孔底铜沉积速率较高，从而以"自下而上"的方式填充铜。

4）添加剂的时间依赖机理。扩散-消耗模型假设了抑制剂的扩散为稳定态，CEAC 模型仅考虑铜离子与加速剂的关系，而忽略了抑制剂的作用。鉴于此，Akolkar 等研究了加速剂 SPS 与抑制剂 PEG 在电极表面吸附的时间依赖作用，他们指出加速剂与抑制剂在电极表面吸附的时间存在差异，这导致在孔填充早期与后期具有不同的作用机制，主要体现为 PEG 与 SPS 同时加入电镀液中，PEG 吸附较快，而 SPS 吸附缓慢，但在溶液中扩散较快，比较电极表面活性位点的吸附情况，PEG 被 SPS 取代的过程非常缓慢。

目前超填孔电镀铜机理的研究比较主流认可的理论是 CDA 机理和 CEAC 机理，可以看到添加剂之间的相互作用机制是超填孔电镀机理研究的核心，只有充分掌握各添加剂之间的协同作用和"扩散-吸附-消耗"的浓差梯度分布作用机理，才能更加明确影响盲孔填充机理的关键因素，建立适用性广泛的铜填充理论。

五、镀液电化学表征及盲孔填孔率评价方法

（一）镀液电化学表征方法及其原理

1) 循环伏安法（CV）：为了能够真实地反映出一定电流密度下镀液的填孔能力，设置扫描速率恒定，不同转速下的旋转圆盘电极对阴极进行电沉积反应，然后阳极溶解，通过阳极扫描时的阳极溶解峰面积或通过阴极扫描时的阴极还原峰面积来衡量阴极沉积的金属量，以此方法来评定不同转速及不同电镀添加剂下的填孔能力大小的影响。以研究填孔镀液的抑制性能为例：

$$S = \left(\frac{Q_s - Q_r}{Q_s} \right) \times 100\%$$

式中，Q_s 为圆盘电极在较低转速或静止时阴极沉积铜的还原峰面积（或阳极溶解峰面积），相当于盲孔底部液体交换困难时铜离子还原获得的电子电荷量；Q_r 为旋转圆盘电极在高转速下阴极沉积铜的还原峰面积（或阳极溶解峰面积），相当于 PCB 板盲孔孔口处或板面处强对流下的铜离子还原获得的电子电荷量；S 为不同转速下的电镀添加剂的抑制能力。实际上，氯离子与添加剂的协同效应也可以通过如上方法来进行表征。

2) 计时电位法（GM）：将电流设定为恒定值，测试阴极在不同转数下的极化曲线，得到电化学反应趋于平衡时的极化电位差，可评价镀液填孔性能的强弱：

$$H = 1.62 D^{\frac{1}{3}} \times V^{\frac{1}{6}} \times \frac{1}{W^{\frac{1}{2}}}$$

式中，H 为扩散厚度；D 为扩散系数；V 为液体的动力黏度系数；W 为旋转圆盘电极的转数。当旋转圆盘电极的转数增大时，即 W 增大，H 值减小，相当于 PCB 板盲孔孔口处或板面处强对流下的铜离子还原的难易程度。通常认为沉积电位越负，铜离子还原阻力越大，以 100r/min 和 1000r/min 为例，不同转速下的极化电位差值 $\Delta\eta$ 可表述为：$\Delta\eta = \eta(100\text{r/min}) - \eta(1000\text{r/min})$，其 $\Delta\eta$ 越正意味着填孔能力越好。当电极的转数 W 减小时，H 值增大，相当于盲孔底部液体交换困难时铜离子还原的难易程度。因此，可以用改变旋转圆盘电极的转速来模拟 PCB 板盲孔孔口与孔底部位的沉积铜离子的难易程度。实际上也可以采用此方法来优化各种添加剂及氯离子的最佳浓度，获取较优的电镀填孔配方及工艺条件。

（二）盲孔填孔率与凹陷度

盲孔填孔率是评价酸铜镀液电镀填孔性能的重要指标，如图 8-14 所示。盲孔填孔厚

度与填充能力表示方法如下：

填孔率(filling power，FP)：$FP(\%) = H_1/H_2 \times 100$

相对沉积率(relative deposition ratio，RDR)：$RDR = H_1/H_3$

$$凹陷度(dimple) = H_2 - H_1$$

式中，H_1 为盲孔中心处镀铜层厚度；H_2 为面铜表面至盲孔孔底距离；H_3 为 PCB 板电镀后板面铜层厚度。凹陷度及填孔率等常使用金相显微镜放大观察并测量其填孔率是否达到行业标准或商家要求。

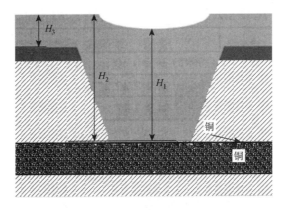

图 8-14　盲孔填孔厚度与填充能力示意图

第三节　PCB 电镀填通孔

在印制电路制程中，通孔电镀铜（plated through hole，PTH）通常是指通孔内铜镀层的加厚，对镀液的要求集中在镀液的分散性能方面，主要是将通孔予以同等沉积速率实现均匀电镀铜层用来导通不同层间的线路。通常来说，电镀通孔加厚铜镀层的均匀性与通孔的厚径比有关，通孔的厚径比越大，通孔的均镀能力越差。采用 PTH 电镀铜工艺，具有工艺流量简单、成本低的优势，是当前实现通孔孔金属化的主要方式。随着大功率 LED、电源模块和通信电子产品为代表的大功率型电子信息产品封装的需求不断增大，高散热型 PCB 直接影响到电子信息产品整机运作的可靠性与电路布线设计的密集度，也就是说通孔在提供 PCB 层间互连的同时，也承担着散热金属化孔的作用。实际上无论是 PCB、IC 封装基板或是芯片内部均需要考虑散热通道，以低温共烧陶瓷电路为例，金属化通孔从使用性方面分为三种类型：信号金属化孔、散热金属化孔、微波垂直互连金属化孔。如图 8-15 所示，填微通孔起到层与层之间的电路连接及散热作用，其有两种方式：丝印及微通孔注射填孔。丝网印刷法对小于 0.1mm 直径的微通孔来说填充非常困难，导体是以导电油墨的形式、丝网印刷的方法在陶瓷片上印出电路图形而后和陶瓷一起烧结的，其成品率低。常用电阻率低的 Cu、Au、Ag 及其合金作为共烧导体材料，以减小电阻率。金属油墨中含有机添加剂，在低温焙烧后挥发，易在导体内部形成孔洞；注射填孔将浆料压进孔中，效果较好，能自然排除孔内的空气，掩膜板的孔比要填充的孔小以便对位更准确。微通孔注射填孔最小孔径可达 50μm，由于微通孔孔径的缩小，采用注射填孔在工艺上变得极为困难，且填充导电浆料工艺还存在烧结时的收缩及残存气泡等问题，严重影响层间电气互连的可靠性。为了适应大电流和微波集成电路封装基板任意层互连性能及可靠性的要求，使用环境友好的通孔电镀填孔技术来完成导孔金属化从而实现电路互连是铜互连技术发展的必然趋势。通孔电镀填孔技术也称为通孔填孔（through hole filling，THF），PTH通孔电镀技术和 THF 电镀填孔技术如图 8-16 所示。

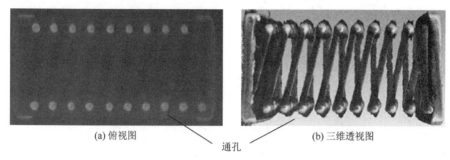

(a) 俯视图　　　　　　　　　通孔　　　　(b) 三维透视图

图 8-15　陶瓷器件层间微通孔互连示意图

(a) 通孔电镀技术　　　　　　　　　　　　(b) 填孔电镀技术

图 8-16　通孔电镀的均镀（a）与填孔电镀（b）示意图

在 PCB 制程中，THF 电镀填孔［图 8-16（b）］相对于传统 PTH 电镀通孔［图 8-16（a）］或 PCB 导电胶填孔技术，其最大的特点在于显著提升了通孔的散热性能，极大提升了电子产品的可靠性，但 THF 电镀填孔技术目前仅用于薄层通孔（其厚度、孔径通常小于150μm）的填孔。电镀填通孔原理主要是在电镀初期在微通孔中间部位形成高电流密度区，使得中间部位沉积速率加快，从而调控印制电路板不同微通孔部位的沉积速率达到蝴蝶式填充模式从而转变为电镀填盲孔模式。通孔中间部位率先沉积形成蝴蝶式填充模式主要是通过脉冲电镀及在酸铜电镀液中添加许多特定的有机添加剂来改变 PCB 微通孔沉积区域的电流密度。电镀填通孔过程可分为四个阶段，如图 8-17 所示：（a）非导体基体上化学镀形成金属导电层；（b）通孔中间部位快速沉积形成蝴蝶式沉积结构；（c）超级填盲孔；（d）最后的填平阶段。

实际上，电镀填通孔技术需要解决的核心技术涉及"无空洞"与"电场线非均匀分布"这一矛盾，采用脉冲电源并借助添加剂在通孔不同部位的浓度梯度分布在微通孔的中部率先沉积成蝴蝶形状"X 形"镀铜层，等两翼缝合时相当于在板的两面相反方向同时电镀两个盲孔，电镀由"X 形"向"V 形"填孔转移，因此需要在尽可能调节基板两面的流体速率趋于一致的情况下通过添加剂调节通孔不同部位的电场线非均匀分布，于微通孔而言，如果没有电镀添加剂的选择性吸附-催化效应，那么电镀通孔通常会使通孔孔口处

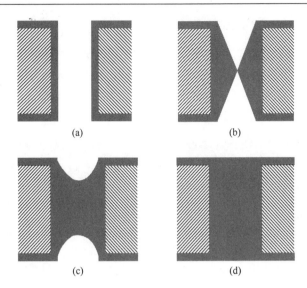

图 8-17　印制电路板微通孔填孔模式示意图

镀层较厚，也就是常说的两头镀层厚而中间薄的"狗骨头"现象。此外，采用直流电源容易在孔口处沉积过厚镀层，因此在电镀填孔形成"蝴蝶翼"过程中，采用脉冲电源及整平剂有利于抑制孔口处镀层的厚度。

第四节　PCB 高速电镀

在印制板电镀领域，尤其是电解铜箔生产领域，需要高速电镀铜来提高生产效率，减少厂房面积及电子产品的生产周期。传统的可溶性阳极在高速电镀过程中不断地暴露出缺点，例如，在较高电流密度下阳极铜球容易产生极化，且在电镀过程中因铜球形状改变更容易产生不良的电流分布，因此在印制电路板高速电镀铜领域可采用不溶性阳极来代替可溶性阳极。高速电镀通常在一个封闭的系统内进行，镀液循环使用，废气从工作台区抽走后统一处理回收，有利于环境保护。随着高新科技的发展及市场需求，高速电镀具有节省能源消耗、缩短产品生产周期和降低制造各种产品的总成本的优点，使其在机械、钢铁、电子等工业中获得了广泛的应用。

一、影响电沉积速率的因素

要实现高速电镀，关键是要在不降低阴极电流效率的前提下，提高阴极极限电流密度。影响阴极电流密度的主要因素包括：①物质传递过程，有电迁移、扩散及对流三种不同传质方式；②电荷传递过程，由电流密度、槽电压及镀液配方等控制；③结晶过程，由晶核成长速度及晶核数目等控制。此外，其他如阳极可溶性、工艺操作条件等也会对电沉积速率产生影响。

在印制电路高速电镀众多的影响因素中，镀液传质是影响高速电镀的重要因素，从传质方面来说，主要存在电迁移、扩散及对流三种传质方式。在高速电镀中，铜离子在阴极上获得电子，用电流密度 I 来表示反应粒子的流量。对于传质过程为稳态扩散时，电流密度 I 可以表示如下：

$$I = ZFD_i \frac{c_i^0 - c_O^s}{\delta}$$

其阴极极限电流密度为

$$I_d = ZFD_i \frac{c_i^0}{\delta}$$

式中，Z 为反应粒子的得失电子数；F 为法拉第常量；D_i 为 i 离子的扩散系数；c_i^0 为 i 离子在本体电解液中的浓度；c_O^s 为 i 离子在电极表面处的浓度；δ 为扩散层厚度。通常来说，扩散系数 D_i 与 i 离子的淌度 U_i 存在如下关系：

$$D_i = \frac{RT}{ZF} U_i$$

式中，T 为热力学温度；R 为摩尔气体常量。

对于高速电镀，常采用搅拌或喷淋方式加速金属离子的扩散过程，对流扩散的动力学情况较为复杂，如果对流作用引起的镀液流向与电极表面平行，且无湍流，阴极电极表面上的稳态电流密度近似为

$$I \approx ZFD_i^{2/3} v^{-1/6} y^{-1/2} u_0^{1/2} (C_i^0 - C_i^s)$$

因此，相应的极限电流密度约为

$$I \approx ZFD_i^{2/3} v^{-1/6} y^{-1/2} u_0^{1/2} C_i^0$$

式中，v 为镀液的动力黏度系数；y 为电极表面距搅拌起点的距离；u_0 为液体流动的速度。

离子移动速度与电场的关系可表示为：

$$V_i = EU_i C_i^0$$

式中，V_i 为 i 离子的移动速度。由上述扩散系数可知：

$$V_i = E \frac{ZF}{RT} D_i C_i^0$$

综上分析，高速电镀中，主要存在电迁移、扩散及对流三种传质方式，要使得确定的某种金属离子在一定的电压下实现高速电沉积，有效的措施是：①提高镀液中沉积金属离子浓度，即增大 C_i^0；②提高镀液温度，即提高扩散系数 D_i；③强烈搅拌或快速循环电镀液，即增大离子的淌度 U_i；④当阴阳极间电势差一定时，对于平行电极，电场强度 $E = V/L$，（V、L 分别为阴阳极间电势差和距离），因此缩小阴阳极间的距离，实现高速电沉积；⑤减小阴极表面处的扩散层厚度，即减小 δ。以上措施是为了不降低电流效率、消除浓差极化、提高极限电流密度，以达到高速电镀的目的。实际上从前面的学习我们知道，在电镀过程中，包括液相传质、电子转移和新相生成几个步骤，如果电镀过程中电子转移为控制步骤，还必须研制合适的电镀添加剂（如光亮剂、加速剂等）来加速铜离子的沉积还原反应。此外，阳极的溶解性能等因素也是高速电镀需要考虑的因素。

二、高速电镀的方法

金属离子扩散传质是高速电镀需要重点关注的一个领域,通过减小阴极表面扩散层的有效厚度可以达到提高极限电流密度的目的。目前来说,减少表面扩散层厚度主要是设法使电解液在阴极表面高速流动。由于极限电流密度正比于切向流速,因此当电解液流速提高时,特别当电解液流动达到湍流状态时,扩散层厚度大幅度减小而极限电流密度上限获得极大提高。在印制电路板领域,要强制电解液在阴极表面流动,通常采用阴极振动结合平行液流法和液体喷流法。

1)平行液流法:在阴阳极之间使电解液平行阴极表面高速流动,能产生较大的切向流速。通常来说,阴极与阳极的间距越小,额定流量下流速越大,阴极表面扩散层越薄。阴阳极间较小的间距有利于减小槽液的欧姆电阻损耗,在节省电能的同时还能在不太高的槽电压下增大离子迁移速度。平行液流法工作原理如图 8-18 所示。图 8-18(a)中液体平行阴、阳极高速流动,图 8-18(b)中弧形阳极是固定的,而弧形阴极高速运动,且向镀液流动相反方向高速转动,能进一步提高镀液与阴极的相对流速。

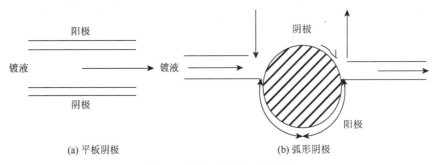

图 8-18　平行液流法工作原理

2)液体喷流法:液体喷流法高速电镀是将镀液高速喷向阴极工件。液体喷流法与金属喷镀不同。金属喷镀是将特别的金属粉末经过某种产生高温的条件,使金属粉末喷射熔融在构件表面。液体喷流法是将电解液喷流至阴极工件表面,多数情况下其阳极是设置在喷嘴内,喷流出的镀液射向阴极后经收集存于储槽中再循环利用,阴阳极之间的电流回路由连续喷射的镀液构成。喷流法通常用于小面积局部的选择性电镀较为有效,因要保证镀液有足够大的速度,喷嘴孔通常较小,被镀部位一般不会太大,如需要大面积电镀,则喷嘴应均匀来回摆动。基于喷流法的特点,国内外在电子元器件的批量生产中,一般采用带料连续高速选择性电镀取代全电镀。液体喷流法原理如图 8-19 所示。高速电镀技术在印制电路制造领域已经进入到比较成熟的阶段。液体喷流法和平行液流法高速电镀在电子、机械制造、汽车工业中得到了广泛应用。

三、不溶性阳极在 PCB 高速电镀中的应用

在 PCB 酸性镀铜槽中,可溶性阳极篮内的磷铜球随着电镀的进行不断溶解,溶解生

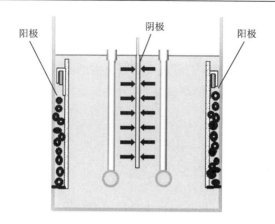

图 8-19　液体喷流法工作原理

成的 Cu^{2+} 不断补充镀液中 Cu^{2+} 沉积的损失，保持镀液中主盐浓度的稳定。PCB 可溶性阳极所需的金属是由一种含磷铜合金铸成后再冲制成不同形状装入阳极袋（anode basket）内的。作为阳极发生溶解时，阳极袋内的铜球的形状、尺寸及表面积会发生变化，从而影响电流密度和电力线分布，最终影响镀层的均匀性。在高速电镀时，阳极极化增大，阳极表面因氧化易形成钝化膜，形成不溶性阳极并发生副反应产生氧气，导致沉积电流密度急剧下降。

　　针对在高速电镀中存在可溶性阳极的问题，不溶性阳极应运而生。不溶性阳极是指在电解过程中，不发生或极少发生阳极溶解反应的阳极。那么采用不溶性阳极时，如何补充阴极沉积消耗的铜离子是一个必须解决的问题。此外，采用不溶性阳极时，阳极易发生析氧反应，特别是在 HDI 板制程中，氧的存在容易使得电镀添加剂发生氧化反应而失效。例如，在较高电流操作条件下，一般的不溶性阳极容易导致电镀液中如光亮剂、平整剂氧化失效，进而降低高密度互连电路板内盲孔、通孔的填孔效果。典型的不溶性阳极通常是由涂覆有混合金属氧化物的钛网制成，其中混合金属氧化物通常采用氧化铱、氧化钽、氧化钌、氧化钛等。

（一）不溶性阳极的分类和应用

　　1）不溶性阳极材料可分为三种：一种是贵金属阳极如铂金，另一种是石墨阳极，还有一种是铅合金阳极。铂金稳定性高，但成本太高，石墨与铅合金阳极在高速电镀时容易发生溶蚀，耐蚀性差，并且氧析出过电位大。目前常用的不溶性阳极是在钛基材上涂覆贵金属氧化物涂层，这种涂层具有高电化学催化性能，寿命与铅阳极相当，析氧过电位比铅合金不溶性阳极低约 0.5V，具有稳定性好、重量轻、更换方便且节能的特点。

　　2）按不溶性阳极析出的气体可分为三种：第一种是析氯阳极，主要应用于氯碱工业的离子膜法制碱、隔膜法制碱、水银法制碱、氯酸盐工业、海水电解、有色金属湿法冶金及废水处理等。第二种是析氧阳极，主要是在钛金属基体上覆盖一层多元金属和（或）金属氧化物。该类电极具有较低的析氢过电位，在使用过程中尺寸稳定。应用于阴极电泳涂漆、工业电镀、有机电解合成等。第三种是功能阳极，主要有 Pt/Ti、PbO$_2$/Ti 等不溶性阳极。该类阳极在水溶液中具有非常高的析氧过电位，使得非析氧电解氧化主反应可以在高电流效率下进行，且阳极尺寸稳定，可以长期以恒定的电压工作，无须频繁调整，对介质无污染。此外，不溶性阳极按表面氧化涂层可分为：钛钌阳极、钛铱阳极、钛铂阳极、镀铂铌钛阳极、钛二氧化铅阳极等。

（二）不溶性阳极的优点及缺点

综上所述，使用不溶性阳极具有如下优点：①尺寸稳定、寿命长，阳极不易变形，适宜配合阴极形状制作；②不溶性阳极不会产生电解污泥，镀液易于管理；③不溶性阳极可在高速电镀中使用，提高生产效率；④操作电压低，节能降耗；⑤金属钛基材可反复被覆贵金属催化层，替换成本低。

实际上，在 PCB 制程中如采用普通不溶性阳极会发生析氧副反应，这会导致如下问题：氧气的生成，在高速电镀情况下会加速电镀添加剂消耗；有机物降解后的沉积物聚集在阳极表面，使阳极钝化，减少阳极使用寿命；因阳极副反应产生氧气泡易吸附在印制板表面导致电镀缺陷，如针孔、斑点等。因此，传统的不溶性阳极很难适应高速电镀工艺的需求。不溶性阳极需要经过特殊的设计来解决电镀添加剂氧化失效的问题，例如，在不溶性阳极表面覆盖一层陶瓷般薄膜于钛表面氧化层的外层，其所具有的微孔结构允许电解液通过涂层，而大的有机添加剂无法通过，因此这层薄膜能有效阻挡分子较大的有机物与氧化层直接接触而产生氧化，能大幅度地减少电镀添加剂的消耗速率。另一个比较好的方法就是 Atotech 公司使用的 Fe^{3+}/Fe^{2+} 氧化还原体系，其有助于铜的溶解，在减少氧气生成的同时可更方便地补充铜离子。

不溶性阳极与阴极的得失电子平衡：前面讲过采用不溶性阳极时，如何补充阴极沉积消耗的铜离子是一个必须解决的问题。此外，阳极过程中需要控制析氧反应的发生。那么阴、阳极得失电子平衡是如何实现的呢？以酸铜电镀的阴阳极反应为例。

阴极反应：

在硫酸铜镀液中，阴极反应的金属盐离子主要以 Cu^{2+} 的形式存在，考虑到使用 Fe^{3+}/Fe^{2+} 氧化还原体系来抑制阳极析氧反应，阴极则存在如下可能的反应：

$$Cu^{2+} + 2e^- \longrightarrow Cu$$

$$2H^- + 2e^- \longrightarrow H_2\uparrow$$

$$Fe^{3+} + e^- \longrightarrow Fe^{2+}$$

不溶性阳极可能存在的反应：

$$Fe^{2+} - e^- \longrightarrow Fe^{3+}$$

$$2OH^- - 2e^- \longrightarrow 1/2O_2\uparrow + H_2O$$

从电子得失平衡的观点来看，显然上述阴极得到的电子数与阳极反应失去的电数不相等，阴极消耗的铜离子也没有得到补偿。那么铜离子是如何补偿到镀液中的呢？通常在电镀槽外再添加一个铜再生槽，铜再生槽内的铜球不含磷，阳极泥很少，把铜再生槽与电镀主体槽连接，并在电解槽和铜再生槽之间配备过滤系统，防止不必要的阳极泥进入电解槽中，被氧化的 Cu^{2+} 和被还原的 Fe^{2+} 通过泵输送到电解槽的阴极，其原理如图 8-20 所示。在电镀槽液中，通常来说析出电势高的物质优先在阴极得到电子还原，析出电势低的物质优先在阳极失去电子氧化。电镀过程中如果没有足够的 Fe^{2+} 提供给阳极，阳极就会发生水解反应产生氧气，这会给电镀过程带来一系列问题。因此镀液中要有充足的 Fe^{2+} 来避免不溶性阳极表面的氧气析出。在阳极区带有高浓度 Fe^{3+} 的电镀液被输送到电镀槽外部一个含有大量铜块的铜再生槽中作为氧化剂，使得铜块发生溶解，存在如下反应：

$$2Fe^{3+} + Cu \longrightarrow Cu^{2+} + 2Fe^{2+}$$

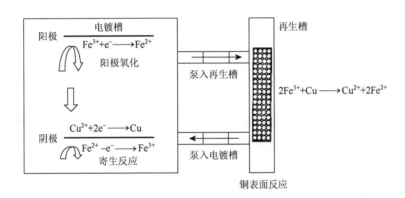

图 8-20　不溶性阳极的电镀铜体系示意图

根据阴极电解液中不同离子的析出电位（$\varphi^{\ominus}_{Cu^{2+}/Cu} = 0.34V$，$\varphi^{\ominus}_{Fe^{2+}/Fe} = -0.44V$，$\varphi^{\ominus}_{H^+/H_2} = 0.00V$），通常来说，析出电位高的易在阴极得到电子析出，据此可以判定铜离子先得到电子沉积出来。而镀液中的铜离子没有及时补充时，则阴极表面的 H^+ 易得到电子析出 H_2，在酸性镀铜液中，因存在大量氢离子，不易发生 Fe^{2+} 吸收电子被还原成 Fe 沉积在阴极表面。根据吉布斯自由能公式可知：$\Delta G = -nFE = -nF[\varphi(+)-\varphi(-)]$，当 $E<0$ 时，$\Delta G>0$，则反应不能自发进行，因为铁离子的析出电位较负，$\varphi^{\ominus}_{Fe^{2+}/Fe} = -0.44V$，所以在阴极的 Fe^{2+} 就不容易获得电子还原成 Fe。阴极未获得电子的亚铁离子随着溶液的循环，再次回到阳极。高速电镀中不溶性阳极设计因素需要考虑如何尽可能快地将 Fe^{3+} 从阳极移去进入再生槽液中，同时也要防止 Fe^{3+} 随电解液靠近阴极，避免发生铁离子转化为亚铁离子的反应（$Fe^{3+} + e^- \longrightarrow Fe^{2+}$），导致阴极电流效率降低。

习　题

1. PCB 中采用高酸低铜和低酸高铜电镀的目的有何不同？
2. 简述采用不溶性阳极时影响高速电镀铜沉积速率的因素。

3. 简述酸铜电镀填盲孔中氯离子的用途。

4. 酸铜电镀液中加速剂有何作用？在盲孔填孔电镀中对流对加速剂有何影响？

5. PCB 电镀通孔与盲孔的电镀特点有何异同？

6. 实现高速电沉积可采取哪些措施？

7. 简述不溶性阳极的优点及缺点。

8. 简述如何用循环伏安法来评价镀液的盲孔填孔能力。

9. 不溶性阳极高速电镀铜中含有 Fe^{3+}/Fe^{2+} 氧化还原体系，请问阴极表面有铁元素析出吗？为什么？如何避免阳极析出氧气？

第九章 特种电镀技术

第一节 化 学 镀

一、化学镀铜

化学镀（electroless plating）是通过镀液中还原剂在具有自催化活性的材料表面被氧化提供金属离子还原所需电子而使得金属离子还原沉积的过程，化学镀又称无电解电镀。化学镀不受限于被镀覆基材的材料属性、几何形状等因素，只需存在具有催化活性的材料表面诱发氧化还原反应就可以产生自催化作用，新产生的活性物质种子可以作为自身的催化剂使得反应不断进行下去。化学镀无需外电源提供电流，其反应过程中的得失电子在短路状态下进行。因此，化学镀是一种高效的电解过程且没有电阻压降隙耗。化学镀铜具有设备简单、成本低、节能及非导体材质上能沉积金属等优点，目前广泛应用于 PCB、IC、电磁屏蔽及陶瓷电子封装等电子工业领域。例如，在陶瓷电路制作方面，化学镀铜方法在陶瓷表面获得的金属线路层均匀、致密，能有效改善散热效率，很好地解决了陶瓷与金属层界面间的附着和浸润问题，实现陶瓷基与电子元件互连等。

化学镀铜液的配方早在 1947 年由 Narcus 提出，3 年后便已被印制电路板制造工艺所采用，然而化学镀铜工艺获得大规模的工业化应用要追溯到 1957 年由 Cahill 开发的以酒石酸、甲醛分别作络合剂和还原剂的镀铜液配方。电镀时被镀覆件须是良导体，化学镀即可在导体表面进行镀覆，也可以在绝缘体如陶瓷、塑料及半导体材料上进行镀覆，与电镀相比，形状复杂的零件采用化学镀获得的镀层均镀能力更好。化学镀沉积得到的金属镀层较为致密，通常具备良好的化学和物理性能。此外，化学镀由还原剂提供金属离子沉积所需电子及镀层的自催化反应在理论上可以获得任意厚度的镀层。我们知道镍棒放入硫酸铜电解液中，会发生 $Cu^{2+} + Ni \longrightarrow Cu + Ni^{2+}$，在镍棒表面会附着一层置换铜金属，铜金属最终将镍棒完全覆盖，同时还原反应停止，置换镀（浸镀）得到的镀层较薄，这种置换铜层结合力差，实用价值不大。

置换镀层比较薄，如果在含有镍棒的硫酸铜电解液中放入锌棒，且镍棒与锌棒接触的情况下，锌棒发生溶解氧化反应，镍棒表面会覆盖一层铜，随着反应的进行，镍棒上的铜层厚度会增加，这种现象常称为接触沉积或接触镀，其原理是利用电位比被镀金属高的第三金属与被镀金属接触，让被镀金属表面富集电子，从而将沉积金属还原在被镀金属表面。

铜电子电路的导电性和导热性好，以 FR-4 材质的印制电路双面板孔金属化为例，PCB板中间层含有不导电的环氧树脂等，在钻孔后的 PCB 板的孔内需预镀上一薄导电层或者通过物理的方法吸附上一层炭黑，为后序的电镀层提供导电通道。印制电路孔金属化为什么要使用化学镀，而不是吸附炭黑或是灌注导电胶呢？实际上传统的 PCB 导孔金属化过程，一般是采用导通孔填塞导电胶为主，但随着电子元件小型化与印制电路的轻、薄、小及高频高速处理信号的发展趋势，采用填充导电胶在工艺上变得极为困难，且填充导电胶工艺还存在着残存气泡等问题，产品的可靠性已不能满足生产要求。

（一）化学镀铜溶液的组成

化学镀铜溶液的组成：铜盐、络合剂、还原剂、pH 调节剂及添加剂等。

1）铜盐（copper source）：化学镀铜溶液中铜的主要来源，常用的铜盐有硫酸铜、氯化铜、硝酸铜和氢氧化铜等，一般情况下，增加铜盐的浓度可以提高铜沉积速率，但会降低镀液的稳定性。实际上，因还原剂在碱性条件下才能发生氧化反应提供铜离子还原所需的电子，化学镀铜液呈碱性，意味着其有生成氢氧化铜沉淀的可能性。因此铜盐的稳定性是化学镀需要重点考虑的问题。

2）络合剂（complexing agent）：为了避免碱性镀液中出现氢氧化铜沉淀，通常需要往镀液中加入一定量的络合剂，通过络合剂与铜盐发生配位效应，形成络合物，络合铜离子可提供化学镀反应的自由铜离子，并能有效防止二价铜离子的水解，提高镀液的稳定性，改善化学镀铜层的性能。常用的络合剂有乙二胺四乙酸二钠（EDTA·2Na）、柠檬酸钠（$C_6H_5O_7Na_3$）、酒石酸钾钠（$C_4H_2O_6KNa$）和氨三乙酸（$C_6H_9O_6NO_6$）等。其中，乙二胺四乙酸二钠和酒石酸钾钠是常用的化学镀铜络合剂，一般来说乙二胺四乙酸二钠和酒石酸钾钠两种络合混合剂使用时化学镀铜效果更佳。

3）还原剂（reducing agent）：化学镀铜液常用的还原剂有甲醛（HCHO）、次磷酸钠（$NaH_2O_6PO_2·H_2O$）、二甲基氨硼烷（DMAB）、硼氢化钠（$NaBH_4$）等。甲醛在碱性化学铜液中具有较强的还原性，尽管世界卫生组织研究机构于 2017 年 10 月认定甲醛具有致癌危害，但甲醛目前仍是化学镀铜液中使用最多的还原剂。

4）pH 调节剂（pH adjuster）：在化学镀铜溶液中，一般采用氢氧化钠（NaOH）、碳酸钠（Na_2CO_3）等作为 pH 调节剂。化学镀铜液中，甲醛需要在强碱性的环境中才能作为还原剂提供电子，此外，在化学镀铜的过程中会产生氢气，使得镀液的 pH 发生改变，因此需定期使用氢氧化钠等调节剂来控制 pH，使其维持在所需的范围内。

5）添加剂（additive）：添加剂是化学镀铜溶液中的重要组成部分。化学镀液的稳定性一直是化学镀工艺所关注的重点难题，因化学镀液具有自发分解的倾向，放置一段时间后进行化学镀，会出现镀层颜色暗、表面粗糙、晶粒大等问题，通过在化学镀液中加入一定量的稳定剂可以改变这种状况。化学镀液中添加剂可以有效控制镀层的沉积速率，延长镀液寿命，提高镀液稳定性，还可以降低镀液的表面张力并减少镀层中的孔隙，改善镀层的物理性能等。

（二）化学镀铜的原理

早期人们提出了如氢化物理论、原子氢理论、纯电化学机理和金属氢氧化物机理等不同理论，但都存在一定的争议，目前较为认可的是电化学混合电位理论。依据电化学混合电位理论，在化学镀铜过程中，基体同一个表面上存在两个共轭的电化学反应，即铜在阴极还原和还原剂的阳极氧化反应。

阳极反应：R(还原剂) $\longrightarrow$ O(氧化剂) $+ 2e^-$

阴极反应：$Cu \cdot L_n^{2-n \cdot m} + 2e^- \longrightarrow Cu + nL^{m-}$

式中，L 为络合剂，当用甲醛作为还原剂时，相应的金属催化活性如下：

$$Cu > Au > Ag > Pt > Pd > Ni > Co$$

沉积过程初期，基体表面化学沉积的铜具有催化活性，能自发地进行自催化反应。两个电极发生的反应和相应的电极电位如下。

阴极反应：　　　　　$Cu^{2+} + 2e^- \longrightarrow Cu$　$E_{Cu^{2+}/Cu}^{\ominus} = 0.334V$

阳极反应可分为两种情况，在酸性或中性电解液中：

$$HCHO + H_2O \longrightarrow HCOOH + 2H^- + 2e^-,\ E^{\ominus} = -0.056 - 0.06pH$$

在 pH>11 的溶液中：

$$2HCHO + 4OH^- \longrightarrow 2HCOO^- + 2H_2O + H_2\uparrow + 2e^-,\ E^{\ominus} = 0.32 - 0.12pH$$

因此，在碱性溶液中甲醛才具有足够的还原铜离子的能力，碱性化学铜主反应为

$$Cu^{2+} + 2HCHO + 4OH^- \xrightarrow{\text{催化}} Cu + 2HCOO^- + 2H_2O + H_2\uparrow$$

铜离子在甲醛、氢氧根离子及催化剂作用下生成铜原子、甲酸、水和氢气等，需要注意的是：化学沉铜反应需要在催化剂作用下才能发生，因此在 PCB 化学镀铜前，需在预镀基材表面吸附上一层活性的粒子，通常在绝缘材料表面吸附上一层金属钯粒子，铜离子在活性金属钯粒子上催化还原。当化学镀铜反应开始以后，还有一些副反应也会发生：

$$2HCHO + OH^- \longrightarrow CH_3OH + HCOO^-$$

$$2Cu^{2+} + HCHO + 5OH^- \longrightarrow Cu_2O + 3H_2O + HCOO^-$$

$$Cu_2O + H_2O \longrightarrow Cu^{2+} + Cu\downarrow + 2OH^-$$

副反应的发生不仅使甲醛无谓消耗，而且 Cu_2O 和 Cu 微粒的生成降低了镀液的稳定性，促使镀液分解，副反应中的甲醛在碱性环境下会生成甲醇和甲酸。这个反应也称"坎尼扎罗反应"，坎尼扎罗反应在碱性条件下进行，消耗化学镀铜液中的还原剂甲醛。因此，应设法抑制副反应的进行，并努力消除其不良影响。化学镀铜的工艺参数主要包括 pH、温度、搅拌等。化学镀铜中甲醛需要在强碱性的环境中才能作为还原剂提供电子，pH 过高，会加速甲醛的分解及副反应的进行，使镀液的稳定性降低；pH 过低，甲醛的还原能力减弱。一般来说，提高镀液温度，镀铜速率增加，但随着镀液温度上升，副反应增加，会使镀液不稳定。因此，对不同的化学镀铜液，工作温度都有一个极限值，超过工作温度极限时，镀液的稳定性明显变差，造成镀液迅速分解。化学镀液中采用搅拌可以使镀件表面与内部的镀液浓度一致，搅拌具有加速镀件表面

生成气泡的逸出、减少镀层针孔产生的作用，例如，采用空气搅拌可以抑制铜粉沉淀的生成，提高镀液稳定性。

甲醛作为化学镀液还原剂具有致癌危险，因此寻找一种无害还原剂来替代甲醛一直是科研人员的目标，乙醛酸与甲醛相比无致癌危害且存在于未成熟水果中。采用乙醛酸作为还原剂对施镀工艺及催化材料的影响还有待进一步的研究。目前来说，国内在这方面的研究远远落后于市场的需求。因此，对乙醛酸作为还原剂在化学镀铜中的应用研究具有重要的科研和经济意义。

乙醛酸作为还原剂的化学镀铜过程可以表示如下。

阳极反应：$2CHOCOO^- + 4OH^- \longrightarrow 2C_2O_4^{2-} + 2H_2O + H_2\uparrow + 2e^-$ $E^\ominus = -1.01V$

阴极反应：$Cu^{2+} + 2e^- \longrightarrow Cu$ $E^\ominus_{Cu^{2+}/Cu} = 0.334V$

总反应：$Cu^{2+} + 2CHOCOOH + 4OH^- \longrightarrow Cu + 2HC_2O_4^{2-} + 2H_2O + H_2\uparrow$

乙醛酸作为还原剂时，常采用 EDTA 作为络合剂防止氢氧化铜沉淀生成。

（三）化学镀铜液的不稳定因素及镀液维护

化学镀液的不稳定因素包括镀液本身，例如，镀液中含有铜颗粒时，会发生自分解反应，再如，络合剂的量不足时，会生成氢氧化铜沉淀等；此外，镀液的稳定还与工艺条件有关。

1）搅拌或加入适量的甲醇可以抑制 Cu^+ 的产生：甲醛在 NaOH 溶液中会自发分解为 CH_3OH 和 HCOOH，消耗甲醛；而甲醛含量低，使得沉积铜的反应速率降低，而生成的 Cu^+ 增大。因此可以通过加入适量甲醇来增加甲醛在镀液中的稳定性。此外，搅拌可以使得镀液浓度尽可能一致，维持正常的镀速，还可以排除气泡，使 Cu^+ 氧化为 Cu^{2+}，抑制 Cu_2O 生成，提高镀液稳定性。

2）抑制氧化亚铜歧化反应：甲醛在碱性电解液中，不仅能把二价铜还原成铜原子，而且能将它部分地还原成一价铜：

$$2Cu^{2+} + HCHO + 5OH^- \longrightarrow Cu_2O + 3H_2O + HCOO^-$$

在碱性条件下 Cu_2O 发生歧化反应：

$$Cu_2O + H_2O \longrightarrow Cu^{2+} + Cu\downarrow + 2OH^-$$

歧化反应生成的细小铜粒（铜粉）分散在镀液中会形成自催化中心，使得镀液自发分解。为了抑制铜粉的产生，通常采取的方法包括：过滤镀液，减少镀液的自发分解；向镀液中加入适量的能与 Cu^+ 络合的络合剂，可以有效地抑制 Cu^+ 的歧化反应。

3）防止固体催化颗粒进入化学镀铜液：避免具有自催化效应的 Cu、Au、Ag、Pt、Pd 等金属微粒带入镀液中，减少镀液自发分解与金属杂质颗粒的长大。镀覆基材的前处理应严格按照工艺条件，加强清洗，防止敏化、活化剂在材料表面过多聚集，避免产生疏松铜层。

4）保持镀液的正常工艺规范，镀液长时间不使用时应使用浓度 20%左右的硫酸溶液来调节酸碱度使镀液完全停止反应（镀液 pH 调至 9~10），并加盖保存。使用时再用稀 NaOH 溶液调到正常值。

5）保持工作槽的清洁。采用专用的化学镀槽，槽壁要光洁，不要让化学铜在壁上有沉积，如果发现有了沉积，要及时清除并洗净后，再用于化学镀铜。去除槽壁上的铜可以采用稀硝酸浸渍，有条件时要采用循环过滤镀液。

二、超级化学镀铜沉积技术

超级化学镀铜（superfilling of electroless copper）也称为孔底上移化学镀铜（bottom-up filling in electroless copper plating）是指集成电路或印制电路铜互连过程中，通过化学镀铜的方法在互连微孔或槽沟上实现化学铜沉积，且槽沟或微孔底部的沉积速率远大于在其表面的沉积速率（图 9-1），从而使化学镀铜层完全填满槽沟或微孔，不出现任何缝隙或空洞的一种沉积技术。化学镀铜理论上在镀液各组分浓度均匀分布的情况下能够实现均匀化学铜沉积，然而受槽沟或微孔中的各种氧化剂、还原剂及浓度分布差异的影响，在实际的槽沟或微孔的填充过程中，往往会出现缝隙、空洞等缺陷。对于均镀能力良好的化学镀铜溶液，只有添加合适的添加剂并在添加剂之间形成一定的协同机制才能实现对槽沟或微孔的完美填充。超级化学镀铜沉积技术就是为实现集成电路或印制电路中铜互连的槽沟或微孔完美填铜目标而发展起来的一种技术。例如，硅芯片上直径小于 0.07μm 的微孔采用超级化学镀技术可以获得微孔填孔无空洞效果，采用合适的有机添加剂可以实现高厚径比三维封装贯通孔的均镀。Shacham 等研究人员发现将 Triton 和 RE610 加入含甲醛的化学镀铜液中，槽沟或微孔表面的化学镀铜沉积速率受到抑制，电镀填盲孔机理类似，添加剂的吸附密度分布的差异造成孔洞底部的金属离子还原速率加大，从而实现槽沟填孔现象。2004 年新宫元正三采用 SPS 作为化学镀铜液添加剂，通过其在不同被镀覆表面的吸附密度差异实现了化学镀方法填孔。Osaka 等采用 HIQSA（8-hydroxy-7-iodo-5-quinoline sulfonic acid）、PEG-4000 及甲醛分别作为化学镀液的还原剂、促进剂和抑制剂，成功实现了化学镀铜填孔。

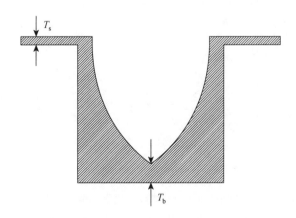

图 9-1　铜在槽沟底部（T_b）和槽沟表面（T_s）的沉积厚度

超级化学铜填充技术在半导体超大集成电路铜互连线及三维封装领域具有广泛的用途。为了在铜互连线的微孔或槽沟上可以实现化学镀铜溶液的超级填充，通常可以通过几种途径：①加入微量加速剂如 SPS，加速铜在微孔或槽沟底部的沉积速率，从而实现超级化学铜填充；②加入抑制剂如 PEG，降低铜在槽沟表面的沉积速率，从而相对加速铜在微孔底部的沉积速率；③加入适量的加速剂和抑制剂，发挥各自优势的协同效应，使微孔或槽沟底部的沉积速率大于铜在微孔或槽沟表面的沉积速率，达到超级化学填孔的目的。以第二种加入抑制剂实现超级化学镀铜填孔为例，利用大分子量的抑制剂 PEG-6000 或 PEG-8000 在溶液中低的扩散系数和在化学镀铜过程中的消耗作用，使得其在微孔表面分布的浓度大于其在微孔底部的浓度，形成微孔底部的沉积速率大于微孔表面的沉积速率，从而进行超级化学铜填充。那么，抑制剂分子量及浓度对化学镀铜沉积速率有何影响呢？下面以常用的化学镀铜液配方为例，其化学镀铜液基本组成包括：

CuSO$_4$·5H$_2$O	10g/L
EDTA·2Na	30g/L
HCHO(37%)	3mL/L
PEG	0～2mg/L

用 6mol/L NaOH 溶液调节化学镀液 pH，pH 控制为 12.5（25℃），化学镀时镀液温度控制在（70±0.3）℃。图 9-2 表示当化学镀时间为 60min 时，化学镀铜溶液的平均沉积速率随抑制剂浓度的变化曲线。从图 9-2 可以看出，无论抑制剂是 PEG-6000 还是 PEG-8000，其微量地添加到化学镀液中，铜的沉积速率均降低，抑制剂分子越大，其抑制效果越显著，且铜离子的还原速率随抑制剂浓度的增大而减小，但在 PEG 浓度大于 1mg/L 时，铜离子还原反应的抑制效率变化甚小，可能是因为 PEG 在被镀覆材料表面的吸附接近饱和状态。

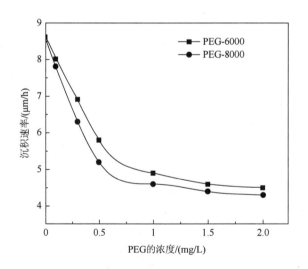

图 9-2　不同 PEG 分子量和浓度对化学镀铜沉积速率的影响

在超级化学铜填充技术过程中，除了考虑添加剂的抑制性能外，通常还需要考虑添加剂在溶液中的扩散系数和分子体积等因素对不同部位沉积速率的影响，通常来说，PEG 在溶液中的扩散系数（D_0）与其分子量（W_m）的关系式为：$D_0 = K_D \cdot W_m^{-b}$（式中，常数 K_D 和 b 值与高分子的形状和溶剂化程度有关），PEG 的分子量越大，其在溶液中的扩散系数 D_0 越小。综上所述：加入抑制剂可以降低铜在微孔或沟槽表面的沉积速率，从而实现超级化学填孔。抑制剂需要具备如下的特点：①PEG 类化合物化学镀时受扩散控制；②能够抑制 Cu^{2+} 在微孔或沟槽表面还原反应的进行；③抑制剂本身在铜离子的阴极还原反应属于消耗型添加剂。

三、化学镀在金属化电子陶瓷中的应用

电子产品对高集成、高散热性能要求越来越高，随之产生的问题是电子信息产品工作时会产生大量热量，如果材料散热性不良，会严重影响电子信息产品的可靠性。以传统有机基材为主的印制线路板中，含有环氧树脂等绝缘体，因其材料散热效果较差，难以满足新型大功率电子产品的散热要求，而金属化的陶瓷功能材料具有良好的导电、导热及高稳定特性，已逐渐替代传统散热板，成为新一代功率电子和集成电路系统等新型电子基板材料。

Ag、Cu、Al、Ni、Au 等金属可作为陶瓷表面金属化的材料，考虑到铜金属材料的导电、抗电子迁移能力、热导率、成本及与陶瓷表面润湿性等因素，采用铜金属在陶瓷基材表面制作线路层是较好的选择。陶瓷基材成分较为复杂，大致可分为 Al_2O_3、AlN、BeO、Si_3N_4 及 SiC 等。以 Al_2O_3 陶瓷的散热性能为例，其散热能力与材料中含有的 Al_2O_3 的百分数有较大关系，随着 Al_2O_3 含量增大，基板的散热能力增强，通常使用 96%及以上含量的 Al_2O_3 陶瓷作为基板。目前，陶瓷金属化的方法较多，其中主要包括丝网印刷法、物理气相沉积法、直接覆铜法（direct bonded copper，DBC）、化学镀法等金属化法。通过上述金属化方法得到的金属层具有可靠的附着强度和优良的电性能，可满足金属化陶瓷的应用。一般来说，丝网印刷法工艺简单、成本较低且适于自动化和多品种批量化生产，但在印刷过程中需图形化的印版、金属膜的结合强度较差且受温度的影响较大，有机载体采用易挥发有机物造成一定的环境污染。此外，一些合金材料难以蒸发，使形成的膜层化学计量比严重失调而影响膜层各方面性能。金属原子蒸发时获得动能较低，使得金属层与陶瓷的结合强度较差，影响器件的可靠性。这些缺点制约了物理气相沉积法在陶瓷金属化中的应用。DBC 是指是在高温下使金属铜箔与陶瓷表面直接进行键合的一种陶瓷金属化技术，DBC 技术能很好地形成毫米级厚铜层，具有热阻小、绝缘性及热稳定性好、金属层结合强度高、机械性能良好的特点，但成本较高。化学镀是一种具有自身催化作用的液相化学反应，在绝缘陶瓷基材上只需存在催化种子层诱发氧化还原反应就可以产生自催化作用，新产生的活性物质铜种子可以作为自身的催化剂使得反应不断进行下去。

陶瓷基板表面状况对化学镀铜结合力等有重要影响，未经过清洗处理的陶瓷表面会有灰尘、污泥等，进入镀液将污染镀液，同时为了提高陶瓷与金属间结合力，需要对陶瓷基板进行粗化。因此化学镀前的陶瓷材料的前处理包括清洗、除油和粗化等。此外，陶瓷材料本身对化学镀不具备催化活性，因此需要对陶瓷基板进行活化来制备化学沉积铜的触发媒介层。以甲醛碱性镀铜液为例，触发媒介层的作用是使溶液中的铜离子被甲醛还原成金属铜而沉积到陶瓷基体的表面。通常来说，活化的目的是在陶瓷基板表面吸附一层具有催化活性的金属，使其成为化学镀铜的催化中心，进而使得化学镀铜的还原反应在陶瓷表面进行。目前常用的活化工艺可以分为两类：贵金属活化和贱金属活化。

1）贵金属活化：使用较广泛的贵金属活化是钯活化法，依据金属钯状态差异可以分为离子钯活化法和胶体钯活化法。离子钯活化工艺最早使用的是分步活化法，即敏化-活化两步法：先使用具有还原性的氯化亚锡溶液敏化，再在氯化钯溶液中浸泡，在非导体材料如陶瓷基体表面还原出具有催化活性的贵金属钯。所谓敏化处理通常是指在非导体材料表面吸附一层易氧化的还原剂（敏化剂），含有敏化剂的非导体材料进入活化液中，材料表面吸附的敏化剂与活化剂发生氧化还原反应生成具有催化活性的金属晶核，例如，敏化剂 Sn^{2+} 和活化剂 Pd^{2+} 发生 $Sn^{2+} + Pd^{2+} \longrightarrow Sn^{4+} + Pd$。在化学镀之前，未洗净的活化剂需要还原除去，为了避免还原剂的使用对化学镀造成污染，通常采用化学镀液中所含的还原剂来除去活化剂。敏化-活化法操作简单，但同时敏化液容易被氧化、稳定性差且使用寿命短。鉴于此，研究人员又开发出了胶体钯活化工艺，胶体钯活化的原理是将催化金属还原出来，并以胶体的形式浸润在基体材料的表面，在化学镀之前先解胶，将具有催化活性的金属暴露出来再进行化学镀。最早在 1961 年，Shipley 就提出胶体钯活化工艺：将 $PdCl_2$ 和 $SnCl_2$ 配制成胶体钯溶液，化学镀时直接将非导体材料经前处理后浸没在胶体钯溶液中，胶体态钯粒子便吸附在非导体材料表面，此时材料表面的胶体态钯粒子不具备催化活性的金属晶核，需对材料表面吸附的胶体态钯粒子进行解胶，除去钯核周围包裹的四价锡保护层。解胶液采用盐酸 80～100mL/L，在常温下处理 3～5min，也可采用氟硼酸作为解胶液配方，其组分及工艺条件如下：

$$
\begin{array}{ll}
HBF_4 & 5g/L \\
CH_3BH_4 & 0.5g/L \\
温度 & 20～30℃ \\
时间 & 4～5min
\end{array}
$$

其解胶原理是：钯胶团吸附在基材的表面，经水洗并在搅拌鼓气的作用下，Pd 粒外会形成 $Sn(OH)_4$ 外壳，通过 HBF_4 型解胶液使 $SnCl_2$、$Sn(OH)_4$、$Sn(OH)Cl_2$ 等除去，其反应方程式为

$$SnCl_2 + 2HBF_4 \longrightarrow Sn(BF_4)_2 + 2HCl$$
$$Sn(OH)_4 + 4HBF_4 \longrightarrow Sn(BF_4)_4 + 4H_2O$$
$$Sn(OH)Cl + 2HBF_4 \longrightarrow Sn(BF_4)_2 + HCl + H_2O$$

2）贱金属活化：贵金属活化常用的 Pd 或 Ag 大规模化生产的成本过高，因此开发一种贱金属替代贵金属进行活化具有广阔的市场前景，贱金属如 Ni、Cu 活化工艺及其机理研究具有重要的潜在应用价值，Lindsay 将氯化铜、肼及其衍生物和明胶分别作为胶体活化液中的活化剂、还原剂和稳定剂的有效成分进行化学镀液的活化工艺，获得了成本较低且结合力较好的化学镀铜层。葛圣松等使用硫酸镍和次磷酸钠的混合液作为活化液，在175℃的条件下经过化学反应在陶瓷基体表面成功制备了具有催化活性的金属镍层，实现了陶瓷基体贱金属活化化学镀镍。

近年来，电子电路制作需要改变当前采用减成法所造成的高材料消耗、高废液量等现状，全加成法制作陶瓷电子电路也是业界期盼已久的技术，陶瓷基材上电路的制作工艺采用喷墨打印技术，按电路图形涂覆在陶瓷基电路板表面上一层活化物质，在附着活化物质的陶瓷基板区域具有化学催化性能，然后通过化学镀铜在活化区域沉积铜金属获得所需的

电路，其原理如图 9-3 所示，目前存在的问题主要集中在镀层结合力需要进一步的提升来迎合市场的需求。

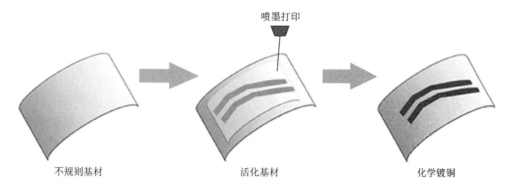

喷墨打印

不规则基材　　　　　　活化基材　　　　　　化学镀铜

图 9-3　喷墨打印技术全加成陶瓷电路制作法

综上所述：化学镀在金属化电子陶瓷中的应用，主要是通过化学镀铜技术在陶瓷基体表面的图形化区域沉积金属铜层形成陶瓷电子电路。其工艺流程可以具体分为以下步骤：①电子陶瓷基板预处理过程，包括清洗、除油、粗化等；②触发媒介层的制备，即采用数字喷墨打印机（平板）在电子陶瓷表面喷印触发剂（活化剂）来制备触发媒介层；③化学沉积金属层，确定化学镀铜液组成及操作参数，在活化区域沉积铜金属在电子陶瓷表面获得所需的电子电路。

四、化学镀镍及在铜表面化学镀镍

化学镀镍镀层具有良好的耐蚀、导电、可焊性和磁性能等，在电子工业中用途较广，化学镀镍是电脑薄膜硬盘加工的重要工序之一，化学镀镍磷合金层可作为真空溅射磁淀积层表面制作具有存储功能的薄膜电子材料。电动序中氢排在铜之前，析氢现象不易发生，但在有氧或氯环境中铜易氧化腐蚀。电子产品不可避免地会暴露在高温高湿的环境中，导致铜布线电路易发生腐蚀。尤其是对 IC 封装基板或 PCB 板上用于实现电子元器件互连的铜线路，当其发生氧化或者腐蚀时，会导致整个电路工作效率的降低或电气互连的失效。因此，为了防止铜质器件的氧化失效、保证其在恶劣环境下的正常工作，常采用在铜金属表面沉积一层镍的方法来防腐。金属镍的电动序排在氢之前，镍接触空气时形成一层致密的自钝化膜，钝化膜隔绝了基材与腐蚀物质的接触，从而保证基体不被继续氧化。此外，对于形状复杂的如 IC 封装基板上的铜线路或铜质微型元器件等采用电镀镍的方法并不是特别合适。因此，采用化学镀在具有表面催化活性的局部区域实现保护性镀镍的方法具有重要的意义。

自催化型化学镀镍是化学镀镍的主要实现形式，其只能在具有催化活性的基体上发生，如果基体材料不具备对还原剂的催化氧化活性，则必须在其表面引入具有催化活性的触发媒介层。自催化型化学镀镍常采用次亚磷酸钠为还原剂，通常，对次亚磷酸钠具有催化氧化活性的基体主要是第ⅧB 族的金属，如铁、钴、镍、钌、钯和第ⅠB 族的金元素，也就是说铜金属基体不具备对次亚磷酸钠还原剂的催化氧化活性。次亚磷酸根在液相中及铜金属表面吸附时的脱氢反应有很高的能量势垒,而当次亚磷酸根在镍金属表面发生脱氢反应时能量势垒会变得比较低,导致镍镀层可以在镍层实现自我催化沉积镍而难以通过自催化镀直接沉积在铜表面。此外,铜的标准电极电势远高于镍的电极电势,在简单盐溶液中铜金属也不会与溶液中的镍离子发生置换镀镍。

(一) 铜表面化学镀镍

铜表面化学镀镍在印制电路板、集成电路基板乃至集成电路中铜互连技术中具有广泛的应用,而在铜互连线表面沉积一层镍有助于提高铜基材的耐蚀性能。次亚磷酸钠仅在具有催化活性的金属基材催化作用下才能发生氧化分解反应,没有经过活化的铜基材对化学镀镍没有催化活性,因此铜表面需要进行化学镀镍时,必须采用活化的方法在铜表面引入具有催化活性的金属晶核。目前常采用的方法是预先在铜表面置换镀一层贵金属钯催化层作为活性中心,当铜基体经过钯活化后,镀镍液中的次亚磷酸根就能在具有催化活性的金属钯的作用下发生催化氧化,钯离子还原为金属钯的电极电势表达式为

$$E_{Pd^{2+}/Pd}^{\ominus} = (0.987 + 0.0295 \lg \alpha_{Pd^{2+}})V$$

铜置换钯的反应可以自发进行,其原理就是将铜浸入含有钯离子的溶液中获得铜面上的钯原子:

$$Cu + Pd^{2+} \longrightarrow Cu^{2+} + Pd$$

钯金属资源稀缺、价格高,且钯活化液稳定性差,这直接影响到化学镀铜产品的质量及成本控制。

为了能够降低生产成本,寻找其他种类的还原剂来还原溶液中的镍离子,从而直接在铜表面沉积出镍镀层已取得了一定的进展。例如,采用 $TiCl_3$ 为还原剂在铜表面直接化学镀镍,可以在铜表面获得镍镀层。在铜表面镀镍液的组分及工艺条件如下:

硫酸镍 (NiSO$_4$·6H$_2$O)	0.04mol/L
三氯化钛 (TiCl$_3$·4H$_2$O)	0.08mol/L
柠檬酸三钠 (Na$_3$C$_6$H$_5$O$_7$·2H$_2$O)	0.24mol/L
氨三乙酸三钠 (C$_6$H$_8$NNa$_3$O$_7$)	0.04mol/L
pH	7.5~9
温度	48~52℃

由于三氯化钛可以自发地在铜表面发生氧化,因此将铜基体材料浸入上述镀镍液时,三价钛在铜基材表面会自发地氧化为四价钛,从而将溶液中的镍离子还原为金属镍,从而在铜表面直接获得镍镀层,其化学反应原理如下:

$$2Ti^{3+} + Ni^{2+} + 8OH^- \longrightarrow 2TiO_2 + Ni + 4H_2O$$

此外,三氯化钛在氧化过程中释放的电子还会还原溶液中的氢氧根,发生析氢反应:

$$2Ti^{3+} + 6OH^- \longrightarrow 2TiO_2 + H_2\uparrow + 2H_2O$$

利用三氯化钛作为铜基体上化学镀镍的还原剂尽管可以免去铜表面化学镀镍之前的活化过程,直接在铜表面获得金属镍,但是利用三氯化钛作为还原剂的化学镀镍沉积速率极低,大大影响了企业的生产效率,镀液的稳定性也较差,镀液容易分解且价格昂贵。

在铜基材表面直接化学镀镍并将所得镀层单独作为铜的保护性镀层对于铜互连线保护及成本控制具有重大意义。哈尔滨工业大学李宁教授等研究了铜基材表面置换镍层后直接化学镀镍的置换镀镍的新方法。铜是ⅠB族的金属，其最外层电子排布为$3d^{10}4s^1$，析氢过电位较高，铜的化合物主要是以Cu^+和Cu^{2+}的形式存在。金属Cu、Cu^+、Cu^{2+}形成的氧化还原电对的电极电势如下：

$$E_{Cu^+/Cu} = (0.521 + 0.059 \lg \alpha_{Cu^+})V$$
$$E_{Cu^{2+}/Cu} = (0.337 + 0.0295 \lg \alpha_{Cu^{2+}})V$$
$$E_{Cu^{2+}/Cu^+} = (0.153 + 0.059 \lg(\alpha_{Cu^{2+}} / \alpha_{Cu^+}))V$$

镍是元素周期表中第ⅧB族的金属，其最外层电子排布为$3d^84s^2$，具有较低的析氢过电位，镍的化合物主要以二价和三价的形式存在。金属Ni与Ni^{2+}形成的氧化还原电对的电极电势如下：

$$E_{Ni^{2+}/Ni} = (-0.246 + 0.0295 \lg \alpha_{Ni^{2+}})V$$

在标准条件下，金属Cu氧化生成Cu^+的标准电极电势为0.521V（vs SHE），而金属Cu氧化生成Cu^{2+}的标准电极电势为0.337V（vs SHE）。当溶液中的Cu^+和Cu^{2+}的活度非常低时，金属Cu氧化为Cu^+和Cu^{2+}的电极电势会发生负移。实际上铜的配位剂可以显著地减小溶液中Cu^+和Cu^{2+}离子的活度。因此，在实际体系中存在铜的强配位剂，且此配位剂对镍离子的络合作用较弱时，加入它有可能大幅度降低铜的电极电位，使其低于镍离子的还原电位从而实现铜表面置换镀镍的过程。几种常用的配位剂及其与Cu^+、Cu^{2+}和Ni^{2+}形成的络合物的稳定常数列于表 9-1，从表中可以看出，配位剂既可以与Cu^+、Cu^{2+}形成稳定的络合物，从而降低$E_{Cu^+/Cu}$和$E_{Cu^{2+}/Cu}$的电极电位，但是同时该配位剂也可以与Ni^{2+}形成稳定常数相当的络合物，降低了$E_{Ni^{2+}/Ni}$。因此，在溶液中同时加入Cu^+、Cu^{2+}和Ni^{2+}的配位剂很难改变铜和镍之间的电偶序。

表 9-1　Cu^+、Cu^{2+}和Ni^{2+}与配位剂形成的络合物稳定常数（25℃）

配体	金属离子	配体数目	稳定常数（$\lg K_{稳}$）
NH_3	①Cu^{2+}	①1、2、3、4、5	①4.31、7.98、11.02、13.32、12.86
	②Cu^+	②1、2	②5.93、10.86
	③Ni^{2+}	③1、2、3、4、5、6	③2.80、5.04、6.77、7.96、8.71、8.74
CN^-	①Cu^{2+}	①1、2	①6.7、9.0
	②Cu^+	②2、3、4	②24.0、28.59、30.30
	③Ni^{2+}	③4	③31.3
$P_2O_7^{4-}$	①Cu^{2+}	①1、2	①6.7、9.0
	②Ni^{2+}	②1、2	②5.8、7.4
EDTA	①Cu^{2+}	①1	①18.7
	②Ni^{2+}	②1	②18.56
酒石酸（$C_4H_6O_6$）	①Cu^{2+}	①1、2、3、4	①3.2、5.11、4.78、6.51
	②Ni^{2+}	②1	②2.06

配体	金属离子	配体数目	稳定常数（lg$K_稳$）
丁二酸（C$_4$H$_6$O$_4$）	①Cu^{2+}	①1	①3.33
	②Ni^{2+}	②1	②2.36
乙二胺（C$_2$H$_8$N$_2$）	①Cu^{2+}	①1、2、3	①10.67、20.0、21.0
	②Cu$^+$	②2	②10.8
	③Ni^{2+}	③1、2、3	③7.52、13.84、18.33
甘氨酸（C$_2$H$_5$NO$_2$）	①Cu^{2+}	①1、2、3	①8.60、15.54、16.27
	②Ni^{2+}	②1、2、3	②6.18、11.14、15.0
硫脲（CH$_4$N$_2$S）	①Cu$^+$	①3、4	①13.0、15.4
	②Ni^{2+}	②1	②1.4

由表 9-1 可知，硫脲与 Cu$^+$形成的络合物稳定常数比较高，其四配体络合物的稳定常数高出硫脲与 Ni^{2+}形成的络合物稳定常数 14 个数量级。这意味着当体系中存在硫脲、Cu$^+$和 Ni^{2+}时，硫脲可以选择性地与 Cu$^+$发生强络合，从而大幅度降低 $E_{Cu^+/Cu}$，而对 $E_{Ni^{2+}/Ni}$ 则没有显著影响，当溶液中存在硫脲时，通过改变不同金属的电极电位可实现铜表面置换镀镍的过程。

此外，硫脲可以作为铜的强配体使铜在高浓度硫脲溶液中变得非常活泼，并可以置换溶液中的二价锡离子，所以在印制电路板的制造过程中经常采用铜基体上置换镀锡的方法得到锡镀层。

（二）化学镀镍机理

通常，化学镀镍镀液在工业化生产过程中需要具备如下条件：①还原剂的还原电位要显著低于沉积金属的电位镀液，不产生自发分解；②调节溶液 pH、温度时，可以控制金属的还原速率，从而调节镀层厚度及覆盖率等；③被还原析出的金属也具有催化活性，使得氧化还原沉积过程持续进行；④溶液具有足够的使用寿命。化学镀镍层通常是镍合金层，例如，以次磷酸钠为还原剂获得的镀层为镍磷合金层，通常情况下以水合肼为还原剂可得到纯镍镀层，目前工业上应用最普遍的是以次磷酸钠为还原剂的化学镀镍工艺。

关于化学镀镍的机理有众多假说并存，主要有原子氢态理论、氢化物理论、电化学理论三种理论模型，而且不同的还原剂，反应方式也不相同。到目前为止三种理论均没有得到统一的认识，相比较而言电化学混合电位理论被更多学者所认可，这里以次磷酸钠为例，介绍三种理论的反应机理。

1. 原子氢态理论（1933 年，D. Simpkins 提出）

原子氢态理论认为次磷酸根在水溶液中分解脱氢，形成亚磷酸根，放出初生态原子氢，即

$$H_2PO_2^- + H_2O \longrightarrow HPO_3^{2-} + H^+ + 2[H]$$

原子氢易吸附被镀覆物活性表面并提供镍离子还原所需电子，发生如下反应：

$$Ni^{2+} + 2[H] \longrightarrow Ni + 2H^+$$

随着次亚磷酸根的分解，有磷析出，部分原子态氢复合生成氢气逸出：

$$H_2PO_2^- + [H] \longrightarrow H_2O + OH^- + P$$

$$2[H] \longrightarrow H_2 \uparrow$$

镍离子和磷原子共同沉积而形成镍磷合金，还原反应可综合为

$$Ni^{2+} + 4H_2PO_2^- \longrightarrow 2HPO_3^{2-} + 2H_2O + 2H^+ + Ni + 2P$$

2. 氢化物理论

由 Hersch 提出 Lucks 所改进的氢化物（氢负离子）理论，认为次磷酸钠分解生成的氢化物离子（氢的负离子）具有强还原能力并提供镍离子还原反应所需要电子，其主要反应机理如下：

$$H_2PO_2^- + H_2O \longrightarrow HPO_3^{2-} + 2H^+ + H^-$$

$$Ni^{2+} + 2H^- \longrightarrow Ni + H_2 \uparrow$$

此外，溶液中的 H^+ 和 H^- 相互作用生成 H_2

$$H^+ + H^- \longrightarrow H_2 \uparrow$$

磷来源于一种中间产物，如偏磷酸根（PO_2^-），在酸性界面条件下，由下述反应生成：

$$2PO_2^- + 6H^- + 4H_2O \longrightarrow 2P + 3H_2 + 8OH^-$$

镍还原的总反应式可表示为

$$Ni^{2+} + H_2PO_2^- + H_2O \longrightarrow HPO_3^{2-} + 3H^+ + Ni$$

3. 混合电化学理论

该理论认为，次亚磷酸根被还原释放出电子，使 Ni^{2+} 还原为金属镍：

$$H_2PO_2^- + H_2O \longrightarrow HPO_3^{2-} + 3H^+ + 2e^-$$

$$Ni^{2+} + 2e^- \longrightarrow Ni$$

$$2H^+ + 2e^- \longrightarrow H_2 \uparrow$$

次亚磷酸根得到电子析出磷： $H_2PO_2^- + e^- \rightarrow P + 2OH^-$

镍还原总反应式为：

$$Ni^{2+} + H_2PO_2^- + H_2O \longrightarrow HPO_3^{2-} + 3H^+ + Ni$$

电化学理论还认为，化学镀镍过程是依赖氧化还原的作用，在电池的阳极和阴极分别产生下述反应。

阳极：
$$H_2PO_2^- + H_2O - 2e^- \longrightarrow HPO_3^{2-} + 3H^+$$

阴极：
$$Ni^{2+} + 2e^- \longrightarrow Ni$$

$$2H^+ + 2e^- \longrightarrow H_2 \uparrow$$

$$H_2PO_2^- + e^- \longrightarrow P + 2OH^-$$

（三）化学镀镍溶液的组成及操作工艺

化学镀镍溶液既可是酸性镀液也可以是碱性镀液，化学镀镍工艺条件如表 9-2 所示。

表 9-2　次磷酸盐化学镀镍工艺规范

成分及工艺 \ 配方	酸性镀液		碱性镀液	
	1	2	3	4
硫酸镍(NiSO$_4$·6H$_2$O)		30		25
氯化镍(NiCl$_2$·6H$_2$O)	21		20	
次磷酸钠(NaH$_2$PO$_2$·H$_2$O)	24	26	20	25
苹果酸(C$_6$H$_5$O$_5$)		30		
柠檬酸钠(Na$_3$C$_6$H$_5$O$_7$·2H$_2$O)			10	
琥珀酸(C$_4$H$_6$O$_4$)/(g/L)	7			
氟化钠(NaF)	5			
乳酸(C$_8$H$_6$O$_3$)		18		
氯化铵(NH$_4$Cl)			35	
焦磷酸钠(Na$_4$P$_2$O$_7$·10H$_2$O)				50
pH	6	4～5	9～10	10～11
温度/℃	90～100	85～95	85	70
沉积速率/(μm/h)	15	15	17	15

化学镀镍溶液中主要成分及其作用如下。

1）主盐：化学镀镍溶液的主盐提供金属镍离子的可溶性镍盐，在化学还原反应中为氧化剂。常用的镍盐有硫酸镍（NiSO$_4$·7H$_2$O）、氯化镍（NiCl$_2$·6H$_2$O）、乙酸镍［Ni(CH$_3$COO)$_2$］、氨基磺酸镍［Ni(NH$_2$SO$_3$)$_2$］及次磷酸镍［Ni(H$_2$PO$_2$)$_2$］等。早期使用的主盐是氯化镍。但由于氯离子的存在会降低镀层的耐蚀性，同时产生拉应力，而乙酸镍和次磷酸镍价格昂贵，目前工业上使用的主盐一般是硫酸镍。一般来说，随着镀液中 Ni^{2+} 浓度增加，沉积速率增大，考虑到络合剂络合镍离子的作用，主盐浓度对沉积速率影响不大（镍盐浓度特别低时例外）。化学镀镍溶液中镍盐浓度通常维持在 20～40g/L，镍盐浓度过高，镀液中会存在一部分游离的 Ni^{2+}，镀液的稳定性将下降，得到的镀层常常颜色发暗，且色泽不均匀。

2）还原剂：化学镀镍所用的还原剂有次磷酸钠（Ni-P 合金镀层）、硼氢化钠（Ni-B 合金镀层）、肼（纯镍镀层）和烷基硼烷（Ni-B 合金镀层）等几种。化学镀镍中，多数使用次磷酸钠为还原剂，其在水中易溶解，是一种强的还原剂，且价格低廉，镀液容易控制，获得 Ni-P 合金镀层性能优良。

3）络合剂：形成镍的络合物或配合物，防止镍离子浓度过量，从而稳定溶液，阻止亚磷酸镍沉淀，还可缓冲 pH。如柠檬酸、乙醇酸、乳酸、氨基乙酸、羟基丁二酸、酒酸及其盐类。

4）稳定剂：化学镀镍溶液是一个热力学不稳定系统，在施镀过程中，加热方式不当会导致局部过热，镀液调整补充不当会导致局部 pH 过高，镀液被污染或未能进行连续过滤会导致杂质的引入等，都会触发镀液在局部发生激烈的自催化反应，产生大量 Ni-P 黑色粉末，从而使镀液在短期内分解，因此镀液中应该加入稳定剂。稳定剂的作用在于抑制镀液的自发分解，使施镀过程在控制下有序进行。稳定剂不能使用过量，过量后轻则降低镀速，重则不再起镀。试验证明，稀土可以作为镀镍稳定剂，而且复合稀土的稳定性比单一稀土要好。

5）加速剂：在化学镀镍溶液中能提高镍沉积速率的成分称为加速剂。常用的加速剂是短链饱和脂肪族——羧酸根离子、短链饱和氨基酸、短链饱和脂肪酸等。其作用机理被认为是活化次磷酸根离子，促进原子氢释放。化学镀镍中许多络合剂兼有加速剂的作用。无机离子中的氟化物是常用的加速剂，但必须严格控制用量，若用量过大，不仅会降低沉积速率，还会对镀液稳定性有影响。

6）缓冲剂：在化学镀镍中会产生氢离子而使溶液的 pH 不断降低，因此，在化学镀镍溶液中必须加入缓冲剂，使溶液具有缓冲能力，使得在施镀过程中溶液 pH 不致变化太大。

7）镀液温度：镀液中金属离子还原速率随温度升高而增大，但温度偏高电解液不稳定，且采用次磷酸作还原剂时，其镍磷合金中磷含量下降，导致镍磷合金耐蚀性变差。

8）搅拌：搅拌可以使得镀液的温度、金属离子浓度的分布更为均匀，有效防止镀液局部过热危及镀液稳定性。另外，搅拌的强对流效应有利于金属离子的传质，从而可维持较为稳定的镀层沉积速率。但是过度搅拌容易造成工件局部漏镀，并使容器壁和底部沉积上镍，严重时甚至造成镀液分解，另外搅拌方式和强度还会影响镀层的含磷量。

9）pH 的影响：pH 对镀液、工艺及镀层的影响很大，它是工艺参数中必须严格控制的重要因素。例如，酸性化学镀镍液最合适的 pH 通常是 4.2～4.5。

10）装载量的影响：单位体积镀液内容纳的被镀覆工件的总表面积通常存在一个上限，也就是所谓的最大装载量。装载量应适中，装载量过大会使镀速波动性较大，且随时间的延长镀速缓慢；装载量过小，维持镀液稳定性较困难，如镀液中的小金属颗粒成为活性中心引发镀液分解反应等。

五、化学镀锡

电子产品越来越小型化，作为微细线路和微电子器件载体的 PCB 板也日趋小型化，采用热风整平在小型化的 PCB 板上热镀锡铅会造成锡铅层过厚或不均匀，进而导致堵塞微孔及线路间的短路。PCB 板表面铜线路要进行可焊性镀覆或防氧化处理，一些化学镀工艺应运而生，如化学镀镍/金、化学抗氧化、化学镀锡铅等工艺技术已经投入使用。通常来说，化学镀镍/金工艺成本高、镀液不容易管理、化学镀金液污染严重等缺点限制了其发展。而化学镀锡铅含铅等有害物质导致其使用受到限制。锡是一种银白色的金属，具有良好的导电性和钎焊性。化学镀锡因其良好的均镀能力、可焊性及环保性能成为取代热风整平工艺的主流技术。化学镀锡具有施镀温度低、镀层均匀、可焊性好及操作方便等优点，在 PCB、表面安装技术（surface mounting technology，SMT）、电子元器件等领域具有广泛的应用前景，同时也是取代热风整平表面涂覆绿色化的重要手段。

（一）PCB 板铜互连线化学镀锡机理

化学镀锡机理认为沉积过程分为三个阶段进行，分别是置换反应期、铜锡共沉积与自催化沉积共存期和自催化沉积期。化学镀锡一般可分为置换法、歧化反应化学镀锡和还原法等，置换法化学镀锡的不足之处是当镀件表面生成置换锡层后，置换反应即终止，这种置换锡层厚度很薄，一般约为 0.5μm。目前化学镀锡工艺常采用先置换镀锡，当电极表面被锡完全覆盖以后，再继续化学还原沉积锡层，直到获得所需的镀锡层厚度。

1. 置换反应期

铜基体上的化学镀锡原则上属于化学浸锡，铜与镀液中络合锡离子发生置换反应，当锡层覆盖铜基体后，反应立即停止。实际上，铜的标准电极电位 $E_{Cu^{2+}/Cu}^{\ominus}=0.337V$，锡的标准电极电位 $E_{Sn^{2+}/Sn}^{\ominus}=-0.136V$，铜的电动序排在锡之后，故金属铜不可能置换溶液中的锡离子而生成金属锡。铜的电极电位如下所示：

$$E_{Cu^{2+}/Cu}^{\ominus}=(0.337+0.0295\lg\alpha_{Cu^{2+}})V$$

当溶液中 Cu^{2+} 的活度非常低时，金属 Cu 氧化为 Cu^{2+} 的电极电位会发生负移。在有络合物（如硫脲）存在的条件下，硫脲与 Cu^{2+} 生成稳定的络离子，硫脲的加入大幅度降低了铜的电极电位，使其可以达到 $-0.39V$，因而使铜置换溶液的锡离子成为可能：

$$4(NH_2)_2CS+Cu-2e^-\Longrightarrow Cu[(NH_2)_2CS]_4^{2+}$$

$$Sn^{2+}+2e^-\Longrightarrow Sn$$

总反应方程式为：$4(NH_2)_2CS+Cu+Sn^{2+}\Longrightarrow Cu[(NH_2)_2CS]_4^{2+}+Sn$

置换反应发生后，在被镀覆基材上面覆盖一层非常薄的锡层后，置换反应便会停止。

2. 铜锡共沉积与自催化沉积共存期

铜置换锡反应时在镀液中存在反应的铜离子，其在还原剂及络合剂协同作用下与镀液中锡离子发生铜锡共沉积，但铜锡合金层仅占镀层重量的 1%～3%。锡离子在置换镀层表面获得还原剂提供的电子会继续发生还原反应，使化学镀锡自催化沉积持续进行，将这一反应历程概括为铜锡共沉积与自催化沉积共存期。

3. 自催化沉积期

随着化学沉积时间的延长，锡的含量不断增加，待到溶液中铜离子共沉积完全后，仅发生锡的连续自催化沉积，而不再有铜析出。这一阶段归纳为单纯的锡的自催化沉积期。在自催化化学镀锡的过程中，锡属于高氢过电位金属，且对甲醛、次磷酸钠等还原剂氧化的催化活性低。因此，化学镀锡过程中的还原反应速率缓慢，与置换反应速率相比，还原反应的速率甚至更慢。

（二）化学镀锡反应历程及工艺

目前 PCB 板铜互连线化学镀锡工艺常先置换镀锡，当电极表面被锡置换覆盖以后，再进行化学还原沉积锡层，获得所需的镀锡层厚度。通常来说，依据不同的化学反应机理可作如下分类。

1. 还原法化学镀锡

还原法化学镀锡是在镀液中加入还原剂来提供金属离子还原所需电子的一种自催化反应过程。还原法在施镀过程中其沉积层需具备自催化能力，使得化学反应能持续进行而获得不同厚度的镀层。但还原法镀锡目前存在沉积速率低、镀液稳定性差、成本高等缺点，这些缺点影响了其广泛的应用。

一般来说，锡的表面析氢过电位高，其自催化活性低，铜或镍自催化沉积用的还原剂如次磷酸钠、肼及二烷基胺硼烷等在镀液中易发生析氢反应而非单独用来还原出锡金属。因此选择还原剂时需要考虑不析氢的强还原剂，如 Ti^{3+}、V、Cr^{2+} 等。例如，Ti^{3+} 作为还原剂，其反应如下。

阳极：$\qquad\qquad Ti^{3+} \longrightarrow Ti^{4+} + e^- (表面)$

阴极：$\qquad\qquad Sn^{2+} + 2e^- (表面) \longrightarrow Sn (表面)$

强还原剂易导致镀液分解，存在沉积速率低、成本高等缺点。

2. 歧化反应化学镀锡

锡离子在强碱性溶液中易发生歧化反应沉积出金属锡。因锡离子自身发生了氧化还原反应，此方法无需外加还原剂就可以直接施镀，但镀液稳定性差，且反应的进行严重依赖 OH^-。

阳极：$\qquad\qquad Sn^{2+} (络合态) \longrightarrow Sn^{4+} + 2e^-$

阴极：$\qquad\qquad Sn^{2+} (络合态) + 2e^- \longrightarrow Sn$

$SnCl_2$ 在镀液中不稳定，易发生水解反应：

$$SnCl_2 + 2OH^- \longrightarrow Sn(OH)_2 + 2Cl^-$$

随 NaOH 含量的增加，会依次发生如下反应：

$$Sn(OH)_2 \longrightarrow SnO + H_2O$$

$$SnO + H_2O + OH^- \longrightarrow Sn(OH)_3^-$$

$$2Sn(OH)_3^- \longrightarrow Sn + Sn(OH)_6^{2-}$$

随着歧化反应的进行，Sn^{4+} 的积累越来越多，溶液稳定性受到影响，当镀液中 Sn^{4+} 浓度超过 1mol/L 时，可向镀液中加 $BaCl_2$，使多余的 Sn^{4+} 生成 $BaSn(OH)_6 \cdot nH_2O$ 沉淀，从而使镀液再生。

3. 浸镀法化学镀锡

浸镀法化学镀锡又称浸锡，镀液中无需还原剂，是按化学置换原理在金属工件表面沉积出金属镀层。正如 PCB 板铜互连线置换镀锡所述，加入金属基体的络合剂，改变了反应的电极电位，使锡离子发生还原反应而沉积到工件表面。

目前化学镀锡中使用二氯化锡或有机磺酸盐作为主盐，如烷基磺酸锡、羟基磺酸锡等，次磷酸钠作为还原剂应用较多。因镀液中二价锡离子很容易被氧化成四价锡离子，故溶液稳定性较差。常用的化学镀锡液配方如下：

氯化锡（$SnCl_2 \cdot 2H_2O$）	20g/L
次磷酸钠（$NaH_2PO_2 \cdot H_2O$）	60～80g/L
盐酸（HCl）	40g/L
氨羧络合物抗氧化剂	3g/L
络合剂（含硫脲）	80g/L
有机羧酸稳定剂	20g/L
pH	1.3
温度	75～85℃
时间	1～3h

六、化学镀贵金属

（一）化学镀银

金属银具有电阻小、抗氧化性好等优势，是电子工业中很重要的功能材料。化学镀银工艺应用在 PCB 生产的时间较长，因受空气中氧的作用，银镀层表面易生成黑色的氧化膜层，不但影响外观质量，而且使得表面电阻增大，直接影响载体的电性能。银层表面经过抗氧化如化学金处理后，既可用于锡焊又可用于压焊工艺，因而受到普遍重视。

以 PCB 板铜线路化学镀银为例，化学镀银的工艺方法仍以浸镀为主，因为铜的标准电极电位 $E_{Cu^{2+}/Cu}^{\ominus} = 0.337V$，$E_{Ag^+/Ag}^{\ominus} = 0.779V$，故铜能置换溶液中的银离子而在铜表面形成沉积银层，其化学反应式如下：

$$2Ag^+ + Cu \longrightarrow Cu^{2+} + 2Ag$$

为控制其反应速率，溶液中的银离子会以络离子状态存在，当铜表面被完全覆盖时，置换反应立即停止。

化学镀银是最早开发的化学镀方法。因银标准电极电位较正，极容易还原，还原剂可采用甲醛、葡萄糖、酒石酸盐或二甲基胺基硼烷等。然而化学镀银液很不稳定，工业生产中常将银盐和还原剂分开配制，使用时将银盐与还原剂混合，在室温下便可沉积银。其配制过程为：先将一定量硝酸银溶于蒸馏水中，待完全溶解后，边搅拌边慢慢加入浓氨水，开始生成褐色的氢氧化银沉淀：

$$AgNO_3 + NH_4OH \longrightarrow Ag(OH)\downarrow + NH_4NO_3$$

氢氧化银不稳定，易发生脱水反应：

$$2AgOH \longrightarrow Ag_2O\downarrow + H_2O$$

Ag_2O 易被过量的氨水所溶解，生成的银氨络合物呈无色透明状：

$$Ag_2O + 4NH_4OH \longrightarrow 2Ag(NH_3)_2OH + 3H_2O$$

还原剂溶液的配制是将还原剂加入蒸馏水中，再加入其他辅助添加剂，搅拌溶解。需要化学镀时，将银氨络合离子液与还原剂液混合后发生化学还原反应使得银沉积于基体材料上。

还原剂为甲醛：

$$HCHO + 4Ag(NH_3)_2OH \longrightarrow 4Ag\downarrow + 6NH_3\uparrow + (NH_4)_2CO_3 + 2H_2O$$

采用乙醛作还原剂：

$$CH_3CHO + 2Ag(NH_3)_2OH \longrightarrow CH_3COONH_4 + H_2O + 2Ag\downarrow + 3NH_3$$

还原剂为葡萄糖：

$$CH_2(OH)(CHOH)_4CHO + 2Ag(NH_3)_2OH \longrightarrow CH_2(OH)(CHOH)_4COONH_4$$
$$+ 3NH_3 + H_2O + 2Ag\downarrow$$

银氨溶液即使在常温下存放，随着时间的延长也有爆炸危险，长时间的存放造成水分蒸发生成的雷酸银（$AgNH_3 \cdot Ag_2N$ 等混合物）易爆，因此银氨液制备后应立即使用，其废液中注入氯离子生成氯化银过滤可消除易爆隐患。化学镀银液配方及工艺条件如表 9-3 所示。

表 9-3 化学镀银的工艺规范

溶液组成与工艺条件		配方								
		1	2	3	4	5	6	7	8	9
主盐溶液	硝酸银($AgNO_3$)/(g/L)	60	16	20	10	60	25	10	19	25
	氨水($NH_3 \cdot H_2O$, 25%)/(mL/L)	适量	适量	适量	12	60	50	适量	适量	100
	氢氧化钠(NaOH)/(g/L)	42								
	氢氧化钾(KOH)/(g/L)		8		20					
还原剂溶液	酒石酸钾钠($KNaC_4H_4O_6 \cdot 4H_2O$)/(g/L)		30	100						
	酒石酸($C_4H_6O_6$)/(g/L)	4								
	葡萄糖($C_6H_{12}O_6$)/(g/L)	45			40					
	乙醇(C_2H_5OH, 99%)/(mL/L)	100								
	甲醛(HCHO)(38%)/(g/L)					65			71	
	三乙醇胺($C_3H_{15}NO_3$)/(mL/L)							7		8
	乙二醛($C_2H_2O_2$)/(g/L)									20
	硫酸肼($N_2H_4 \cdot H_2SO_4$)/(g/L)							9.5	20	
	氢氧化钠(NaOH)/(g/L)								5	
	氨水($NH_3 \cdot H_2O$)/(mL/L)							10		
工艺条件	温度/℃	15~20	15~20	15~20	15~20	15~20	室温	室温	室温	室温
	时间/min		10	10						

（二）化学镀金

20 世纪 60 年代化学镀金的相关工艺才得到开发并投入生产。化学镀镍/化学镀金工序通常是 PCB 制造流程中最后的表面处理工艺，对 PCB 板铜面的化学沉积镍金层的目的是保护裸露的铜层，使其免受氧化与损坏，并提供可用于黏合、焊接、打线、插拔或接触连接的表面和接点，保证线路板与外电路及电子元器件之间的有效连接。目前来说，PCB 板常用的化学镀镍/化学镀金实际上是化学镀镍/置换镀金，其工艺过程是在裸铜表面上先化学镀镍，用镍作为金的衬底镀层，可大大提高耐磨性，然后化学浸金形成一层平坦、抗氧化性强、可焊性良好的一种表面涂覆工艺，该工艺具有良好的接触导通性及装配焊接性能，同时可以与其他表面涂覆工艺配合使用。正如前面所述，化学镀与浸镀具有本质上的区别，化学镀是指在没有外电流的作用下，利用溶液中的还原剂将金属离子还原为金属并沉积在基体表面的方法，而浸镀是一种无需还原剂的化学置换镀，且置换镀层是相当薄的，置换金属层覆盖基体后，反应也就停止了。化学镀镍/化学镀钯/置换镀金工艺是在化学镀镍/置换镀金工艺基础上发展起来的拥有更高可靠性的新技术，在置换镀金的沉积反应中，钯层能够保护镍层，防止其在镀金过程中过度腐蚀。根据化学镀金反应机制的不同，其可以分为置换镀金和还原型镀金。

1. 置换镀金（又称为浸金）

PCB 板制程中在镍上面浸金是一种化学置换反应，属于置换镀，其反应过程包括 Ni 的溶解和金离子的沉积，置换反应是利用镍和金之间的电位差作为驱动力，当镍基 PCB 表面浸入含 $Au(CN)_2^-$ 络离子的溶液中，其反应如下：

$$Ni + 4CN^- \longrightarrow Ni(CN)_4^{2-} + 2e^- \qquad E_{Ni(CN)_4^{2-}/Ni}^\ominus = +0.899V$$

$$Au(CN)_2^- + e^- \longrightarrow Au + 2CN^- \qquad E_{Au(CN)_2^-/Au}^\ominus = -0.60V$$

镍置换镀金的反应为

$$2Au(CN)_2^- + Ni \longrightarrow Ni(CN)_4^{2-} + 2Au$$

因 $\Delta E^\ominus = E_{Au(CN)_2^-/Au}^\ominus - E_{Ni(CN)_4^{2-}/Ni}^\ominus = -0.60V - (+0.899V) = 0.289V > 0V$，根据吉布斯自由能 $\Delta G = -nEF$ 可以判断反应可自发进行。当置换 Au 层完全遮盖 Ni 后反应便停止。置换镀金层的厚度一般在 $0.03 \sim 0.1\mu m$，最多不超过 $0.15\mu m$。镍层置换镀金液配方如下：

67%的氰化金钾($K[Au(CN)_2]$)	2.94g/L
氰化钠(NaCN)	23.5g/L
无水碳酸钠(Na_2CO_3)	29.4g/L
温度	65~85℃

2. 还原型镀金

还原型镀金是指镀金液中存在还原剂来提供金离子还原沉积所需电子，包括自催化镀金和基体催化镀金。自催化镀金是依赖镀液中的还原剂将金属离子还原，当被镀覆金属表面沉积一层金后，金镀层能使后面的金离子继续沉积，自催化镀金工艺可以获得较厚的镀金层；基体催化镀金是利用基体金属（镍）对还原剂的催化氧化反应，反应发生在基体金属表面，基体金属表面应具备催化活性，当表面被金层所覆盖时，镀金过程停止。

在实际生产当中，化学镀金过程往往伴随着化学镀和置换镀两种过程，例如，用次磷酸钠作为还原剂在 Ni 基表面沉积金的化学镀过程，先会发生镍置换金反应，Ni 的催化活性表面提供了 H_2PO_2 在阳极氧化的空间，导致 Au 能在 Ni 表面上连续沉积，当 Au 层完全覆盖 Ni 基体后镀速逐渐降低，完全变成自催化镀控制。适用于化学镀 Au 的还原剂主要有甲醛、甘油、葡萄糖、肼、硼氢化物、硼烷胺和次磷酸钠等，化学镀金配方与工艺条件如下。

1）铜和铜合金基体上化学镀金：

氰化金钾[$KAu(CN)_2 \cdot 2H_2O$]	2g/L
氯化铵(NH_4Cl)	75g/L
柠檬酸钠($Na_3C_6H_5O_7 \cdot 2H_2O$)	50g/L
次磷酸钠($NaH_2PO_2 \cdot H_2O$)	10g/L
pH	7～7.5
温度	92～95℃

2）用于制造滤光器化学镀金：

氯金酸($HAuCl_4$)	1g/L
葡萄糖($C_6H_{12}O_6$)	10g/L
碳酸钠(Na_2CO_3)	30g/L
温度	10℃

3）镍、铁、钯等金属基体上化学镀金：

氰化金钾[$KAu(CN)_2 \cdot 2H_2O$]	6g/L
氢氧化钾(KOH)	11g/L
氰化钾(KCN)	13g/L
硼氢化钾(KBH_4)	22g/L
沉积速率	1μm/h
温度	60～85℃

第二节　脉冲电镀

一、脉冲电镀的概述

自 1979 年第一次国际脉冲电镀学术会议以来，脉冲电源及其工艺在贵金属电镀方面成果显著，且在合金与复合镀层制备领域应用进一步拓展。脉冲电流的周期性张弛有利于阴极/溶液界面层的金属离子浓度的恢复并减少浓差极化现象，且脉冲峰电流值可以增强阴极的活性极化，有利于提升镀层的覆盖能力。与直流电源相比，采用脉冲电镀在印制电路通孔填孔中可以实现蝴蝶翼状的中间厚两端薄镀层结构，还可以改善镀液的深镀能力等。虽然它的优点很多，Chemring 等数家公司向市场推出了最大正向电流 6000A，反向电流 24000A 的电源，但大功率的脉冲电源价格昂贵，限制了它的工业化进程。目前常用的脉冲电源为方波，脉冲电流规格为正向 2000A，反向 6000A。

随着 PCB 板小型化及高密度互连微孔时代的到来，PCB 层间通过电镀填盲孔、通孔来实现电气互连，对电镀铜技术提出了更高的技术要求。为适应新的非对称性电镀技术的挑战，不仅要在镀液成分调整、添加剂配比、镀液维护等方面进行改善，而且在电镀电源、阳极、电镀方式上都需要进行研究和改进，出现了脉冲电镀铜、不溶性阳极和水平式镀铜设备等。脉冲电镀与传统的直流电镀相比，具有如下优点：改变了镀层结构，结晶粒度小，能获得致密、光亮和均匀的镀层；改善了分散能力和深镀能力；降低了镀层孔隙率，提高了抗蚀性；降低了镀层内应力，提高了镀层韧性；减小或消除了氢脆，改善镀层的物理性能；减少添加剂的用量，降低镀层中杂质含量，提高镀层的纯度；降低浓差极化，提高阴极电流密度，提高沉积速率。

脉冲电镀属于一种调制电流电镀，实质上是一个通断的直流电镀，不过通断周期是以毫秒计的。脉冲电镀的峰值电流相当于常规直流电流的几倍甚至几十倍，瞬间的高电流密度极大地增大了阴极极化的过电位，使得电结晶在极高的过电位下进行，沉积出的金属晶粒致密细小，也就是说当电流导通时电化学极化增大，阴极区附近金属离子被充分沉积，扩散层浓度降低；而在脉冲电流断开或反向的瞬间，则可以对本体溶液和阴极双电层界面之间的金属离子浓度分布及扩散层厚度等进行调整，瞬间停止的电流使外围金属离子迅速传递到阴极附近，使扩散层厚度得以减薄，扩散层金属离子恢复到初始浓度，并伴有重结晶、吸脱附等现象，使氢或杂质脱附返回镀液，保证下一个导通周期可以使用较高的电流密度。这有利于提高镀层纯度和减少氢脆现象发生，瞬间的反向电流会使镀层凸出的沉积部位率先氧化溶解，有利于实现镀层的均一性。脉冲电镀所用的电流的波形有方波、正弦半波、锯齿波，以及它们各自与直流的叠加等多种形式，常用的方波如图9-4所示，它们的主要参数如下。

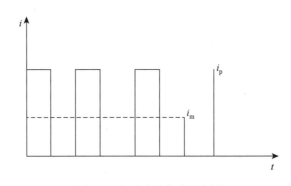

图9-4　方波脉冲电流示意图

脉冲导通时间（即脉宽）：t_{on}

脉冲关断时间（即脉间）：t_{off}

脉冲周期：$T = t_{on} + t_{off}$

脉冲频率：$f = 1/T$

脉冲占空比：$r = (t_{on}/T) \times 100\%$

脉冲电镀平均电流密度：$i_m = (i_{on} \times t_{on} - i_{off} \times t_{off})/(t_{on} + t_{off})$

式中，i_{on} 为正向电流密度；i_{off} 为反向电流密度。若 $i_{off} = 0$，则 $i_m = i_{on} \times r$。

此处平均电流密度 i 相当于直流电流密度 D_k，它对于计算镀层厚度是不可缺少的参数。脉冲电镀是一个电化学过程，包括阳极过程、液相中的传质过程（电迁移、对流和扩散过程）及阴极过程，只有充分了解脉冲电镀的优势及其局限性，才能很好地掌握这门技术。实际上脉冲电镀的通、断时间选择受电容效应的限制；此外，脉冲电镀的最大平均沉积速率不能超过相同流体动力学条件下直流电镀的极限电流密度。

二、脉冲电镀的电容效应

电极与溶液界面间形成的双电层，可近似看成一平行板电容器，电解时由电源供给的电荷对双电层充电，使电极电势改变到欲镀金属在电极上维持一定沉积速率所需的电势值。电极反应的进程就像电容漏电。因此，电极和溶液界面间在通电时的作用，可用一等效电路表示（图9-5）。

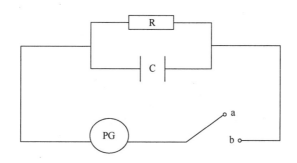

图 9-5　电极的等效电路

PG. 脉冲发生器；C. 电容；R. 电阻

假定外加电流密度为 i_t（全电流），用于充电的部分称为电容电流 i_C，用于金属电沉积（假设电流效率100%）的部分称法拉第电流 i_F，则

$$i_P = i_t = i_C + i_F$$

充电需要一定时间，根据具体情况，充电时间 t_C 可短于或长于脉宽 t_{on}，在外电路断开瞬间，双电层放电，放电时间 t_d 可短于或长于脉间 t_{off}。双电层充、放电影响使电沉积电流 i_F 的波形偏离脉冲波形 i_P 的现象，就是电容效应。下面分三种情况分别讨论。

1）t_d、t_C 持续时间很短，与 t_{off}、t_{on} 可忽略不计，即 t_C 近似等于零，接通时间 $i_F = i_P$，关机时间内 $i_F = 0$，电容效应可以忽略不计，如图9-6（a）所示。

2）t_d、t_C 与 t_{off}、t_{on} 大小相当，但较小，电沉积电流 i_F 在一定程度上受阻，电容效应不明显，如图9-6（b）所示。

3）$t_d > t_{off}$，$t_C > t_{on}$，即接通时间 i_F 永远小于 i_p，关断时间内，i_F 达不到零，只在平均电流附近上下波动，与直流条件很接近，脉冲电镀近似于直流电镀，电容效应的影响最严重，如图9-6（c）所示。

实际上，电容效应直接影响电结晶晶粒的粗细。通常来说，电容效应越小，i_F 沉积电流越接近脉冲电流峰值，因此 i_F 电流引起的活化过电位也越大，镀层的结晶较为细致。

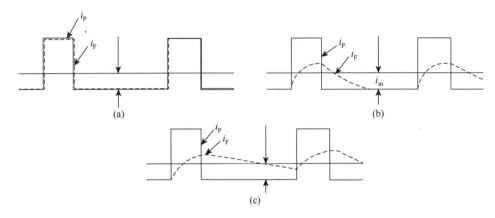

图 9-6　双电层电容的影响

（a）影响可忽略；（b）中等影响；（c）影响强烈

三、脉冲电镀的传质效应

采用脉冲电流，对金属沉积的阴极过程的传质及添加剂（吸脱附）的影响显著，N.IbL 等提出了双扩散层模型，如图 9-7 所示，t_{off} 断开期间，脉冲电镀两个扩散层的浓度剖面虚线表示在 t_{off} 期间内，脉冲扩散层内的主盐浓度等的恢复（$t_{on} < t_1 < t_2 < T$）。脉冲电镀时阴极表面附近的浓度随脉冲频率而波动，在导通电流时浓度降低，而在关断期间浓度回升。因此在紧靠阴极表面存在脉动扩散层，如果脉冲宽度较窄，扩散层来不及扩散到对流占有优势的主体溶液中，则脉冲时金属离子的传输必须通过主体溶液向脉冲扩散层扩散来传输。这意味着在主体溶液中也建立了一个具有浓度梯度的扩散层，称为外扩散层。外扩散层的厚度与相同流体力学条件下用直流电流时所获得的扩散层厚度相近，在 t_{off} 期间金属离子通过外扩散层向阴极表面传输，从而使得脉动扩散的浓度回升。根据菲克第一定律，扩散流量 J 与浓度梯度成正比，在一个脉冲电镀中，脉动扩散层浓度分布近似一条直线，则扩散流量可表述如下：

$$j_P = -D \frac{(C_s - C_e)}{\sigma_P} = D \frac{(C_e - C_s)}{\sigma_P}$$

假定金属电沉积时的电流效率为 100%，而且不考虑电容效应的影响，脉冲电流密度为

$$i_P = nF j_P = nFD \frac{(C_e - C_s)}{\sigma_P}$$

表明 i_P 与 σ_P 中浓度梯度曲线 AN 的斜率成正比。在关断 t_{off} 期间，由于无外电流通过阴极，$j_P = 0$，则 $i_P = 0$，因 $C_e - C_s = 0$，即 $C_e = C_s$，脉冲扩散层内的金属盐浓度值恢复到如图 9-7 中 N 点纵坐标值相同的水平线。与 i_P 相比，j_s 在脉冲过程中基本是以相同的速度进行的，相应的平均电流密度 i_m 正比于 j_s，即

$$i_m = nF j_s = nFD \frac{(C_o - C_e)}{\sigma_s}$$

由此可知，i_m 与 σ_s 中浓度梯度曲线 NM 的斜率成正比。采用短脉冲，σ_P 可以很小，浓度梯度不变的情况下，i_P 可以很大，实现了瞬间的高电流密度。图 9-7 中 MN 的斜率比 AN 小得多，这是因为 i_m 通常比 i_P 小得多。双扩散层脉冲模型对短脉冲比较合适，浓度分布用直线表示只是近似处理。在脉冲周期内，实际上 N 点两侧的浓度是逐渐变化的。这种简单模型，一方面为脉冲的金属离子传质效应提供了一个理想化的直观模型，另一方面对实际应用中的一些常用量进行了估算。

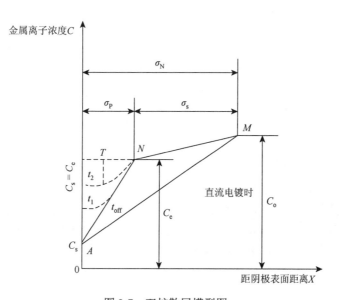

图 9-7　双扩散层模型图

C_o. 本体溶液的浓度；C_e. 稳态扩散层的内边界浓度；C_s. 脉冲结束时阴极界面的浓度；T. 脉冲周期；σ_P. 脉冲扩散层厚度；σ_s. 稳态扩散层厚度；σ_N. 稳态扩散层总厚度，相当于同样电镀条件下直流电镀扩散层总厚度

四、脉冲电镀参数的选择

直流电镀采用的电流是一种电流方向不随时间改变、连续的平稳电流。因而使用时只有一个参数——电流或电压可供调节。这就使得直流电流在提高阴极电流密度、抑制副反应的产生、降低镀层中杂质的含量、改善电流分布等方面均毫无作用。脉冲电镀不同于直流电镀，可采取多参数调节以获得最佳电沉积效果。

（一）脉冲电镀的四个选择参数

1）脉冲波形：有矩形波、三角波、正弦波等，用得较多的是矩形波。

2）频率（f）或周期（$T = 1/f$）：脉冲频率可以在几十到几千赫兹之间选择，一般都在几百赫兹以上。

3）脉冲占空比：可以在零点几到几十之间选择。

4）平均电流密度值 i_m：$i_m = (i_{on} \times t_{on} - i_{off} \times t_{off})/(t_{on} + t_{off})$。

这四个参数的不同组合，可有效控制镀层的结构和性能。

实际上这些因素之间又是相互制约的，不同镀件、不同镀液所能适用的各参数最佳值，在脉冲理论尚未完善之前，主要依赖试验的优化来完善。

（二）脉冲参数的选择注意事项

1. 脉冲导通时间 t_{on} 的选择

脉冲导通时间 t_{on} 也常称为脉冲宽度，是由阴极脉动扩散层 σ_P 建立的速率或金属离子在阴极表面消耗的速率 i_P 来确定的。如果 i_P 大，金属离子在阴极表面消耗得快，那么，脉动扩散层 σ_P 建立的速度要快，则 t_{on} 可短些，反之 t_{on} 则长一些。一般来说，t_{on} 太大，镀层结晶细化效果不好，但太小，电镀速度下降，同时受到电容效应的制约，因此，t_{on} 最小值应该大于 t_c（电容效应产生的放电常数）。

2. 脉冲关断时间 t_{off} 的选择

脉冲关断时间 t_{off} 值大小依据阴极脉动扩散层 σ_P 消失速率来确定。一定条件下，如果镀液依靠扩散、对流、电迁移使得 σ_P 消失得快，则 t_{off} 可取短些，反之 t_{off} 可取长些，但 t_{off} 值需大于 t_d（电容效应产生的时间常数）。一般来说，常用的 t_{on}/t_{off} 的比值为 $1/(1\sim30)$，结晶大小随 t_{off} 的增加而细化，同时由于杂质（如 H_2、CN^-、SO_4^{2-} 等）的脱附而纯化。

3. 脉冲电流密度 i_P 的选择

高电流密度可以提高阴极过电位，促进晶核形成，使得结晶致密。脉冲电流密度 i_P 是脉冲电镀时金属离子在阴极表面的最大沉积速率，其值越大对晶核形成越有利，且可以提高金属沉积速率。一般条件下，i_P 可以在比直流电镀大十倍或数十倍的范围内选择。一般工艺参数列于表9-4，不同溶液组分等导致脉冲参数选取的差异较大，主要以试验效果而定。

表 9-4　脉冲电镀的一般工艺参数

镀层种类	镀液类型	脉宽(t_{on})/ms	占空比(r)/%	脉间(t_{off})/ms
贵金属		0.2～2.0	10～50	0.5～2.0
非贵金属		1.0～3.0	25～70	1.0～10
镀金	酸性槽	0.1	10	0.9
镀银	黄血盐槽	0.2	10	1.8
	氰化槽	0.2～0.5	10	2.0～4.5
镀铑	硫酸盐槽	0.5	25	3.5
镀铜	硫酸盐槽	0.2	33	0.4
	氰化槽	0.2	10	1.8
镀镍	瓦茨槽	0.16～0.25	20～25	0.5～0.9

第三节　复　合　电　镀

一、复合电镀的概述

　　复合电镀（composite plating）常称为分散电镀（dispersion plating）、镶嵌电镀（occlusion plating），是通过电镀使金属（如 Ni、Cu、Ag、Co、Cr 等）与固体微粒（如 Al_2O_3、SiC、ZrO_2、WC、SiO_2、BN、Cr_2O_3、Si_3N_4 等）共沉积来获得所需镀层的方法，是属于电化学范畴有效制备复合材料的方法，与传统的电镀方法相比，复合电沉积含有用于增强镀层性能的不溶固体颗粒，制备出的复合材料既具有金属基质的特性，又具备所添加颗粒的独特性质，也就是说复合镀层的特点是有两相组织，基质金属为金属相，固体微粒为分散相，固体微粒均匀地弥散在基质的金属之中，这种构成使得复合材料能满足一些特殊的性能要求，如高耐磨性、高硬度、高抗氧化能力等。复合电镀在最近 30 多年里有了较快的发展，从最初的单金属复合电镀发展到合金复合电镀，从添加微米级粒子复合电镀发展到加入纳米微粒的复合电镀，生产出的具有高硬度、高耐磨性、强抗腐蚀能力的复合材料应用到电子器件领域，可大幅度延长设备的使用寿命。采用复合电沉积技术还可以高效地生产一些具有特殊电磁效应的电子材料，解决高性能变压器和电机所急需的复合材料制备问题，当前复合电镀已成为复合材料制备的一支重要力量，在航空、电子、化工、冶金、核能等工程材料制备技术中获得了广泛应用。

　　复合镀按沉积方法可分为电化学复合镀（复合电镀）和化学复合镀（无电解复合镀），统称为复合电镀。如果按一般镀层用途来分类，则可分为装饰防护性复合镀层、功能性复合镀层和用作结构材料的复合镀层三大类。如根据复合镀层所具有的不同功能及用途可分为耐磨复合镀层、自润滑复合镀层、分散强化合金镀层、提高金属和有机涂层结合强度的复合镀层、电接触复合镀层、耐蚀性复合镀层等。

二、复合电镀的原理

　　为什么悬浮在镀液中的微小颗粒物能在电沉积过程中与金属一同在阴极上实现共沉积？多年来，电镀及电化学工程研究对于复合电沉积的机理提出过多种观点，但由于复合电沉积涉及流体力学、化学等多方面因素的影响，对其全过程的理解还有待进一步提高，目前基于复合电镀沉积机理主要有：吸附理论、力学理论和电化学理论等。吸附理论认为第二相固体微粒是在范德华力作用下吸附到阴极表面，被金属基质包覆发生沉积；力学理论认为固体微粒在到达阴极表面后，受到合适方向的外力，停留在阴极表面，随后发生金属沉积将其包覆；电化学理论认为固体微粒是在吸附了镀液中部分荷正电离子后形成带正电的颗粒，在电场力的作用下到达阴极完成共沉积。根据上述理论，人们提出了几种理论模型。

（一）吸附机理和模型

早在 1972 年提出吸附机理模型的 Guglielmi 指出，吸附模型包括两步吸附理论，Guglielmi 提出的模型如图 9-8 所示。第一步为弱吸附，被离子所覆盖的颗粒在范德华力的影响下移动到阴极表面，在其周围形成吸附层，该过程是可逆的物理过程；第二步为强吸附，吸附层中部分离子完成氧化还原过程，颗粒固定地镶嵌在基质金属中，随着金属沉积的进行，固定的颗粒也就被完全包覆。适用于两步吸附理论的基本方程是

$$(1-\alpha_v)C_v nFd\upsilon_0 = Wj^0 \alpha_v e^{(A-B)\eta}\left|\frac{1}{K}+C_v\right|$$

式中，α_v 为共沉积量；C_v 为镀液中颗粒的浓度；n 为金属离子所带荷电数；F 为法拉第常量；W 和 d 分别为金属的原子量和密度；j^0 为交流电电流密度；η 为阴极过电势；A、B、K、υ_0 均为常数。两步吸附理论对电沉积过程中流体运动等因素作了进一步分析，Guglielmi 模型不能很好地解释一些现象，Celis 等就在 Guglielmi 模型的基础上提出了五步吸附理论：该理论将溶液的流体力学、电场和阴极电流密度等诸多影响复合镀的因素统筹考虑，能更好地模拟复合镀液中的动态情况，五步吸附理论内容如下：

第一步：复合镀液中的固体微粒（第二相）表面周围形成离子吸附层；第二步：复合镀液中固体微粒通过对流的方式到达流动力学界面层；第三步：到达流动力学界面层的固体微粒再通过扩散的方式到达阴极表面；第四步：弱吸附作用的 Guglielmi 模型；第五步：强吸附作用的 Guglielmi 模型。

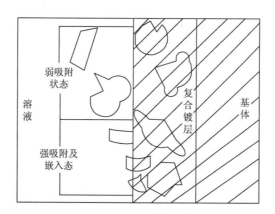

图 9-8　两步吸附过程示意图

通过对五步吸附理论模型的理论计算，可以得到如下表达式：

$$W_1 = W_2 NP / (W_1 + W_2 NP)$$

式中，W_1 为单位时间单位面积电沉积出的复合镀层的产品质量；W_2 为单一颗粒的质量；N 为单位时间单位面积到达阴极的颗粒数；P 为颗粒共沉积的概率。五步吸附理论因 N 和 P 等的数学处理较为烦琐，尽管其考虑了流体力学、电场等大部分因素进行了建模，但在实际应用中并不顺利。

（二）"完全沉降"模型

Valdes 等基于复合镀液中离子、颗粒之间的相互作用提出了 Perfect Sink 模型，认为电极临界距离内的微粒均可受电极的即时俘获，且该沉积过程不可逆。因此固体微粒在阴极表面发生氧化还原的势能可以为共沉积过程提供驱动力。类比于金属沉积速率，共沉积速率 V 通过 Butler-Volme 方程推导，可获得如下数学表述：

$$V = KCn\{\exp(-\alpha nF / RT)\eta - \exp[(1-\alpha)nF / RT]\eta\}$$

式中，V 为共沉积速率；K 为标准速率常数；C 为固体微粒表面化学活性物质浓度；n 为参加反应的电子数；α 为传递系数；F 为法拉第常量；R 为摩尔气体常量；T 为温度；η 为阴极超电势。采用电化学旋转圆盘电极（rotating disk electrode，RDE）方法，依据 perfect sink 沉降模型能定量地研究沉积过程的流体力学运动规律，并获取微粒沉积速率与电流密度之间的变化趋势。

（三）抛物线轨迹模型

1992 年，在 Valdes "完全沉降"模型的基础上，比利时 Fransaer 等依据作用于微粒上的力的运动轨迹，引入对流、重力、分散力、浮力、电泳力、双电层力等分析了微粒共沉积速率的运动轨迹模型（trajectory model）。采用忽略微粒布朗运动及引入滞留系数的方法来分析旋转盘电极表面上微粒的体积流量，其表达式如下：

$$P_i = \frac{\int_{F_{shear}}^{\infty} [f_{adh}(F) + F_{stagn}] \mathrm{d}F}{\int_0^{\infty} [f_{adh}(F) + F_{stagn}] \mathrm{d}F}$$

式中，$f_{adh}(F)$ 为微粒在电极表面黏附力的分布函数；F_{stagn} 为作用在微粒上并指向电极表面的滞留力；F_{shear} 为切向力；P_i 为碰撞到电极表面上的某个微粒被电极黏附并停留在电极表面的概率，它与体积流量 j_i 的乘积为微粒的复合沉积速率。抛物线轨迹模型引入了电极表面上微粒所受的力和流体场因素对其复合沉积的影响并定量地描述了镀液中的流体力学规律，从而进一步深化了对复合电镀机理的认识。但不足之处是没有很好地分析界面电场对微粒共沉积的影响。

三、典型的复合电镀工艺及注意事项

（一）化学复合镀工艺

化学复合镀是在金属的自催化过程中，惰性粒子与金属共同沉积在基体表面，形成复合材料镀层的复合共沉积技术。与电沉积复合镀相比，化学复合镀开发较晚，1966 年第一次在德国开始化学复合镀层。1971 年欧洲最先获得实际应用的是 Ni-P/SiC 化学复合镀，经过多年的配方改良,在提高发动机铝汽缸内壁的耐磨性等方面取得了长足的进步。下面是多种相似配方中的一个化学复合镀实例。

硫酸镍($NiSO_4 \cdot 7H_2O$)	0.08mol/L
次磷酸钠($NaH_2PO_2 \cdot H_2O$)	0.23mol/L
乳酸($CH_3CH(OH)COOH$)	0.3mol/L
丙酸(CH_3CH_2COOH)	0.3mol/L
铅离子	1ppm[①]
SiC($1\sim3\mu m$)质量分数	$0.25\sim2.0\%$
pH	4.6
温度	90℃
搅拌	压缩空气
镀层中 SiC 体积分数	$20\%\sim25\%$

(二)电化学复合镀工艺

常采用复合镀工艺制备一些复合型功能材料,如在具备良好耐蚀性能的同时需要有高润滑和高耐磨性的镀层材料。如具有耐蚀性能的镀镍层同时需要具备高润滑性能,可采用 Ni 基复合镀获得,其工艺条件见表 9-5。

表 9-5　Ni 基自润滑复合电镀液成分及工艺条件

成分及工艺条件	配方 1	配方 2
硫酸镍($NiSO_4 \cdot 6H_2O$)/(g/L)	250	
氨基磺酸镍[$Ni(NH_2SO_3)_2$]/(g/L)		$220\sim280$
氯化钠($NaCl \cdot 6H_2O$)/(g/L)	45	$25\sim35$
硼酸(H_3BO_3)/(g/L)	40	$35\sim45$
BN($0.5\mu m$)/(g/L)	$30\sim50$	
或$(CF)_n$($<0.5\mu m$)/(g/L)	$30\sim60$	$20\sim50$
添加剂/(g/L)		$1\sim1.5$
pH	4.3	$3.5\sim4.5$
温度/℃	50	$35\sim45$
电流密度/(A/dm²)	10	$1\sim2$
电镀时间/min	20	

(三)复合电镀工艺实施中的注意事项

复合电镀中的固体微粒作为镀液的组分之一,在镀液中的稳定性关系到复合镀层的质

---

① 1ppm = 1×10^{-6}。

量，通过对镀液进行充分的搅拌，尽可能使得固体微粒在镀液中均匀悬浮。此外，镀液工作一段时间后，微粒表面可能受到一些污染，需要进行净化处理。

1. 微粒

复合镀实践中可能会在镀液中含相同浓度、相同粒径，但来源不同的同种微粒，在同样条件下进行施镀，但所得镀层中固体微粒含量不同，有时甚至镀层中不含固体微粒。因此，复合镀之前常需要对微粒进行表面处理。以 SiC 固体颗粒为例，可以先用丙酮清洗，再用热的稀硝酸除去表面存在的有机杂质，然后经过多次的蒸馏水清洗后，烘干备用。固体微粒的润湿性也是复合镀需要考虑的因素，如固体微粒 PTFE，复合镀之前微粒需用一定量的非离子型表面活性剂如 OP-10 乳化剂及某种含氟阳离子表面活性剂的水溶液浸泡，然后加入镀液，才能形成正常的复合镀层。

2. 搅拌

电沉积过程中除电极与溶液界面间电场力对复合电沉积有重要影响外，流体输送传质的因素也不容忽视，为了使复合镀层中固体微粒分布均匀，采用合适的搅拌方法有利于微颗粒在电解液中均匀悬浮。搅拌在复合镀中具有消除浓差极化的同时提高电流密度的上限作用，且可以获得镀液温度和浓度的均匀分布，并可防止局部过热的现象。此外，在固体微粒存在的情况下，随着搅拌强度的提高，复合镀液中的微粒与电极间的碰撞频率增加，微粒被金属俘获的概率也随之增大，搅拌产生的对流作用对电极表面的冲击会使得微粒重新脱离电极表面进入溶液中。因此，搅拌强度对电解表面微粒的密度分布的影响较为复杂。

3. 微粒活化

固体微粒的活化处理对于复合镀层的质量具有非常重要的意义，是保证微粒在镀液中润湿并均匀地悬浮，形成表面带有电荷的胶体微粒的一种工艺过程，微粒的活化处理主要有以下三种。

碱处理是将固体微粒加入适量的 10%～20% 的碱性溶液中（如 NaOH），煮沸 5～10min 后用水清洗干净后，再用 10%～15% HCl 或 H_2SO_4 溶液中和。

酸处理是将固体微粒加入适量 20%～25% HCl 溶液，加热至 60～80℃持续 20min 左右。然后用水清洗干净，可以去除微粒中的铁等重金属杂质。

表面活性剂处理是将憎水性强的固体微粒在加入镀液前，先与适量表面活性剂混合，在剧烈搅拌条件下搅拌数小时，静止后待用。与常规电镀相比，复合镀目前常采用脉冲电镀等来提高镀层的质量。此外，复合镀中解决微粒的质量和微粒的活化及搅拌过程中出现的一系列技术问题是十分必要的。

习　题

1. 什么是化学镀？化学镀的必要条件是什么？
2. 简述超级化学镀铜的原理。用混合电位法如何解释？

3. 简述化学镀铜液主要成分及其作用。

4. 化学镀铜液的稳定性如何？简述其维护方法。

5. 铜基体上化学镀镍与镍基体上化学镀铜有何不同？简述其各自实现化学镀的方法。

6. PCB 板铜互连线化学镀锡工艺常采用浸锡，锡离子置换铜金属实现锡离子还原反应可以实现吗？为什么？

7. 化学镀镍液的主要成分及其作用是什么？

8. 脉冲电镀与传统的直流电镀相比，有何优点？其局限性是什么？

9. 脉冲参数的选择原则是什么？

10. 复合镀的分类方法有哪些？化学复合镀工艺中次磷酸钠有何作用？

第十章 电子电镀的"三废"处理技术

第一节 电子电镀污染防治现状

电子电镀可以界定为用于电子元器件制造的电镀技术。电子电镀的应用领域也不同于常规电镀，电子电镀包括芯片互连、PCB 电镀、引线框架电镀、连接器电镀、微波器件电镀等其他一些电子元器件电镀。随着经济的发展和现代科技水平的进步，电子电镀在国民经济中扮演着越来越重要的角色，电镀是制造业的基础工艺，由于电化学加工所特有的技术经济优势，不仅无法被完全取代，而且在电子封装等领域还不断有新的突破，如芯片中的铜互连、先进封装中的通孔电镀、手机中天线电镀、LED 框架电镀等。电子电镀是最为活跃、技术最为先进、前景十分广阔的一个电镀分支。电子电镀行业在生产过程中使用了大量的有毒有害化学品，如强酸、强碱等，其废水产生严重的污染。这些电镀废水中含有大量的重金属离子（铜、锌、铬、镍、铅、镉等）、有机化合物、无机化合物等有害物质，通过食物链的作用，对人类健康和环境产生重大影响。此外，电镀酸碱废水会破坏水中微生物的生存环境，水源的酸碱度和水生动植物的生长也会受到影响。含氰废水毒性很大，在酸性条件下，会生成剧毒的氢氰酸；在高浓度时，会立即致人死亡。重金属离子属于致癌、致畸或致突变的剧毒物质。铬会损害人体皮肤、呼吸系统和内脏等。而过量的锌会导致周身乏力、头晕，引发急性肠胃炎症状等。

国家统计局的最新统计数据表明，我国每年排放的电镀废水达到 40 亿吨，占工业废水总量的 1/5。电镀行业污染非常严重，为响应国家"清洁生产，节能减排"的号召，发展更为先进、高效的工业废水处理技术以减少"三废"污染并对重金属进行回收利用，对电子电镀工业的可持续发展具有重要意义。

一、污染来源

电镀业镀件种类复杂，材质、用途及功能需求各异，以致电镀工艺差异比较大。但电镀的基本工艺流程大致相同，主要包括脱脂、酸洗、电镀、后处理等程序。电镀废水主要包括电镀漂洗废水、钝化废水、镀件酸洗废水、刷洗地坪和极板的废水，以及由于操作或管理不善引起的"跑、冒、滴、漏"产生的废水，另外还有废水处理过程中自用水的排放及化验室的排水等。以 PCB 减成法生产流程为例，其污染物来源如下。

1）照相制版工序：产生废显影液和废定影液中有银和有机物。

2）孔化和金属镀铜工序：在化学镀铜废液中含有大量甲醛、EDTA 络合剂、碱性液体及铜离子，在电化学镀铜废液中含有铜离子、有机添加剂和硫酸等，在化学镀铜前活化废液和漂洗水中含有少量锡、微量钯和化学耗氧量（COD）等。

3）图形镀铜和镀铅锡或镀锡工序：在电镀废液和漂洗水中含有大量铜和少量铅、锡及氟硼酸、化学耗氧量等。

4）内层氧化工序：含有铜、次氯酸钠、碱液、化学耗氧量等。

5）去钻污工序：含有铜、环氧树脂污腻、高锰酸钾、有机还原剂等。

6）镀镍金工序：含有金、镍和微量氰化物。

7）蚀刻工序：在废液和漂洗水中含有大量铜和氨、酸碱废水、有机缓蚀剂、少量铅、锡等。

8）显影和去膜工序：含有大量有机光致抗蚀剂、碱液和化学耗氧量等。

9）铜箔减膜和去毛刺工序：含有大量铜粉。

10）钻孔、砂磨、铣、锯、倒角和开槽等机加工工序，都含产生有害于工作人员健康的噪声和粉尘，在外形加工后产生的边角料中的金镀层和含金粉末。

11）从湿法加工车间排放到空气中的酸雾、氯化物和氨。

可以看出，印制电路板制程中的电镀工艺流程会产生的污染源主要是电镀铜、镀镍金等产生的含铜、镍、金及有机物、氰化物等废水。

二、污染防治

电镀过程产生的污染主要有废水、废气、废弃物及毒性化学物质等。为有效进行污染防治，必须在工艺及设备设计等多层面进行科学规划，加强员工环保意识及"三废"处理技能培训，在电镀工艺上以清洁生产及制程减废回收来降低污染排放量。

1）改善电镀工艺：电镀过程包括电镀前处理（如除油除锈）、电镀及电镀后处理等工序。以金属表面除锈为例，如采用盐酸除去铁锈，通常考虑到保护金属基体需要在盐酸中加入一定量的缓蚀剂，酸洗后进入电镀工序中，通常要清洗金属基体以免缓蚀剂带入电镀槽液中污染镀液，因此需要用大量水来进行清洗，实际上当缓蚀剂可以作为电镀工序中的添加剂时，可以节省大量冲洗用水，从源头上减少污染水源的排放量。

2）人员教育训练：近年来因电子产品制造工艺及设备更新周期较快，企业界普遍重视员工的教育培训工作，员工在企业工艺管理、生产技术及污染控制技术等方面的专业化程度已大幅提升。污染控制技术的教育训练有利于"三废"处理的科学化运行。

3）清洁生产、减废回收：为了降低生产成本及污染排放量，在进行原物料采购时要求原料供货商提供必要的原物料成分组成、排放废液中的有害物质等信息，以利于规划完善"三废"的回收、处理系统。同时，针对有价原物料及资源等加强回收处理。

4）管末处理：①废水污染防治。目前多数企业废水管末处理以环保法规要求为标准。由于电镀工艺存在差异、废水处理设施规划设计及操作维护程度存在差异等因素，电镀工厂管末处理水质不尽相同。一般而言，工厂工艺管理及管末处理设施规划合理、操作维护良好的企业，其处理水质大多能符合国家电镀废水排放标准。通常来说，电镀废水经污染处理后不符合排放水的各项物理化学指标中，以 COD 及镍离子的频率较高；②废气污染防治。电镀工艺所产生的空气污染物主要是酸性或碱性的雾滴。低浓度废气污染物大多于现场进行抽气后直接排放，高浓度废气污染物主要是采用湿式洗涤塔进行处理。目前废气处理的相关控制技术较为成熟且废气处理成本较低；③废弃物处理处置。电镀企业的废弃物主要分为一般废弃物（如办公室废弃物）、有害废弃物（如废酸、废水污泥）两大类。规模较小的电镀企业通常将废弃物在厂内分类搜集、贮存后，委托有运营资质的废物清除机构外运处理。如电镀污染外运处理等。

第二节　清　洁　生　产

一、清洁生产基本概念

随着人们生活水平的提高，电镀的高能耗和重金属废水污染与资源、环境的矛盾引起人们广泛的关注。1989年联合国环境规划署提出清洁生产以期减少对人类和环境的风险。清洁生产技术包含制程工业减废、能资源回收等多项工作，获得了电镀行业的普遍重视。电镀工业清洁生产包括电镀过程与电镀产品的最大化减少或消除污染的环境策略，在满足人们物质生活需要的同时最大化减小资源的消耗与环境的协调。目前电镀工业在减废方面，水资源的节约及带出液的控制回收，可以有立竿见影之效。因此，为达到减废降低企业成本的目标，可以采用低污染制程及原物料的使用、清洗水循环使用、重金属回收等清洁生产措施。

二、清洁生产的目标

传统的电镀"三废"污染控制方法是末端治理，但是末端治理只能实现污染物的达标排放，对企业来讲只有投入而没有产出收益，给企业造成经济负担，"三废"处理的主动性不强。因此，只有从清洁生产的源头进行全过程的考虑，才能从根本上解决电镀行业污染和环境恶化的问题。电镀清洁生产体现了生产可持续发展的战略，保障了环境和经济的协同发展。电镀清洁生产以节能降耗、综合利用、减污增效为目标，以提高员工素质、加强生产管理、依靠技术革新、采用合理工艺为措施，使得电镀污染物最小化和无害化，并尽可能做到电镀生产过程的废物资源化。加强电镀企业清洁生产，要改变"'三废'治理和清洁生产就是投入多回报少"的思想误区，实际上真正依靠科技的电镀生产，不但保护了生态环境，而且节约了资源、降低了生产成本，再生回收使用创造出更大的经济价值。

三、实现清洁生产的技术途径

清洁生产是现代工业发展的必然趋势，贯穿产品生产和消费的全过程。清洁生产技术的进步需要从揭示传统生产技术的主要问题着手，从生产到环境保护的一体化原则出发，从清洁生产与可持续发展战略、保障环境和经济的协同发展的大局出发，逐步解决电镀工艺、电镀配方、产品储运及消费过程中存在的问题。电镀行业实行清洁生产，可以考虑从以下几个方面进行。

1）替代电镀的清洁生产技术：随着绿色低碳社会对环保的重视，传统的电镀所存在的高污染、高排放的落后工艺必须淘汰，如印制电路板领域的有机保焊膜技术（organic solderability preservatives，OSP）取代铜线路的电镀镀镍金技术。电镀工艺中的大多数金属可以在常温下实现沉积并具有经济优势，目前热喷涂、化学气相沉积或物理气相沉积等还无法完全取代电镀工艺。

2）逆流清洗技术：电镀行业用于工序之间的清洗用水量非常大，往往一道工序需要二级以上的清洗过程。逆流清洗技术采用多级清洗槽对镀件进行漂洗，从末级清洗槽补水，水流方向与镀件运行方向相反，不但能够有效地防止电镀污染，而且能够回收水和化工原料，实现电镀清洗水的闭路循环。美国学者 J. B. Kushner 一经提出逆流清洗方法便受到国际电镀界及环保界的普遍关注。近年来，人们在电镀连续清洗技术和清洗理论计算等方面开展了一系列的研究，通过对电镀连续清洗的理论计算推导公式，为连续电镀生产线的设计提供理论依据，从而达到既回收贵重金属，又实现无污染排放、保护环境的目的。

3）低毒无毒工艺：在预防电镀污染的措施中，采用低毒无毒为原料的清洁工艺，可以从源头减少污染。以电镀铜为例，早期使用的氰化物镀铜含有氰化物等剧毒物质，随着焦磷酸盐镀铜液配方的研制成功，20 世纪 70 年代以后电路板制程中使用较多的镀铜液是焦磷酸盐类型，随着酸铜电镀添加剂的开发成功，现在电镀铜工艺常采用的是酸铜电镀液配方。也就是说低毒无毒电镀工艺有赖于科技的进步。目前，电镀企业提倡的低毒无毒工艺包括无氰电镀、无三价铬电镀等，这些都是电镀行业进行清洁生产的有效途径。

4）低浓度工艺：电镀车间废水中的污染物主要是镀件从镀槽中带出的溶液物质，且带出量与镀液的浓度成正比。因此采用低浓度的镀液配方，可以节约资源、减少环境污染。如低氰化物镀金、低铬酸镀铬等都获得了良好的应用。在电镀的过程中，可通过控制电流密度、温度等条件，使电镀所需浓度降低，这样既减少了环境污染，又降低了生产成本，环境效益明显。

5）优化工艺操作：在原有工艺的基础上，不断改善操作条件，延长镀液使用寿命，提高物料的转化效率，也能减少废物的产生。例如，电镀过程中温度过高而造成酸雾，可通过引入气雾抑制剂来减少酸雾的产生和排放，从而节约了原材料和处理费用；又如，在酸铜电镀工序中，为了提高镀铜层表面的均镀能力，需要在阴阳极之间放置一块"回"字形绝缘挡板来提高阴阳极电场分布的均衡性，从而获得均匀的镀层。

第三节　电镀"三废"处理技术

电镀"三废"处理技术是一种非常复杂的综合性处理技术，"三废"处理方法多种多样，概括起来主要分为三类：物理法、物化法及生化法等。实际上电镀工艺仅是整个产品制造工艺的一小部分，以印制电路板制造工艺为例，可分为干法工序（如设计和布线、照相制版、贴膜、曝光、钻孔、外形加工等）和湿法工序（如化学镀、电镀、蚀刻、显影、去膜、内层氧化、去钻污等）。湿法工序中除电镀用水外，进入下一道工序前需用大量的水作为清洗水。在电子产品制造过程中，废弃的各种溶液、电镀废液和清洗废水，含有大量的有害物质，需要通过一定的水处理技术，把有害物质除掉，使废水达到国家的排放标准。另外，在废水处理的同时，废水中的一些有用物质（镀银、镀金液中的银、金等贵金属）必须加以回收利用。除废水处理外，电镀过程中还会产生酸雾，电镀废水经过滤后还会产生电镀污泥等，电镀过程中产生的废水、废气和固体废料统称为电镀"三废"。

一、电镀废水处理技术

电镀废水处理的目的是将废水中的有害、有毒物质加以分离，另行处理或回收利用，或使有毒物质改性变成无毒物质。电镀废水治理的原则是：采用先进的清洁生产工艺，减少废水和有毒有害污染物的排放量，提倡资源回收利用。通常采用物理法处理废水主要是除去或回收废水中的较大的颗粒悬浮物和油类等，包括自然沉淀、浮选、过滤、离心及蒸发等。物化法主要是去除或回收废水中的细小悬浮物、胶体和溶解物质，包括混凝、中和、氧化还原、萃取、吸附、离子交换、反渗透、电渗析等。生化法是通过生物作用将废水中胶体和溶解的有机物分解破坏而加以去除。电镀废水的成分较为复杂，除含氰废水和酸碱废水外，重金属废水是电镀中潜在危害性极大的废水，通常需要做金属回收处理。

以印制电路板制程中的电镀工艺废水为例，需要回收废水中的大量金属铜。通常来说，对于含铜和含其他重金属废水的处理技术，主要有化学沉淀法、离子交换法、电解法、蒸发回收法、电渗析法和反渗透法等。具体采用何种废水处理方法主要是根据成本和出水要求来确定最经济的处理方法。通常电解法、蒸发回收法、电渗析法和反渗透法等几种方法成本较高，能源消耗大。化学沉淀法是处理铜和大多数重金属废水的标准方法，化学沉淀法辅以离子交换法，处理水质效果更优。

（一）含铜废水处理

含铜废水中重金属铜离子主要是采用化学沉淀方法进行处理，化学沉淀法就是向废水中加某些化学沉淀剂，使之与废水中欲除去的污染物（重金属离子）发生直接化学反应，形成难溶的固体物而分离除去的方法。其工艺主要包括下列三部分。

1）在含铜废水中加入化学沉淀剂［如 NaOH、$Ca(OH)_2$ 或 CaO、Na_2CO_3、Na_2S 等］，生成难溶的化学物质，使污染物（重金属离子）沉淀析出。

一般来说，用 NaOH 作沉淀剂产生的污泥少，便于回收铜，但颗粒小，难于过滤，成本高。$Ca(OH)_2$ 作沉淀剂，产生的污泥颗粒大，其本身也是助滤剂，便于过滤，成本低，但产生的污泥量大。用 Na_2S 作沉淀剂，硫化物沉淀的溶度积比重金属离子的氢氧化物的溶度积低得多，因而硫化物更易沉淀且效果更好。但硫化物有臭味，过量的 Na_2S 会造成水污染。需要铁离子除去多余的硫离子，因此成本更高。

2）通过凝聚、沉降、浮选、过滤、离心、吸附等方法将沉淀从溶液中分离出来。凝聚剂主要有聚丙烯酰胺、聚合碱式氯化铝、硫酸亚铁等。

3）电镀废水的处理和回收利用。

通常，电镀废水、蚀刻废水或其他工艺流程中产生的废水常根据工艺的差异实行分开处理或统一集中处理等。以单面印制电路板制程中的铜离子回收为例，其产生的废水主要是电镀铜废水、酸性氯化铜蚀刻废水或三氯化铁蚀刻废水和含干膜、网印料（有机成分）废水等。单面印制电路板生产中的废水处理工艺流程如图 10-1 所示。

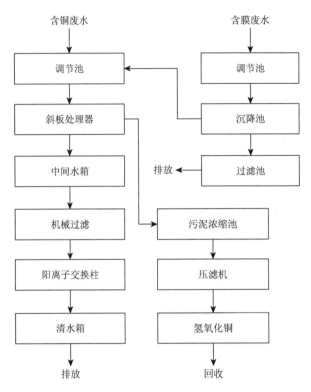

图 10-1　单面印制电路制程废水处理工艺流程

1) 酸铜电镀废水或酸性氯化铜蚀刻废水的处理工艺。废水的含铜量为 200～1000mg/L，用 NaOH 或 Ca(OH)$_2$ 把废水的 pH 调至 8～10，此时产生氢氧化铜沉淀，再用固液分离法除去。

中和反应：

$$HCl + NaOH \longrightarrow NaCl + H_2O$$
$$Cu^{2+} + 2NaOH \longrightarrow Cu(OH)_2\downarrow + 2Na^+$$
$$Cu^{2+} + Ca(OH)_2 \longrightarrow Cu(OH)_2\downarrow + Ca^{2+}$$

反应后的废水的含铜量为 2～5mg/L，pH 在 6～9。

离子交换反应：

$$2R—SO_3Na + Cu^{2+} \longrightarrow (R—SO_3)_2Cu + 2Na^+$$

交换后的废水的含铜量≤1mg/L。

洗脱（再生反应）：

$$(R—SO_3)_2Cu + 2HCl \longrightarrow CuCl_2 + 2R—SO_3H$$

转型：

$$2R—SO_3H + 2NaOH \longrightarrow 2R—SO_3Na + 2H_2O$$

2）含干膜、网印料废水的处理工艺。用盐酸或硫酸把废水的 pH 调整至 2～3，此时有机成分沉淀出来，再用固液分离法除去。

3）碱性废水处理工艺。如印制电路板采用碱性蚀刻液会产生碱性含铜废水。碱性蚀刻废水含有较多的铜和铵盐。其处理步骤不同于酸铜电镀废水，其处理过程的第一步是脱氨，第二步才是除铜。其工艺过程如下：

（a）把废水的 pH 调到 9 左右，加温至 60℃ 左右，鼓风、赶氨：

$$Cu(NH_3)_4Cl_2 \longrightarrow CuCl_2 + 4NH_3\uparrow$$

（b）碱性条件下 Cu^{2+} 被沉淀出来而除去：

$$CuCl_2 + 2OH^- \longrightarrow Cu(OH)_2\downarrow + 2Cl^-$$

（c）碱性蚀刻废水中添加 Na_2S，直接沉淀出铜：

$$Cu(NH_3)_4Cl_2 + 2Na_2S \longrightarrow CuS\downarrow + 2NaCl + 4NH_3\uparrow$$

（二）络合废水处理

以印制电路双面板制作为例，其孔金属化制程中（如化学镀铜）会产生络合物废水，主要含有 Cu^{2+} 和 EDTA 或氨类络合剂。因此络合物废水的处理工艺，首先是破坏或离解络合铜，使之成为 Cu^{2+} 和络合剂，再加入 NaOH 或 $Ca(OH)_2$，把 Cu^{2+} 沉淀出来。

1）EDTA（以 Y 表示）为络合剂的处理工艺。往废水中加入盐酸，使 pH 在 2～3，此时络合铜离解：

$$CuY + 2HCl \longrightarrow Cu^{2+} + 2Cl^- + H_2Y$$

再加入 NaOH 或 $Ca(OH)_2$ 至 pH 为 8～9，使 Cu^{2+} 沉淀出来。如沉淀不理想，可再加入 Na_2S 进一步沉淀。

实际上，对于重金属络合物来说，采用 Na_2S 作为沉淀剂的优势在于：Na_2S 与废水中的重金属络合离子生成硫化物沉淀，金属硫化物的溶度积低于金属氢氧化物，因此溶解性更低。此外，硫化钠具有还原性，因此具有一定的破络能力。Na_2S 与 Cu^{2+} 生成 CuS 沉淀，此时生成的 CuS 颗粒细小，沉降速度慢，在实际生产中一般将硫化物沉淀与混凝沉淀法联用，向废水中投加一定量的混凝剂可以使硫化铜沉淀快速沉降下来，同时去除电镀废水中的有机物。

2）氨类络合剂的处理工艺。加入次氯酸钠或 H_2O_2 等氧化剂，把络合剂破坏，使 Cu^{2+} 离解出来。再加入 NaOH 或 $Ca(OH)_2$ 生成 $Cu(OH)_2$ 沉淀。

（三）含氰废水处理

氰化物是镀液中多种金属离子优良的络合剂，采用氰化物镀液具有良好的分散能力且获得的镀层致密均匀，但氰化物镀液会对自然界的动植物造成危害，毫克量的氰化物也会造成人、畜短时间内死亡及农作物减产。典型电镀工艺中产生的氰化物镀液如图 10-2 所示。氰化物在电镀工业的使用和排放必须严格控制，镀氰废水需破氰无害化处理。

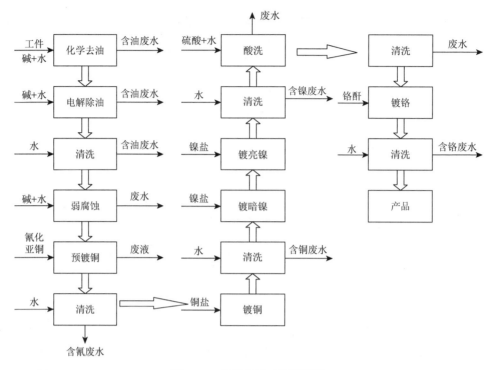

图 10-2　典型电镀工艺流程图

含氰废水处理的主要方法有：碱性氧化法、离子交换法、臭氧法、活性炭吸附法等，目前国内外多采用碱性氧化法。碱性氧化法通常是以活性氯为氧化剂，也称为碱性氯化法。在碱性条件下氰化物被氧化剂氧化为微毒的氰酸根 CNO^-，形成最终的产物为 CO_2 和 N_2，实现净化。

1）碱性氧化法通常是以活性氯为氧化剂，也称为碱性氯化法。常用的活化氯氧化剂有漂白粉、次氯酸钠、液氯等。常用的调节 pH 的碱性物质有 $Ca(OH)_2$、$Na(OH)$ 等。碱性氧化法过程分为二级氧化，第一级是将氰氧化为氰酸盐，第二级是将氰酸盐进一步氧化为 CO_2 和 N_2。

局部氧化（或称一级处理）：

$$NaCN + 2NaOH + Cl_2 \longrightarrow NaCNO + 2NaCl + H_2O$$

完全氧化（或称二级处理）：

$$2NaCNO + 4NaOH + 3Cl_2 \longrightarrow 2CO_2\uparrow + N_2\uparrow + 6NaCl + 2H_2O$$

完全氧化是在过量氧化剂和 pH 呈碱性条件下，将 CNO^- 进一步氧化分解成 CO_2 和 N_2，将碳氮键完全破坏掉。

2）臭氧氧化法是利用臭氧作为氧化剂来氧化消除氰污染的一类方法。用臭氧处理含氰废水，处理水质好，不存在氯氧化法的余氯问题，且污泥少，操作简单，用空气为原料，不存在原材料供应运输问题，但耗电量较大，设备投资较高。臭氧氧化法过程分为二级处理。

局部氧化（或称一级处理）：

$$CN^- + O_3 \longrightarrow CNO^- + O_2\uparrow$$

完全氧化（或称二级处理）：

$$2CNO^- + 3O_3 + H_2O \longrightarrow 3O_2\uparrow + 2HCO_3^- + N_2\uparrow$$

第二级再将 CNO^- 进一步氧化分解成 CO_2 和 N_2，由于第二阶段反应很慢，往往要加入亚铜离子作为催化剂。臭氧氧化法处理含氰废水的工艺流程见图 10-3。

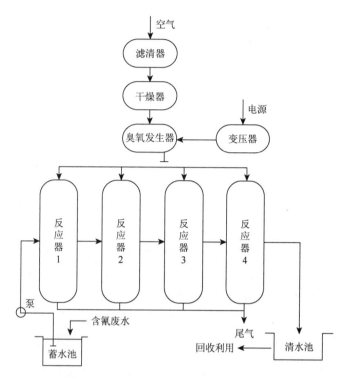

图 10-3　臭氧氧化法处理含氰废水工艺流程

3）活性炭法。氰化物镀液中溶解的氧和铜离子依赖活性炭的催化氧化作用生成 $CuCO_3 \cdot Cu(OH)_2$ 和 NH_3 等物质，破坏了镀液中氰化物的毒性。此外，活性炭较易吸附镀液中的铜氰络合离子。活性炭法优点是投资少、操作简单、费用低、水处理效果好。缺点是再生废液难处理，易造成二次污染。

（四）含铬废水处理

国内电镀含铬废水常采用化学法进行处理，一般常用的有铁氧体处理法、亚硫酸盐还原处理法、槽内处理法等。另外，还有钡盐法、铅盐法、铁粉（屑）处理法等，但这些方法只在少数企业车间使用。

1. 铁氧体处理法

能使废水中的各种金属离子形成铁氧体晶粒一起沉淀析出，从而使废水得到净化。铁氧体处理法是在硫酸亚铁处理法的基础上发展起来的一种含铬废水处理方法，能用于含有多种重金属离子电镀混合废水的处理。铁氧体处理法所用的原料硫酸亚铁具有货源广、成本低、设备工艺简单、处理后水能达标排放、污泥不会引起二次污染的优点；缺点是试剂投放量大，造成污泥量增大，污泥制作铁氧体时的技术条件较难控制，加热造成耗能较大，增加了污泥处理成本。

铁氧体法处理含铬电镀废水包含三个过程，即还原反应、共沉淀反应和生成铁氧体。

1）还原反应：

首先向含铬废水中加入硫酸亚铁，使废水中的六价铬还原成三价铬：

$$Cr_2O_7^{2-} + 6Fe^{2+} + 14H^+ \longrightarrow 2Cr^{3+} + 6Fe^{3+} + 7H_2O$$

然后加入碱调整废水 pH，使废水中的三价铬及其他重金属离子发生共沉淀现象：

$$Cr + 3OH^- \longrightarrow Cr(OH)_3\downarrow$$

$$M^{n+} + nOH^- \longrightarrow M(OH)_n\downarrow (M^{n+} = Fe^{2+}、Fe^{3+})$$

$$3Fe(OH)_2 + \frac{1}{2}O_2 \longrightarrow FeO\cdot Fe_2O_3\downarrow + 3H_2O$$

2）共沉积反应：

$$FeO\cdot Fe_2O_3 + M^{n+} \longrightarrow Fe^{3+}[Fe^{2+}\cdot Fe_{1-x}^{3+}M_x^{n+}]O_4 (x\ \text{为}\ 0\sim1)$$

3）生成铁氧体：

铁氧体是指由铁离子、氧原子及其他金属离子组成的氧化物晶体，常称为亚高铁酸盐。铁氧体有多种晶体结构，最常见的为尖晶石型的立方结构，具有磁性。在形成铁氧体过程中，废水中其他金属离子取代铁氧体晶格中的亚铁离子和铁离子，进入晶格体的八面体位或四面体位，构成晶体的组成部分，因此不易溶出。铬离子形成的铬铁氧体反应如下：

$$(2-x)[Fe(OH)_2] + x[Cr(OH)_3] + Fe(OH)_2 \longrightarrow Fe^{3+}[Fe^{2+}Cr_x^{3+}Fe_{1-x}^{3+}]O_4 + \frac{6+x}{2}H_2O$$

通常来说，铁氧体法处理流程一般分为间歇式和连续式两种。一般当处理水量在 $10m^3/d$ 以下，或处理的废水浓度波动范围很大，或浓度较高的废镀液时采用间歇式处理，其流程如图 10-4 所示。当废水量在 $10m^3/d$ 以上，或处理的废水浓度波动范围不大时，可采用连续式处理。

2. 亚硫酸盐还原处理法

亚硫酸盐还原处理法主要优点是处理后水能达标排放的同时还能回收利用氢氧化铬，设备成本低、操作简便，但亚硫酸盐原料成本较高，当铬污泥没有综合利用出路而存放不妥时，会引起二次污染。

亚硫酸盐还原处理法主要原理是用亚硫酸盐处理电镀废水，主要是在酸性条件下，使废水中的六价铬还原成三价铬，然后通过调整 pH，使其形成氢氧化铬沉淀而除去，废水得到净化。常用的亚硫酸盐主要有亚硫酸氢钠、亚硫酸钠、焦亚硫酸钠等，其还原反应方程式为

$$2H_2Cr_2O_7 + 6NaHSO_3 + 3H_2SO_4 \longrightarrow 2Cr_2(SO_4)_3 + 3Na_2SO_4 + 8H_2O$$

$$H_2Cr_2O_7 + 3Na_2SO_3 + 3H_2SO_4 \longrightarrow Cr_2(SO_4)_3 + 3Na_2SO_4 + 4H_2O$$

$$2H_2Cr_2O_7 + 3Na_2S_2O_5 + 3H_2SO_4 \longrightarrow 2Cr_2(SO_4)_3 + 3Na_2SO_4 + 5H_2O$$

生成氢氧化铬沉淀反应为

$$Cr_2(SO_4)_3 + 6NaOH \longrightarrow 2Cr(OH)_3\downarrow + 3Na_2SO_4$$

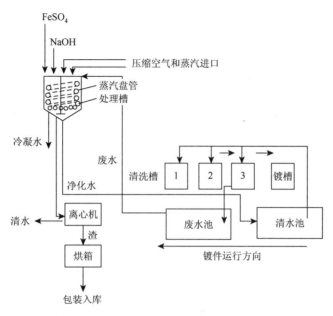

图 10-4 铁氧体法处理含铬废水间歇式工艺流程

亚硫酸盐还原法处理含铬电镀废水,一般采用间歇式处理流程,适用于小水量的处理。当用于处理水量较大的场合时,可采用连续式处理流程。

3. 槽内处理法

槽内处理法也称为槽内化学清洗法,国外称为"Lancy"法。主要是利用化学清洗液在把镀件上带出的镀液去除的同时发生化学反应生成无毒或低毒的物质,然后用水清除化学清洗液,使清洗水达到排放标准后排放。化学清洗液失效后,经处理后排放或循环回收使用。槽内处理法具有操作简单、除铬效果稳定、污泥量少、成本低等优点;但槽内处理法占用了生产面积,增加了生产操作工序。

槽内处理法的原理是利用化学清洗液中的还原剂(如亚硫酸氢钠、水合肼等),使 Cr^{6+} 还原成 Cr^{3+}。当化学清洗液失效后,加碱生成 $Cr(OH)_3$ 沉淀。以亚硫酸氢钠水溶液作为化学清洗液时其除铬原理与上述亚硫酸盐还原处理法类似。水合肼有强烈的还原作用,为无色强碱性溶液。在酸性(pH<3)或碱性($8 \leqslant pH \leqslant 8.5$)条件下,均能使 Cr^{6+} 还原成 Cr^{3+}。且水合肼在酸性条件下呈肼离子状态较稳定,碱性条件下的水合肼不稳定,易分解。

酸性条件下:

$$N_2H_4 \cdot H_2O + H^+ \longrightarrow N_2H_5^+ + H_2O$$

$$2Cr_2O_7^{2-} + 3N_2H_5^+ + 13H^+ \longrightarrow 4Cr^{3+} + 14H_2O + 3N_2 \uparrow$$

$$Cr + 3OH^- \longrightarrow Cr(OH)_3 \downarrow$$

碱性条件下:

$$4CrO_3 + 3N_2H_4 \longrightarrow 4Cr(OH)_3 + 3N_2 \uparrow$$

二、电镀废气处理技术

电镀工艺的诸多环节，都会产生废气，如酸或碱类废气、氮氧化物废气、含铬废气及含氰废气等，合理优化操作工艺及溶液配方可以大大减少废气产生，以电镀前酸洗为例，采用合理高效的酸洗工艺如降低槽液温度、添加酸雾抑制剂等可减少酸雾的产生。那么电镀过程中产生的废气如何净化呢？湿式净化法主要是依据电镀废气经过溶液中溶解度差异或化学反应吸收而将电镀废气中有害气体进行分离。例如，含 NH_3 电镀废气通入水中，利用 NH_3、空气溶解度的差异，形成氨水溶于水中除去 NH_3；又如，含酸性或碱性气体的废气可采用酸碱反应的化学吸收法除去废气中的有害气体。

（一）酸性、碱性废气净化方法

酸性、碱性废气的净化常采用中和处理方法。例如，硫酸废气可用 10%碳酸钠和氢氧化钠溶液或氨水进行中和处理。盐酸废气可用低浓度氢氧化钠或氨水中和。HF 废气可用 5%的碳酸钠和氢氧化钠溶液进行中和。而碱性废气如氨气可采用硫酸溶液中和处理。

（二）氰化物废气的净化

氰化金属离子络合物在酸性环境中会生成具有剧毒的 HCN 气体，因此常在碱性环境中进行净化处理，如采用 NaClO 作为氰化物废气吸收剂，在喷淋塔吸收时使用 1.5% NaOH 调节溶液 pH 可获得90%以上净化效率，且吸收液中含有 NH_3、CO_2 和 H_2O 等，在吸收液报废排放前需要再进一步作净化处理。此外，还可以采用含量为 0.1%～0.2%的 $FeSO_4$ 替代 NaClO 作为氰化物废气吸收剂在喷淋塔中净化废气，其效率可高达 96%。

（三）铬雾的净化

采用凝聚方法来净化铬雾治理及回收工艺已经成熟，即利用铬酸雾在通过多层塑料网板制成的过滤网格时，因受阻而凝聚成液体，再让凝聚的液体逐步流入回收容器中，这种净化器的效率在 98%以上。而残余的铬酸雾可进一步通过管道进入"酸雾净化塔"中得以去除，可达到严格的环境保护要求。其工艺流程为：铬雾→收集回收→二级喷淋处理→水液分离→烟囱排放。

（四）氮氧化物废气的净化

氮氧化物（NO_x）具有很强的毒性，若不经治理排放到大气中，会形成棕（红）黄色烟雾污染大气，俗称"黄龙"。在众多废气中，治理氮氧化物的难度最大，为了防范氮氧化物产生的不良后果,电镀车间必须有排风系统和净化处理系统。氮氧化物废气的净化吸收通常有以下几种方法。

1)吸附法:即采用活性炭、分子筛及硅胶等吸附剂来吸附氮氧化物废气,采用吸附法处理氮氧化物,净化效率可达80%~90%,运行费用低,且吸附饱和后可以再生,其再生方法是待活性炭吸附氮氧化物饱和后,从吸附设备中取出进行再生,经过20%的氢氧化钠溶液浸泡清洗后,再用20%的稀硫酸溶液浸泡水洗,然后用热水煮沸,让其彻底脱附。

2)碱液吸收法:将NaOH、Ca(OH)$_2$或Na$_2$CO$_3$等碱溶液送入喷淋回收塔,碱性液体与氮氧化物废气接触,发生反应生成硝酸盐和亚硝酸盐。因此碱液可以吸收浓度比较稳定的氮氧化物废气。

3)氧化吸收法:是指在碱液吸收液吸收之前,采用氯系氧化剂或双氧水等氧化剂送入吸收塔的进气管内,将部分NO氧化成为NO$_2$后,在碱性吸收液中吸收,吸收后的废气再进入第二吸收塔内用水吸收,以利用残余的氧化剂将亚硝酸盐氧化为硝酸盐等。

4)还原吸收法:是指采用亚硫酸盐、硫化物或尿素等还原剂水溶液作为吸收液,将氮氧化物还原为N$_2$,同时将挥发的硝酸中和。

以硫化钠还原剂水溶液为例,其化学反应如下。

主反应:　　　$10NO_2 + 4Na_2S == 4NaNO_3 + 4NaNO_2 + 4S + N_2\uparrow$

副反应:　　　$4NO_2 + 2Na_2S == Na_2S_2O_3 + NaNO_3 + NaNO_2 + N_2\uparrow$

采用弱酸性碳酰胺(carbamide)作为还原剂:

$$NO + NO_2 + (NH_2)_2CO \longrightarrow 2N_2\uparrow + CO_2\uparrow + 2H_2O$$

采用尿素作为还原剂时其吸收率高达90%以上,无二次污染,但成本高。电镀生产中,不仅要积极采用清洁生产工艺,从源头减少"三废"的产生,更要注重加强废气治理的管理,坚持高效净化回收,避免二次污染。

三、电镀固体废物处理技术

电镀固体废物主要为化学法、电解法废水处理产生的污泥,例如,电镀铜、镍的污泥主要成分为Cu、Ni等重金属氢氧化物,对电镀废水进行处理后,虽然重金属基本上形成了氢氧化物沉淀,溶解度很低,但总会形成一定程度的污染。化学法作为一种主要的电镀废水处理方法,由此产生的重金属污泥如不进行安全处置会造成二次污染。电镀废弃物堆放场地附近的地下水污染最为突出,全国有多个城市的地下水重金属超标,超标率在3%~80%变化。同时,我国从电镀污泥中流失的各类重金属每年达几千吨以上,以含铜、铁、镍、锌等多组分混合型污泥为主体。因此,对电镀污泥的安全处置,既保护了环境,又合理利用了资源。

电镀污泥处理前通常需要对重金属污泥进行毒性鉴别分类,然后根据重金属污泥的类型,对毒性大又含有不稳定金属元素(如镉等)的重金属污泥,设立特种堆积场进行堆放。对含六价铬及氰化物等毒性较大的重金属污泥,则需要进行解毒后再经过固化或固封处理,然后选择凹地挖坑深埋或进行无害化填海,也可进行造地或通过焚烧使一些有毒物质分解、氧化或者得到固化，也可运向人口密度小的场地堆放。电镀污泥的无害处置方法主要有固化/稳定化技术、电镀污泥材料化、电镀污泥热化学及微生物处理等。

（一）固化/稳定化技术

固化/稳定化技术是将电镀污泥与固化剂混合并进行强化处理，将其中的有害元素以化学或物理途径固定在固化体内不被浸出，从而防止有害元素流失、迁移，是一种行之有效的电镀污泥处理方法。水泥固化/稳定化技术已被证明对一些重金属的固定很有效，A. Roy 等研究了以水泥与粉煤灰的混合物固化重金属（含铬、镍、镉等）的方法。美国环境保护局也已确认固化/稳定化技术对消除一些特种工厂所产生的污泥有较好的效果。此外，电镀污泥常用的固化处理方法如铁氧体固化技术，是以亚铁离子对电镀废水进行絮凝处理，作为固化处理方法的一个步骤，再将沉淀的碱性金属盐污泥通过无机合成技术使其变为复合铁氧体，在此过程中重金属离子进入铁氧体晶格内而被固化。铁氧体固化不需要外界固化剂，在 pH 为 3～10 的溶液中稳定性好，获得的铁氧体离子具有磁性，极易分离，质量较好的渣可以直接作为工业原料，如作为吸收电磁波的材料等。

（二）电镀污泥材料化

电镀污泥可以作为建筑材料、陶瓷材料、磁性铁氧体等材料制作的原料或辅料，尽管电镀污泥材料化可以更好地解决环境污染问题，但是人类若长期接触这类含重金属的材料，也会增加健康风险。

（三）电镀污泥热化学处理

通常来说，电镀污泥在高温环境中，其组分会发生分解、氧化反应，水分及可挥发物质容易脱除，重金属由非稳定态向稳定态转化，有毒成分降低、体积减小。热化学处理技术在电镀污泥体积小型化、无害化处理及资源化回收等方面优势明显，不足之处在于热化学法能耗大、成本高，对设备尤其是灰分收集装置要求严格。此外，焚烧过程存在气体污染。例如，焚烧时产生的烟气具有强烈的刺激味，具有毒性，含有致癌物质，对空气污染严重，国家环保法不允许其直接排放。

（四）微生物处理技术

微生物处理技术包括微生物吸附、污泥堆肥等。微生物吸附方式有细胞直接吸附和代谢产物固定两种类型。微生物细胞吸附污泥中重金属是基于微生物细胞壁表面基团对金属离子的络合作用，实现重金属的脱除与富集。代谢产物固定是基于微生物的代谢产物与金属离子反应从而实现吸附金属离子。电镀污泥堆肥是指通过微生物对有机物降解及部分有害重金属离子转型，生成有利于植物吸收和生长的肥料。

综上所述，电镀固体废物的处理有传统的固化、材料化方法，还需要不断探索更节能环保的热化学处理方法并大力发展微生物处理电镀污泥的新技术。

习　题

1. 何为清洁生产？清洁生产的目标是什么？
2. 电镀工艺实现清洁生产的主要技术途径有哪些？
3. 简述含铜废水的处理方法。
4. 简述络合废水的处理方法。
5. 简述碱性氧化法处理含氰化物废水的过程及原理。
6. 简述铁氧体法处理含铬电镀废水的过程及原理。
7. 简述氮氧化物废气的净化方法。
8. 简述电镀污泥的无害处置方法。

参 考 文 献

安茂忠，2010. 电镀理论与技术. 哈尔滨：哈尔滨工业大学出版社.

蔡元兴，孙齐磊，2014. 电镀电化学原理. 北京：化学工业出版社.

查全性，1976. 电极过程动力学导论. 北京：科学出版社.

陈亚，2003. 现代实用电镀技术. 北京：国防工业出版社.

陈咏森，沈品华，1996. 多层镀镍的作用机理和工艺管理. 表面技术，25（6）：40-45.

迟兰洲，胡文成，张茂斌，1994. 化学镀金镀速的研究. 电子科技大学学报，23（4）：237-240.

方景礼，1983. 多元络合物电镀. 北京：国防工业出版社.

方景礼，2006. 电镀添加剂理论与应用. 北京：国防工业出版社.

李宁，2012. 化学镀实用技术. 北京：化学工业出版社.

刘仁志，2008. 电子电镀技术. 北京：化学工业出版社.

任广军，2001. 电镀原理与工艺. 沈阳：东北大学出版社.

宋登元，宗晓萍，孙荣霞，等，2001. 集成电路铜互连线及相关问题的研究. 半导体技术，26（2）：29-32.

徐滨士，2009. 表面工程技术手册. 北京：化学工业出版社.

张国海，夏洋，龙世兵，等，2001. ＵＬＳＩ中铜互连线技术的关键工艺. 微电子学，31（2）：146-149.

张怀武，等，2006. 印制电路原理和工艺. 北京：机械工业出版社.

张鉴清，2010. 电化学测试技术. 北京：化学工业出版社.

张金全，1980. 电镀工程学. 台北：五洲出版社.

张三元，2011. 电镀层均匀性和镀液稳定性：问题与对策. 北京：化学工业出版社.

张胜涛，2002. 电镀工程. 北京：化学工业出版社.

张胜涛，2009. 电镀工艺及其应用. 北京：中国纺织出版社.

张允诚，2011. 电镀手册. 北京：国防工业出版社.

周敏，2005. 最新印制电路设计制作工艺与故障诊断、排除技术实用手册. 长春：吉林音像出版社.

Akahoshi H，Kawamoto M，Itabashi T，et al，1995. Fine line circuit manufacturing technology with electroless copper plating. IEEE Transactiom CPMT-Part A，18（1）：127-135.

Andricacos P C，Uzoh C，Dukovic J O，et al，1998. Damascene copper electroplating for chip interconnections. IBM Journal of Research and Development，42：C383.

Andricacos P C，Uzoh C，Dukovic J O，et al，1998. Damascene copper electrop lating for chip interconnections. IBM Journal of Research and Development，42（5）：567-574.

Bard A J，1976. Encyclopedia of Electrochemistry of the elements. New York：Dekker.

Bradley E，Banerji K，1996. Effect of PCB finish on the reliability and wettability of ball grid array packages. IEEE Transactions on Components Packaging & Manufacturing Technology Part B，19（2）：320-330.

Chen T C，Tsai Y L，Hsu C F，et al，2016. Effects of brighteners in a copper plating bath on throwing power and thermal reliability of plated through holes. Electrochimica Acta，212：572-582.

Chiu Y D，Dow W P，2013. Accelerator screening by cyclic voltammetry for microvia filling by copper electroplating. Journal of the Electrochemical Society，160（12）：D3021-D3027.

Dixit P，Miao J，2006. Aspect-ratio-dependent copper electrodeposition technique for very high aspect-ratio through-hole plating. Journal of the Electrochemical Society，153：G552-G559.

Dow W P, Chiu Y D, Yen M Y, 2009. Microvia filling by Cu electroplating over a Au seed layer modified by a disulfide. Journal of the Electrochemical Society, 156 (4) : D155-D167.

Dow W P, Li C C, Lin M W, et al, 2009. Copper fill of microvia using a thiol-modified Cu seed layer and various levelers. Journal of the Electrochemical Society, 156 (8) : D314-D320.

Dow W, Chen H, 2004. A novel copper electroplating formula for laser-drilled via and through hole filling. Circuit World, 30 (3) : 33-36.

Fan C, Xu C, Abys J A, et al, 2001. Gold wire bonding to nickel/palladium plated leadframes. Hating & Surface Finishing, 88 (6) : 54-58.

Fujii A, Andoh M, Yamamoto I, et al, 1998. New epoxy molding compounds for SMT with pre—plated lead—frame system. IEEE CPMT International Electronics Manufacturing Technology Symposium: 478-491.

Gladkikh S N, Gladkikh Y N, 1995. Treatment of electroplating wastes to remove heavy metal ions. Chemical & Petroleum Engineering, 31 (6) : 328-329.

Ho C E, Hsieh W Z, Chen C C, et al, 2014. Electron backscatter diffraction analysis on the microstructures of electrolytic Cu deposition in the through hole filling process: Butterfly deposition mode. Surface & Coatings Tecnology, 259: 262-267.

Ho C E, Liao C W, Pan C X, et al, 2013. Electron backscatter diffraction analysis on the microstructures of electrolytic Cu deposition in the through hole filling process. Thin Solid Films, 544: 412-418.

Josell D, Wheeler D, Huber W H, et al, 2001. A simple equation for predicting superconformal electrodeposition in submicrometer trenches. Journal of the Electrochemical Society, 148: C767.

Josell D, Wheeler D, Huber W H, et al, 2001. Supperconformal electrodeposition in submicron features. Physical Review Letters, 87: 16102.

Kanemoto H, Kawamura T, Suzuki H, et al, 2017. Electroless copper plating process by applying alternating one-side air stirring method for high-aspect-ratio through-holes. Journal of the Electrochemical Society, 164: D771-D777.

Kang S K, Buchwalter S, La Bianca N, et al, 2000. Development of conductive adhesive materials for via fill applications. Proceedings-Electronic Components and Technology Conference, 24 (3) : 887-891.

Kim S K, Kim J J, 2004. Superfilling evolution in Cu electrodeposition: Dependence on the aging time of the acceleractor. Electrochemical and Solid-State Letters, 7 (9) : C98-C100.

Li Y X, Xie Y S, Xie R, et al, 2018. A low temperature co-fired ceramic power inductor manufactured using a glass-free ternary composite material system. Journal of Applied Physics, 123 (9) : 095105.

Liu F H, Lu J C, Sundaram V, et al, 2002. Reliability assessment of microvias in HDI printed circuit boards. IEEE Transactions on Components and Packaging Technologies, 25 (2) : 254-259.

Magalhães J M, Silva J E, Castro F P, et al, 2005. Physical and chemical characterisation of metal finishing industrial wastes. Journal of Environmental Management, 5 (2) : 157-166.

Merricks D, 1994. Selective electrophoretically deposited coatings as an alternatives to tin and tin/lead metallic etch resists. Transactions of the Institutions of Metal Finishing, 72 (1) : 15-18.

Moffat T P, Wheeler D, Huber W H, et al, 2001. Superconformal electrodeposition of copper. Electrochemical Solid-State Letter, 4: C26.

Ren S J, Lei Z W, Wang Z L, 2015. Investigation of nitrogen heterocyclic compounds as levelers for electroplating Cu filling by electrochemical method and quantum chemical calculation. Journal of the Electrochemical Society, 162: D509-D514.

Siau S, Vervaet A, Degrendele L, et al, 2006. Qualitative electroless Ni/Au plating considerations for the solder mask on top of sequential build-up layers. Applied Surface Science, 252 (8) : 2717-2740.

Song C S，Wang Z Y，Liu L T，2010. Bottom-up copper electroplating using transfer for fabrication of high aspect-ratio through-silicon vias. Journal of Microelectronic Engineering，87：510-513.

Tang J，Zhu Q S，Zhang Y，et al，2015. Copper bottom-up filling for through silicon via（TSV）using single JGB additive. ECS Electrochemical Letter，4：D28-D30.

Tao Z H，He W，Wang S X，et al，2013. Adsorption properties and inhibition of mild steel corrosion in 0.5M H_2SO_4 solution by some triazol compound. Journal of Materials Engineering and Performance，22：774-781.

Tao Z H，He W，Wang S X，et al，2013. Electrochemical study of cyproconazole as a novel corrosion inhibitor for copper in acidic solution. Industrial & Engineering Chemistry Research，52：17891-17899.

Tao Z H，Wang S X，He X M，et al. 2016. Synergistic effect of different additives on microvia filling in an acidic copper plating solution. Journal of the Electrochemical Society，163（8）：D379-D384.

Tao Z，Zhang S，Li W，et al，2011. Adsorption and inhibitory mechanism of 1H-1,2, 4-triazol-l-yl-methyl-2-(4-chlorophenoxy)acetate on corrosion of mild steel in acidic solution. Industrial & Engineering Chemistry Research，50：6082-6088.

Tomekawa S，Suzuki T，Nakatani Y，et al，2001. A study of the interconnection by conductive paste in ALIVH [registered trademark]-FB substrate. Proceedings of SPIE-The International Society for Optical Engineering，4428：93-97.

Tsai T H，Huang J H，2010. Electrochemical investigations for copper electrodeposition of through-silicon via. Journal of Microelectronic Engineering，88：195-199.

Wang C，Zhang J，Yang P，et al，2013. Electrochemical behaviors of Janus Green B in through-hole copper electroplating：An insight by experiment and density functionaltheory calculation using Safranine T as a comparison. Electrochimica Acta，92：356-364.

Xiao N，Li N，Cui G F，et al，2013. Triblock copolymers as suppressors for microvia filling via copper electroplating. Journal of the Electrochemical Society，160：D188-D195.

Young T，Carano M，Polakovic F，1999. Thermal reliability of high density interconnects utilizing microvias and standard through-hole technologies. Circuit World，26（1）：22-26.

Zhu H P，Zhu Q S，Zhang X，et al，2017. Microvia filling by copper electroplating using a modified safranine T as a leveler. Journal of the Electrochemical Society，164：D645-D651.

附录 I 电镀常用化学品的性质与用途

材料名称	分子式	相对分子质量	性质	用途
焦磷酸钠	$Na_2P_2O_7 \cdot 10H_2O$	445.91	相对密度1.82，无水物白色固体，溶于水，呈碱性	镀铜络合剂
氯化钾	KCl	74.55	无色晶体，相对密度1.984，溶于水	酸性镀锌导电盐
硝酸钾	KNO_3	101.1069	无色晶体或粉末，相对密度2.109，400℃分解放出氧气	镀铜、铜合金导电盐
硫酸钾	K_2SO_4	174.265	无色或白色晶体，味苦而咸，相对密度2.662，易溶于水	导电盐
碳酸钾	$K_2CO_3 \cdot 10H_2O$	318.03	白色晶体，相对密度2.428、易潮解，溶于水呈碱性	导电盐
硫酸铝钾（又称明矾）	$KAl(SO_4)_2 \cdot 12H_2O$	474.39	复盐，有酸涩味，相对密度1.75	缓冲剂，絮凝剂
硫氰酸钾	KCNS	97.183	无色晶体，相对密度1.886，溶于水	镀银、金、铜、合金
高锰酸钾	$KMnO_4$	158.036	深紫色晶体，有金属光泽，相对密度2.524，溶于水强氧化剂	钝化、氧化剂、蚀铜剂
重铬酸钾（又名红矾钾）	$K_2Cr_2O_7$	294.192	橙红色晶体，相对密度2.676，溶于水，强氧化剂	铜的化学清洗，钝化
重铬酸钠（又名红矾钠）	$Na_2Cr_2O_7 \cdot 2H_2O$	298.00	红色晶体，相对密度2.52，100℃失水，400℃分解出氧气，易溶于水，呈酸性	氧化剂、钝化剂
焦磷酸钾	$K_4P_2O_7 \cdot 3H_2O$	384.397	无色固体，空气中吸潮，相对密度2.33，溶于水	镀铜、镉合金络合剂
氢氧化钾	KOH	56.11	白色半透明固体，相对密度2.044，熔点360℃，溶于水有强烈的放热作用，对皮肤有极强腐蚀力，能吸收二氧化碳生成碳酸钾	黑色金氧化，镀金银，调节pH
氨水	可表示为NH_4OH或$NH_3 \cdot H_2O$		气体氨的水溶液，氨极易挥发，有强烈氨刺激性味，是一种弱酸，最浓的氨水含氨35.28%	镀铜合金，调节pH
碳酸钠	Na_2CO_3	106.0	有无水及$Na_2CO_3 \cdot H_2O$，$Na_2CO_3 \cdot 7H_2O$及$Na_2CO_3 \cdot 10H_2O$无水碳酸钠是白色粉末，易溶于水，水溶液呈强碱性	去油，镀铜，调节pH
氯化钠	NaCl	58.5	白色立方晶体，相对密度为2.165，溶点为801℃，味咸，显中性	酸洗，镀镍，镀锌
硫酸钠	$Na_2SO_4 \cdot 10H_2O$	322.0	无色单斜晶体，有苦咸味、相对密度1.464，100℃失水，在空气中易风化成无水物	导电盐
硝酸钠	$NaNO_3$	85.01	无色六角晶体，相对密度2.257，溶于水，熔点308℃，是一种氧化剂	镀铜及其合金导电盐
钼酸铵	组成不固定		主要是仲钼酸盐，$(NH_4)_2MO_7O_{24} \cdot 4H_2O$溶于水，强酸、强碱溶液	光亮剂、钝化剂

续表

材料名称	分子式	相对分子质量	性质	用途
氟化铵	NH_4F	37.969	白色晶体，相对密度1.315，易潮解，溶于水	化学抛光，镍、不锈钢的活化
乙醇（又称酒精）	C_2H_5OH	46.069	无色透明，易挥发液体，可燃，普通酒精含乙醇98%	检验，溶剂，光亮剂
乙二胺	$C_2H_8N_2$	60.098	结构式为： H H H H H N—C—C—N H H H H H H 无色黏稠液体，有氨味、有毒、易挥发	镀铜、锌用配位（络合）剂，环氧树脂的固化剂
二甲胺	$(CH_3)_2NH$	45.08	室温下为气体，有似氨味，易溶于水、乙醇和乙醚中	光亮剂原料
三乙醇胺	$C_6H_{15}O_3N$	149.08	结构式为： CH_2—CH_2OH N—CH_2—CH_2OH CH_2—CH_2OH 无色黏稠液体，空气中易变黄，相对密度1.242，溶于水	镀锌、镀锡合金、镀铜和化学镀铜用配位（络合）剂
六次甲基四胺（又名乌洛托品）	$C_6H_{12}N_4$	140.188	结构式为： N CH_2 CH_2 N CH_2 H_2C CH_2 N—CH_2—N 白色晶体，溶于水	酸洗缓蚀剂、pH缓冲剂
磷酸氢二钠	$Na_2HPO_4 \cdot 12H_2O$	359.969	无色晶体，相对密度1.52，空气中易风化	处理槽液
磷酸二氢钠	$NaH_2PO_4 \cdot H_2O$	139.983	无色晶体，相对密度2.040，易溶于水	镀铜合金
锡酸钠	$Na_2SnO_3 \cdot 3H_2O$	266.684	白色或浅褐色晶体，溶于水，空气中吸收水分和二氧化碳生成氢氧化锡和碳酸钠。商品一般含锡42%左右	镀锡、锡合金
硫化钠	$Na_2S \cdot 9H_2O$	240.16	无色或微紫色晶体，相对密度2.427，溶于水，呈强碱性	沉淀重金属杂质、钝化、光亮剂
氰化钠	$NaCN$	49.01	无色晶体，在空气中潮解，有氰化氢的微弱臭味、剧毒、溶于水，其水溶液呈碱性	氰化镀液络合剂、化学退镀剂、铜阳极腐蚀剂
亚硝酸钠	$NaNO_2$	69.0	苍黄色晶体，相对密度2.168，熔点271℃，320℃分解，极易溶于水、水溶液呈碱性	防锈、钝化
亚硫酸钠	$Na_2SO_3 \cdot 7H_2O$	252.18	无色晶体，相对密度1.561，易溶于水，水溶液呈碱性	作还原剂处理槽液，镀金银
氟化钠	NaF	42	无色发亮晶体，水溶液呈碱性，相对密度2.79	镀镍
氟硅酸钠	Na_2SiF_6	188.07	白色结晶粉末，相对密度3.08，难溶于水	镀铬
氟硼酸钾	KBF_4	125.932	斜方或立方晶体，相对密度2.50，溶于水	镀镍铜合金，镀锡

续表

材料名称	分子式	相对分子质量	性质	用途
磷酸三钠	Na₃PO₄·12H₂O	380.23	无色晶体，相对密度 1.62，在干燥空气中风化，水溶液几乎全部分解为磷酸氢二钠和氢氢化钠，溶液呈强碱性	除油，发蓝
铬酐（又名铬酸）	CrO₃	99.994	红棕色晶体，相对密度 2.70，有强烈氧化性，溶于水成铬酸	铬酸钝化，塑料粗化
三氯化铬	CrCl₃	158.355	玫瑰色晶体，易吸水，相对密度 2.757，溶于水	三价铬镀铬
硫酸亚铁（又名绿矾）	FeSO₄·7H₂O	277.9	蓝色晶体，相对密度 1.899，空气中氧化呈黄色，溶于水，有还原作用	镀铁，污水处理
氯化钙	CaCl₂·6H₂O	218.98	白色固体，易潮解	镀铁
硫酸铵	(NH₄)₂SO₄	124.07	白色晶体，相对密度 1.769，溶于水，溶液显酸性	导电盐，增高镀层硬度
硝酸铵	NH₄NO₃	80.043	白色晶体，易吸潮，受热、受击过猛易爆炸	镀铜导电盐
草酸铵	(NH₄)₂C₂O₄·H₂O	124.0737	无色晶体，相对密度 1.50 溶于水，有毒	镀铁
硫酸镍铵	(NH₄)₂SO₄·NiSO₄·6H₂O	394.737	复盐浅绿色晶体，相对密度 1.923，溶于水	镀镍
氯化钴	CoCl₂·6H₂O	237.93	红色晶体，相对密度 1.924，空气中易潮解，溶于水	光亮剂
硫酸钴	CoSO₄·6H₂O	263.02	玫瑰色晶体，相对密度 1.948，溶于水	合金电镀
过氧化氢（又称双氧水）	H₂O₂	34.0147	无色液体，市售一般含 30%、5% 及 90% 的 H₂O₂ 作氧化剂和还原剂	镀镍、铜、锡的氧化剂处理杂质，化学抛光
碳酸钡	BaCO₃	197.35	白色晶体，有毒，相对密度 4.43，极难溶于水	污水处理清除 SO₄²⁻
盐酸	HCl	36.461	为氯化氢的水溶液，纯的无色，工业品为黄色。商品浓盐酸含 37%～39% 氯化氢，相对密度 1.19，为强酸，能与许多金属反应	钢铁酸洗、调节 pH、敏化、钯活化
硫酸	H₂SO₄	98.08	无色浓稠液，98.3% 硫酸的相对密度为 1.834，沸点为 338℃，340℃ 分解，是一种强酸，能与许多金属及其氧化物作用，浓硫酸有强烈的吸水性和氧化性	调节 pH、酸洗、酸除曲、铝氧化、铝化学抛光
硝酸	HNO₃	36.47	五价氮的含氧酸，纯硝酸是无色液体，相对密度为 1.5027，沸点为 86℃，一般略带黄色，发烟硝酸是红褐色液体，硝酸是强氧化剂。一体积浓硝酸与三体积浓盐酸混合而成王水，腐蚀性极强，能溶解金与铂	用于铜、铜合金及铝的光饰或化学抛光
硼酸	H₃BO₃	61.8	无色微带珍珠光泽晶体或白色粉末，相对密度为 1.435，185℃ 熔解，并分解，有滑腻感，无臭，溶于水、乙醇、甘油和乙醚，水溶液呈微酸性	镀镍、铜的缓冲剂
氢氟酸	HF	20.0059	为氟化氢的水溶液，是无色易流动的液体，在空气中发烟，有强烈的腐蚀性，并能浸蚀玻璃，剧毒	腐蚀与清洁铸铁、铝件、不锈钢表面，镀铅、铜

材料名称	分子式	相对分子质量	性质	用途
磷酸	H_3PO_4	98.4	商品磷酸是含83%～98% H_3PO_4的浓稠液，溶于水和乙醇，对皮肤有腐蚀作用，能吸收空气中水，中强度酸	铜、铝、不锈钢的电化学抛光、退镍、铝、铝件阳极化
氟硅酸（又称硅氟酸）	H_2SiF_6	144.09	水溶液无色，强酸，有腐蚀性，能浸蚀玻璃	镀铬催化剂
硒酸	H_2SeO_4	87.828	无色结晶，易溶于水，强氧化剂	光亮剂
氢氧化钠（又名烧碱、苛性钠）	NaOH	40.01	无色透明或白色固体，相对密度2.130，熔点为318.4℃。商品碱是块状、片状、粒状、棒状。固碱有极强的吸湿性，易溶于水并放热，有极强腐蚀作用，吸收空气中二氧化碳变成碳酸钠	去油，镀锌、锡、铜、镉，发蓝
三氧化二铁	Fe_2O_3	159.69	深红色粉末，不溶于水，但溶于酸	抛光剂
二氧化硒	SeO_2	110.96	白色晶体，有毒，相对密度3.954，溶于水	光亮剂
氯化钡	$BaCl_2 \cdot 2H_2O$	244.27	无色晶体，有毒，相对密度3.097，溶于水，几乎不溶于盐酸	污水处理清除 SO_4^{2-}
甘油（又名丙三醇）	$C_3H_5(OH)_3$	91.987	无色无臭油状液体，相对密度为1.2613，溶于水	光亮剂，电抛光
甲醛	HCHO	20.0263	无色气体，有特殊刺激味，易溶于水，水溶液最高浓度达55%，通常为40%，冷藏时易聚合	镀锡光亮剂，化学镀铜还原剂，缓蚀剂
乙醛	CH_3CHO	44.05	无色流动液体，有辛辣味，相对密度0.783，沸点20℃，能与水、乙醇等混合	镀锡光亮剂
硫脲	H_2NC-NH_2 $\parallel$ S	76.12	白色晶体，味苦，相对密度1.405，溶于水	光亮剂，缓蚀剂
乙酰胺	CH_3CONH_2	59.068	无色晶体，纯品无臭，工业品有鼠臭，相对密度1.159，溶点82℃，溶于水，能与强酸作用	印制及除胶渣
乙酸（又名醋酸）	CH_3COOH	58.0527	无色清液，溶于水，无水醋酸，又名冰醋酸	镀层检验，调节pH
洋茉莉醛（又名氧化胡椒醛）	$C_8H_6O_3$	150.135	结构式为： 白色晶体，见光变红棕色，溶于热水和乙醇	镀锌光亮剂
香草醛（又名香茅醛香兰素）	$C_8H_8O_3$	154.151	结构式为： 学名为3-甲氧基-4-羟基苯甲醛，白色针状晶体，相对密度1.056，微溶于冷水，溶于热水、乙醇和乙醚	镀锌光亮剂

续表

材料名称	分子式	相对分子质量	性质	用途
香豆素（又名氧染萘邻酮）	$C_9H_6O_2$	146.147	结构式为： 白色晶体，相对密度 0.935，溶于热水、乙醇乙醚和氯仿	镀镍、镍合金光亮剂、整平剂
葡萄糖	$C_6H_{11}O_6$	179.15	结构式为： 无色或白色晶体粉末，溶于水，稍溶于乙醇	光亮剂，还原剂
蔗糖（又名食糖）	$C_{12}H_{23}O_{11}$	343.30	白色晶体，有甜味、易溶于水	新四铬酸镀铬还原剂
苯甲醛（又名苦杏仁油）	C_7H_6O	106.00	结构式为： 纯品无色液体，相对密度 1.046，微溶于水，能溶于乙醚、乙醇、氯仿中，在空气中氧化为苯甲酸	镀锡、锌光亮剂
1,4-丁炔二醇	$C_4H_6O_2$	86.09	结构式为： 无色晶体，溶于水	镀镍光亮剂
聚乙烯醇	以$\left[CH_2-CH(OH)\right]_n$表示		白色固体，产物可溶于水或溶胀	酸铜载体光亮剂
聚乙二醇	$\left[CH(OH)-CH(OH)\right]_n$		结构式为 $HCCH_2-[CH_2OCH_2]_n-CH_2OH$，相对分子质量从几千到几百万，易溶于水、乙醇、表面活性剂	酸铜载体光亮剂
酒石酸(学名2,3-二羟基丁二酸)	$H_2C_4H_4O_6$	150.088	结构式为： 白色晶体，微酸性，溶于水	合金电镀，浸锌络合剂
酒石酸氢钾	$KHC_4H_4O_6$	188.182	无色斜方晶体，溶于水，酸和碱液中	络合剂
酒石酸钾钠	$KNaC_4H_4O_6\cdot4H_2O$	282.8	无色晶体，相对密度 1.79，溶于水	络合剂
柠檬酸（又名枸橼酸）	$C_6H_8O_7$	192.126	结构式为： 无色晶体，相对密度 1.542，有强酸味，溶于水，乙醇，乙醚中	镀金、镀铜、浸铜络合剂

材料名称	分子式	相对分子质量	性质	用途
柠檬酸铵	$(NH_4)_2 \cdot C_6H_6O_7$	226.19	无色晶体，易潮解，溶于水，水溶液呈酸性	镀金、铜、合金络合剂
柠檬酸钠	$Na_3C_6H_5O_7 \cdot 5\frac{1}{2}H_2O$	357	无色晶体，溶于水	化学镀镍，退镍络合剂
氨三乙酸	$C_6H_9O_6N$	191.14	结构式为：$N{<}^{CH_2COOH}_{CH_2COOH}{-}CH_2COOH$ 简称 NTA，白色晶体，溶于碱溶液	镀铜、镀锌络合剂
柠檬酸钾	$K_3C_6H_5O_7$	296.4	白色粉末，易溶于水，缓溶于甘油，不溶于醇	镀金络合剂
乙二胺四乙酸二钠 EDTA-2Na	$C_{10}H_{14}O_8N_2Na_2$	306.489	白色晶体，重要有机络合剂	镀金络合剂、络合滴定
明胶	—	—	动物皮骨熬制而得蛋白质，无臭无味，溶于热水	光亮剂
铁氰化钾（赤血盐）	$K_3[Fe(CN)_6]$	329.25	深红色晶体，相对密度 1.85，溶于水	镀层检验
亚铁氰化钾（黄白盐）	$K_4[Fe(CN)_6]$	422.3	浅黄色晶体，相对密度 1.458，溶于水	镀银、金，化学镀铜稳定剂
氧化锌（又名锌白）	ZnO	81.4	白色粉末，相对密度 5.60，两性氧化物，溶于酸，氢氧化钠和氯化铵溶液中	镀锌，锌合金
硫酸锌	$ZnSO_4 \cdot 7H_2O$	287.528	无色晶体，相对密度 1.957，溶于水	镀锌，彩色电镀
氯化锌	$ZnCl_2$	135.38	白色潮解性晶体，相对密度 2.91，易溶于水	镀锌，彩色电镀
硫酸铜（胆矾）	$CuSO_4 \cdot 5H_2O$	254.64	蓝色晶体、相对密度 2.286，溶于水	镀铜，镀层检验
氯化铜	$CuCl_2 \cdot 2H_2O$	168.54	绿色晶体，有潮解性，相对密度 2.38，易溶于水	腐蚀剂
氰化亚铜	$CuCN$	89.58	白色粉末，相对密度 2.92，剧毒，溶于热硫酸、氰化钾和铵溶液中	镀铜，铜合金络合剂
焦磷酸铜	$Cu_2P_2O_7$	309.03	淡蓝色粉末，不溶于水	镀铜，铜合金
硫酸镍	$NiSO_4 \cdot 7H_2O$	280.86	绿色晶体，相对密度 1.948，溶于水	镀镍，镍合金，化学镀镍
氯化镍	$NiCl_2 \cdot 6H_2O$	237.70	绿色片状晶体，有潮解性，溶于水、氨水中，水溶液呈酸性	镀镍，化学镀镍
氯化亚锡（二氯化锡）	$SnCl_2 \cdot 5H_2O$	124.7	白色晶体，相对密度 3.95，溶于水	镀锡，非金属电镀
氯化锡（四氯化锡）	$SnCl_4 \cdot 5H_2O$	350.5	白色透明晶体，易潮解，溶于水	镀锡及合金
硫酸亚锡	$SnSO_4$	214.7	白色微黄晶体，溶于水和硫酸	镀锡，锡合金
硝酸银	$AgNO_3$	169.89	无色晶体，相对密度 4.352，444℃分解，见光易分解，易溶于水和氨水中	镀银，活化
糖精（学名邻磺酰苯酰亚胺）	$C_7H_5O_3NS$	184.183	结构式为： 白色晶体，溶于水	镀镍，镍合金光亮剂

续表

材料名称	分子式	相对分子质量	性质	用途
阿拉伯树胶	—	—	浅白色至淡黄褐色半透明块状，或为白色至橙色粒状或粉末	光亮剂
牛皮胶	—	—	牛皮，牛骨熬制而得透明块状物，溶于水	镀铅锡，合金光亮剂
骨胶	—	—	暗褐色块状物	附加剂，胶黏剂
十二烷基苯磺酸钠	—	—	结构式为：$CH_3(CH_2)_{10}CH_2$ 苯环 SO_3Na 白色粉末，溶于水	乳化剂，除油剂
十二烷基硫酸钠	$CH_3(CH_2)_{10}CH_2SO_3Na$	—	白色粉末，溶于水	润湿剂，乳化剂，除油剂
海鸥洗涤剂	—	—	由三种非离子型表面活性剂配制而成：聚氧乙烯脂肪醇醚硫酸钠 85%，聚氧乙烯辛烷基苯酚醚-10 为 5%，椰子油烷基醇酰胺 10%	润湿剂，乳化剂，洗涤剂
OP 乳化剂			结构式为：苯环 R，$R=C_{12}\sim C_{18}$，$n=12\sim 16$，$O-(CH_2CH_2O)_n-H$ 非离子型表面活性剂	润湿剂，乳化剂，洗涤剂，载体光亮剂
平平加			是一种聚氧乙烯脂肪醇醚 $RO-(CH_2CH_2O)_n-H$ 上海红卫合成洗涤剂厂出品平平加——匀染剂 102，$R=C_{12}\sim C_{18}$，$n=25\sim 30$，上海助剂厂合成平平加——匀染剂 0，$R=C_{12}$，$n=20\sim 25$	润湿剂，乳化剂，洗涤剂，光亮剂
汽油			$C_4\sim C_{12}$ 的烃类，易挥发，易燃烧	去油剂
煤油			$C_{12}\sim C_{17}$ 的烃类挥发，易燃	去油剂
丙酮	CH_3COCH_3	58.08	无色易挥发，易燃液体	去油剂，溶剂，粘结剂
乙醚	$C_2H_5OC_2H_5$	74.124	易流动无色液体，蒸气能使人失去知觉至死，易挥发着火，蒸气与空气混合着火爆炸	去油剂
氯化钯	$PdCl_2$	177.4	可用 CP 级	活化剂
2-巯基苯并噻唑	$C_2H_5NS_2$		CP 级	抑制剂，光亮剂
次亚磷酸钠	$NaH_2PO_2\cdot H_2O$		CP 级	化学镀还原剂
F-53			特定	镀铬抑雾剂
活性碳	C	12.01	强度>70%，平均粒径 0.43～0.50mm 充填，相对密度 0.37～0.43g/cm²	有机杂质吸附剂

附录Ⅱ 常用化合物的金属含量和溶解度

名称	分子式	相对分子质量	金属的质量分数/%	在水中的溶解度/(g/100mL)
氰化银	$AgCN$	133.89	80.6	0.000023^{20}
氯化银	$AgCl$	143.32	75.3	0.000089^{10}, 0.0021^{100}
硝酸银	$AgNO_3$	169.87	63.5	122^0, 952^{100}
氯化铝	$AlCl_3$	133.34	20.2	69.9^{15}
硫酸铝	$Al_2(SO_4)_3 \cdot 18H_2O$	666.41	8.1	86.9^0, 1104^{100}
三氧化二砷	As_2O_3	197.84	75.7	3.7^{20}, 10.14^{100}
氰化亚金	$AuCN$	222.98	88.3	微溶；溶于 KCN，$NH_3 \cdot H_2O$
氯化金	$AuCl_3$	303.33	64.9	68
碳酸钡	$BaCO_4$	197.34	69.6	0.0022^{18}, 0.0065^{100}
氯化钡	$BaCl_2 \cdot 2H_2O$	244.27	56.2	35.7^{20}, 58.7^{100}
硫酸钡	$BaSO_3$	233.39	58.8	0.000246^{25}, 0.000413^{100}
氯化铋	$BiCl_3$	315.34	66.3	分解为 $BiOCl$；溶于酸、乙醇
硝酸铋	$Bi(NO_3)_3 \cdot 5H_2O$	485.07	43.1	分解；溶于酸
氯化钙	$CaCl_2 \cdot 6H_2O$	219.08		279^0, 536^{20}
硝酸钙	$Ca(NO_3)_2 \cdot 4H_2O$	236.15		266^0, 660^{30}
氢氧化钙	$Ca(OH)_2$	74.09		0.185^0, 0.077^{100}
硫酸钙	$CaSO_4 \cdot 2H_2O$	172.17		0.241^{20}, 0.222^{100}
氰化镉	$Cd(CN)_2$	164.45	68.4	17^{15}
硝酸镉	$Cd(NO_3)_2 \cdot 4H_2O$	308.48	36.4	215
氧化镉	CdO	128.41	87.5	不溶，溶于酸、铵盐
硫酸镉	$CdSO_4 \cdot \frac{8}{3} H_2O$	256.51	43.8	77^{25}
硫酸铈	$Ce_2(SO_4)_3$	568.41	49.3	10.1^0, 2.25^{100}
醋酸钴	$Co(C_2H_3O_2)_2 \cdot 4H_2O$	249.08	23.7	溶
氯化钴	$CoCl_2 \cdot 6H_2O$	237.93	24.8	76.7^0, 190.7^{100}
硫酸钴	$CoSO_4 \cdot 7H_2O$	281.10	21.0	60.4^3, 67^{70}
氯化铬	$CrCl_3$	158.36	32.8	不溶
铬酐	CrO_3	99.99	52.0	61.7^0, 67.45^{100}
硫酸铬	$Cr(SO_4)_3 \cdot 18H_2O$	716.44	7.3	120^{20}
醋酸铜	$Cu(C_2H_3O_2)_2 \cdot H_2O$	199.65	31.8	7.4^{10}, 20^{100}
氰化亚铜	$CuCN$	89.56	71.0	0.00026
碱式碳酸铜	$CuCO_3 \cdot Cu(OH)_2$	221.12	57.5	不溶；热水中分解

名称	分子式	相对分子质量	金属的质量分数/%	在水中的溶解度/(g/100mL)
氯化亚铜	$CuCl$	99.00	64.2	0.02^{25}
氯化铜	$CuCl_2 \cdot 2H_2O$	170.43	37.3	110.4^0, 192.4^{100}
硝酸铜	$Cu(NO_3)_2 \cdot 3H_2O$	241.60	26.3	137.8^0, 1270^{100}
焦磷酸铜	$Cu_2P_2O_7 \cdot 3H_2O$	355.08	35.8	微溶
硫酸铜	$CuSO_4 \cdot 5H_2O$	249.68	25.5	31.9^0, 203.3^{100}
氯化亚铁	$FeCl_2 \cdot 4H_2O$	198.81	28.1	160.1^{10}, 415.5^{100}
氯化铁	$FeCl_3 \cdot 6H_2O$	270.30	20.7	91.9^{20}
硫酸亚铁	$FeSO_4 \cdot 7H_2O$	278.01	20.1	15.65, 48.6^{50}
三氯化镓	$GaCl_3$	176.08	39.6	易溶
硼酸	H_3BO_3	61.83		6.35^{30}, 27.6^{100}
草酸	$H_2C_2O_4 \cdot 2H_2O$	126.06		微溶，易溶于热水
氯铂酸	$H_2PtCl_6 \cdot 6H_2O$	517.90	37.7	易溶
氯化亚汞	Hg_2Cl_2	472.09	85.0	0.0002^{25}, 0.001^{43}
氯化铟	$InCl_3$	221.18	51.9	易溶
硫酸铟	$In_2(SO_4)_3$	517.81	44.3	溶
三氯化铱	$IrCl_3$	298.58	64.4	不溶
二氧化铱	IrO_2	224.22	85.7	0.0002^{20}
银氰化钾	$KAg(CN)_2$	199.00	54.2	25^{20}, 100 热水
硫酸铝钾	$KAl(SO_4)_2 \cdot 12H_2O$	474.38		11.4^{20}, 易溶于热水
亚金氰化钾	$KAu(CN)_2$	288.10	68.4	14.3, 200 热水
氰化钾	KCN	65.12		50^{20}, 100 热水
碳酸钾	K_2CO_3	138.21		112^{20}, 156^{100}
氯化钾	KCl	74.55		34.4^{20}, 56.7^{100}
铬酸钾	K_2CrO_4	194.19		62.9^{20}, 79.2^{100}
重铬酸钾	$K_2Cr_2O_7$	294.18		4.9^0, 102^{100}
铁氰化钾	$K_3Fe(CN)_6$	329.25		33^4, 77.5^{100}
亚铁氰化钾	$K_4Fe(CN)_6 \cdot 3H_2O$	422.39		27.8^{12}
碘化钾	KI	166.00		127.5^0, 208^{100}
高锰酸钾	$KMnO_4$	158.03		6.38^{20}, 25^{65}
硝酸钾	KNO_3	101.10		13.3^0, 247^{100}
氢氧化钾	KOH	56.11		107^{15}, 178^{100}
焦磷酸钾	$K_4P_2O_7 \cdot 3H_2O$	384.38		溶，易溶于热水
硫氰酸钾	$KSCN$	97.18		177.2^0, 217^{20}
过硫酸钾	$K_2S_2O_8$	270.31		1.75^0, 5.2^{20}
氯化锂	$LiCl$	42.39	16.4	63.7^0, 130^{96}
氯化镁	$MgCl_2 \cdot 6H_2O$	203.30	12.0	167, 367 热水

续表

名称	分子式	相对分子质量	金属的质量分数/%	在水中的溶解度/(g/100mL)
氧化镁	MgO	40.30	60.3	0.0086^{30}
硫酸镁	$MgSO_4 \cdot 7H_2O$	246.47	9.9	71^{20}，91^{40}
二氯化锰	$MnCl_2 \cdot 4H_2O$	197.91	27.8	15^{18}，656^{100}
硫酸锰	$MnSO_4$	151.00	36.4	52^5，70^{70}
	$MnSO_4 \cdot H_2O$	169.01	32.5	98.47^{48}，79.8^{100}
柠檬酸铵	$(NH_4)_3C_6H_5O_7$	243.22		易溶
氯化铵	NH_4Cl	53.49		29.7^0，75.8^{100}
重铬酸铵	$(NH_4)_2Cr_2O_7$	252.06		30.8^{15}
氟化铵	NH_4F	37.04		100^0，分解
硫酸亚铁铵	$(NH_4)_2SO_4 \cdot FeSO_4 \cdot 6H_2O$	392.13	14.2	26.9^{20}，73.0^{80}
氟化氢铵	NH_4HF_2	57.04		易溶
磷酸二氢铵	$NH_4H_2PO_4$	115.03		22.7^0，173.2^{100}
磷酸氢二铵	$(NH_4)_2HPO_4$	132.06		57，5^{10}，106.7^{70}
钼酸铵	$(NH_4)_6Mo_7O_{24} \cdot 4H_2O$	1235.86		43
硝酸铵	NH_4NO_3	80.04		118.3^0，871^{100}
硫酸铵	$(NH_4)_2SO_4$	132.13		70，6^0，103.8^{100}
硫酸镍铵	$(NH_4)_2SO_4 \cdot NiSO_4 \cdot 6H_2O$	394.98	14.9	10.4^{20}，30^{80}
硼氟化钠	$NaBF_4$	109.79		108^{26}，210^{100}
硼氢化钠	$NaBH_4$	37.83		55^{25}
醋酸钠	$NaC_2H_3O_2 \cdot 3H_2O$	136.08		76.2^0，138.8^{50}
柠檬酸钠	$Na_3C_6H_5O_7 \cdot 5H_2O$	348.15		92.6^{25}，250^{100}
氰化钠	$NaCN$	49.01		48^0，82^{35}
碳酸钠	Na_2CO_3	105.99		7.1^0，45.5^{100}
草酸钠	$Na_2CO_3 \cdot 10H_2O$	286.14		21.52^0，421^{104}
	$Na_2C_2O_4$	134.00		3.7^{20}，6.33^{100}
氯化钠	$NaCl$	58.44		35.7^0，39.1^{100}
铬酸钠	$Na_2CrO_4 \cdot 10H_2O$	342.13		50^{10}，126^{100}
重铬酸钠	$Na_2Cr_2O_7 \cdot 2H_2O$	298.00		180^{20}，433^{98}
氟化钠	NaF	41.99		4.22^{18}
磷酸二氢钠	$NaH_2PO_4 \cdot H_2O$	137.99		59.9^0，427^{100}
磷酸氢二钠	$Na_2HPO_4 \cdot 2H_2O$	177.99		100^{50}，117^{80}
次磷酸钠	$NaH_2PO_2 \cdot H_2O$	105.99		$100^{25} 667^{100}$
硫酸氢钠	$NaHSO_4$	120.06		28.6^{25}，100^{100}
酒石酸钾钠	$NaKC_4H_4O_6$	210.16		47.4，易溶于热水
亚硝酸钠	$NaNO_2$	69.00		81.5^{15}，163^{100}
硝酸钠	$NaNO_3$	84.99		92.1^{25}，180^{100}

续表

名称	分子式	相对分子质量	金属的质量分数/%	在水中的溶解度/(g/100mL)
氢氧化钠	NaOH	40.00		42^0，347^{100}
磷酸钠	$Na_3PO_4 \cdot 12H_2O$	380.12		1.5^0，157^{70}
焦磷酸钠	$Na_4P_2O_7 \cdot 10H_2O$	446.06		5.41^0，93.11^{100}
硫化钠	Na_2S	78.04		15.4^{10}，57.2^{90}
亚硫酸钠	$Na_2SO_3 \cdot 7H_2O$	252.14		32.8^0，196^{40}
硫酸钠	Na_2SO_4	142.04		4.76^0，42.7^{100}
	$Na_2SO_4 \cdot 10H_2O$	322.19		11^0，92.7^{30}
硫代硫酸钠	$Na_2S_2O_3 \cdot 5H_2O$	248.17		79.4^0，291.1^{45}
连二亚硫酸钠	$Na_2S_2O_4$	174.11		65^{10}，102^{60}
偏硅酸钠	Na_2SiO_3	122.06		溶
锡酸钠	$Na_2SnO_3 \cdot 3H_2O$	266.73	44.5	$61.3^{15.5}$，50^{100}
钨酸钠	Na_2WO_4	293.82	62.6	57.5^0，96.9^{100}
醋酸镍	$Ni(C_2H_3O_2)_2$	176.78	33.2	17^{16}
碳酸镍	$NiCO_3$	118.70	49.4	0.009^{25}
碱式碳酸镍	$2NiCO_3 \cdot 3Ni(OH)_2 \cdot 4H_2O$	587.57	49.9	热水中分解
氯化镍	$NiCl_2 \cdot 6H_2O$	237.69	24.7	254^{20}，599^{100}
氢氧化镍	$Ni(OH)_2$	92.70	63.3	0.003^{25}
硫酸镍	$NiSO_4 \cdot 6H_2O$	262.84	22.3	65.52^0，340.7^{100}
	$NiSO_4 \cdot 7H_2O$	280.85	20.9	$75.6^{15.5}$，475.8^{100}
氨基磺酸镍	$Ni(SO_3NH_2)_2$	250.86	23.4	110^{10}，175^{100}
醋酸铅	$Pb(C_2H_3O_2)_2 \cdot 3H_2O$	379.34	54.6	45.61^{15}，200^{100}
碱式碳酸铅	$2PbCO_3 \cdot Pb(OH)_2$	775.63	80.1	不溶，溶于HNO_3
硝酸铅	$Pb(NO_3)_2$	331.21	62.6	37.65^0，127^{100}
一氧化铅	PbO	223.20	92.8	不溶；溶于HNO_3、碱
氯化钯	$PdCl \cdot 2H_2O$	213.36	49.9	易溶
硫酸铑	$Rb_2(SO_4)_3$	494.00	41.7	溶
三氯化钌	$RuCl_3$	207.43	48.7	不溶；溶于HCl
三氯化锑	$SbCl_3$	228.11	53.4	601.6^0
三氧化二锑	Sb_2O_3	291.50	83.5	0.0008^{25}
二氧化硒	SeO_2	110.96	71.2	38.4^{14}，82.5^{65}
氯化亚锡	$SnCl_2$	189.60	62.6	83.9^0，259.8^{15}
	$SnCl_2 \cdot 2H_2O$	225.63	52.6	分解
硫酸亚锡	$SnSO_4$	214.75	55.3	33^{25}
硫酸锶	$SrSO_4$	183.68	47.7	0.014^{30}
硫酸铊	Tl_2SO_4	504.82	81.0	4.87^{10}，19，14^{100}
氰化锌	$Zn(CN)_2$	117.42	55.7	不溶；溶于碱、KCN

名称	分子式	相对分子质量	金属的质量分数/%	在水中的溶解度/(g/100mL)
氯化锌	$ZnCl_2$	136.29	48.0	432^{25}，615^{100}
硝酸锌	$Zn(NO_3)_2 \cdot 6H_2O$	297.48	22.0	184.3^{20}
氧化锌	ZnO	81.38	80.4	0.00016^{29}
硫酸锌	$ZnSO_4 \cdot 7H_2O$	287.54	22.7	96.5^{20}，663.6^{100}

注：1. 化合物中金属的质量分数（w_B）为理论值；2. 溶解度的右上角数字为温度值，未注明者为冷水。

附录Ⅲ 某些元素的电化当量及有关数据

名称	符号	相对原子质量	原子价	电化当量 /(mg/C)	电化当量 /[e/(A·h)]	1A 时析出量 /(g/min)	1A/dm² 时析出厚度 /(μm/min)	析出 1g 所需电量/(A·h)
银	Ag	107.87	1	1.118	4.025	0.0671	0.639	0.248
铝	Al	26.982	3	0.093	0.336	0.0056	0.207	2.976
砷	As	74.922	5	0.155	0.559	0.0093	0.162	1.789
			3	0.259	0.932	0.0016	0.289	1.073
金	Au	196.97	3	0.680	2.450	0.0408	0.211	0.408
			2	1.021	3.675	0.0612	0.317	0.272
			1	2.042	7.350	0.1225	0.634	0.136
钡	Ba	137.33	2	0.712	2.562	0.0427		0.390
铍	Be	9.0122	1	0.047	0.168	0.0028		5.952
铋	Bi	208.98	5	0.433	1.559	0.0260	0.265	0.641
			3	0.722	2.599	0.0433	0.442	0.385
钙	Ca	40.078	2	0.208	0.748	0.0125		1.337
镉	Cd	112.41	2	0.582	2.097	0.0349	0.404	0.477
铈	Ce	140.12	3	0.484	1.743	0.0290	0.429	0.574
氯	Cl	35.453	1	0.367	1.323	0.0220		0.756
钴	Co	58.933	2	0.305	1.099	0.0183	0.206	0.910
铬	Cr	51.996	6	0.090	0.323	0.0054	0.075	3.096
			3	0.180	0.647	0.0108	0.150	1.546
铜	Cu	63.546	2	0.329	1.186	0.0198	0.221	0.843
			1	0.659	2.371	0.0395	0.443	0.422
铁	Fe	55.845	3	0.193	0.695	0.0116	0.147	1.439
			2	0.289	1.042	0.0174	0.221	0.960
镓	Ga	69.723	3	0.241	0.867	0.0145	0.245	1.153
锗	Ge	73.64	4	0.191	0.687	0.0114	0.214	1.456
			2	0.382	1.374	0.0229	0.428	0.728
氢	H	1.0079	1	0.010	0.038	0.0006		26.32
汞	Hg	200.59	2	1.039	3.743	0.0624		0.267
			1	2.079	7.485	0.1247		0.134
铟	In	114.82	3	0.397	1.428	0.0238	0.326	0.700
铱	Ir	192.22	4	0.498	1.793	0.0299	0.133	0.558
			3	0.664	2.390	0.0398	0.178	0.418

续表

名称	符号	相对原子质量	原子价	电化当量		1A 时析出量/(g/min)	1A/dm² 时析出厚度/(μm/min)	析出 1g 所需电量/(A·h)
				/(mg/C)	/[e/(A·h)]			
钾	K	39.098	1	0.405	1.459	0.0243		0.685
锂	Li	6.941	3	0.024	0.086	0.0014		11.63
镁	Mg	24.305	2	0.126	0.453	0.0756		2.208
锰	Mn	54.938	7	0.081	0.293	0.0049		3.413
			3	0.190	0.683	0.0114		1.464
			2	0.285	1.025	0.0171		0.976
钼	Mo	95.94	6	0.166	0.597	0.0099		1.675
			4	0.249	0.895	0.0149		1.117
钠	Na	22.99	1	0.238	0.858	0.0143		1.166
镍	Ni	58.693	3	0.203	0.730	0.0122	0.137	1.370
			2	0.304	1.095	0.0183	0.206	0.913
氧	O	15.999	2	0.083	0.298	0.0050		3.356
锇	Os	190.23	4	0.493	1.774	0.0296	0.131	0.564
磷	P	30.974	5	0.064	0.231	0.0385		4.329
铅	Pb	207.2	4	0.537	1.933	0.0322	0.284	0.517
			2	1.074	3.866	0.0644	0.568	0.259
钯	Pd	106.42	4	0.276	0.993	0.0165	0.138	1.007
			3	0.368	1.323	0.0220	0.184	0.756
			2	0.551	1.985	0.0331	0.275	0.504
钋	Po	209.98	4	0.544	1.959	0.0326		0.510
铂	Pt	195.08	4	0.505	1.820	0.0303	0.141	0.549
			2	1.011	3.640	0.0607	0.283	0.275
铼	Re	186.21	7	0.276	0.993	0.0165	0.081	1.007
铑	Rh	102.91	4	0.267	0.960	0.0159	0.128	1.042
			3	0.356	1.280	0.0213	0.171	0.782
			2	0.533	1.920	0.0319	0.257	0.521
钌	Ru	101.07	6	0.175	0.628	0.0105	0.085	1.592
			3	0.349	1.257	0.0210	0.170	0.796
锑	Sb	121.76	5	0.252	0.909	0.0151	0.228	1.100
			3	0.421	1.514	0.0252	0.378	0.661
硒	Se	78.96	4	0.205	0.736	0.0123	0.255	1.359
锡	Sn	118.71	4	0.307	1.107	0.0184	0.253	0.903
			2	0.615	2.214	0.0369	0.507	0.452
锶	Sr	87.62	2	0.454	1.635	0.0272		0.612
钽	Ta	180.95	5	0.375	1.350	0.0226		0.741
碲	Te	127.60	4	0.331	1.190	0.0198		0.840

续表

名称	符号	相对原子质量	原子价	电化当量		1A 时析出量/(g/min)	1A/dm² 时析出厚度/(μm/min)	析出 1g 所需电量/(A·h)
				/(mg/C)	/[e/(A·h)]			
钛	Ti	47.867	2	0.661	2.381	0.0397		0.420
			4	0.124	0.446	0.0074		2.242
铊	Ti	204.38	3	0.165	0.595	0.0099		1.681
			2	0.248	0.893	0.0149		1.120
			3	0.706	2.542	0.0424		0.393
			1	2.118	7.627	0.1271		0.131
钒	V	50.942	5	0.106	0.380	0.0063		2.632
			3	0.176	0.634	0.0106		1.577
钨	W	183.84	6	0.317	1.143	0.0191		0.875
			5	0.381	1.372	0.0229		0.729
锌	Zn	65.39	2	0.339	1.220	0.0203	0.285	0.820
锆	Zr	91.224	4	0.236	0.851	0.0142		1.175

注：所列析出量、析出厚度及所需电量等数值均按电流效率 100% 计算。

附录Ⅳ 质子合常数和络合物稳定常数表

质子合常数的表达式为：

$$L^{n-} + H^+ \rightleftharpoons HL^{(n-1)-}$$
$$L^{n-} + 2H^+ \rightleftharpoons H_2L^{(n-2)-}$$
$$L^{n-} + 3H^+ \rightleftharpoons H_3L^{(n-3)-}$$
$$\vdots$$
$$L^{n-} + nH^+ \rightleftharpoons H_nL$$

积累质子合常数　　积累酸离解常数

$$K_1 \qquad\qquad K_{a1} = 1/K_1$$
$$\beta_2 = K_1 K_2 \qquad\qquad \beta_{a2} = 1/\beta_2$$
$$\beta_3 = K_1 K_2 K_3 \qquad\qquad \beta_{a3} = 1/\beta_3$$
$$\vdots \qquad\qquad \vdots$$
$$\beta_n = K_1 K_2 \cdots K_n \qquad\qquad \beta_{an} = 1/\beta_n$$

单一型络合物稳定常数的表达式为：

$$M + L \rightleftharpoons ML$$
$$M + 2L \rightleftharpoons ML_2$$
$$M + 3L \rightleftharpoons ML_3$$
$$\vdots$$
$$M + nL \rightleftharpoons ML_n$$

积累稳定常数　　逐级稳定常数

$$K_1 \qquad\qquad K_1$$
$$\beta_2 = K_1 K_2 \qquad\qquad K_1, K_2$$
$$\beta_3 = K_1 K_2 K_3 \qquad\qquad K_1, K_2, K_3$$
$$\vdots \qquad\qquad \vdots$$
$$\beta_n = K_1 K_2 \cdots K_n \qquad\qquad K_1, K_2, \cdots, K_n$$

表中列出了室温时各级积累质子合常数和络合物稳定常数的对数值。表中无机配体直接写出它的分子式，有机配体则列出它的结构式和中、英文名称，并注明该络合物所含质子和配体的数目，例如 CuL、CuHL、CuH$_2$L、和 Cu$_2$L 等。无机配体是按分子式的英文字母顺序排列，金属离子也按英文字母顺序排列，而有机配体是按其英文名字的字母顺序排列。它的稳定常数排在质子合常数之后。表中所用符号含义如下：

I 表示离子强度；pot 表示电位法；sp 表示分光光度法；i 表示离子交换法；k 表示动力学法；oth 表示其他方法；v 表示离子强度可变；pol 表示极谱法；ex 表示萃取法；cond 表示电导法；sol 表示溶解度法。

无机配体的质子合常数和稳定常数

配体	金属离子	方法	I	lgβ
As(OH)$_4^-$	H$^+$	pot	0.1	HL9.38
AsO$_4^{3-}$	H$^+$	pot	0.1	HL11.2；H$_2$L17.9；H$_3$L20
B(OH)$_4^-$	H$^+$	pot	0.1	HL9.1
	Ag$^+$		0.1	AgL4.15；AgL$_2$7.1；AgL$_3$7.95；AgL$_4$8.9；Ag$_2$L9.7
Br$^-$	Bi^{3+}	pot	2	BiL2.3；BiL$_2$4.45；BiL$_3$6.3；BiL$_4$7.7；BiL$_5$9.3；BiL$_6$9.4
	Cd^{2+}	pol	0.75	CdL1.56；CdL$_2$2.1；CdL$_3$2.16；CdL$_4$2.53
				CdBrI3.32；CdBrI$_2$4.51；CdBrI$_3$5.83；CdBr$_2$I3.75；CdBr$_2$I25.33；CdBr$_3$I4.18

续表

配体	金属离子	方法	I	$\lg\beta$
	Cu^{2+}	sp	2	$CuL0.55$；$CuL_2 1.84$
	Fe^{3+}	sp	1	$FeL0.21$；$FeL_2 0.7$
	Hg^{2+}	pot	0.5	$HgL9.05$；$HgL_2 17.3$；$HgL_3 19.7$；$HgL_4 21$；$HgBrCN26.97$
	In^{3+}	I	1	$InL1.2$；$InL_2 1.8$；$InL_3 2.5$
Br^-	Pb^{2+}	pol	1	$PbL1.56$；$PbL_2 2.1$；$PbL_3 2.16$；$PbL_4 2.53$
	Sn^{2+}	pot	3	$SnL0.73$；$SnL_2 1.14$；$SnL_3 1.34$
	Tl^+	sol	v	$TlL0.92$；$TlL_2 0.92$；$TlL_3 0.40$
	Tl^{3+}	pot	0.4	$TlL8.3$；$TlL_2 14.6$；$TlL_3 19.2$；$TlL_4 22.3$；$TlL_5 24.8$；$TlL_6 26.5$
	Zn^{2+}	pot	4.5	$ZnL0.6$；$ZnL_2 0.97$；$ZnL_3 1.70$；$ZnL_4 2.14$
	Ag^+	sol	v	$AgL3.4$；$AgL_2 5.3$；$AgL_3 5.48$；$AgL_3 5.4$；$Ag_2 L6.7$
	Au^{3+}	pot	2	$AuL_4 26$
	Bi^{3+}	pot	0	$BiL2.4$；$BiL_2 3.5$；$BiL_3 5.4$；$BiL_4 6.1$；$BiL_5 6.7$；$BiL_6 6.6$
	Cd^{2+}	i	0.69	$CdL1.42$；$CdL_2 1.92$；$CdL_3 1.76$；$CdL_4 1.06$
	Cu^{2+}	i	2	$CuL0.98$；$CuL_2 0.69$；$CuL_3 0.55$；$CuL_4 0.0$
	Fe^{2+}	sp	2	$FeL0.36$；$FeL_2 0.4$
	Fe^{3+}	sp	0.5	$FeL0.76$；$FeL_2 1.06$；$FeL_3 1.0$
	Hg^{2+}	pot	1	$HgL6.74$；$HgL_2 13.22$；$HgL_3 14.07$；$HgL_4 15.07$；$HgClCN28.2$
	In^{3+}	i	0.69	$InL1.42$；$InL_2 2.23$；$InL_3 3.23$
Cl^-	Mn^{2+}	i		$MnL0.59$；$MnL_2 0.26$；$MnL_3 0.36$
	Pb^{2+}	i	0	$PbL1.6$；$PbL_2 1.78$；$PbL_3 1.68$；$PbL_4 1.38$
	Pd^{2+}	sp	0	$PdL3.88$；$PdL_2 6.94$；$PdL_3 9.08$；$PdL_4 10.42$
	Sn^{2+}	pot	3	$SnL1.15$；$SnL_2 1.7$；$SnL_3 1.68$
	Th^{4+}	ex	4	$ThL0.23$；$ThL_2 0.85$；$ThL_3 1.0$；$ThL_4 1.74$
	Tl^+	pol	0	$TlL0.46$
	Tl^{3+}	pot	0	$TlL6.25$；$TlL_2 11.4$；$TlL_3 14.5$；$TlL_4 17$；$TlL_5 19.15$
	U^{4+}	ex	2	$UL0.52$
	UO_2^{2+}	sp	1.2	$UO_2 L1.6$
	Zn^{2+}	ex	v	$ZnL0.72$；$ZnL_2 0.85$；$ZnL_3 1.50$；$ZnL_4 1.75$
ClO^-	H^+	pot	0.1	$HL7.4$
	H^+	pot	0.1	$HL9.2$
	Ag^+		0.2	$AgL_2 21.1$；$AgL_3 21.9$；$AgL_4 20.7$
	Au^+		0	$AuL_2 38.3$
CN^-	Au^{3+}			$AuL_4 56$
	Cd^{2+}			$CdL6.01$；$CdL_2 11.12$；$CdL_3 15.65$；$CdL_4 17.92$
	Cu^+		0	$CuL_2 24$；$CuL_3 29.2$；$CuL_4 30.7$

续表

配体	金属离子	方法	I	$\lg\beta$
CN⁻	Fe^{2+}		0	$FeL_6 35.4$
	Fe^{3+}		0	$FeL_6 43.6$
	Hg^{2+}		0.1	$HgL 18.0$；$HgL_2 34.7$；$HgL_3 38.5$；$HgL_4 41.5$
	Ni^{2+}		0.1	$NiL_4 31.3$
	Pb^{2+}	pol	1	$PbL_4 10.3$
	Pd^{2+}	pot	0	$PdL_4 42.4$；$PdL_5 45.3$
	Tl^{3+}	v		$TIL_4 35$
	Zn^{2+}		0	$ZnL 5.34$；$ZnL_2 11.03$；$ZnL_3 16.68$；$ZnL_4 21.57$
CNO⁻	H^+	pot	0.1	$HL 3.6$
	Ag^+	cond	0	$AgL 25.0$
	Cu^{2+}	sp	v	$CuL 2.7$；$CuL_2 4.7$；$CuL_3 6.1$；$CuL_4 7.4$
	Ni^{2+}	sp	v	$NiL 1.97$；$NiL_2 3.53$；$NiL_3 4.90$；$NiL_4 6.2$
CO_3^{2-}	H^+	pot	0.1	$HL 10.1$；$H_2L 16.4$
	UO_2^{3+}	sol	0.2	$UO_2L 15.57$；$UO_2L_2 20.70$
CrO_4^{2-}	H^+	pot	0.1	$HL 6.2$；$H_2L 6.9$；$H_2L_2 12.4$
F⁻	H^+	pot	0.1	$HL 3.15$
	Al^{3+}		0.53	$AlL 6.16$；$AlL_2 11.2$；$AlL_3 15.1$；$AlL_4 17.8$；$AlL_6 19.2$；$AlL_6 19.24$
	Be^{2+}		0.5	$BeL 5.1$；$BeL_2 8.8$；$BeL_3 11.8$
	Cr^{3+}		0.5	$CrL 4.4$；$CrL_2 7.7$；$CrL_3 10.2$
	Cu^{2+}		0.5	$CuL 0.95$
	Fe^{2+}	oth	v	$FeL < 1.5$
	Fe^{3+}		0.5	$FeL 5.21$；$FeL_2 9.16$；$FeL_3 11.86$
	Ga^{3+}	sp	0.5	$GaL 5.1$
	Hg^{2+}		0.5	$HgL 1.03$
	In^{3+}		1	$InL 3.7$；$InL_2 6.3$；$InL_3 8.6$；$InL_4 9.7$
	La^{3+}	pot	0.5	$LaL 2.7$
	Mg^{2+}	pot	0.5	$MgL 1.3$
	Ni^{2+}	pot	1	$NiL 0.7$
	Pb^{2+}	pot	0.5	$PbL < 0.3$
	SbO^+	pot	0.1	$SbOL 5.5$
	Sc^{3+}	pot	0.5	$ScL 6.2$；$ScL_2 11.5$；$ScL_3 15.5$
	Sn^{4+}	pol	v	$SnL_6 25$
	Th^{4+}		0.5	$ThL 7.7$；$ThL_2 13.5$；$ThL_3 18.0$
	TiO^{2+}	pot	3	$TiOL 5.4$；$TiOL_2 9.8$；$TiOL_3 13.7$；$TiOL_4 17.4$
	UO_2^{2+}	pot	1	$UO2L 4.5$；$UO_2L_2 7.9$；$UO_2L_3 10.5$；$UO_2L_4 11.8$

续表

配体	金属离子	方法	I	$\lg\beta$
F^-	Zn^{2+}	pot	0.5	$ZnL0.73$
	Zr^{4+}		2	$ZrL8.8$；$ZrL_216.1$；$ZrL_321.9$
$Fe(CN)_6^{4-}$	H^+	pot	0	$HL4.28$；$H_2L6.58$；$H_3L\approx6.58$
	K^+	cond	0	$KL2.3$
	Mg^{2+}	sp	0	$MgL3.81$
	La^{3+}	sp	0	$LaL5.06$
$Fe(CN)_6^{3-}$	H^+	pot		$HL<1$
	K^+	cond		$KL1.4$
	Mg^{2+}	cond		$MgL2.79$
	La^{3+}	cond		$LaL3.74$
I^-	Ag^+	pot	4	$AgL_313.85$；$AgL_414.28$；$Ag_2L14.15$
	Bi^{3+}	sol	2	$BiL_415.0$；$BiL_516.8$；$BiL_618.8$
	Cd^{2+}	pot	v	$CdL2.4$；$CdL_23.4$；$CdL_35.0$；$CdL_46.15$
	Hg^{2+}		0.5	$HgL12.87$；$HgL_223.8$；$HgL_327.6$；$HgL_429.8$
				$HgICN29.3$
	I_2	ex	v	$I_2L2.9$
	In^{3+}	i	0.69	$InL1.64$；$InL_22.56$；$InL_32.48$
	Pb^{2+}	pol	1	$PbL1.3$；$PbL_22.8$；$PbL_33.4$；$PbL_43.9$
IO_3^-	H^+	sp	0	$HL0.78$
	Th^{4+}	ex	0.5	$ThL2.9$；$ThL_24.8$；$ThL_37.15$
MoO_4^{2-}	H^+	pot	3	$HL3.9$；$HL_27.50$；$H_8L_757.7$；$H_9L_762.14$；$H_{10}L_765.7$；$H_{11}L_268.2$
NH_3	H^+	pot	0.1	$HL9.35$
	Ag^+	pot	0.1	$AgL3.4$；$AgL_27.40$
	Au^+	pot	v	AuL_227
	Au^{3+}			AuL_430
	Ca^{2+}	pot	2	$CaL0.2$；$CaL_20.8$；$CaL_31.6$；$CaL_42.7$
	Cd^{2+}	pot	0.1	$CdL2.6$；$CdL_24.65$；$CdL_36.04$；$CdL_46.92$；$CdL_56.6$；$CdL_64.9$
	Co^{2+}	pot	0.1	$CoL2.05$；$CoL_23.62$；$CoL_34.61$；$CoL_45.31$；$CoL_55.43$；$CoL_64.75$
	Co^{3+}	pot	2	$CoL7.3$；$CoL_214.0$；$CoL_320.1$；$CoL_425.7$；$CoL_530.8$；$CoL_635.2$
	Cu^+	pot	2	$CuL5.90$；$CuL_210.80$
	Cu^{2+}	pot	0.1	$CuL4.13$；$CuL_27.61$；$CuL_310.48$；$CuL_412.59$
	Fe^{2+}	pot	0	$FeL1.4$；$FeL_22.2$；$FeL_43.7$
	Hg^{2+}		2	$HgL8.80$；$HgL_217.50$；$HgL_318.5$；$HgL_419.4$
	Mg^{2+}	pot	2	$MgL0.23$；$MgL_20.08$；$MgL_30.36$；$MgL_41.1$
	Mn^{2+}	pot	v	$MnL0.8$；$MnL_21.3$
	Ni^{2+}	pot	0.1	$NiL2.75$；$NiL_24.95$；$NiL_36.64$；$NiL_47.79$；$NiL_58.50$；$NiL_68.49$

配体	金属离子	方法	I	$lg\beta$
NH$_3$	Tl$^+$	pot	v	TlL0.9
	Tl^{3+}	pot	v	TlL$_4$17
	Zn^{2+}	pot	0.1	ZnL2.27；ZnL$_2$4.61；ZnL$_3$7.01；ZnL$_4$9.06
NH$_2$OH	H$^+$	pot	0.1	HL6.2
	Ag	pot	0.5	AgL1.9
	Co^{2+}	pot	0.5	CoL0.9
	Cu^{2+}	pot	0.5	CuL2.4；CuL$_2$4.1
	Zn^{2+}	pot	1	ZnL0.40；ZnL$_2$1.0
N$_2$H$_4$	H$^+$	pot	0.1	HL8.1
	Cd^{2+}	pot	0.5	CdL2.25；CdL$_2$2.4；CdL$_3$2.78；CdL$_4$3.89
	Co^{2+}	pot	1	CoL1.78；CoL$_2$3.34
	Cu^{2+}	pot	1	CuL6.67
	Mn^{2+}	pot	1	MnL4.76
	Ni^{2+}	pot	1	NiL3.18
	Zn^{2+}	pot	1	ZnL3.69；ZnL$_2$6.69
NO$_2^-$	H$^+$	cond	0.1	HL3.2
	Cu^{2+}	sp	1	CuL1.2；CuL$_2$1.42；CuL$_3$0.64
	Hg^{2+}	pot	v	HgL$_3$13.54
	Pb^{2+}	pol	1	PbL1.93；PbL$_2$2.36；PbL$_3$2.13
NO$_3^-$	Ba^{2+}	pot	0	BaL0.94
	Bi^{3+}	i	1	BiL0.96；BiL$_2$0.62；BiL$_3$0.35；BiL$_4$0.07
	Ca^{2+}	cond	0	CaL0.31
	Ce^{3+}	ex	1	CeL0.21
	Ce^{4+}	sp	3.5	CeL0.33
	Eu^{3+}	i	1	EuL0.15；EuL$_2$0.4
	Pb^{2+}	pol	2	PbL0.3；PnL$_2$0.4
	Sc^{3+}	i	0.5	ScL0.55；ScL$_2$0.08
	Sr^{2+}	cond	0	SrL0.54
	Th^{4+}	i	2	ThL1.22；ThL$_2$1.53；ThL$_3$1.1
	Tl^{3+}	pot	3	TlL0.9；TlL$_2$0.12；TlL$_3$1.1
OOH$^-$	H$^+$	ex	0	HL11.75
	Co^{3+}	k	v	CoL13.9
	Fe^{3+}	pot	0.1	FeL9.3
H$_2$O$_2$	TiO^{2+}	sp	v	TiOL4.0
	VO^{2+}	pot	v	VO$_2$L4.5
HPO$_3^{2-}$	H$^+$	pot	v	HL6.58；H$_2$L8.58

续表

配体	金属离子	方法	I	$\lg\beta$
PO_4^{3-}	H^+	pot	0.1	HL11.7；H_2L18.6；H_8L20.6
	Ca^{2+}	pot	0.2	CaHL13.4
	Co^{2+}	pot	0.1	CoHL13.9
	Cu^{2+}	pot	0.1	CuHL14.9
	Fe^{3+}	sp	0.66	FeHL21.0
	Mg^{2+}	pot	0.2	MgHL13.6
	Mn^{2+}	pot	0.2	MnHL14.3
	Ni^{2+}	pot	0.1	NiHL13.8
	Sr^{2+}	i	0.15	SrL4.2；SrHL12.9；SrH$_2$L18.85
	Zn^{2+}	pot	0.1	ZnHL14.1
$P_2O_7^{4-}$	H^+	pot	0.1	HL8.5；H_2L14.6；H_3L17.1；H_4L18.1
	Ca^{2+}	pot	1	CaL5.0；CaHL10.8
	Cd^{2+}	pot	0	CdL8.7；Cd(OH)L11.8
	Cu^{2+}	sol	1	CuL6.7；CuL$_2$9.0
	Fe^{3+}	sol	v	FeH$_2$L239.2
	Hg_2^{2+}	pot	0.75	Hg$_2$(OH)L15.6
	Hg^{2+}	pot	0.75	Hg(OH)L17.45
	K^+	pot	0	KL2.3
	Li^+	pot	0	LiL3.1
	Mg^{2+}	oth	0.02	MgL5.7
	Na^+	pot	0	NaL2.3
	Ni^{2+}	sol	0.1	NiL5.8；NiL$_2$7.2
	Pb^{2+}	cond	v	PbL$_2$5.32
	Sr^{2+}	i	0.15	SrL3.26
	Tl^+	pol	v	TlL1.7；TlL$_2$1.9
	Zn^{2+}	pot	0	ZnL8.7；ZnL$_2$11.0；Zn(OH)L13.1
$P_3O_{10}^{5-}$	H^+	pot	0.1	HL8.82；H_2L14.75；H_3L16.95
	Ba^{2+}	pot	0.1	BaL6.3
	Ca^{2+}	pot	0.1	CaL6.31；CaHL12.82
	Cd^{2+}	pot	0.1	CdL8.1；CdHL13.79
	Co^{2+}	pot	0.1	CoL7.95；CoHL13.75
	Cu^{2+}	pot	0.1	CuL9.3；CuHL14.9
	Fe^{2+}	pot	1	FeL2.54；FeH$_2$L15.9
	Fe^{3+}	sp	1	FeH$_2$L18.8；FeH$_2$L$_2$34.6
	Hg_2^{2+}	pot	0.75	Hg$_2$L$_2$11.2；Hg$_2$(OH)L15.0
	K^+		0	KL2.8

续表

配体	金属离子	方法	I	$\lg\beta$
$P_3O_{10}^{5-}$	La^{3+}			LaL6.56；LaHL11.78
	Li^+		0	LiL3.9
	Mg^{2+}	pot	0.1	MgL7.05；MgHL13.27
	Mn^{2+}	pot	0.1	MnL8.04；MnHL13.90
	Ni^{2+}	pot	0.1	NiL7.8；NiHL13.7
	Sr^{2+}	pot	0.1	SrL5.46；SrHL12.38
	Zn^{2+}	pot	0.1	ZnL8.35；ZnHL13.9
$P_4O_{10}^{6-}$	H^+	pot	1	HL8.34；H_2L14.97
	Ca^{2+}	pot	1	CaL5.46；CaHL11.88
	Cu^{2+}	pot	1	CuL9.44；Cu_2L10.6；Cu(OH)L13.30
	K^+	pot	1	KHL9.45
	La^{3+}	pot	0.1	LaL6.59；LaHL12.13
	Li^+	pot	1	LiHL9.93
	Mg^{2+}	pot	1	MgL6.04；MgHL12.08
	Na^+	pot	1	NaHL9.44
	Sr^{2+}	pot	1	SrL4.82；SrHL11.83；Sr_2L8.24
S^{2-}	H^+	pot	0	HL12.92；H_2L19.97
	Ag^+	pot	0.1	AgL16.8；AgHL26.2；$AgH_2L_2$43.5
	Hg^{2+}	pot	v	$HgL_2$53；$HgH_2L_2$66.8
SCN^-	Ag^+	sol	2.2	$AgL_2$8.2；$AgL_3$9.5；$AgL_4$10.0
	Au^+		v	$AuL_2$25
	Au^{3+}		v	$AuL_2$42
	Bi^{3+}	pot	0.4	BiL0.8；$BiL_2$1.9；$BiL_3$2.7；$BiL_4$3.5；$BiL_5$3.25；$BiL_6$3.2
	Cd^{2+}	pol	2	CdL1.4；$CdL_2$1.88；$CdL_3$1.93；$CdL_4$2.38
	Co^{2+}	sp	1	CoL1.01
	Cr^{3+}		v	CrL2.52；$CrL_2$3.76；$CrL_3$4.42；$CrL_5$4.62；$CrL_6$4.23(50℃)
	Cu^+	sol	5	$CuL_2$11.0
	Cu^{2+}	sp	0.5	CuL1.7；$CuL_2$2.5；$CuL_3$2.7；$CuL_4$3.0
	Fe^{2+}	sp	v	FeL1.0
	Fe^{3+}	sp	v	FeL2.3；$FeL_2$4.2；$FeL_3$5.6；$FeL_4$6.4；$FeL_5$6.4
	Hg^{2+}	pol	1	$HgL_2$16.1；$HgL_3$19.0；$HgL_4$20.9
	In^{3+}	pot	2	InL2.6；$InL_2$3.6；$InL_3$4.6
	Mn^{2+}	sp	0	MnL1.23
	Ni^{2+}	i	1.5	NiL1.2；$NiL_2$1.6；$NiL_3$1.8

配体	金属离子	方法	I	$\lg\beta$
SCN⁻	Pb^{2+}	pol	2	$PbL0.5$；$PbL_21.4$；$PbL_30.4$；$PbL_41.3$
	Tl^{+}	pol	2	$TlL0.4$
	Zn^{2+}	pol	2	$ZnL0.5$；$ZnL_21.32$；$ZnL_31.32$；$ZnL_42.62$
SO_3^{2-}	H^{+}			$HL7.30(6.8)$；$H_2L(8.6)$
	Cu^{+}			$CuL7.85$；$CuL_28.60$；$CuL_39.26$
	Ag^{+}			$AgL_28.68$；$AgL_39.00$
	Au^{+}			$AuL_2\sim30$
	Cd^{2+}			$CdL_24.19$
	Hg^{2+}			$HgL_224.07$；$HgL_324.96$
	Tl^{3+}			$TlL_4\sim34$
	Ce^{3+}			$CeL8.04$
	UO_2^{2+}			$UO_2L_27.10$
SO_4^{2-}	H^{+}	pot	0.1	$HL1.8$
	Ca^{2+}	sol	0	$CaL2.3$
	Cd^{2+}	pot	3	$CdL0.85$
	Ce^{3+}	i	1	$CeL1.63$；$CeL_22.34$；$CeL_33.08$
	Ce^{4+}	sp	2	$CeL3.5$；$CeL_28.0$；$CeL_310.4$
	Co^{2+}	cond	0	$CoL2.47$
	Cr^{3+}	pol	0.1	$CrL1.76$
	Cu^{2+}	pot	1	$CuL1.0$；$CuL_21.1$；$CuL_32.3$
	Eu^{3+}	ex	1	$EuL1.54$；$EuL_22.69$
	Fe^{2+}	k	1	$FeL1.0$
	Fe^{3+}	sp	1.2	$FeL2.23$；$FeL_24.23$；$FeHL2.6$
	In^{3+}	ex	1	$InL1.85$；$InL_22.6$；$InL_33.0$
	K^{+}	pot	0.1	$KL0.4$
	La^{3+}	ex	1	$LaL1.45$；$LaL_22.46$
	Lu^{3+}	ex	1	$LuL1.29$；$LuL_2<2.5$；$LuL_33.36$
	Mg^{2+}	pot	0	$MgL2.25$
	Mn^{2+}	cond	0	$MnL2.3$
	Ni^{2+}	cond	0	$NiL2.3$
	Sc^{3+}	i	0.5	$ScL1.66$；$ScL_23.04$；$ScL_34.0$
	U^{4+}	ex	2	$UL3.6$；$UL_26.0$
	UO_2^{2+}	sp	0	$UO_2L2.96$；$UO_2L_24.0$
	Th^{4+}	ex	2	$ThL3.32$；$ThL_25.6$

配体	金属离子	方法	I	$\lg\beta$
SO_4^{2-}	Y^{3+}	pot	3	$YL2.0$；$YL_23.4$；$YL_34.36$
	Zn^{2+}	cond	0	$ZnL2.31$
	Zr^{4+}	ex	2	$ZrL3.7$；$ZrL_26.5$；$ZrL_37.6$
$S_2O_3^{2-}$	H^+	pot	0	$HL1.72$；$H_2L2.32$
	Ag^+	pot	0	$AgL8.82$；$AgL_213.46$；$AgL_314.15$
	Ba^{2+}	sol	0	$BaL2.33$
	Ca^{2+}	sp	0	$CaL1.91$
	Cd^{2+}	sp	0	$CdL3.94$
	Co^{2+}	sol	0	$CoL2.05$
	Cu^+	pol	2	$CuL10.3$；$CuL_212.2$；$CuL_313.8$
	Fe^{2+}		0.48	$FeL0.92(6.1℃)$
	Fe^{3+}	sp	0.47	$FeL2.10$
	Hg^{2+}	pot	0	$HgL_229.86$；$HgL_332.26$；$HgL_433.61$
	Mg^{2+}	sp	0	$MgL1.79$
	Mn^{2+}	sol	0	$MnL1.95$
	Ni^{2+}	sol	0	$NiL2.06$
	Pb^{2+}	sol	V	$PbL5.1$；$PbL_26.4$
	Sr^{2+}	sol	0	$SrL2.04$
	Tl^+	pol	0	$TlL1.91$
	Zn^{2+}	sp	0	$ZnL2.29$
Se^{2-}	H^+	pot	0	$HL11.0$；$H_2L14.89$
SeO_3^{2-}	H^+	pot	0	$HL8.32$；$H_2L10.94$
SeO_4^{2-}	H^+	pot	0	$HL1.88$
$SiO_2\cdot(OH)_2^{2-}$	H^+	cond	0	$HL11.87$；$H_2L21.27$
	Fe^{3+}	sp	0.1	$FeHL21.03$
TeO_4^{2-}	H^+	pot	0	$HL11.04$；$H_2L18.74$

附录V 难溶化合物的溶度积

定义 在难溶电解质的饱和溶液中，当温度一定时，离子浓度的乘积是一常数。难溶盐 M_mX_n 的溶度积 K_{so} 为

$$K_{so} = [M^{n+}]^m[X^{m-}]^n$$

以 $Ca_3(PO_4)_2$ 为例，其溶度积 K_{so} 为

$$K_{so} = [Ca^{2+}]^3[PO_4^{3-}]^2 = 2.0 \times 10^{-29}$$

下表中列出了温度在 18～25℃时一些难溶化合物的溶度积，排列的次序是按化学式的顺序。离子浓度乘积 $<K_{so}$，未饱和溶液，无沉淀析出；离子浓度乘积 $>K_{so}$，过饱和溶液，有沉淀析出；离子浓度乘积 $=K_{so}$，饱和溶液，处于平衡状态。

化合物的化学式	K_{so}	pK_{so}	化合物的化学式	K_{so}	pK_{so}
Ag_3AsO_4	1.0×10^{-22}	22.0	$AgSCN$	1.0×10^{-12}	12.00
$AgBr$	5.2×10^{-13}	12.28	Ag_2SO_3	1.5×10^{-14}	13.82
$AgBr + Br^- \Longrightarrow AgBr_2^-$	1.0×10^{-5}	5.0	Ag_2SO_4	1.4×10^{-5}	4.84
$AgBr + 2Br^- \Longrightarrow AgBr_3^{2-}$	4.5×10^{-5}	4.35	$AgSeCN$	4×10^{-16}	15.40
$AgBr + 3Br^- \Longrightarrow AgBr_4^{3-}$	2.5×10^{-4}	3.60	Ag_2SeO_3	1.0×10^{-15}	15.00
$AgBrO_3$	5.3×10^{-5}	4.28	Ag_2SeO_4	5.7×10^{-3}	7.25
$AgCN$	1.2×10^{-16}	15.92	$AgVO_3$	5×10^{-7}	6.3
$2AgCN \Longrightarrow Ag^+ + Ag(CN)_2^-$	5×10^{-12}	11.3	Ag_2HVO_4	2×10^{-14}	13.7
Ag_2CN_2（氰胺银）	7.2×10^{-11}	10.14	Ag_3HVO_4OH	1×10^{-24}	24.0
Ag_2CO_3	8.1×10^{-12}	11.09	Ag_2WO_4	5.5×10^{-12}	11.26
$AgC_2H_3O_2$	4.4×10^{-3}	2.36	$AlAsO_4$	1.6×10^{-16}	15.8
$Ag_2C_2O_4$	3.4×10^{-11}	10.46	$Al(OH)_3$	1.3×10^{-33}	32.9
$AgCl$	1.8×10^{-10}	9.75	$Al(OH)_3 + H_2O \Longrightarrow Al(OH)_4^- + H^+$	1×10^{-13}	13.0
$AgCl + Cl^- \Longrightarrow AgCl_2^-$	2.0×10^{-5}	4.70	$AlPO_4$	6.3×10^{-19}	18.24
$AgCl + 2Cl^- \Longrightarrow AgCl_3^{2-}$	2.0×10^{-5}	4.70	Al_2S_3	2×10^{-7}	6.7
$AgCl + 3Cl^- \Longrightarrow AgCl_4^{3-}$	3.5×10^{-5}	4.46	AlL_38-羟基喹啉铝	1.00×10^{-29}	29
Ag_2CrO_4	1.1×10^{-12}	11.95	$1/2As_2O_3 + 3/2H_2O \Longrightarrow As^{3+} + 3OH^-$	2.0×10^{-1}	0.69
$Ag_2Cr_2O_7$	2.0×10^{-7}	6.70	$As_2S_3 + 4H_2O \Longrightarrow 2HAsO_2 + 3H_2S$	2.1×10^{-22}	21.68
AgI	8.3×10^{-17}	16.08	$Au(OH)_3$	5.5×10^{-46}	45.26

化合物的化学式	K_{so}	pK_{so}	化合物的化学式	K_{so}	pK_{so}
$AgI + I^- \rightleftharpoons AgI_2^-$	4.0×10^{-6}	5.40	$K[Au(SCN)_4]$	6×10^{-5}	4.2
$AgI + 2I^- \rightleftharpoons AgI_3^{2-}$	2.5×10^{-3}	2.60	$Na[Au(SCN)_4]$	4×10^{-4}	3.4
$AgI + 3I^- \rightleftharpoons AgI_4^{3-}$	1.1×10^{-2}	1.96	$Ba_3(AsO_4)_2$	8.0×10^{-51}	50.11
$AgIO_3$	3.0×10^{-3}	7.52	$BaBrO_3$	3.2×10^{-6}	5.50
Ag_2MoO_4	2.8×10^{-12}	11.55	$BaCO_3$	5.1×10^{-9}	8.29
AgN_3	2.8×10^{-9}	8.54	$BaCO_3 + CO_2 + H_2O \rightleftharpoons Ba^{2+} + 2HCO_3^-$	4.5×10^{-5}	4.35
$AgNO_2$	6.0×10^{-4}	3.22			
$1/2Ag_2O + 1/2H_2O \rightleftharpoons Ag^+ + OH^-$	2.6×10^{-8}	7.59	BaC_2O_4	1.6×10^{-7}	6.79
$1/2Ag_2O + 1/2H_2O + OH^- \rightleftharpoons Ag(OH)_2^-$	2.0×10^{-4}	3.71	$BaCrO_4$	1.2×10^{-10}	9.93
$AgOCN$	1.3×10^{-20}	19.89	BaF_2	1.0×10^{-6}	5.98
Ag_3PO_4	1.4×10^{-16}	15.84	$Ba(IO_3)_2 \cdot 2H_2O$	1.5×10^{-9}	8.82
Ag_2S	6.3×10^{-50}	49.2	$BaMnO_4$	2.5×10^{-10}	9.61
$1/2Ag_2S + H^+ \rightleftharpoons Ag^+ + 1/2H_2S$	2×10^{-14}	13.8	$Ba(NbO_3)_2$	3.2×10^{-17}	16.50
$BaL_2$8-羟基喹啉钡	5.0×10^{-9}	8.3	$Co_3(AsO_4)_2$	7.6×10^{-29}	28.12
$BaSO_4$	1.1×10^{-10}	9.96	$CoCO_3$	1.4×10^{-13}	12.84
BaS_2O_3	1.6×10^{-5}	4.79	CoC_2O_4	6.3×10^{-8}	7.2
$Be(NbO_3)_2$	1.2×10^{-16}	15.92	CoL_2 邻氨基苯甲酸钴	2.1×10^{-10}	9.68
$Be(OH)_2$	1.6×10^{-22}	21.8	$Co_2[Fe(CN)_6]$	1.8×10^{-15}	14.74
$Be(OH)_2 + OH^- \rightleftharpoons HBeO_2^- + H_2O$	3.2×10^{-3}	2.50	$CoL_2$8-羟基喹啉钴	1.6×10^{-25}	24.8
$BiAsO_4$	4.4×10^{-10}	9.36	$Co[Hg(SCN)_4] \rightleftharpoons Co^{2+} + [Hg(SCN)_4]^{2-}$	1.5×10^{-6}	5.82
$BiOBr + 2H^+ \rightleftharpoons Bi^{3+} + Br^- + H_2O$	3.0×10^{-7}	6.52			
$BiOCl \rightleftharpoons BiO^+ + Cl^-$	7×10^{-9}	8.2	$Co(OH)_2$	1.6×10^{-15}	14.8
$BiOCl + 2H^+ \rightleftharpoons Bi^{3+} + Cl^- + H_2O$	2.1×10^{-7}	6.68	$Co(OH)_2 + OH^- \rightleftharpoons Co(OH)_3^-$	8×10^{-6}	5.1
$BiOCl + H_2O \rightleftharpoons Bi^{3+} + Cl^- + 2OH^-$	1.8×10^{-31}	30.75	$Co(OH)_3$	1.6×10^{-44}	43.8
BiI_3	8.1×10^{-19}	18.09	α-CoS	4×10^{-21}	20.4
$BiOOH$	4×10^{-10}	9.4	β-CoS	2×10^{-25}	24.7
$1/2Bi_2O_3(\alpha) + 3/2H_2O + OH^- \rightleftharpoons Bi^+(OH)_4^-$	5.0×10^{-6}	5.30	$CoSeO_3$	1.6×10^{-7}	6.8
			$CrAsO_4$	7.7×10^{-21}	20.11
$BiPO_4$	1.3×10^{-23}	22.89	$Cr(OH)_2$	1.0×10^{-17}	17.0
Bi_2S_3	1×10^{-97}	97.0	$Cr(OH)_3$	6.3×10^{-31}	30.2
$Ca_3(AsO_4)_2$	6.8×10^{-19}	18.17	$CrPO_4 \cdot 4H_2O$	2.4×10^{-23}	22.62
$CaCO_3$	2.8×10^{-9}	8.54	$CsClO_4$	4×10^{-3}	2.4
$CaCO_3 + CO_2 + H_2O \rightleftharpoons Ca^{2+} + 2HCO_3^-$	5.2×10^{-5}	4.28	$Cu_3(AsO_4)_2$	7.6×10^{-36}	35.12
$CaC_2O_4 \cdot H_2O$	4×10^{-9}	8.4	$CuB(C_6H_5)_4$	1.0×10^{-8}	8

续表

化合物的化学式	K_{so}	pK_{so}	化合物的化学式	K_{so}	pK_{so}
$CaC_4H_4O_6 \cdot 2H_2O$（酒石酸钙）	7.7×10^{-7}	6.11	$CuBr$	5.3×10^{-9}	8.28
CaF_2	2.7×10^{-11}	10.57	$CuCN$	3.2×10^{-20}	19.49
$CaL_2$8-羟基喹啉钙	2.0×10^{-29}	28.70	$CuCN + CN^- \Longrightarrow Cu(CN)_2^-$	1.2×10^{-5}	4.91
$Ca(IO_3)_2 \cdot 6H_2O$	7.1×10^{-7}	6.15	$K_2Cu(HCO_3)_4$	3×10^{-12}	11.5
$Ca(NbO_3)_2$	8.7×10^{-13}	17.06	CuC_2O_4	2.3×10^{-8}	7.64
$Ca(OH)_2$	5.5×10^{-6}	5.26	$CuCl$	1.2×10^{-6}	5.92
$CaHPO_4$	1×10^{-7}	7.0	$CuCl + Cl^- \Longrightarrow CuCl_2^-$	7.6×10^{-2}	1.12
$Ca_3(PO_4)_2$	2.0×10^{-29}	28.70	$CuCl + 2Cl^- \Longrightarrow CuCl_3^-$	3.4×10^{-2}	1.47
$CaSO_4$	9.1×10^{-6}	5.04	$CuCrO_4$	3.6×10^{-6}	5.44
$CaSeO_3$	8.0×10^{-6}	5.53	$Cu_2[Fe(CN)_6]$	1.3×10^{-16}	15.89
$CaWO_4$	8.7×10^{-9}	8.06	CuI	1.1×10^{-12}	11.96
$Cd_3(AsO_4)_2$	2.2×10^{-33}	32.66	$CuI + I^- \Longrightarrow CuI_2^-$	7.8×10^{-4}	3.11
$CdC_2O_4 \cdot 3H_2O$	9.1×10^{-8}	7.04	$Cu(IO_3)_2$	7.4×10^{-3}	7.13
$CdCO_3$	5.2×10^{-12}	11.28	$1/2Cu_2O + 1/2H_2O \Longrightarrow Cu^+ + OH^-$	1×10^{-14}	14.0
CdL_2 邻氨基苯甲酸镉	5.4×10^{-9}	8.27	$CuO + H_2O \Longrightarrow Cu^{2+} + 2OH^-$	2.2×10^{-20}	19.66
$Cd_2[Fe(CN)_6]$	3.2×10^{-17}	16.49	$CuO + H_2O + 2OH^- \Longrightarrow Cu(OH)_4^{2-}$	1.9×10^{-3}	2.72
$Cd(OH)_2$	2.5×10^{-14}	13.6	CuL_2 邻氨基苯甲酸铜	6.0×10^{-14}	13.22
$Cd(OH)_2 + OH^- \Longrightarrow Cd(OH)_3^-$	2×10^{-5}	4.7	$CuL_2$8-羟基喹啉铜	2.0×10^{-30}	29.7
CdS	8.0×10^{-27}	26.1	$Cu_2P_2O_7$	8.3×10^{-16}	15.08
$CdS + 2H^+ \Longrightarrow Cd^{2+} + H_2S$	6×10^{-6}	5.2	Cu_2S	2.5×10^{-48}	47.6
$CdSeO_3$	1.3×10^{-6}	8.89	$Cu_2S + 2H^+ \Longrightarrow 2Cu^+ + H_2S$	1×10^{-27}	27.0
$Ce_2(C_2O_4)_3 \cdot 9H_2O$	3.2×10^{-26}	25.5	CuS	6.3×10^{-36}	35.2
$Ce_2(C_4H_4O_4)_3 \cdot 9H_2O$	9.7×10^{-20}	19.01	$CuS + 2H^+ \Longrightarrow Cu^{2+} + H_2S$	6×10^{-15}	14.2
$Ce(IO_3)_3$	3.2×10^{-10}	9.50	$CuSCN$	4.8×10^{-15}	14.32
$Ce(OH)_3$	1.6×10^{-20}	19.8	$CuSCN + 2HCN \Longrightarrow [Cu(CN)_2^-] + 2H^+ + SCN^-$	1.3×10^{-9}	8.88
Ce_2S_3	6.0×10^{-11}	10.22			
$Ce_2(SeO_3)_3$	3.7×10^{-25}	24.43	$CuSCN + 3SCN^- \Longrightarrow [Cu(SCN)_4]^{3-}$	2.2×10^{-3}	2.65
$CuSeO_3$	2.1×10^{-3}	7.68	$KClO_4$	1.1×10^{-2}	1.97
$Er(OH)_3$	4.1×10^{-24}	23.39	$K_2Na[Co(NO_2)_6]$	2.2×10^{-11}	10.66
$Eu(OH)_3$	8.9×10^{-24}	23.05	KIO_4	8.3×10^{-4}	3.08
$FeAsO_4$	5.7×10^{-21}	20.24	K_2PdCl_6	6.0×10^{-4}	5.22
$FeCO_3$	3.2×10^{-11}	10.50	K_2PtCl_6	1.1×10^{-5}	4.96
$FeC_2O_4 \cdot 2H_2O$	3.2×10^{-7}	6.5	K_2SiF_6	8.7×10^{-7}	6.06
$Fe_4[Fe(CN)_6]_3$	3.3×10^{-41}	40.52	KUO_2AsO_4	2.5×10^{-23}	22.60

化合物的化学式	K_{so}	pK_{so}	化合物的化学式	K_{so}	pK_{so}
$Fe(OH)_2$	8×10^{-16}	15.1	$La_2(C_4H_4O_6)_3$	2.0×10^{-19}	18.7
$Fe(OH)_2 + OH^- \rightleftharpoons Fe(OH)_3^-$	8×10^{-6}	5.1	$La_2(C_2O_4)_3$	2.5×10^{-27}	26.60
$Fe(OH)_3$	4×10^{-38}	37.4	$La(IO_3)_3$	6.1×10^{-12}	11.21
$FePO_4$	1.3×10^{-22}	21.89	$La(OH)_3$	2.0×10^{-19}	18.7
FeS	6.3×10^{-18}	17.2	La_2S_3	2.0×10^{-13}	12.7
$Fe_2(SeO_3)_3$	2.0×10^{-31}	30.7	$LiUO_2AsO_4$	1.5×10^{-19}	18.82
$Ga_4[Fe(CN)_6]_3$	1.5×10^{-34}	33.82	$Lu(OH)_3$	1.9×10^{-24}	23.72
$Ga(OH)_3$	7.0×10^{-36}	35.15	$Mg_3(AsO_4)_2$	2.1×10^{-20}	19.68
$GaL_3$8-羟基喹啉镓	8.7×10^{-33}	32.06	$MgCO_3$	3.5×10^{-8}	7.46
$Gd(HCO_3)_3$	2×10^{-2}	1.7	$MgCO_3 \cdot 3H_2O$	2.14×10^{-5}	4.67
$Gd(OH)_3$	1.8×10^{-23}	22.74	$MgCO_3 + CO_2 + H_2O \rightleftharpoons Mg^{2+} + 2HCO_3^-$	4.5×10^{-1}	0.35
$Hf(OH)_4$	4.0×10^{-26}	25.4			
Hg_2Br_2	5.6×10^{-23}	22.24	$MgC_2O_4^- \cdot 2H_2O$	1.0×10^{-8}	8.0
$Hg_2(CN)_2$	5×10^{-40}	39.3	$MgL_2$8-羟基喹啉镁	4×10^{-16}	15.4
Hg_2CO_3	8.9×10^{-17}	16.05	MgF_2	6.5×10^{-9}	8.19
$Hg_2(C_2H_3O_2)_2$	3×10^{-11}	10.5	$Mg(NbO_3)_2$	2.3×10^{-17}	16.64
$Hg_2C_2O_4$	2.0×10^{-13}	12.7	$Mg(OH)_2$	1.8×10^{-11}	10.74
HgC_2O_4	1.0×10^{-7}	7	$MgNH_4PO_4 \cdot$	2.5×10^{-13}	12.60
$Hg_2C_4H_4O_6$ 酒石酸亚汞	1.0×10^{-10}	10.0	$MgSeO_3$	1.3×10^{-5}	4.89
Hg_2Cl_2	1.3×10^{-18}	17.88	MnL_2 邻氨基苯甲酸锰	1.8×10^{-7}	6.75
Hg_2CrO_4	2×10^{-9}	8.70	$Mn_3(AsO_4)_2$	1.9×10^{-29}	28.72
Hg_2I_2	4.5×10^{-29}	28.35	$MnCO_3$	1.8×10^{-11}	10.74
$Hg_2(IO_3)_2$	2.0×10^{-14}	13.71	$MnC_2O_4 \cdot 2H_2O$	1.1×10^{-15}	14.96
$Hg_2(N_3)_2$	7.1×10^{-10}	9.15	$Mn_2[Fe(CN)_6]$	8.0×10^{-13}	12.10
$Hg_2O + H_2O \rightleftharpoons Hg_2^{2+} + 2OH^-$	1.0×10^{-46}	46.0	$Mn(OH)_2$	1.9×10^{-13}	12.72
$Hg(OH)_2$	3.0×10^{-26}	25.52	$MnL_2$8-羟基喹啉锰	2.0×10^{-22}	21.7
Hg_2HPO_4	4.0×10^{-13}	12.40	$Mn(OH)_2 + OH^- \rightleftharpoons Mn(OH)_3^-$	1×10^{-5}	5.0
HgS（红）	4×10^{-53}	52.4	MnS（无定形的）、淡红	2.5×10^{-10}	9.6
HgS（黑）	1.6×10^{-52}	51.8	MnS（结晶形）、绿	2.5×10^{-18}	12.6
$Hg_2(SCN)_2$	2.0×10^{-20}	19.7	$MnSeO_3$	1.3×10^{-7}	6.9
Hg_2SO_4	7.4×10^{-7}	6.13	$(NH_4)_2Na[Co(NO_2)_6]$	4×10^{-12}	11.4
$HgSe$	1.0×10^{-59}	59.0	$NH_4UO_2AsO_4$	1.7×10^{-24}	23.77
$HgSeO_3$	1.5×10^{-14}	13.82	$Na[Au(SCN)_4]$	4×10^{-4}	3.4
Hg_2WO_4	1.1×10^{-17}	16.96	$NaK_2[Co(NO_2)_6]$	2.2×10^{-11}	10.66
$In_4[Fe(CN)_6]_3$	1.9×10^{-44}	43.72	$Na(NH_4)_2[Co(NO_2)_6]$	4×10^{-12}	11.4

续表

化合物的化学式	K_{so}	pK_{so}	化合物的化学式	K_{so}	pK_{so}
$In(OH)_3$	6.3×10^{-34}	33.2	$NaPbOH(CO_3)_2$	1×10^{-31}	31.0
In_2S_3	5.7×10^{-74}	73.24	$NaUO_2AsO_4$	1.3×10^{-22}	21.87
$K[Au(SCN)_4]$	6×10^{-5}	4.2	$Nd(OH)_3$	3.2×10^{-22}	21.49
$KB(C_6H_5)_4$	2.2×10^{-8}	7.65	$Ni_3(AsO_4)_2$	3.1×10^{-24}	25.51
$KBrO_3$	5.7×10^{-2}	1.24	$NiCO_3$	6.6×10^{-9}	8.18
$K_2[Cu(HCO_3)_4]$	3×10^{-12}	11.5	$NiL_2$8-羟基喹啉镍	8×10^{-27}	26.1
$Ni_2[Fe(CN)_6]$	1.3×10^{-15}	14.89	$Rh(OH)_3$	1×10^{-23}	23
$[Ni(N_2H_4)]SO_4$	7.1×10^{-14}	13.15	$Ru(OH)_3$	1×10^{-36}	36
$Ni(OH)_2$	2.0×10^{-15}	14.7	$Ru(OH)_4 \Longrightarrow Ru(OH)^{3+} + 3OH^-$	1×10^{-34}	34
$Ni(OH)_2 + OH^- \Longrightarrow Ni(OH)_3^-$	6×10^{-5}	4.2	Sb_2S_3	1.5×10^{-93}	92.8
$Ni_2P_2O_7$	1.7×10^{-13}	12.77	$1/2Sb_2O_3 + 3/2H_2O \Longrightarrow Sb^{3+} + 3OH^-$	2.0×10^{-5}	4.70
$\alpha\text{-}NiS$	3.2×10^{-19}	18.5	$1/2Sb_2S_3 + H_2O + H^+ \Longrightarrow SbO^+ + 3/2H_2S$	8×10^{-31}	30.1
$\beta\text{-}NiS$	1.0×10^{-24}	24.0			
$\gamma\text{-}NiS$	2.0×10^{-26}	25.7	$Sc(OH)_3$	8×10^{-31}	30.1
$NiSeO_3$	1.0×10^{-5}	5.0	SiO_2（无定形）$+ 2H_2O \Longrightarrow Si(OH)_4$	2×10^{-3}	2.7
$Pb_3(AsO_4)_2$	4.0×10^{-36}	35.39	$Sm(OH)_3$	8.2×10^{-23}	22.08
PbL_2 邻氨基苯甲酸铅	1.6×10^{-10}	9.81	$Sn(OH)_4$	1×10^{-56}	56
$PbOHBr$	2.0×10^{-15}	14.70	$Sn(OH)_2$	1.4×10^{-28}	27.85
$PbBr_2$	4.0×10^{-5}	4.41	SnS	1.0×10^{-25}	25.0
$PbBr_2 \Longrightarrow PbBr^+ + Br^-$	3.9×10^{-4}	3.41	SnS_2	2.5×10^{-27}	26.6
$Pb(BrO_3)_2$	2.0×10^{-2}	1.70	$Sr_3(AsO_4)_2$	8.1×10^{-19}	18.09
$PbCO_3$	7.4×10^{-14}	13.13	$SrCO_3$	1.1×10^{-10}	9.96
PbC_2O_4	4.8×10^{-10}	9.32	$SrC_2O_4 \cdot H_2O$	1.6×10^{-7}	6.80
$PbOHCl$	2×10^{-14}	13.7	$SrL_2$8-羟基喹啉锶	5×10^{-10}	9.3
$PbCl_2$	1.6×10^{-5}	4.79	$SrCrO_4$	2.2×10^{-5}	4.65
$PbCrO_4$	2.8×10^{-13}	12.55	SrF_2	2.5×10^{-9}	8.61
PbF_2	2.7×10^{-8}	7.57	$Sr(IO_3)_2$	3.3×10^{-7}	6.48
$Pb_2[Fe(CN)_6]$	3.5×10^{-15}	14.46	$Sr(NbO_3)_2$	4.2×10^{-18}	17.38
PbI_2	7.1×10^{-9}	8.15	$SrSO_4$	3.2×10^{-7}	6.49
$PbI_2 + I^- \Longrightarrow PbI_8^-$	2.2×10^{-5}	4.65	$SrSeO_3$	1.8×10^{-6}	5.74
$PbI_2 + 2I^- \Longrightarrow PbI_4^{2-}$	1.4×10^{-4}	3.85	$TeO_2 + 4H^+ \Longrightarrow Te^{4+} + 2H_2O$	2.1×10^{-2}	1.68
$PbI_2 + 3I^- \Longrightarrow PbI_5^{3-}$	6.8×10^{-5}	4.17	$Te(OH)_4$	3.0×10^{-54}	53.52
$PbI_2 + 4I^- \Longrightarrow PbI_6^{4-}$	5.9×10^{-3}	2.23	$ThF_4 \cdot 4H_2O + 2H^+ \Longrightarrow ThF_2^{2+} + 2HF + 4H_2O$	5.9×10^{-8}	7.23
$Pb(IO_3)_2$	3.2×10^{-13}	12.49			
$Pb(N_3)_2$	2.5×10^{-9}	8.59	$Th(OH)_4$	4.0×10^{-45}	44.4

化合物的化学式	K_{so}	pK_{so}	化合物的化学式	K_{so}	pK_{so}
$Pb(NbO_3)_2$	2.4×10^{-17}	16.62	ZnL_2 邻氨基苯甲酸锌	5.9×10^{-10}	9.23
$Pb(OH)_2$	1.2×10^{-15}	14.93	$Zn_3(PO_4)_2$	9.0×10^{-33}	32.04
$Pb(OH)_4$	3.2×10^{-66}	65.49	$\alpha\text{-}ZnS$	1.6×10^{-24}	23.8
$PbHPO_4$	1.3×10^{-10}	9.90	$\beta\text{-}ZnS$	2.5×10^{-22}	21.6
$Pb_3(PO_4)_2$	8.0×10^{-43}	42.10	$Th(HPO_4)_2$	1×10^{-20}	20
PbS	1.0×10^{-28}	28.00	$Ti(OH)_3$	1×10^{-40}	40
$PbS + 2H^+ \Longrightarrow Pb^{2+} + H_2S$	1×10^{-6}	6	$TiO(OH)_2$	1×10^{-29}	29
$Pb(SCN)_2$	2.0×10^{-5}	4.70	$TlBr$	3.4×10^{-6}	5.47
$PbSO_4$	1.6×10^{-8}	7.79	$TlBr + Br^- \Longrightarrow TlBr_2^-$	2.4×10^{-5}	4.62
PbS_2O_3	4.0×10^{-7}	6.40	$TlBr + 2Br^- \Longrightarrow TlBr_3^{2-}$	8.0×10^{-6}	5.10
$PbSeO_3$	3.2×10^{-12}	11.5	$TlBr + 3Br^- \Longrightarrow TlBr_4^{3-}$	1.6×10^{-6}	5.80
$PbSeO_4$	1.4×10^{-7}	6.84	$TlBrO_3$	8.5×10^{-5}	4.07
$Pb(OH)_2$	1.0×10^{-31}	31.0	$Tl_2C_2O_4$	2×10^{-4}	3.7
PoS	5.5×10^{-29}	28.26	$TlCl$	1.7×10^{-4}	3.76
$Pr(OH)_3$	6.8×10^{-22}	21.17	$TlCl + Cl^- \Longrightarrow TlCl_2^-$	1.8×10^{-4}	3.74
$Pt(OH)_2$	1×10^{-35}	35	$TlCl + 2Cl^- \Longrightarrow TlCl_3^{2-}$	2.0×10^{-5}	4.70
$Pu(OH)_3$	2.0×10^{-20}	19.7	Tl_2CrO_4	1.0×10^{-12}	12
$RaSO_4$	4.2×10^{-11}	10.37	TlI	6.5×10^{-8}	7.19
$RbClO_4$	2.5×10^{-3}	2.60	$TlI + I^- \Longrightarrow TlI_2^-$	1.5×10^{-6}	5.82
$TlI + 2I^- \Longrightarrow TlI_3^{2-}$	2.3×10^{-6}	5.64	$VO(OH)_2$	5.9×10^{-23}	22.13
$TlI + 3I^- \Longrightarrow TlI_4^{3-}$	1.0×10^{-6}	6.0	$1/2V_2O_5 + H^+ \Longrightarrow VO_2^+ + 1/2H_2O$	2×10^{-1}	0.7
$TlIO_3$	3.1×10^{-6}	5.51	$(VO)_3(PO_4)_2$	8×10^{-25}	24.1
TlN_3	2.2×10^{-4}	3.66	$Y(OH)_3$	8.0×10^{-23}	22.1
$1/2Tl_2O_3 + 3/2H_2O \Longrightarrow Tl^{3+} + 3OH^-$	6.3×10^{-46}	45.20	$Yb(OH)_3$	3×10^{-24}	23.6
$TlL_3$8-羟基喹啉铊	4.0×10^{-33}	32.4	$Zn_3(AsO_4)_2$	1.3×10^{-28}	27.89
Tl_2S	5.0×10^{-21}	20.3	$ZnCO_3$	1.4×10^{-11}	10.84
$TlSCN$	1.7×10^{-4}	3.77	$ZnC_2O_4\cdot2H_2O$	2.8×10^{-8}	7.56
UO_2HAsO_4	3.2×10^{-11}	10.50	$Zn_2[Fe(CN)_6]$	4.0×10^{-16}	15.39
UO_2KAsO_4	2.5×10^{-23}	22.60	$Zn[Hg(SCN)_4] \Longrightarrow Zn^{2+} + [Hg(SCN)_4]^{2-}$	2.2×10^{-7}	6.66
UO_2LiAsO_4	1.5×10^{-19}	18.82			
$UO_2NH_4AsO_4$	1.7×10^{-24}	23.77	$Zn(OH)_2$	1.2×10^{-17}	16.92
UO_2NaAsO_4	1.3×10^{-22}	21.87	$Zn(OH)_2 + OH^- \Longrightarrow Zn(OH)_3^-$	3×10^{-3}	2.5
$UO_2C_2O_4\cdot3H_2O$	2×10^{-4}	3.7	$ZnL_2$8-羟基喹啉锌	5×10^{-25}	24.3
$(UO_2)_2[Fe(CN)_6]$	7.1×10^{-14}	13.15	$ZnSeO_3$	2.6×10^{-7}	6.59

化合物的化学式	K_{so}	pK_{so}	化合物的化学式	K_{so}	pK_{so}
$UO_2(OH)_2$	1.1×10^{-22}	21.95	$Zr_3(PO_4)_4$	1×10^{-132}	132
$UO_2(OH)_2 + OH^- \Longrightarrow HUO_4^- + H_2O$	2.5×10^{-4}	3.60	$ZrO(OH)_2$	6.3×10^{-49}	48.2
UO_2NHPO_4	2.1×10^{-11}	10.67			